国家示范性高等职业院校重点建设专业教材

Jixie Sheji Jichu

机械设计基础

（机电一体化技术专业）

主　编　王显彬
副主编　汤振周
主　审　杨　平

人民交通出版社

内容提要

本书是国家示范性高等职业院校重点建设专业教材，内容包括：绪论、静力学、材料力学、摩擦磨损及润滑概述、运动简图和自由度、平面连杆机构、凸轮机构、间歇运动机构、带传动、链传动、圆柱齿轮机构、蜗杆传动、齿轮系、连接、轴、轴承，其他常用零部件。

本书适合作为高等职业院校及成人教育《机械设计基础》课程的教材，也可供有关工程技术人员参考。

图书在版编目(CIP)数据

机械设计基础/王显彬主编.—北京：人民交通出版社，2009.8

ISBN 978-7-114-07914-6

Ⅰ.机… Ⅱ.①王…②汤… Ⅲ.机械设计 Ⅳ.TH122

中国版本图书馆 CIP 数据核字(2009)第 123531 号

国家示范性高等职业院校重点建设专业教材

书　　名：**机械设计基础**
著 作 者：王显彬
责任编辑：贾秀珍
出版发行：人民交通出版社
地　　址：(100011)北京市朝阳区安定门外外馆斜街 3 号
网　　址：http://www.ccpress.com.cn
销售电话：(010)59757973
总 经 销：人民交通出版社发行部
经　　销：各地新华书店
印　　刷：北京交通印务实业公司
开　　本：787×1092　1/16
印　　张：16.75
字　　数：415千
版　　次：2009年 8 月　第 1 版
印　　次：2013年 8 月　第 2 次印刷
书　　号：ISBN 978-7-114-07914-6
定　　价：42.00元

序

2006年是中国高等职业教育的春天。这一年，我国教育部、财政部启动了国家示范性高等职业院校建设计划，高等职业教育首次被定性为中国高等教育发展的一种类型。时代赋予了高等职业教育非常广阔的发展空间。

2006年也是福建交通职业技术学院发展的春天。同年12月，这所有着140多年办学历史的百年老校，被确定为全国首批国家示范性高等职业院校建设单位。这对学校而言，是荣誉更是责任，是挑战更是压力。

国家示范性院校建设的核心是专业建设，而课程和教材又是专业建设的重要内容之一。如何通过课程的建构来推动人才培养模式的改革和创新？教材编写工作又如何与学校人才培养模式和课程体系改革相结合？如何实现课程内容适合高素质技能型人才的培养？这均是我校示范性建设中的重要命题。

难能可贵的是，三年来，在全体教职员工的不懈努力下，我校8个重点建设专业(6个为中央财政支持的重点建设专业)在实验实训条件建设、师资队伍建设、人才培养模式与课程体系改革等方面，都取得了突破性的进展。

更令人欣慰的是，我院教师历经3年的不断探索和实践，为我院的教材建设作出了功不可没的成绩。一系列即将在人民交通出版社出版的国家示范性高等职业院校重点建设专业教材，就是我院部分成果的体现。在这些教材中，既有工学结合的核心课程教材，也有专业基础课程教材。无论是哪种类型的教材，在编写中，我院都强调对教材内容的改革与创新，强调示范性院校专业建设成果在教材中的固化，强调教材为高素质技能型人才培养服务，强调教材的职业适应性。因为新教材的使用，必须根植于教学改革的成果之上，反过来又促进教学改革目标的实现，推进高职教育人才培养模式改革。

培养社会所需要的人，是我院一直不懈的努力方向，而这些教材就是我们努力前行的足迹。

在这些教材的编写过程中，也倾注了相关企业有关专家的大量心血和辛勤劳动，在此谨向他们表示衷心的感谢！

福建交通职业技术学院院长
福州大学博士生导师

前　言

本书是参照教育部颁布的高等职业教育《机械设计基础》课程教学基本要求编写而成。本着“厚基础，重能力，求创新”的总体思路，本书将工程力学、机械原理、机械零件等课程的主要内容进行优化组合，使本书成为一本综合性较强且体系相对完整的教材。

本书的主要特点是：

(1)充分汲取了近几年职业教育教学改革的经验，力求体现职业教育培养技术应用性专门人才的特点，本书以简单机械传动设计为主线，按照工作原理、结构特点、设计计算、查阅手册、机械精度、使用和维护的顺序来编写，使学生最终能够完成简单机械传动装置的设计。

(2)在保证学生掌握基本知识、基本理论、基本技能的前提下，精选教学内容，不强调理论分析，淡化公式推导，突出工程应用，努力提高学生解决实际问题的能力。为培养创新意识和创新能力，适度增加了适应科技发展的新知识和新技术。

(3)本书所采用的计算方法尽量与现有的计算规范和标准相同。

本书教学时数建议为100~120学时。

参加本书编写工作的有福建交通职业技术学院王显彬(绪论~第13章)、汤振周(第14章~第16章)。本书由王显彬担任主编，并负责全书统稿，汤振周担任副主编，由福建交通职业技术学院杨平副教授担任主审。

由于编者水平有限，且编写时间比较仓促，书中疏漏及不当之处在所难免，恳请广大读者批评指正。

编者

2009年7月

目　　录

绪　论

学习目标

知识目标：1. 了解机械的组成和分类；

2. 理解机械零件的设计准则和机械材料的选用原则。

能力目标：掌握各种零件材料的性能和特点。

0.1　机械的组成

人类为了满足生产和生活的需要，设计和制造了类型繁多、功能各异的机器。机器是执行机械运动的装置，用来变换或传递能量、物料，如内燃机、电动机、洗衣机、机床、汽车、起重机等。机器的种类很多，它们的用途、性能、构造、工作原理各不相同，通常一台完整的机器包括三个基本部分。

(1) 动机部分：其功能是将其他形式的能量变换为机械能（如内燃机和电动机分别将热能和电能变换为机械能）。动机部分是驱动整部机器以完成预定功能的动力源。

(2) 工作部分（或执行部分）：其功能是利用机械能去变换或传递能量、物料、信号，如发电机把机械能变换成为电能，轧钢机变换物料的外形等。

(3) 传动部分：其功能是把原动机的运动形式、运动和动力参数转变为工作部分所需的运动形式、运动和动力参数。

以上三部分都必须安装在支承部件上。为了使三个基本部分协调工作，并准确、可靠地完成整体功能，必须增加控制部分和辅助部分。

所有的机器都是由许多机械零件组合而成。机械零件可分为两大类：一类是在各种机器中经常都能用到的零件，称为通用零件，如齿轮、链轮、蜗轮、螺栓、螺母等，另一类则是在特定类型的机器中才能用到的零件，称为专用零件，如内燃机的曲轴、汽轮机叶片等。根据机器功能、结构要求，某些零件需固联成没有相对运动的刚性组合，成为机器中独立运动的单元，通常称为构件。构件与零件的区别在于：构件是运动的基本单元，而零件是加工单元。如图 0-1 所示内燃机的连杆由连杆体 1、连杆盖 4、螺栓 2 以及螺母 3 等 4 个零件组成，形成一个运动整体。

若从运动的观点来研究机器，机器由机构组成，机构由若干构件组成，各构件之间具有确定的相对运动。机构通常指传递运动的机械。一部机器可以包含一个机构（如电动机），也可以包含几个机构，如图 0-2 所示的单缸四冲程内燃机包含由齿轮 9、齿轮 10 组成的齿轮机构；由曲轴 2、连杆 3、活塞 4 组成的曲柄滑块机构；由从动杆 7、凸轮 8 组成的凸轮机构等。

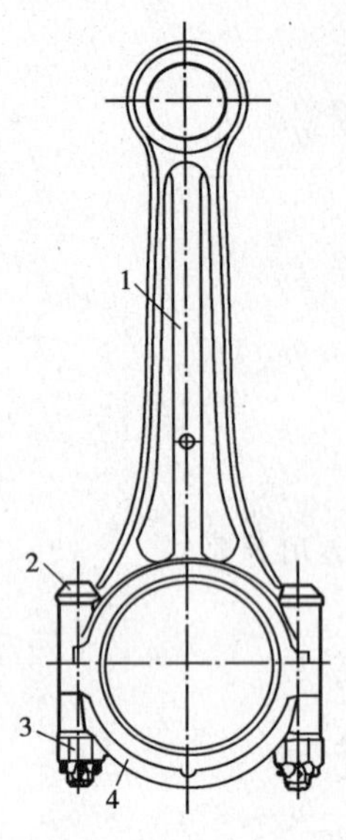

图 0-1　内燃机的连杆
1-连杆体；2-螺栓；3-螺母；4-连杆盖

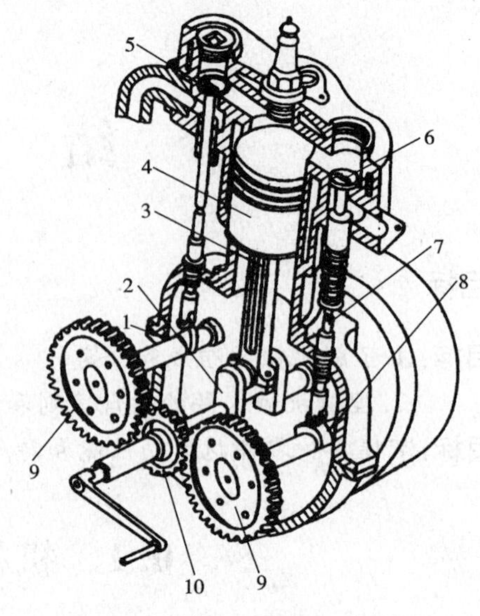

图 0-2　单缸内燃机
1-汽缸体；2-曲轴；3-连杆；4-活塞；5-进气阀；6-排气阀；7-从动杆；8-凸轮；9、10-齿轮

0.2　本课程研究的对象和任务

《机械设计基础》是工科院校中的一门重要的技术基础课。课程主要介绍机械中的常用机构和通用零件的工作原理、结构特点、基本的设计理论和计算方法。第 1 ~ 2 章主要介绍力学基础知识；第 3 章为摩擦、磨损及润滑概述；第 4 ~ 7 章主要介绍机械中的常用机构（平面机构的运动简图及自由度、平面连杆机构、凸轮机构、间歇运动机构等）的工作原理；第 8 ~ 11 章主要介绍常用传动件（带传动、链传动、圆柱齿轮机构、蜗杆传动）的设计；第 12 章为齿轮系；第 13 章为连接件（如螺纹连接、键连接、销连接及其他类型连接）；第 14 ~ 16 章为轴系零部件（轴、轴承、联轴器、离合器）的设计及选用；此外，还扼要介绍了国家标准和有关规范。这些常用机构和通用零件的工作原理、设计理论和计算方法，对于专用机械和专用零件的设计也具有一定的指导意义。本课程的内容可为学生学习专业机械设备课程提供必要的理论基础。本课程的主要任务是培养学生使他们具备以下能力：

(1)把握常用机构和通用零件的工作原理和结构特点，使学生具有设计机械传动装置和简单机械的能力。

(2)初步具有运用标准、手册、规范、图册和查阅有关技术资料的能力。

(3)了解典型机械的实验方法，接受实验技术的基本训练。

0.3　机械零件的失效形式及设计准则

机械零件在预定的时间内和规定的条件下，不能完成正常的功能，称为失效。

机械零件的失效形式主要有：断裂，过大的残余应变，表面磨损、腐蚀，零件表面的接触疲劳和共振等。

机械零件的失效形式与许多因素有关,具体取决于该零件的工作条件、材质、受载状态及其所产生的应力性质等多种因素。即使是同一种零件,由于材质及工作情况不同,也可能出现各种不同的失效形式。如轴工作时,由于受载情况不同,可能出现断裂、过大塑性变形、磨损等失效形式。

为了使设计零件能在预定时间内和规定工作条件下正常工作,设计机械零件时应满足下面的基本要求:

1)强度

强度是保证机械零件正常工作的基本要求。为了避免零件在工作中发生断裂,必须使零件工作时满足下面的设计准则:

$$\sigma \leqslant [\sigma] \tag{0-1}$$

或

$$\tau \leqslant [\tau] \tag{0-2}$$

式中:σ、τ——分别为零件工作时的正应力和剪应力;

$[\sigma]$、$[\tau]$——分别为零件材料的许用正应力和许用剪应力。

为了提高机械零件的强度,设计时可采用下列措施:

(1)用强度高的材料;

(2)使零件具有足够的截面尺寸;

(3)合理设计机械零件的截面形状,以增大截面的惯性矩;

(4)采用各种热处理和化学处理方法来提高材料的机械强度特性;

(5)合理进行结构设计,以降低作用于零件上的载荷等。

2)刚度

刚度是指零件在载荷作用下抵抗弹性变形的能力。若零件刚度不够,将产生过大的挠度或转角而影响机器正常工作,例如,若车床主轴的弹性变形过大,会影响加工精度。为了使零件具有足够的刚度,设计时必须满足下面的设计准则:

$$y \leqslant [y] \tag{0-3}$$

$$\theta \leqslant [\theta] \tag{0-4}$$

$$\varphi \leqslant [\varphi] \tag{0-5}$$

式中: y、θ、φ——分别为零件工作时的挠度、偏转角和扭转角;

$[y]$、$[\theta]$、$[\varphi]$——分别为零件的许用挠度、许用偏转角和许用扭转角。

3)寿命

机械零件应有足够的寿命。影响零件寿命的主要因素有腐蚀、磨损和疲劳。但至今还没有提出实用且有效的腐蚀寿命计算方法,因此,也无法列出腐蚀寿命的计算准则。而磨损的计算,目前也没有简单、可靠的定量计算方法,因此,只能采用条件性的计算。至于疲劳寿命,通常是算出使用寿命时的疲劳极限来作为计算的依据。

4)可靠性

满足强度和刚度要求的一批相同的零件,由于零件的工作应力是随机变量,故在规定的工作条件下和规定的使用期限内,并非所有的零件都能完成规定的功能,零件在规定的工作条件下和规定的使用时间内完成规定功能的概率称为该零件的可靠度。可靠度是衡量零件工作可靠性的一个特征量。不同零件的可靠度要求是不同的,设计时应根据具体零件的重要程度选择适当的可靠度。

0.4 机械零件常用材料及其选用原则

机械制造中最常用的材料是钢和铸铁，其次是有色金属合金；非金属材料如塑料、橡胶等，在机械制造中也得到广泛的应用。

0.4.1 金属材料

金属材料主要指铸铁和钢，它们都是铁碳合金，它们的区别主要在于含碳量的不同。含碳量小于2%的铁碳合金称为钢，含碳量大于2%的称为铁。

1）铸铁

常用的铸铁有灰铸铁、球墨铸铁、可锻铸铁、合金铸铁等。其中，灰铸铁和球墨铸铁属脆性材料，不能碾压和锻造，不易焊接，但具有适当的易熔性和良好的液态流动性，因而可铸成形状复杂的零件。灰铸铁的抗压强度高，耐磨性、减振性好，对应力集中的敏感性小，价格便宜，但其抗拉强度较钢差。灰铸铁常用作机架或壳座。球墨铸铁强度较灰铸铁高且具有一定的塑性，球墨铸铁可代替铸钢和锻钢用来制造曲轴、凸轮轴、油泵齿轮、阀体等。

2）钢

钢的强度较高，塑性较好，可通过轧制、锻造、冲压、焊接和铸造方法加工各种机械零件，并且可以用热处理和表面处理方法提高机械性能，因此其应用极为广泛。

钢的类型很多，按用途分，钢可分为结构钢、工具钢和特殊用途钢。结构钢可用于加工机械零件和各种工程结构。工具钢可用于制造各种刀具、模具等。特殊用途钢（不锈钢、耐热钢、耐腐蚀钢）主要用于特殊的工况条件下。按化学成分不同，钢可分为碳素钢和合金钢。碳素钢的性能主要取决于含碳量，含碳量越多，其强度越高，但塑性越低。碳素钢包括普通碳素结构钢和优质碳素结构钢。普通碳素结构钢（如Q215、Q235）一般只保证机械强度而不保证化学成分，不宜进行热处理，通常用于不太重要的零件和机械结构中。低碳钢的含碳量低于0.25%，其强度极限和屈服极限较低，塑性很高，可焊性好，通常用于制作螺钉、螺母、垫圈和焊接件等。含碳量在0.1%~0.2%的低碳钢零件，可通过渗碳淬火使其表面硬而芯部韧，一般用于制造齿轮、链轮等要求表面耐磨而且耐冲击的零件。中碳钢的含碳量在0.3%~0.5%之间，它的综合力学性能较好，因此可用于制造受力较大的螺栓、螺母、键、齿轮和轴等零件。含碳量在0.55%~0.7%的高碳钢具有高的强度和刚性，通常用于制作普通的板弹簧、螺旋弹簧和钢丝绳。合金结构钢是在碳钢中加入某些合金元素冶炼而成。每一种合金元素低于2%或合金元素总量低于5%的称为低合金钢；每一种合金元素含量为2%~5%或合金元素总含量为5%~10%的称为中合金钢；每一种合金元素含量高于5%或合金元素总含量高于10%的称为高合金钢。加入不同的合金元素可改变钢的机械性能并具有各种特殊性质。例如，铬能提高钢的硬度，并在高温时防锈耐酸；镍使钢具有良好的淬透性和耐磨性。但合金钢零件一般都需经过热处理才能提高其机械性能；此外，合金钢较碳素钢价格高，对应力集中亦较敏感，因此，在碳素钢难于胜任工作时才考虑采用。

用碳素钢和合金钢浇铸而成的铸件称为铸钢，通常用于制造结构复杂、体积较大的零件，但铸钢的液态流动性比铸铁差，且其收缩率比铸铁件大，故铸钢的壁厚常大于10mm，其圆角和不同壁厚的过渡部分应比铸铁件大。表0-1是常用金属材料的力学性能。

常用金属材料的力学性能 表 0-1

材料		力学性能		
名称	牌号	抗拉强度 σ_b (N/mm^2)	屈服强度 σ_s (N/mm^2)	硬度 (HBS)
普通碳素结构钢	Q215	335~410	215	
	Q235	375~460	235	
	Q255	410~510	255	
	Q275	490~610	275	
优质碳素结构钢	20	410	245	156
	35	530	315	197
	45	600	355	220
合金结构钢	$18Cr_2Ni_4W$	118	835	260
	35SiMn	785	510	229
	40Cr	981	785	247
	40CrNiMo	980	835	269
	20CrMnTi	1 079	834	≤217
	65Mn	735	430	285
铸钢	ZG230-450	450	230	≥130
	ZG270-500	550	270	≥143
	ZG310-570	570	310	≥153
灰铸铁	HT150	145	—	150~200
	HT200	195	—	170~220
	HT250	240	—	190~240
球墨铸铁	QT450-10	450	310	160~210
	QT500-7	500	320	170~230
	QT600-3	600	370	190~270
	QT700-2	700	420	225~305

3)有色金属合金

有色金属合金具有良好的减磨性、跑合性、抗腐蚀性、抗磁性、导电性等特殊性能,在工业中应用最广的是铜合金、轴承合金和轻合金,但有色金属合金比黑色金属价格贵。铜合金有青铜与黄铜之分,黄铜是铜与锡的合金,它具有很好的塑性和流动性,能碾压和铸造各种机械零件。青铜有锡青铜和无锡青铜两类,它们的减摩性和抗腐蚀性均较好。轴承合金(即简称巴氏合金)为铜、锡、铅、锑的合金,其减摩性、导热性、抗胶合性优良,但强度低且较贵,主要用于制作滑动轴承的轴承衬。

0.4.2 非金属材料

非金属材料是现代工业和高技术领域中不可缺少和占有重要地位的材料,非金属材料包括除金属材料以外几乎所有的材料。机械制造中应用的非金属材料种类很多,有塑料、橡胶、陶瓷、木料、毛毡、皮革、棉丝等。

1）橡胶

橡胶富有弹性，有较好的缓冲、减振、耐热、绝缘等性能，常用作联轴器和减振器的弹性与装置、橡胶带及绝缘材料等。

2）塑料

塑料是合成高分子材料工业中生产最早、发展最快、应用最广的材料。塑料比重小，易制成形状复杂的零件，而且各种不同塑料具有不同的特点，如耐蚀性、减摩耐磨性、绝热性、抗振性等。常用塑料包括聚氯乙烯、聚烯烃、聚苯乙烯、酚醛和氨基塑料。工程塑料包括聚甲醛、聚四氟乙烯、聚酰胺、聚碳酸酯、ABS、尼龙、MC 尼龙、氯化聚醚等。目前某些齿轮、蜗轮、滚动轴承的保持架和滑动轴承的轴承衬均有使用塑料制造的。一般工程塑料耐热性能较差，而且易老化而使性能逐渐变差。

3）复合材料

复合材料是将两种或两种以上不同性质的材料通过不同的工艺方法人工合成多相的复合材料，它既可以保持组成材料各自原有的一些最佳特性，又可具有组合后的新特性，这样就可根据零件对于材料性能的要求进行材料配方的优化组合。复合材料主要由增强材料和基体材料组成。还有一类是通过加入各种短纤维等的功能复合材料，如导电性塑料、光导纤维、绝缘材料等。近年来，从材料的功能复合目的出发，应用于光、热、电、阻尼、润滑、生物等方面新的复合材料不断问世，复合材料的应用范围正得到不断的扩大。

4）陶瓷

陶瓷材料具有高的熔点，在高温下有较好的化学稳定性，适宜用作高温材料。一般超耐热合金使用的温度界限为 950 ~ 1 100℃，而陶瓷材料的使用温度界限为 1 200 ~ 1 600℃，因此，现代机械装置特别是高温机械部分，使用陶瓷材料将是一个重要的研究方向。此外，高硬度的陶瓷材料，具有摩擦系数小、耐磨、耐化学腐蚀、相对密度小、线膨胀系数小等特性，因此可应用于高温、中温、低温领域及精密加工的机械零件，也可以做电机零件。以机械装置为代表使用的陶瓷材料叫做工程陶瓷。

0.4.3　机械材料选用的原则

从各种各样的材料中选择出合用的材料是一项受到多方面因素制约的工作，通常应考虑下面的原则。

1）载荷的大小和性质，应力的大小、性质及其分布状况

对于承受拉伸载荷为主的零件宜选用钢材，承受压缩载荷的零件应选铸铁。脆性材料原则上只适用于制造承受静载荷的零件，承受冲击载荷时应选择塑性材料。

2）零件的工作条件

在腐蚀介质中工作的零件应选用耐腐蚀材料，在高温下工作的零件应选耐热材料，在湿热环境下工作的零件，应选防锈能力好的材料，如不锈钢、铜合金等。零件在工作中有可能发生磨损之处，要提高其表面硬度，以增强耐磨性，应选择适于进行表面处理的淬火钢、渗碳钢、氮化钢。金属材料的性能可通过热处理和表面强化（如喷丸、滚压等）来提高和改善，因此要充分利用热处理和表面处理的手段来发挥材料的潜力。

3）零件的尺寸及品质

零件尺寸的大小及品质的好坏与材料的品种及毛坯制取方法有关。对外形复杂、尺寸较大的零件，若考虑用铸造毛坯，则应选用适合铸造的材料；若考虑用焊接毛坯，则应选用焊接性

能较好的材料。尺寸小、外形简单、批量大的零件，适于冲压和模锻，所选材料就应具有较好的塑性。

4)经济性

选择零件材料时，当用价格低廉的材料能满足使用要求时，就不应选择价格高的材料，这对于大批量制造的零件尤为重要；此外，还应考虑加工成本及维修费用。为了简化供应和减少储存的材料品种，对于小批制造的零件，应尽可能减少同一部设备上使用材料的品种和规格，使综合经济效益最高。

0.5 机械设计的基本要求及程序

0.5.1 机械设计的基本要求

虽然不同的机械其功能和外形都不相同，但它们设计的基本要求大体是相同的。机械应满足的基本要求可以归纳为几个方面。

1)功能要求

满足机器预定的工作要求，如机器工作部分的运动形式、速度、运动精度和平稳性、需要传递的功率，以及某些使用上的特殊要求(如高温、防潮等)。

2)安全可靠性要求

(1)使整个技术系统和零件在规定的外载荷和规定的工作时间内，能正常工作而不发生断裂、过度变形、过度磨损，不丧失稳定性。

(2)能实现对操作人员的防护，保证人身安全和身体健康。

(3)对于技术系统的周围环境和人不致造成危害和污染，同时要保证机器对环境的适应性。

3)经济性

在产品整个设计周期中，必须把产品设计、销售及制造三方面作为一个系统工程来考虑，用价值工程理论指导产品设计，正确使用材料，采用合理的结构尺寸和工艺，以降低产品的成本。设计机械系统和零部件时，应尽可能标准化、通用化、系列化，以提高设计质量，降低制造成本。

4)其他要求

机械系统外形美观，便于操作和维修。此外，还必须考虑有些机械由于工作环境和要求不同，而对设计提出某些特殊要求，如食品卫生条件、耐腐蚀、高精度要求等。

0.5.2 机械设计的一般程序

机械设计就是建立满足功能要求的技术系统的创造过程。机械设计一般过程如图0-3所示。

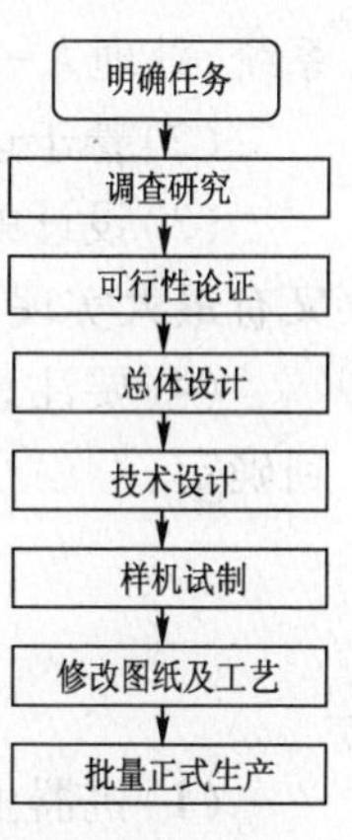

图0-3 机械设计过程

1)明确设计任务

产品设计是一项为实现预定目标的有目的的活动，因此正确地决定设计目标(任务)是设计成功的基础。明确设计任务包括定出技术系统的总体目标和各项具体的技术要求，这是设计、优化、评价、决策的依据。

明确设计任务包括:分析所设计机械系统的用途、功能,各种技术经济性能指标和参数范围,预期的成本范围等,并对同类或相近产品的技术经济指标,同类产品的不完善性,用户的意见和要求,目前的技术水平以及发展趋势,认真进行调查研究、收集材料,以进一步明确设计任务。

2)总体设计

机械系统总体设计根据机器要求进行功能设计研究。总体设计包括确定工作部分的运动和阻力,选择原动机的种类和功率,选择传动系统,机械系统的运动和动力计算,确定各级传动比和各轴的转速、转矩和功率。总体设计时要考虑机械的操作、维修、安装、外廓尺寸等要求,确定机械系统各主要部件之间的相对位置关系及相对运动关系,人—机—环境之间的合理关系。总体设计对机械系统的制造和使用都有很大的影响,为此,常需作出几个方案加以分析、比较,通过优化,求解,得出最佳方案。

3)技术设计

技术设计又称结构设计。其任务是根据总体设计的要求,确定机械系统各零部件的材料、形状、数量、空间相互位置、尺寸、加工和装配,并进行必要的强度、刚度、可靠性设计,若有几种方案时,需进行评价决策,最后选择最优方案。技术设计时还要考虑加工条件、现有材料、各种标准零部件、相近机器的通用件。技术设计是保证质量、提高可靠性、降低成本的重要工作。技术设计还需绘制总装配图、部件装配图、编制设计说明书等。技术设计是从定性到定量、从抽象到具体、从粗略到详细的设计过程。

4)样机试制

样机试制阶段是通过样机制造、样机试验,检查机械系统的功能及整机、零部件的强度、刚度、运转精度、振动稳定性、噪声等方面的性能,随时检查及修正设计图纸,以更好地满足设计要求。

5)批量正式生产

批量正式生产阶段是根据样机试验、使用、测试、鉴定所暴露的问题,进一步修正设计,以保证完成系统功能,同时验证各工艺的正确性,以提高生产率,降低成本,提高经济效益。

产品设计过程是智力活动过程,它体现了设计人员的创新思维活动,设计过程是逐步逼近解答方案并逐步完善的过程。设计过程中还应注意以下几点:

(1)设计过程要有全局观点,不能只考虑设计对象本身的问题,而要把设计对象看做一个系统,处理人—机—环境之间的关系。

(2)善于运用创造性思维和方法,注意考虑多方案解,避免解答的局限性。

(3)设计的各阶段应有明确的目标,注意各阶段的评价和优选,以求出既满足功能要求,又有最大实现可能的方案。

(4)要注意反馈及必要的工作循环。解决问题要由抽象到具体,由局部到全面,由不确定到确定。

本章小结

(1)机器由机构组成,机构由若干构件组成,各构件之间具有确定的相对运动。

(2)机械制造中最常用的材料是钢和铸铁,其次是有色金属合金,再次是非金属材料,如塑料、橡胶等。

(3)机械材料选用的原则主要有:①载荷的大小和性质,应力的大小、性质及其分布状况;②零件的工作条件;③零件的尺寸及质量;④经济性。

(4)机械设计的基本要求:①功能要求;②安全可靠性要求;③经济性;④其他要求。

(5)机械设计的一般程序:①明确设计任务;②总体设计;③技术设计;④样机试制;⑤批量正式生产。

习　　题

0-1　试述机械、机构、构件、零件的含义。

0-2　试述机械零件失效、失效主要形式及机械零件设计准则的含义。

0-3　机械中常用哪些材料?试简述钢和铸铁的主要性能及其应用。

0-4　试各举出具备下述功能的机器的两个事例:①原动机;②将机械能变换为其他形式能的机器;③实现物料变换的机器;④变换或传递信息的机器;⑤传递物料的机器;⑥传递机械能的机器。

0-5　指出下列机器的原动部分、工作部分、传动部分、支承部分、控制部分:①汽车;②自行车;③电风扇;④缝纫机。

0-6　指出汽车中三个通用零件和专用零件。

第1章 静 力 学

学习目标

知识目标：1. 熟悉静力学的几个公理和定理；

2. 熟悉各种约束的类型和约束反力的计算；

3. 掌握平面力系的简化与平衡问题；

4. 熟悉合力矩定理的应用；

5. 了解空间力系的简化与平衡问题；

6. 熟悉重心的计算。

能力目标：1. 能进行物体的受力分析；

2. 能对平面力系进行分解和简化；

3. 能利用空间力系的平衡方程对空间力系进行分解和简化。

1.1 静力学基础

1.1.1 基本概念

1）力的概念

力的概念产生于人类从事的生产劳动当中。当人们用手握、拉、掷及举起物体时，由于肌肉紧张而感受到力的作用，这种作用广泛存在于人与物及物与物之间。例如，奔腾的水流能推动水轮机旋转，锤子的敲打会使烧红的铁块变形等。

（1）力的定义。力是物体之间相互的机械作用，这种作用将使物体的机械运动状态发生变化，或者使物体产生变形。前者称为力的外效应，后者称为力的内效应。

（2）力的三要素。实践证明，力对物体的作用效应，决定于力的大小、方向（包括方位和指向）和作用点的位置，这三个因素就称为力的三要素。在这三个要素中，如果改变其中任何一个，也就改变了力对物体的作用效应。例如：用扳手拧螺母时，作用在扳手上的力，因大小不同，或方向不同，或作用点不同，它们产生的效果就不同（图1-1a）。

（3）力是矢量。力是一个既有大小又有方向的量，而且又满足矢量的运算法则，因此力是矢量（或称向量）。矢量常用一个带箭头的有向线段来表示（图1-1b）。线段长度 AB 按一定比例代表力的大小，线段的方位和箭头表示力的方向，其起点或终点表示力的作用点。此线段的延伸称为力的作用线。用黑体字 $\boldsymbol{F}$ 代表力矢，并以同一字母的非黑体字 F 代表该矢量的模（大小）。

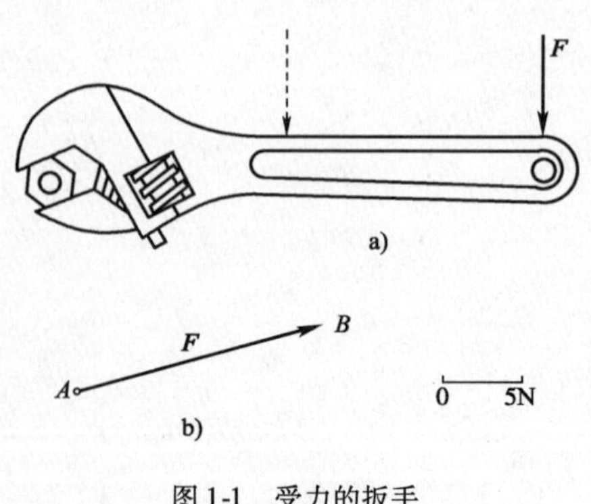

图1-1 受力的扳手

(4)力的单位。力的国际制单位是牛顿或千牛顿,其符号为 N 或 kN。

2)力系的有关概念

物体处于平衡状态时,作用于该物体上的力系称为平衡力系。力系平衡所满足的条件称为平衡条件。如果两个力系对同一物体的作用效应完全相同,则称这两个力系互为等效力系。当一个力系与一个力的作用效应完全相同时,把这一个力称为该力系的合力,而该力系中的每一个力称为合力的分力。

必须注意,等效力系只是不改变原力系对于物体作用的外效应,至于内效应显然将随力的作用位置等的改变而有所不同。

3)刚体的概念

所谓刚体是指在受力状态下保持其几何形状和尺寸不变的物体。显然,这是一个理想化的模型,实际上并不存在这样的物体。但是,工程实际中的机械零件和结构构件,在正常工作情况下所产生的变形,一般都是非常微小的。这样微小的变形对于研究物体的外效应的影响极小,是可以忽略不计的。当然,在研究物体的变形问题时,就不能把物体看做是刚体,否则会导致错误的结果,甚至无法进行研究。

1.1.2 静力学公理

人们在长期的生活和生产实践中,发现和总结出一些最基本的力学规律,又经过实践的反复检验,证明是符合客观实际的普遍规律,于是就把这些规律作为力学研究的基本出发点。这些规律称为静力学公理。

公理一　二力平衡公理

当一个刚体受两个力作用而处于平衡状态时,其充分与必要的条件是:这两个力大小相等,作用于同一直线上,且方向相反(图 1-2)。

这个公理揭示了作用于物体上的最简单的力系在平衡时所必须满足的条件,它是静力学中最基本的平衡条件。

二力体:只受两个力作用而平衡的物体称为二力体。

机械和建筑结构中的二力体常常统称为“二力构件”。它们的受力特点是:两个力的方向必在二力作用点的连线上。

应用二力体的概念,可以很方便地判定结构中某些构件的受力方向。如图 1-3 所示,三铰拱中 *AB* 部分,当车辆不在该部分上且不计自重时,它只可能通过 *A*、*B* 两点受力,是一个二力构件,故 *A*、*B* 两点的作用力必沿 *AB* 连线的方向。

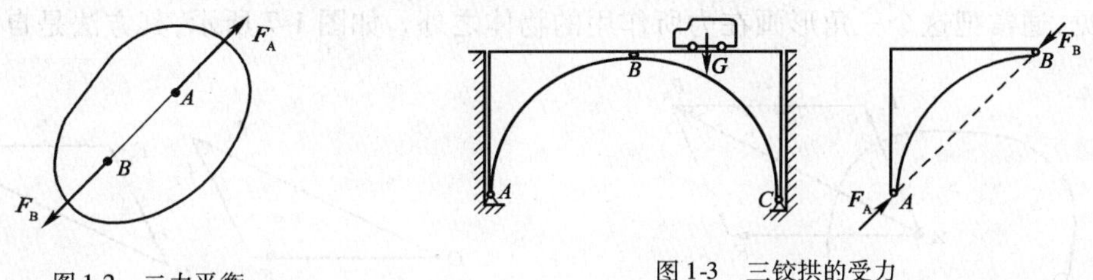

图 1-2　二力平衡

图 1-3　三铰拱的受力

公理二　加减平衡力系公理

在刚体的原有力系中,加上或减去任一平衡力系,不会改变原力系对刚体的作用效应。

这一公理的正确性是显而易见的,因为一个平衡力系是不会改变物体的原有状态的。这

个公理常被用来简化某一已知力系。依据这一公理,可以得出一个重要推论:

力的可传性原理:作用于刚体上的力,可以沿其作用线移至刚体内任一点,而不改变原力对刚体的作用效应。例如,图1-4中在车后A点加一水平力推车,与在车前B点加一水平力拉车,其效果是一样的。

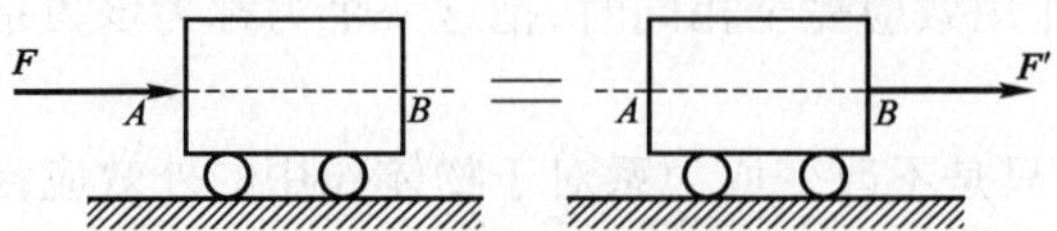

图1-4 推车受力的可传性

这个原理可以利用上述公理推证如下:

(1)设$\boldsymbol{F}$作用于A点(图1-5a);

(2)在力的作用线上任取一点B,并在B点加一平衡力系($\boldsymbol{F}_1$,$\boldsymbol{F}_2$),使$\boldsymbol{F}_1 = -\boldsymbol{F}_2 = -\boldsymbol{F}$(图1-5b);由加减平衡力系公理知,这并不影响原力$\boldsymbol{F}$对刚体的作用效应;

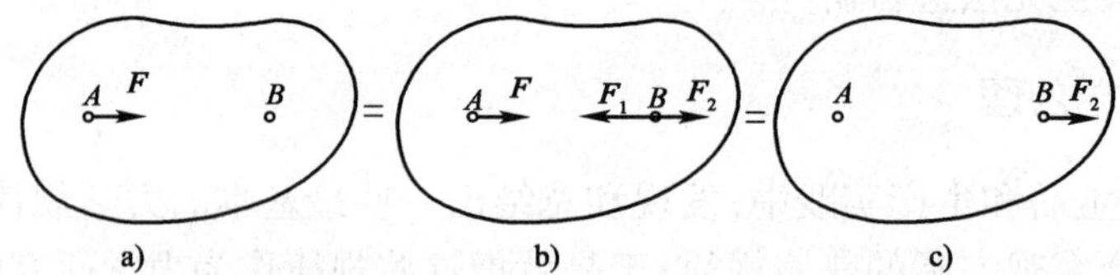

图1-5 力的可传性的移动过程

(3)再从该力系中去掉平衡力系($\boldsymbol{F}$,$\boldsymbol{F}_1$),则剩下的$\boldsymbol{F}_2$与原力$\boldsymbol{F}$等效(图1-5c)。

这样就把原来作用在A点的力$\boldsymbol{F}$沿其作用线移到了B点。

根据力的可传性原理,力在刚体上的作用点已为它的作用线所代替,所以作用于刚体上的力的三要素又可以说是:力的大小、方向和作用线。这样的力矢量称为滑移矢量。

应当指出,力的可传性原理只适用于刚体,对变形体不适用。

公理三 力的平行四边形法则

作用于物体同一点的两个力可以合成为一个合力,合力也作用于该点,其大小和方向由以这两个力为邻边所构成的平行四边形的对角线所确定,即合力矢等于这两个分力矢的矢量和(图1-6)。其矢量表达式为:

$$\boldsymbol{F}_R = \boldsymbol{F}_1 + \boldsymbol{F}_2 \tag{1-1}$$

在求合力时,实际上只需作出力的平行四边形的一半,即一个三角形就行了。为了使图形清晰起见,通常把这个三角形画在力所作用的物体之外。如图1-7所示,其方法是自任意点O

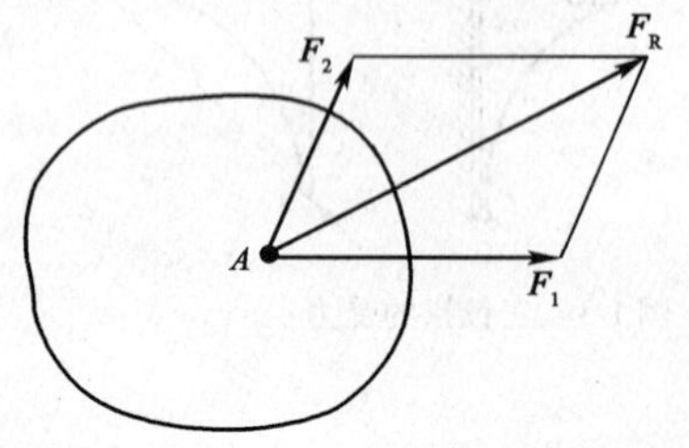

图1-6 力的合成

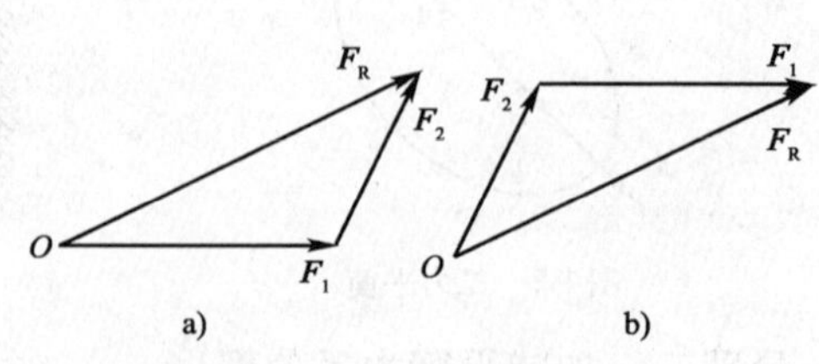

图1-7 力的三角形法则

先画出一力矢 $\boldsymbol{F}_1$，然后再由 $\boldsymbol{F}_1$ 的终点画一力矢 $\boldsymbol{F}_2$，最后由 O 点至力矢 $\boldsymbol{F}_2$ 的终点作一矢量 $\boldsymbol{F}_R$，它就代表 $\boldsymbol{F}_1$、$\boldsymbol{F}_2$ 的合力。合力的作用点仍为汇交点 A。这种作图方法称为力的三角形法则。在作力三角形时，必须遵循这样一个原则，即分力力矢首尾相接，但次序可变，合力力矢与最后分力箭头相接。此外还应注意，力三角形只表示力的大小和方向，而不表示力的作用点或作用线。

力的平行四边形法则总结了最简单的力系简化规律，它是较复杂力系合成的主要依据。

力的分解是力的合成的逆运算，因此也是按平行四边形法则来进行的，但为不定解。在工程实际中，通常是分解为方向互相垂直的两个分力。如图1-8所示，在进行直齿圆柱齿轮的受力分析时，常将齿面的法向正压力 $\boldsymbol{F}_n$ 分解为推动齿轮旋转的即沿齿轮分度圆圆周切线方向的分力——圆周力 $\boldsymbol{F}_t$，指向轴心的压力——径向力 $\boldsymbol{F}_r$。若已知 $\boldsymbol{F}_n$ 与分度圆圆周切向所夹的压力角为 α，则有：

$$F_t = F_n\cos\alpha \quad F_r = F_n\sin\alpha$$

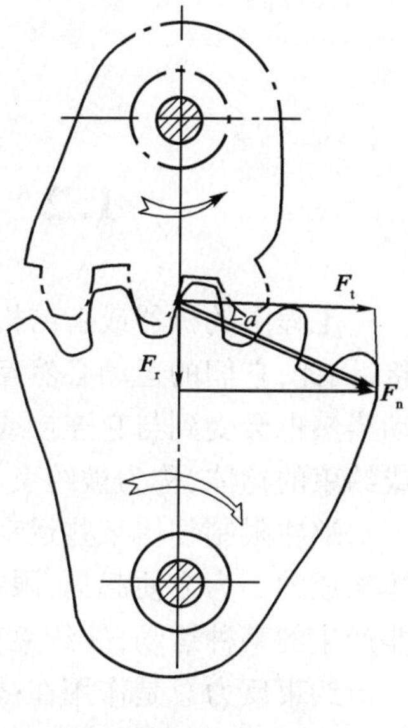

图1-8　直齿圆柱齿轮的受力分析

运用公理二、公理三可以得到下面的推论：

物体受三个力作用而平衡时，此三个力的作用线必汇交于一点。此推论称为三力平衡汇交定理。读者可自行证明。

公理四　作用与反作用定律

两个物体间的作用力与反作用力，总是大小相等，方向相反，作用线相同，并分别作用于这两个物体。

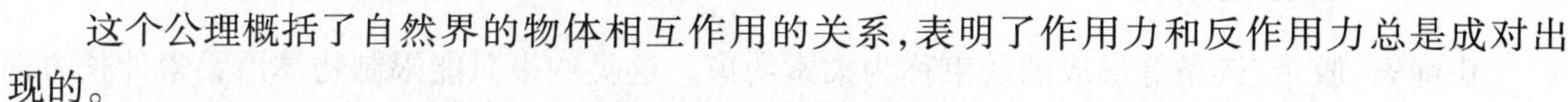

这个公理概括了自然界的物体相互作用的关系，表明了作用力和反作用力总是成对出现的。

必须强调指出，作用力和反作用力是分别作用于两个不同的物体上的，因此，决不能认为这两个力相互平衡，这与二力平衡公理中的两个力有着本质上的区别。

工程中的机械都是由若干个物体通过一定的形式约束组合在一起，称为物体系统，简称物系。物系外的物体与物系之间的作用力称为外力，而物系内部物体间的相互作用力称为内力。内力总是成对出现且等值、反向、共线。对物系而言，内力的合力恒为零，故内力不会改变物系的运动状态。但内力与外力的划分又与所取物系的范围有关。随着所取对象的范围不同，内力与外力是可以互相转化的。

1.1.3　力在坐标轴上的投影

过 $\boldsymbol{F}$ 两端向坐标轴引垂线（图1-9）得垂足 a、b、a'、b'。线段 ab 和 $a'b'$ 分别为 $\boldsymbol{F}$ 在 x 轴和 y 轴上投影的大小，投影的正负号规定为：从 a 到 b（或从 a' 到 b'）的指向与坐标轴正向相同为正，相反为负。$\boldsymbol{F}$ 在 x 轴和 y 轴上的投影分别记作 F_x、F_y，

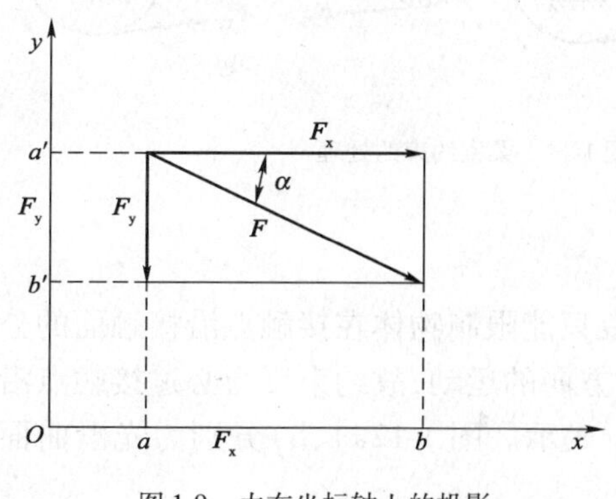

图1-9　力在坐标轴上的投影

若已知 $\boldsymbol{F}$ 的大小及其与 x 轴所夹的锐角 α，则有

$$\left.\begin{aligned} F_x &= F\cos\alpha \\ F_y &= -F\sin\alpha \end{aligned}\right\} \tag{1-2}$$

如将 $\boldsymbol{F}$ 沿坐标轴方向分解,所得分力 $\boldsymbol{F}_x$、$\boldsymbol{F}_y$ 的值与在同轴上的投影 F_x、F_y 相等。但须注意,力在轴上的投影是代数量,而分力是矢量,不可混为一谈。

若已知 $\boldsymbol{F}_x$、$\boldsymbol{F}_y$ 值,可求出 $\boldsymbol{F}$ 的大小和方向,即:

$$\left.\begin{aligned} F &= \sqrt{F_x^2 + F_y^2} \\ \tan\alpha &= \left|\frac{F_y}{F_x}\right| \end{aligned}\right\} \tag{1-3}$$

1.2　约束和约束反力的概念及类型

工程中的机器或者结构,总是由许多零部件组成的。这些零部件按照一定的形式相互连接,因此,它们的运动必然互相牵连和限制。如果从中取出一个物体作为研究对象,则它的运动当然也会受到与它连接或接触的周围其他物体的限制。也就是说,它是一个运动受到限制或约束的物体,称为被约束体。

那些限制物体某些运动的条件,称为约束。这些限制条件总是由被约束体周围的其他物体构成的。为方便起见,限制被约束体运动的周围物体也称为约束。约束限制了物体本来可能产生的某种运动,故约束有力作用于被约束体,这种力称为约束反力。

约束反力总是作用在被约束体与约束体的接触处,其方向也总是与该约束所能限制的运动或运动趋势的方向相反。据此,即可确定约束反力的位置及方向。

1.2.1　柔索约束

由绳索、胶带、链条等形成的约束称为柔索约束。这类约束只能限制物体沿柔索伸长方向的运动,因此它对物体只有沿柔索方向的拉力,常用符号为 $\boldsymbol{F}_T$(图 1-10)。如图 1-11 所示,当柔索绕过轮子时,常假想在柔索的直线部分处截开柔索,将与轮接触的柔索和轮子一起作为考察对象。这样处理,就可不考虑柔索与轮子间的内力,这时作用于轮子的柔索拉力即沿轮缘的切线方向(图 1-11b)。

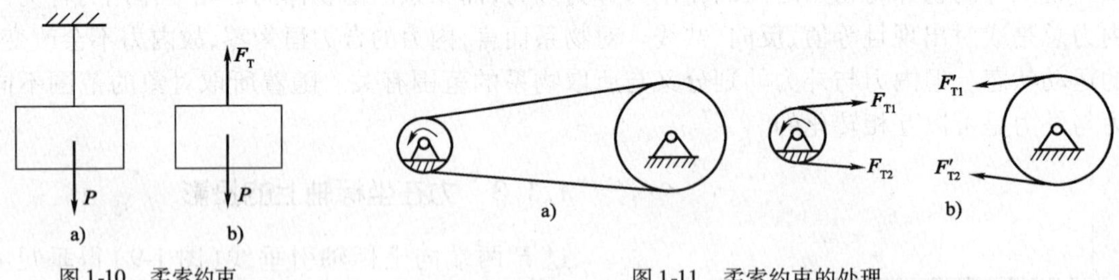

图 1-10　柔索约束

图 1-11　柔索约束的处理

1.2.2　光滑面约束

当两物体直接接触,并可忽略接触处的摩擦时,约束只能限制物体在接触点沿接触面的公法线方向约束物体的运动,不能限制物体沿接触面切线方向的运动,故约束反力必过接触点沿接触面法向并指向被约束体,简称法向压力,通常用 $\boldsymbol{F}_N$ 表示。图 1-12a)、b)分别为光滑曲面对刚体球的约束和齿轮传动机构中齿轮轮齿的约束。

图 1-13 为直杆与方槽在 A、B、C 三点接触，三处的约束反力沿二者接触点的公法线方向作用。

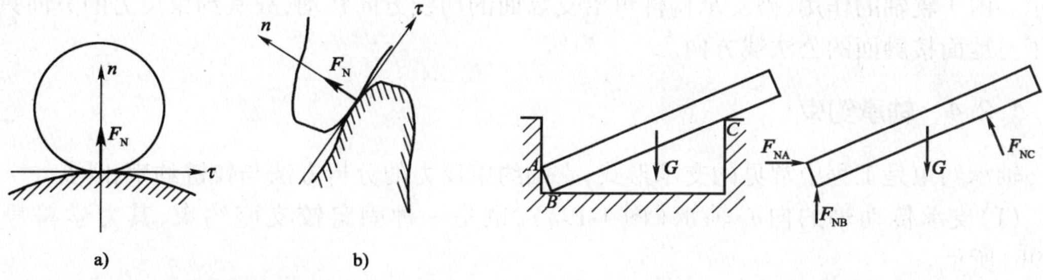

图 1-12　光滑曲面约束的法向压力

图 1-13　方槽对直杆的约束反力

1.2.3　光滑铰链约束

铰链是工程上常见的一种约束。它是在两个钻有圆孔的构件之间采用圆柱定位销所形成的连接，如图 1-14 所示。门所用的合页、铡刀与刀架、起重机的动臂与机座的连接等，都是常见的铰链连接。

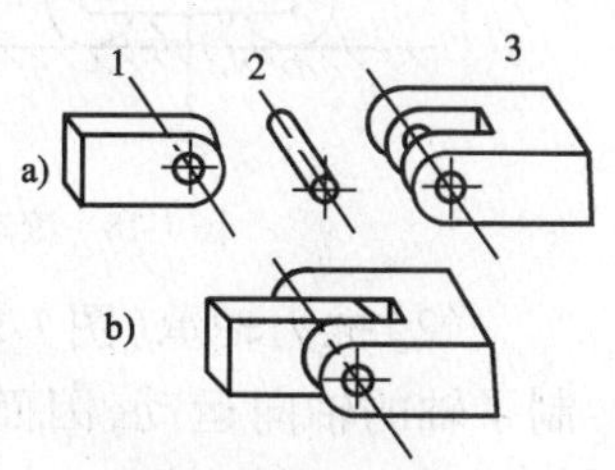

图 1-14　铰链连接

1、3-构件；2-定位销

一般认为销钉与构件光滑接触，所以这也是一种光滑表面约束，约束反力应通过接触点 K 沿公法线方向（通过销钉中心）指向构件（图 1-15a）。但实际上很难确定 K 的位置，因此反力 $\boldsymbol{F}_N$ 的方向无法确定。所以，这种约束反力通常是用两个通过铰链中心的大小和方向未知的正交分力 $\boldsymbol{F}_x$、$\boldsymbol{F}_y$ 来表示，两分力的指向可以任意设定（图 1-15b）。

这种约束在工程上应用广泛，可分为三种类型。

（1）固定铰支座。用以将构件和基础连接。如图 1-16a），桥梁的一端与桥墩连接时，常用这种约束，图 1-16b）是这种约束的简图。

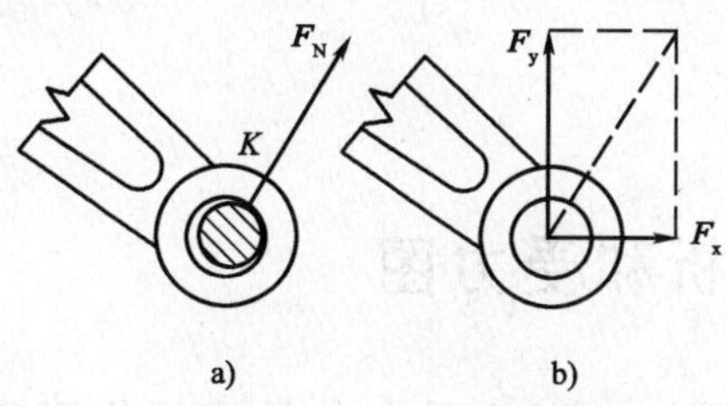

图 1-15　销钉与构件的约束反力

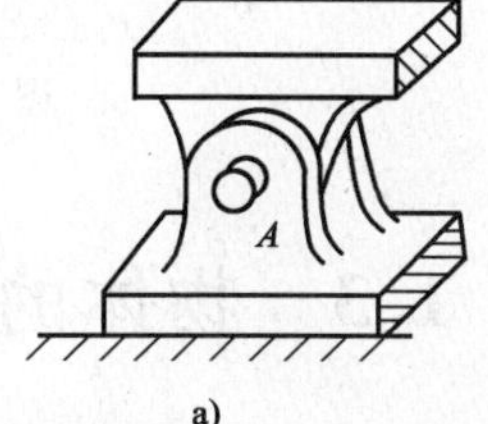

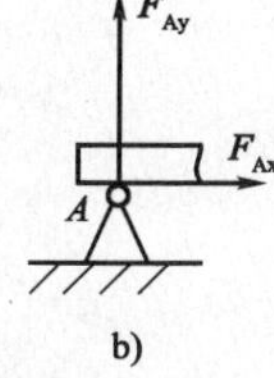

图 1-16　固定铰支座

（2）中间铰链。用来连接两个可以相对转动但不能移动的构件，如曲柄连杆机构中曲柄与连杆、连杆与滑块的连接（图 1-17）。通常在两个构件连接处用一个小圆圈表示铰链（图1-17c）。

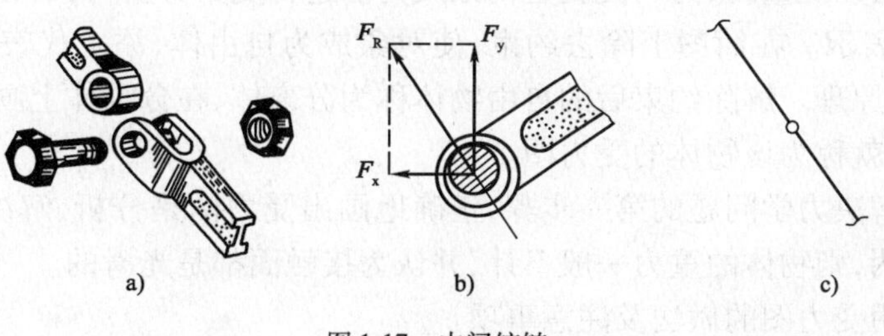

图 1-17　中间铰链

(3)滚动铰支座。在桥梁、屋架等结构中,除了使用固定铰支座外,还常使用一种放在几个圆柱形滚子上的铰链支座,这种支座称为滚动铰支座,也称为辊轴支座,它的构造如图 1-18 所示。由于辊轴的作用,被支承构件可沿支承面的切线方向移动,故其约束反力的方向只能在滚子与地面接触面的公法线方向。

1.2.4 轴承约束

轴承约束是工程中常见的支承形式,它的约束反力的分析方法与铰链约束相同。

(1)支承传动轴的向心轴承(图 1-19a),也是一种固定铰支座约束,其力学符号如图 1-19b)所示。

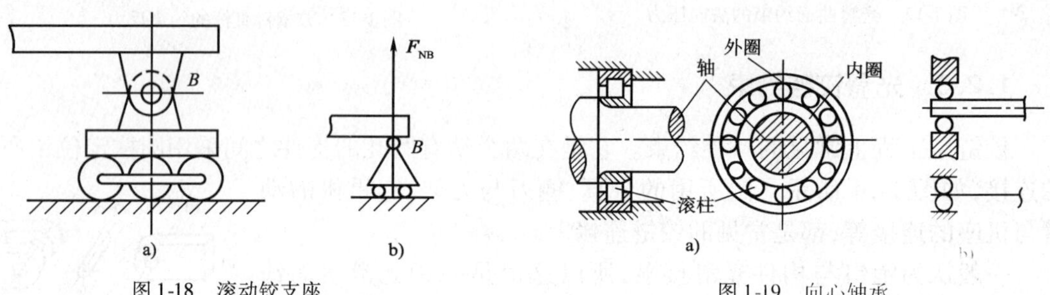

图 1-18 滚动铰支座　　图 1-19 向心轴承

(2)推力轴承(图 1-20a),除了与向心轴承一样具有作用线不定的径向约束力外,由于限制了轴的轴向运动,因而还有沿轴线方向的约束反力(图 1-20b)。其力学符号如图 1-20c)所示。

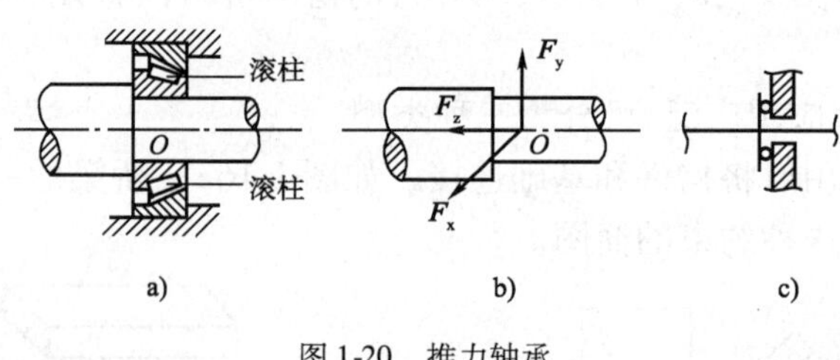

图 1-20 推力轴承

1.3 物体的受力分析和受力图

所谓受力分析,是指分析所要研究的物体(称为研究对象)上受力多少、各力作用点和方向的过程。

工程中物体的受力可分为两类,一类称为主动力,如工作载荷、构件自重、风力等,这类力一般是已知的或可以测量的,另一类就是约束反力。进行受力分析时,研究对象可以用简单线条组成的简图来表示。在简图上除去约束,使对象成为自由体,添上代表约束作用的约束反力,称为解除约束原理。解除约束后的自由物体称为分离体,在分离体上画上它所受的全部主动力和约束反力,就称为该物体的受力图。

画受力图是解决力学问题的第一步骤,正确地画出受力图是分析、解决力学问题的前提。如果没有特别说明,则物体的重力一般不计,并认为接触面都是光滑的。

下面举例说明受力图的做法及注意事项。

例 1-1 重力为 $\boldsymbol{P}$ 的圆球放在板 AC 与墙壁 AB 之间，如图 1-21a）所示。设板 AC 重力不计，试作出板与球的受力图。

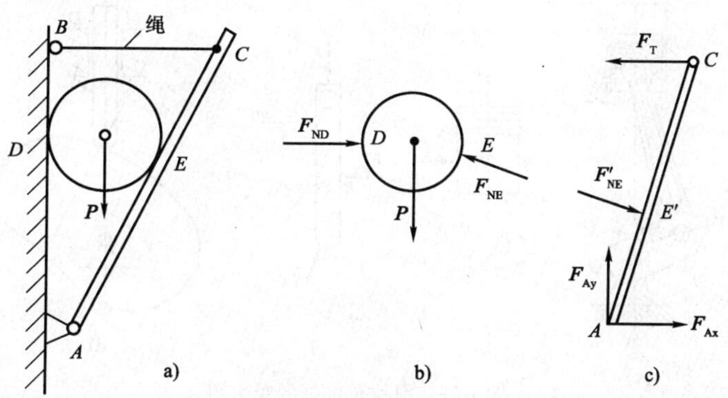

图 1-21　板与球的受力图

解：先取球为研究对象，作出简图。球上主动力 $\boldsymbol{P}$，约束反力有 $\boldsymbol{F}_{ND}$ 和 $\boldsymbol{F}_{NE}$，均属光滑面约束的法向反力。受力图如图 1-21b）所示。

再取板作研究对象。由于板的自重不计，故只有 A、C、E 处的约束反力。其中 A 处为固定铰支座，其反力可用一对正交分力 $\boldsymbol{F}_{Ax}$、$\boldsymbol{F}_{Ay}$ 表示；C 处为柔索约束，其反力为拉力 $\boldsymbol{F}_T$；E 处的反力为法向反力 $\boldsymbol{F}'_{NE}$，要注意该反力与球在处所受反力 $\boldsymbol{F}_{NE}$ 为作用与反作用的关系，受力图如图 1-21c）所示。

例 1-2 图 1-22 所示为一起重机支架，已知支架重量 $\boldsymbol{W}$、吊重 $\boldsymbol{G}$。试画出重物、吊钩、滑车与支架以及物系整体的受力图。

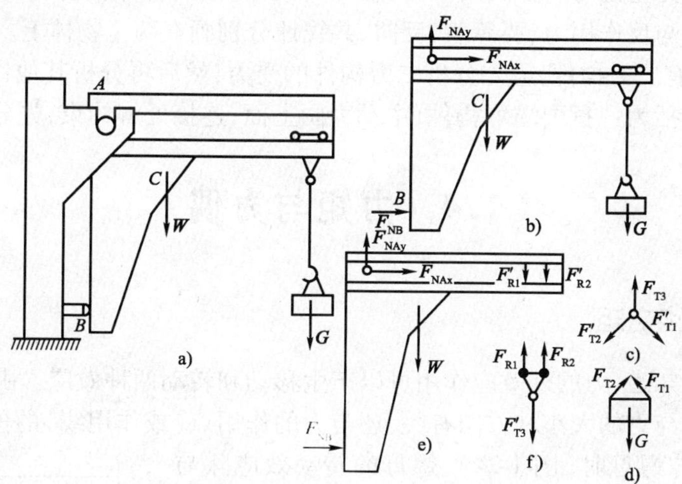

图 1-22　起重机支架的受力图

解：重物上作用有重量 $\boldsymbol{G}$ 和吊钩沿绳索的拉力 $\boldsymbol{F}_{T1}$、$\boldsymbol{F}_{T2}$（图 1-22d）。

吊钩受绳索约束，沿各绳上画拉力 $\boldsymbol{F}'_{T1}$、$\boldsymbol{F}'_{T2}$，$\boldsymbol{F}_{T3}$（图 1-22c）滑车上有钢梁的约束反力 $\boldsymbol{F}_{R1}$、$\boldsymbol{F}_{R2}$ 及吊钩绳索的拉力 $\boldsymbol{F}'_{T3}$（图 1-22f）。

支架上有 A 点的约束反力 $\boldsymbol{F}_{NAx}$、$\boldsymbol{F}_{NAy}$，B 点水平的约束反力 $\boldsymbol{F}_{NB}$ 及滑车滚轮的压力 $\boldsymbol{F}'_{R1}$、$\boldsymbol{F}'_{R2}$，支架自重 $\boldsymbol{W}$（图 1-22e）。

整个物系作用有 $\boldsymbol{G}$、$\boldsymbol{W}$、$\boldsymbol{F}_{NB}$、$\boldsymbol{F}_{NAx}$、$\boldsymbol{F}_{NAy}$，其余为内力，均不显示（图 1-22b）。

例 1-3 画出图 1-23b）、c）两图中滑块及推杆的受力图，并进行比较。图 1-23a）是曲柄滑块机构,图 1-23d)是凸轮机构。

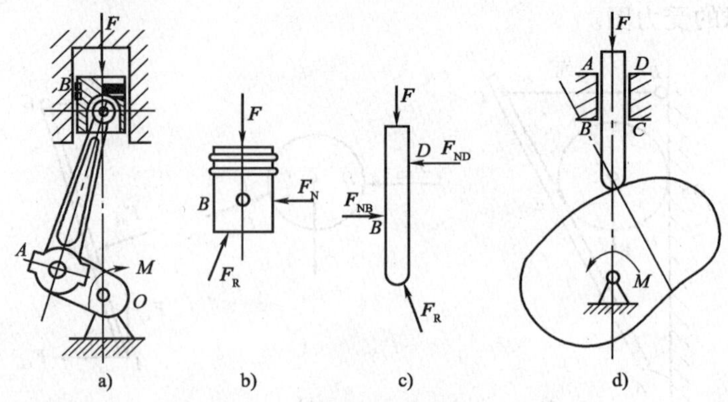

图 1-23 滑块及推杆的受力图

解:分别取滑块、推杆为分离体,画出它们的主动力和约束反力,其受力 1-23b)、c)所示。滑块上作用的主动力 $\boldsymbol{F}$、$\boldsymbol{F}_R$ 与 $\boldsymbol{F}$ 的交点在滑块与滑道接触长度范围以内,其合力使滑块单面靠紧滑道,故产生一个与约束面相垂直的反力 $\boldsymbol{F}_N$,$\boldsymbol{F}$、$\boldsymbol{F}_R$、$\boldsymbol{F}_N$ 三力汇交。推杆上的主动力 $\boldsymbol{F}$、$\boldsymbol{F}_R$ 的交点在滑道之外,其合力使推杆倾斜而导致 B、D 两点接触,故有约束反力 $\boldsymbol{F}_{NB}$,$\boldsymbol{F}_{ND}$。

画受力图时,须注意以下几点:

(1)作图时要明确所取的研究对象,把它单独取出来分析,在取整体作为研究对象时,有时为了简便起见,可以在题图上画受力图,但要明确,这时整体所受的约束实际上已被解除。

(2)要注意两个构件连接处的反力关系。当所取的研究对象是几个构件的结合体时,它们之间结合处的反力是内力不必画出。而当两个相互连接的物体被拆开时,其连接处的约束反力是一对作用力与反作用力,要等值、反向、共线地分别画在两个物体上。

(3)若机构中有二力构件,应先分析二力构件的受力,然后再分析其他作用力。

画受力图可概括为:"据要求取构件,主动力画上面;连接处解约束,先分析二力件。"

1.4 力矩与力偶

1.4.1 力对点之矩

人们从实践中知道,力的外效应作用可以产生移动和转动两种效应。由经验知道,力使物体转动的效果不仅与力的大小和方向有关,还与力的作用点(或作用线)的位置有关。

例如,用扳手拧螺母时(图 1-24),螺母的转动效应除与力 $\boldsymbol{F}$ 的大小和方向有关外,还与点 O 到力作用线的距离 h 有关。距离 h 越大,转动的效果就越好,且越省力;反之,则越差。显然,当力的作用线通过螺母的转动中心时,则无法使螺母转动。

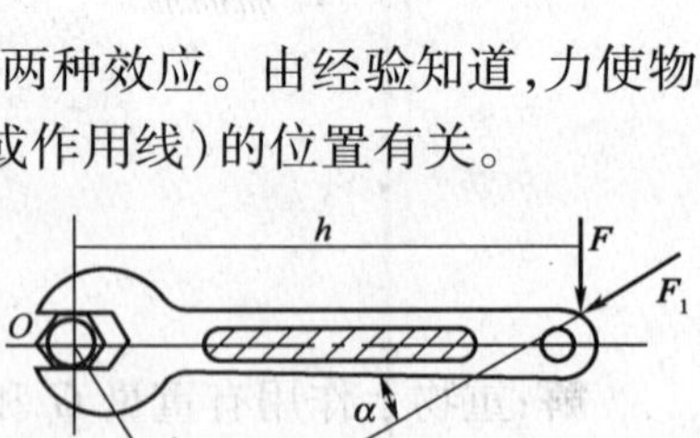

图 1-24 螺母的转动效应

可以用力对点的矩这样一个物理量来描述力使物体转动的效果。

其定义为:力 $\boldsymbol{F}$ 对某点 O 的矩等于力的大小与点 O 到力的作用线距离 h 的乘积。记作

$$M_O(\boldsymbol{F}) = \pm Fh \tag{1-4}$$

式中,点 O 称为矩心,h 称为力臂,Fh 表示力使物体绕点 O 转动效果的大小,而正负号则表明:$M_O(\boldsymbol{F})$ 是一个代数量,可以用它来描述物体的转动方向。通常规定:使物体逆时针方向转动的力矩为正,反之为负。力矩的单位为牛顿·米(N·m)。

根据定义,图 1-24 中所示的力 $\boldsymbol{F}_1$ 对点 O 的矩为

$$M_O(\boldsymbol{F}_1) = -F_1h_1 = -F_1h\sin\alpha$$

由定义知:力对点的矩与矩心的位置有关,同一个力对不同点的矩是不同的。因此,对力矩要指明矩心。

从几何上看,力 $\boldsymbol{F}$ 对点 O 的矩在数值上等于三角形 OAB 面积的 2 倍,如图 1-25 所示。

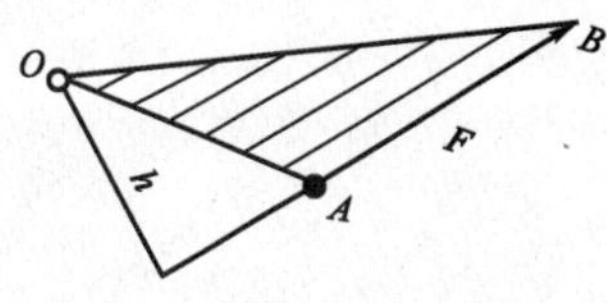

图 1-25　力 $\boldsymbol{F}_1$ 对点 O 的矩

力对点的矩在两种情况下等于零:(1)力为零;(2)力臂为零,即力的作用线过矩心。

前述扳手通过螺母中心的情况即属于第(2)种情况。

1.4.2　合力矩定理

在计算力系的合力对某点的矩时,除根据力矩的定义计算外,还常用到合力矩定理,即:平面汇交力系的合力对平面上任一点之矩,等于所有各分力对同一点力矩的代数和。

证明:如图 1-26 所示,设力 $\boldsymbol{F}_1$、$\boldsymbol{F}_2$ 作用于刚体上的 A 点,其合力为 $\boldsymbol{F}_R$,任取一点 O 为矩心,过 O 作 OA 之垂线为 x 轴,并过各力矢端 B、C、D 向 x 轴引垂线,得垂足 b、c、d,按投影法则有

$$Ob = cd = F_{1x}, Oc = F_{2x}, Od = F_{Rx}$$

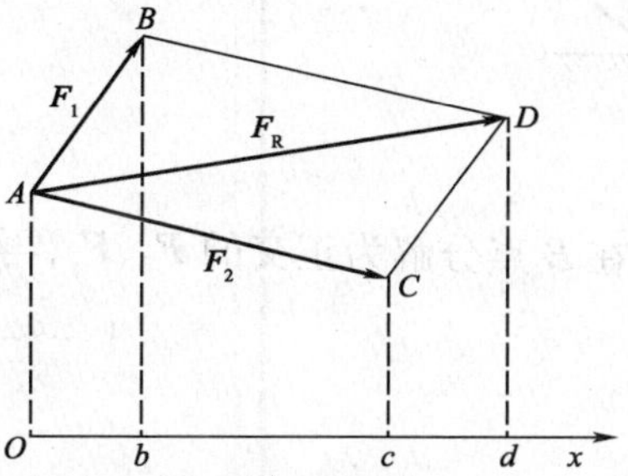

按合力投影定理,有:

$$Od = Ob + Oc$$

各力对 O 点之矩,可用力与矩心所形成的三角形面积的 2 倍来表示,故有

$$M_O(\boldsymbol{F}_1) = 2\Delta OAB = OA \cdot Ob$$
$$M_O(\boldsymbol{F}_2) = 2\Delta OAC = OA \cdot Oc$$
$$M_O(\boldsymbol{F}_R) = 2\Delta OAD = OA \cdot Od$$

图 1-26　合力矩定理

显然

$$M_O(\boldsymbol{F}_R) = M_O(\boldsymbol{F}_1) + M_O(\boldsymbol{F}_2)$$

若在 A 点有一平面汇交力系 $\boldsymbol{F}_1$、$\boldsymbol{F}_2$、…、$\boldsymbol{F}_n$ 作用,则多次重复使用上述方法,可得:

$$M_O(\boldsymbol{F}_R) = \sum M_O(\boldsymbol{F}) \tag{1-5}$$

上述合力矩定理不仅适用于平面汇交力系,对于其他力系,如平面任意力系、空间力系等,也都同样成立。

在计算力矩时,当力臂较难确定的情况下,用合力矩定理计算更加方便。

例 1-4　图 1-27a)所示圆柱直齿轮的齿面受一啮合角 $\alpha = 20°$ 的法向压力 $F_n = 1\text{kN}$ 的作用,齿面分度圆直径 $d = 60\text{mm}$。试计算力对轴心 O 的力矩。

解 1:按力对点之矩的定义,有

$$M_O(F_n) = F_nh = F_n\frac{d}{2}\cos\alpha = 28.2\text{N} \cdot \text{m}$$

解 2:按合力矩定理

将 $\boldsymbol{F}_{\mathrm{n}}$ 沿半径的方向分解成一组正交的圆周力 $F_{\mathrm{t}}=F_{\mathrm{n}}$ 与 cosα 与径向力 $F_{\mathrm{r}}=F_{\mathrm{n}}\cos\alpha$。有：

$$
\begin{aligned}
M_{O}(\boldsymbol{F}_{\mathrm{R}}) &= M_{O}(\boldsymbol{F}_{1}) + M_{O}(\boldsymbol{F}_{2}) \\
&= F_{\mathrm{t}}r + 0 = F_{\mathrm{n}}\cos\alpha r \\
&= 28.2\mathrm{N}\cdot\mathrm{m}
\end{aligned}
$$

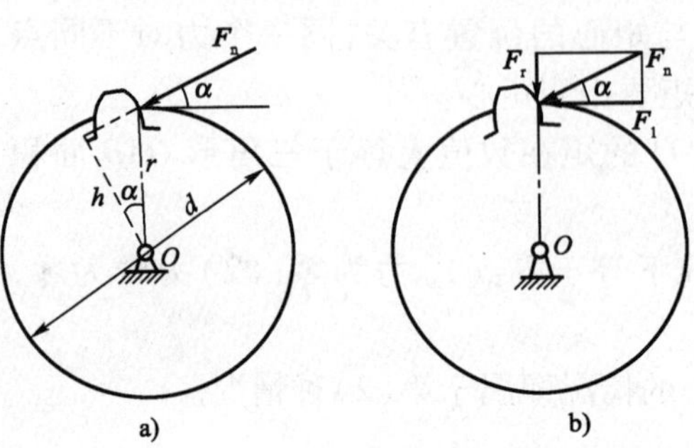

图 1-27　圆柱直齿轮的齿面受力图

例 1-5　一轮在轮轴 B 处受一切向力 $\boldsymbol{F}$ 的作用，如图 1-28a）所示。已知 F、R、r 和 α。试求此力对轮与地面接触点 A 的力矩。

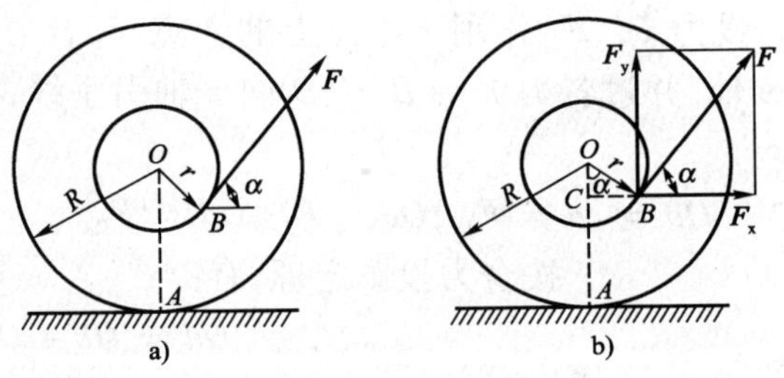

图 1-28　轮轴的受力图

解：由于力 $\boldsymbol{F}$ 对矩心 A 的力臂未标明且不易求出，故将 $\boldsymbol{F}$ 在 B 点分解为正交的 $\boldsymbol{F}_{\mathrm{x}}$、$\boldsymbol{F}_{\mathrm{y}}$，再应用合力矩定理，有：

$$
\begin{aligned}
M_{\mathrm{A}}(\boldsymbol{F}) &= M_{\mathrm{A}}(\boldsymbol{F}_{\mathrm{x}}) + M_{\mathrm{A}}(\boldsymbol{F}_{\mathrm{y}}) \\
M_{\mathrm{A}}(\boldsymbol{F}_{\mathrm{x}}) &= -F_{\mathrm{x}}CA \\
&= -F_{\mathrm{x}}(OA - OC) \\
&= -F\cos\alpha(R - r\cos\alpha) \\
M_{\mathrm{A}}(\boldsymbol{F}_{\mathrm{y}}) &= F_{\mathrm{y}}r\sin\alpha \\
&= F\sin\alpha\, r\sin\alpha \\
&= Fr\sin^{2}\alpha \\
M_{\mathrm{A}}(\boldsymbol{F}) &= -F\cos\alpha(R - r\cos\alpha) + Fr\sin^{2}\alpha \\
&= F(r - R\cos\alpha)
\end{aligned}
$$

1.4.3　力偶及其性质

1）力偶的概念

在日常生活及生产实践中，常见到物体受一对大小相等、方向相反，但不在同一作用线上的平行力作用。例如图 1-29 所示的驾驶员转动驾驶盘及钳工对丝锥的操作等。

一对等值、反向、不共线的平行力组成的力系称为力偶,此二力之间的距离称为力偶臂。由以上实例可知,力偶对物体作用的外效应是使物体单纯地产生转动运动的变化。

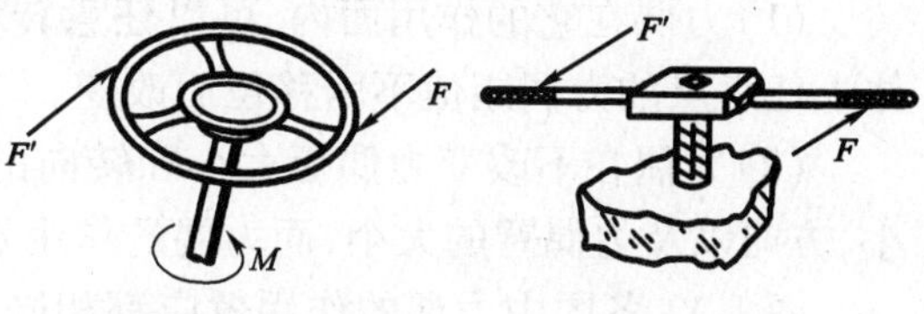

图 1-29　受力偶作用的物体

2)力偶的三要素

在力学上,以 F 与力偶臂 d 的乘积作为量度力偶在其作用面内对物体转动效应的物理量,称为力偶矩,并记作 $M(\boldsymbol{F},\boldsymbol{F}')$ 或 M。即

$$M(\boldsymbol{F},\boldsymbol{F}') = M = \pm Fd \tag{1-6}$$

力偶矩的大小也可以通过力与力偶臂组成的三角形面积的 2 倍来表示,如图 1-30 所示,即:

$$M = \pm 2\Delta OAB$$

一般规定,逆时针转动的力偶取正值,顺时针取负值。力偶矩的单位为 N · m 或 N · mm。

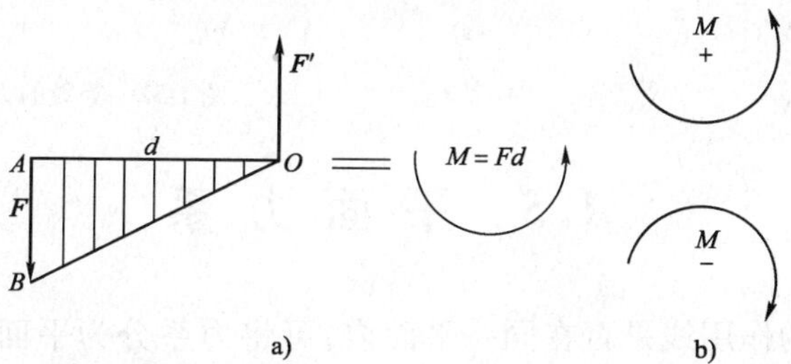

图 1-30　力偶的三要素

力偶对物体的转动效应取决于下列三要素:

(1)力偶矩的大小。

(2)力偶的转向。

(3)力偶作用面的方位。

3)力偶的等效条件

凡是三要素相同的力偶则彼此等效,即它们可以相互置换,这一点不仅由力偶的概念可以说明,还可通过力偶的性质作进一步证明。

4)力偶的性质

性质 1　力偶对其作用面内任意点的力矩恒等于此力偶的力偶矩,而与矩心的位置无关。

证明:设在刚体某平面上 A、B 两点作用一力偶 $M = Fd$,现求此力偶对任意点 O 的力矩。取 x 表示矩心 O 到 $\boldsymbol{F}'$之垂直距离,按力矩定义,$\boldsymbol{F}$ 与 $\boldsymbol{F}'$对 O 点的力矩和为

$$M_O(\boldsymbol{F}) + M_O(\boldsymbol{F}') = F(d - x) + Fx = Fd$$

即

$$M_O(\boldsymbol{F}) + M_O(\boldsymbol{F}') = M(\boldsymbol{F},\boldsymbol{F}')$$

不论 O 点选在何处,力偶对该点的矩永远等于它的力偶矩,而与力偶对矩心的相对位置无关。

性质 2　由图 1-31 可见,力偶在任意坐标轴上的投影之和为零,故力偶无合力,力偶不能与一个力等效,也不能用一个力来平衡。

力偶无合力,故力偶对物体的平移运动不会产生任何影响,力与力偶相互不能代替,不能构成平衡。因此,力与力偶是力系的两个基本元素。

由于上述性质,所以对力偶可作如下处理:

(1)力偶在它的作用面内,可以任意转移位置,其作用效应和原力偶相同,即力偶对于刚体上任意点的力偶矩值不因移位而改变。

(2)力偶在不改变力偶矩大小和转向的条件下,可以同时改变力偶中两反向平行力的大小、方向以及力偶臂的大小,而力偶的作用效应保持不变。

图 1-32 各图中力偶的作用效应都相同。力偶的力偶臂、力及其方向既然都可改变,就可简明地以一个带箭头的弧线并标出值来表示力偶,如图 1-32d)所示。

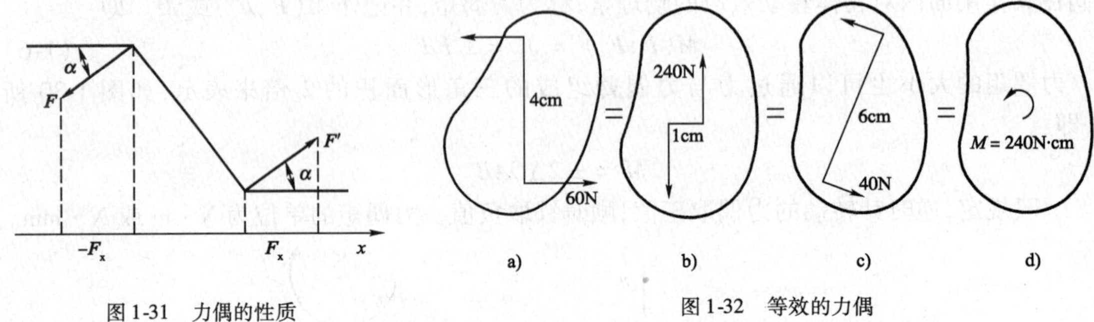

图 1-31　力偶的性质

图 1-32　等效的力偶

1.5　平 面 力 系

按照力系中各力的作用线是否在同一平面内,可将力系分为平面力系和空间力系。若各力作用线都在同一平面内并汇交于一点,则此力系称为平面汇交力系。按照由特殊到一般的认识规律,我们先研究平面汇交力系的简化与平衡规律。

1.5.1　平面汇交力系

1)概述

设刚体上作用有一个平面汇交力系 $\boldsymbol{F}_1$、$\boldsymbol{F}_2$、…、$\boldsymbol{F}_n$,各力汇交于 A 点(图 1-33a)。根据力的可传性,可将这些力沿其作用线移到 A 点,从而得到一个平面共点力系(图 1-33b)。故平面汇交力系可简化为平面共点力系。

连续应用力的平行四边形法则,可将平面共点力系合成为一个力。在图 1-33b)中,先合成力 $\boldsymbol{F}_1$ 与 $\boldsymbol{F}_2$(图中未画出力平行四边形),可得力 $\boldsymbol{F}_{R1}$,即 $\boldsymbol{F}_{R1}=\boldsymbol{F}_1+\boldsymbol{F}_2$;再将 $\boldsymbol{F}_{R1}$ 与 $\boldsymbol{F}_3$ 合成为力 $\boldsymbol{F}_{R2}$,即 $\boldsymbol{F}_{R2}=\boldsymbol{F}_{R1}+\boldsymbol{F}_3$;依此类推,最后可得:

$$\boldsymbol{F}_R=\boldsymbol{F}_1+\boldsymbol{F}_2+\cdots+\boldsymbol{F}_n=\sum\boldsymbol{F}_i \qquad (1\text{-}7)$$

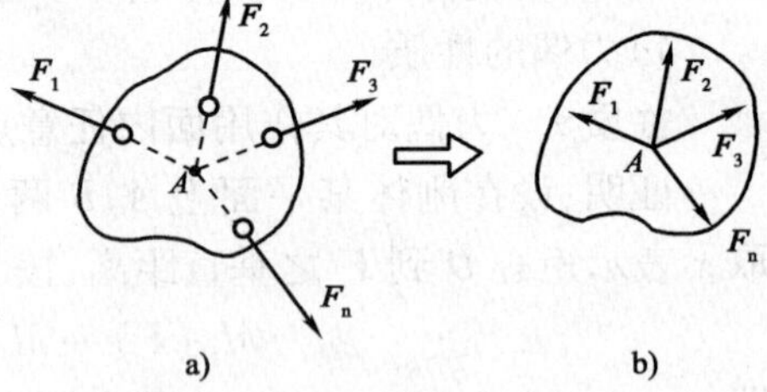

图 1-33　平面汇交力系的简化

式中,$\boldsymbol{F}_R$ 即是该力系的合力。

故平面汇交力系的合成结果是一个合力,合力的作用线通过汇交点,其大小和方向由力系中各力的矢量和确定。

因合力与力系等效,故平面汇交力系的平衡条件是该力系的合力为零。

2)平面汇交力系合成的解析法

设刚体上作用有一个平面汇交力系 $\boldsymbol{F}_1$、$\boldsymbol{F}_2$、…、$\boldsymbol{F}_n$,据式(1-7)有:

$$\boldsymbol{F}_R=\boldsymbol{F}_1+\boldsymbol{F}_2+\cdots+\boldsymbol{F}_n=\sum\boldsymbol{F}$$

将上式两边分别向 x 轴和 y 轴投影，即有

$$\left.\begin{aligned} F_{Rx} &= F_{1x} + F_{2x} + \cdots + F_{nx} = \sum F_x \\ F_{Ry} &= F_{1y} + F_{2y} + \cdots + F_{ny} = \sum F_y \end{aligned}\right\} \qquad (1\text{-}8)$$

式(1-8)即为合力投影定理：力系的合力在某轴上的投影，等于力系中各力在同一轴上投影的代数和。

若进一步按式(1-3)运算，即可求得合力的大小及方向，即

$$\left.\begin{aligned} F_R &= \sqrt{\left(\sum F_x\right)^2 + \left(\sum F_y\right)^2} \\ \tan\alpha &= \left|\frac{\sum F_y}{\sum F_x}\right| \end{aligned}\right\} \qquad (1\text{-}9)$$

例 1-6 一固定于房顶的吊钩上有三个力 $\boldsymbol{F}_1$、$\boldsymbol{F}_2$、$\boldsymbol{F}_3$，其数值与方向如图 1-34 所示。用解析法求此三力的合力。

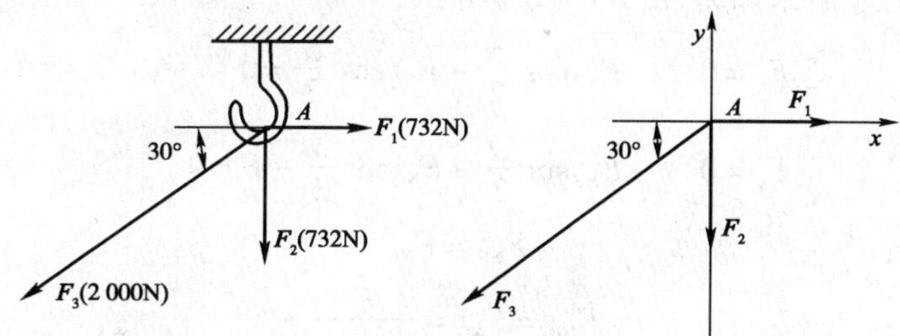

图 1-34 吊钩的受力图

解：建立直角坐标系 A_{xy}，并应用式(1-8)，求出

$$\begin{aligned} F_{Rx} &= F_{1x} + F_{2x} + F_{3x} \\ &= 732 + 0 - 2\,000 \times \cos30° \\ &= -1\,000\text{N} \\ F_{Ry} &= F_{1y} + F_{2y} + F_{3y} \\ &= 0 - 732 - 2\,000 \times \sin30° \\ &= -1\,732\text{N} \end{aligned}$$

再按式(1-9)得

$$F_R = \sqrt{\left(\sum F_x\right)^2 + \left(\sum F_y\right)^2} = 2\,000\text{N}$$

$$\tan\alpha = \left|\frac{\sum F_y}{\sum F_x}\right| = 1.732$$

$$\alpha = 60°$$

3)平面汇交力系的平衡方程及其应用

平衡条件的解析表达式称为平衡方程。由式(1-8)可知平面汇交力系的平衡条件是

$$\left.\begin{aligned} \sum F_x &= 0 \\ \sum F_y &= 0 \end{aligned}\right\} \qquad (1\text{-}10)$$

即力系中各力在两个坐标轴上投影的代数和分别等于零，上式称为平面汇交力系的平衡方程。这是两个独立的方程，可求解两个未知量。

例 1-7 图 1-35 所示一圆柱体放置于夹角为 α 的 V 形槽内，并用压板 D 夹紧。已知压板作用于圆柱体上的压力为 $\boldsymbol{F}$。试求槽面对圆柱体的约束反力。

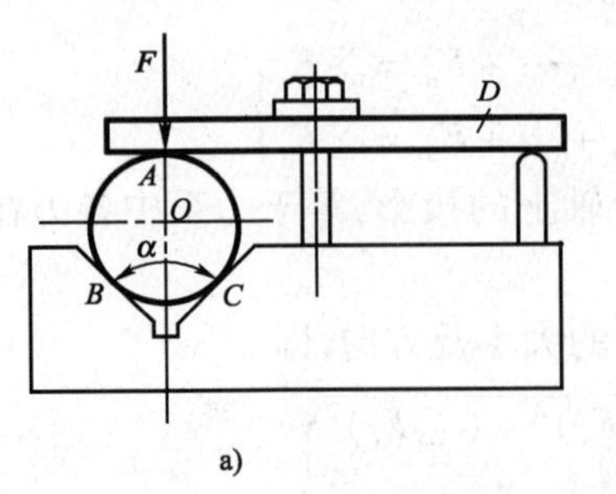

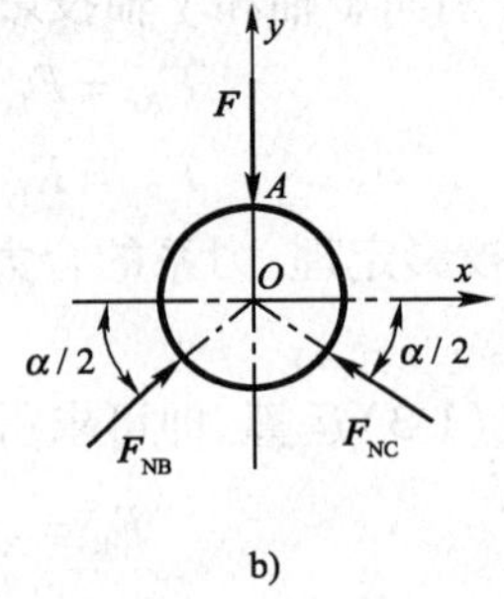

图 1-35　槽面对圆柱体的约束反力

解:(1)取圆柱体为研究对象,画出其受力图如图 1-35b)所示;

(2)选取坐标系 xOy;

(3)列平衡方程求解未知力,由式(1-10)得:

$$\sum F_x = 0 \qquad F_{NB}\cos\frac{\alpha}{2} - F_{NC}\cos\frac{\alpha}{2} = 0 \tag{1-11}$$

$$\sum F_y = 0 \qquad F_{NB}\sin\frac{\alpha}{2} - F_{NC}\sin\frac{\alpha}{2} - F = 0 \tag{1-12}$$

由式(1-11)得:
$$F_{NB} = F_{NC}$$

由式(1-12)得:
$$F_{NB} = F_{NC} = \frac{F}{2\sin\frac{\alpha}{2}}$$

(4)讨论:由结果可知 $\boldsymbol{F}_{NB}$ 与 $\boldsymbol{F}_{NC}$ 均随几何角度 α 而变化,角度 α 越小,则压力 $\boldsymbol{F}_{NB}$ 或 $\boldsymbol{F}_{NC}$ 就越大,因此,α 角不宜过小。

例 1-8　图 1-36 所示为一简易起重机。利用绞车和绕过滑轮的绳索吊起重物,其重力 $G = 20\text{kN}$,各杆件与滑轮的重力不计。滑轮 B 的大小可忽略不计,试求杆 AB 与 BC 所受的力。

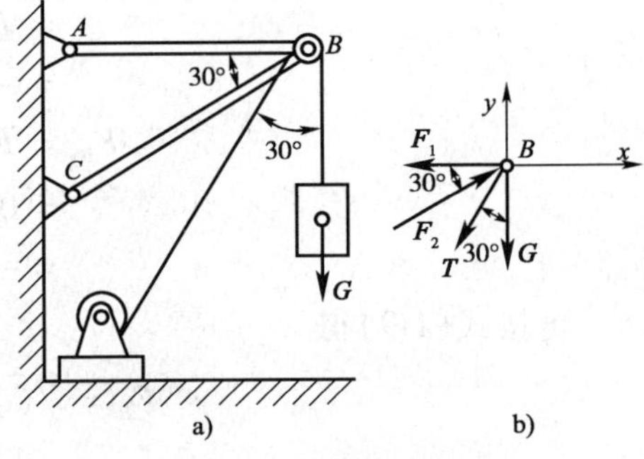

图 1-36　简易起重机的受力图

解:(1)取节点 B 为研究对象,画其受力图,如图 1-36b)所示。由于杆 AB 与 BC 均为二力构件,对 B 的约束反力分别为 $\boldsymbol{F}_1$ 与 $\boldsymbol{F}_2$,滑轮两边绳索的约束反力相等,即 $T = G$。

(2)选取坐标系 xBy;

(3)列平衡方程式求解未知力;

$$\sum F_x = 0 \qquad F_2\cos30° - F_1 - T_1\sin30° = 0 \tag{1-13}$$

$$\sum F_y = 0 \qquad F_2\sin30° - T_1\cos30° - G = 0 \tag{1-14}$$

由式(1-13)得:
$$F_2 = 74.6\text{kN}$$

代入式(1-14)得:
$$F_1 = 54.6\text{kN}$$

由于此两力均为正值,说明 $\boldsymbol{F}_1$ 与 $\boldsymbol{F}_2$ 的方向与图示一致,即 AB 杆受拉力,BC 杆受压力。

1.5.2　平面力偶系

1)平面力偶系的合成

作用在物体上同一平面内的若干力偶,总称为平面力偶系。

设在刚体某平面上有力偶 M_1、M_2 的作用，如图 1-37a）所示，现求其合成的结果。

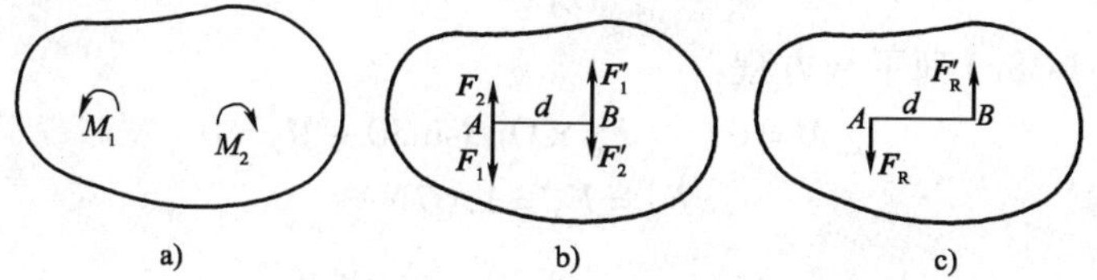

图 1-37　平面力偶的合成

在平面上任取一线段 $AB = d$ 作为公共力偶臂，并把每个力偶化为一组作用在 A、B 两点的反向平行力，如图 1-37b）所示，根据力系等效条件，有：

$$F_1 = \frac{M_1}{d}, F_2 = \frac{M_2}{d}$$

于是在 A、B 两点各得一组共线力系，其合力为 $\boldsymbol{F}_R$ 与 $\boldsymbol{F'}_R$，如图 1-37c）所示，且有：

$$F_R = F'_R = F_1 - F_2$$

$\boldsymbol{F}_R$ 与 $\boldsymbol{F'}_R$ 为一对等值、反向、不共线的平行力，它们组成的力偶即为合力偶，所以有：

$$M = F_R d = (F_1 - F_2)d = M_1 + M_2$$

若在刚体上有若干个力偶作用，采用上述方法叠加，可得合力偶矩为

$$M = M_1 + M_2 + \cdots + M_n = \sum M \tag{1-15}$$

式（1-15）表明：平面力偶系合成的结果为一合力偶，合力偶矩为各分力偶矩的代数和。

2）平面力偶系的平衡条件

由合成结果可知，要使力偶系平衡，则合力偶的矩必须等于零，因此平面力偶系平衡的必要和充分条件是：力偶系中各力偶矩的代数和等于零，即：

$$\sum M = 0 \tag{1-16}$$

平面力偶系的独立平衡方程只有一个，故只能求解一个未知数。

例 1-9　四连杆机构在图 1-38 所示位置平衡，已知 $OA = 60\text{cm}$，$O_1B = 40\text{cm}$，作用在摇杆 OA 上的力偶矩 $M_1 = 1\text{N}\cdot\text{m}$，不计杆自重，求力偶矩 M_2 的大小。

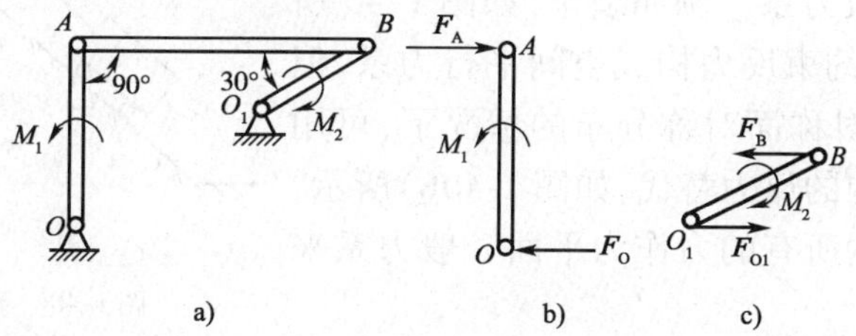

图 1-38　四连杆机构的受力图

解：（1）受力分析。先取 OA 杆分析，如图 1-38b）所示，在杆上作用有主动力偶矩 M_1，根据力偶的性质，力偶只与力偶平衡，所以在杆的两端点 O、A 上必作用有大小相等、方向相反的一对力 $\boldsymbol{F}_O$ 及 $\boldsymbol{F}_A$，而连杆 AB 为二力杆，所以 $\boldsymbol{F}_A$ 的作用方向被确定。再取 O_1B 杆分析，如图 1-38c）所示，此时杆上作用一个待求力偶 M_2，此力偶与作用在 O_1、B 两端点上的约束反力构成的力偶平衡。

（2）列平衡方程：

$$\sum M = 0 \qquad M_1 - F_A \cdot OA = 0 \tag{1-17}$$

$$F_A = \frac{M_1}{OA} = 1.67\text{N}$$

(3)对受力图 1-38c)列平衡方程

$$\sum M = 0 \qquad F_B \times O_1B\sin30 - M_2 = 0 \tag{1-18}$$

因

$$F_B = F_A = 1.67\text{N}$$

故由式(1-18)得:

$$M_2 = F_A \times O_1B \times 0.5 = 1.67 \times 0.4 \times 0.5 = 0.33\text{N} \cdot \text{m}$$

1.5.3 平面一般力系

所谓平面一般力系是指位于同一平面内的各力的作用线既不汇交于一点,也不互相平行的情况。它是工程实际中最常见的一种力系,工程计算中的许多实际问题都可以简化为平面一般力系问题来进行处理。例如图 1-39 所示的摇臂式起重机及曲柄滑块机构等,其受力都在同一平面内。

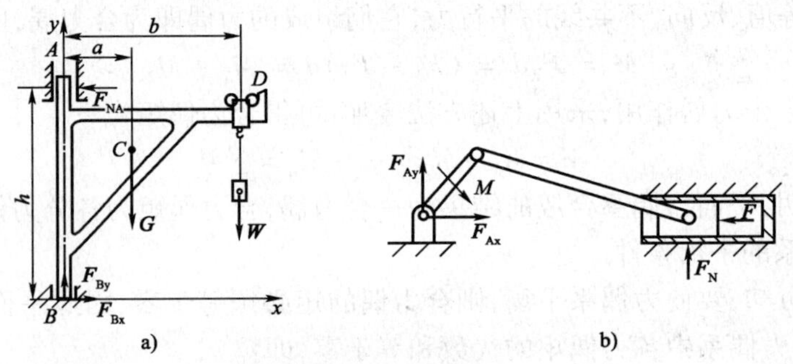

图 1-39 平面一般力系

a)摇臂式起重机;b)曲柄滑块机构

另外,有些物体实际所受的力虽然明显地不在同一平面内,但由于其结构(包括支承)和所承受的力都对称于某个平面,因此作用于其上的力系仍可简化为平面一般力系。例如缆车,如图 1-40 所示,轨道对四个轮子的约束反力构成空间平行力系,但在它们对于缆车纵向对称面对称分布的情况下,可用位于缆车纵向对称面内的反力替代,如图 1-40b)所示,从而把作用于缆车上的所有的力作为平面一般力系来处理。

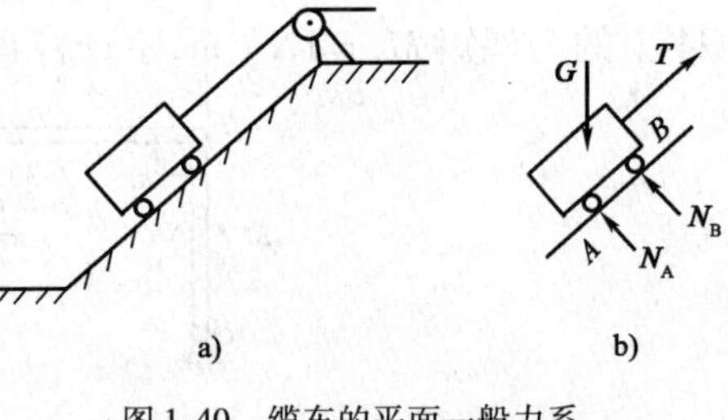

图 1-40 缆车的平面一般力系

1)力的平移定理

作用在刚体上 A 点处的力 $\boldsymbol{F}$,可以平移到刚体内任意点 O,但必须同时附加一个力偶,其力偶矩等于原来的力 $\boldsymbol{F}$ 对新作用点 O 的矩,这就是力的平移定理,如图 1-41 所示。

证明如下:根据加减平衡力系公理,在任意点 O 加上一对与 $\boldsymbol{F}$ 等值的平衡力 $\boldsymbol{F}'$、$\boldsymbol{F}''$(图 1-41b),则 $\boldsymbol{F}$ 与 $\boldsymbol{F}''$为一对等值反向不共线的平行力,组成了一个力偶,其力偶矩等于原力 $\boldsymbol{F}$ 对 O 点的矩,即:

$$M = M_O(\boldsymbol{F}) = Fd$$

于是作用在 A 点的力 $\boldsymbol{F}$ 就与作用于 O 点的平移力 $\boldsymbol{F}'$ 和附加力偶 M 的联合作用等效,如图 1-41c)所示。

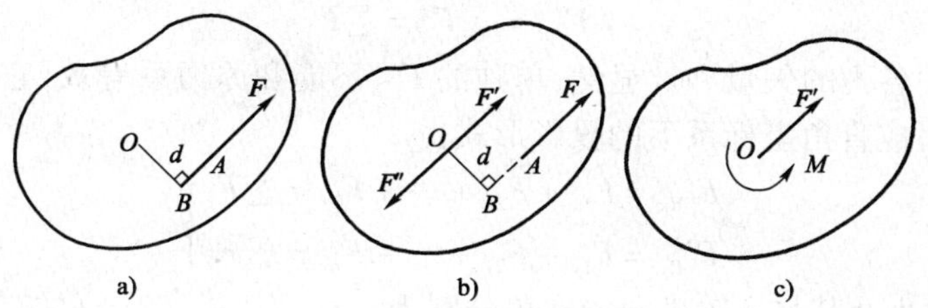

图 1-41　力的平移定理

力的平移定理表明了力对绕力作用线外的中心转动的物体有两种作用，一是平移力的作用，二是附加力偶对物体产生的旋转作用。

如图 1-42 所示。圆周力 $\boldsymbol{F}$ 作用于转轴的齿轮上，为观察力 $\boldsymbol{F}$ 的作用效应，将力 $\boldsymbol{F}$ 平移至轴心 O 点，则有平移力 $\boldsymbol{F}'$ 作用于轴上，同时有附加力偶 M 使齿轮绕轴旋转。

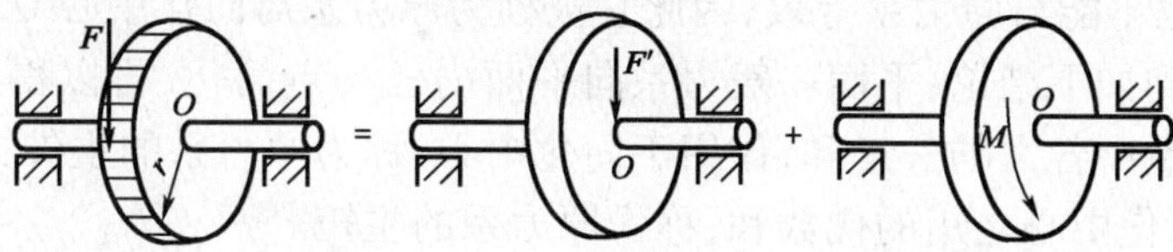

图 1-42　力 $\boldsymbol{F}$ 对转轴的齿轮的作用效应

再以削乒乓球为例（图 1-43），分析力 $\boldsymbol{F}$ 对球的作用效应，将力 $\boldsymbol{F}$ 平移至球心，得平移力 $\boldsymbol{F}'$ 与附加力偶，平移力 $\boldsymbol{F}'$ 决定球心的轨迹，而附加力偶则使球产生转动。

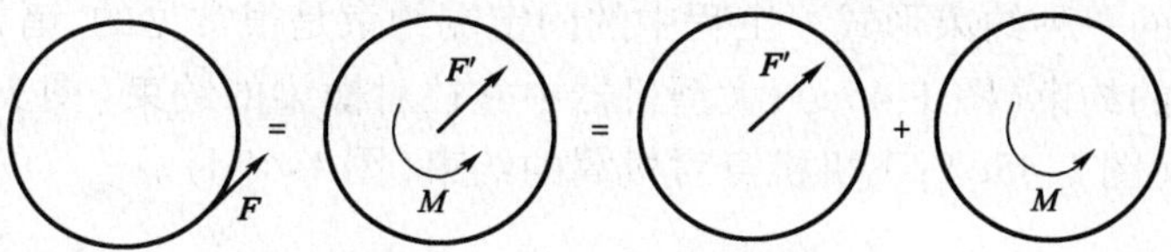

图 1-43　力 F 对乒乓球的作用效应

2）平面一般力系的简化

平面一般力系向面内任一点简化，得主矢和主矩。

设刚体上作用有一平面一般力系 $\boldsymbol{F}_1$、$\boldsymbol{F}_2$、…、$\boldsymbol{F}_n$，如图 1-44a）所示，在平面内任意取一点 O，称为简化中心。根据力的平移定理，将各力都向 O 点平移，得到一个汇交于 O 点的平面汇交力系 $\boldsymbol{F}'_1$、$\boldsymbol{F}'_2$、…、$\boldsymbol{F}'_n$，以及平面力偶系 M_1、M_2、…、M_n，如图 1-44b）所示。

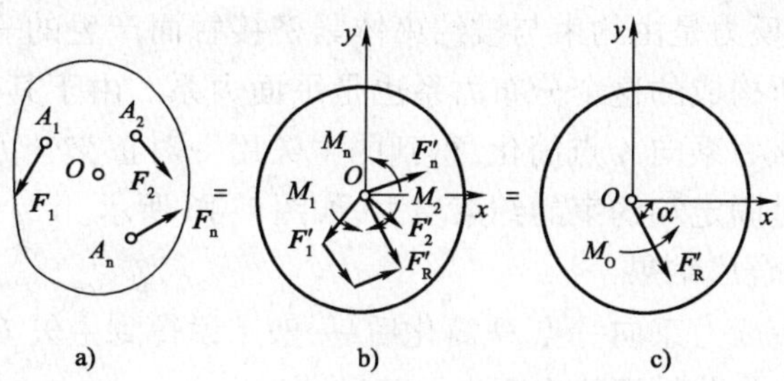

图 1-44　平面一般力系的简化

（1）平面汇交力系 $\boldsymbol{F}'_1$、$\boldsymbol{F}'_2$、…、$\boldsymbol{F}'_n$，可以合成为一个作用于 O 点的合矢量 $\boldsymbol{F}'_R$，如图 1-44c）所示。

$$F'_R = \sum F' = \sum F \tag{1-19}$$

它等于力系中各力的矢量和。显然，单独的 F'_R 不能和原力系等效，它被称为原力系的主矢。将式(1-19)写成直角坐标系下的投影形式：

$$\left.\begin{aligned} F'_{Rx} &= F_{1x} + F_{2x} + \cdots + F_{nx} = \sum F_x \\ F'_{Ry} &= F_{1y} + F_{2y} + \cdots + F_{ny} = \sum F_y \end{aligned}\right\}$$

因此主矢 F'_R 的大小及其与 x 轴正向的夹角分别为：

$$\begin{aligned} F'_R &= \sqrt{F_{Rx}^2 + F_{Ry}^2} = \sqrt{(\sum F_x)^2 + (\sum F_y)^2} \\ \theta &= \arctan\left|\frac{F_{Ry}}{F_{Rx}}\right| = \arctan\left|\frac{\sum F_y}{\sum F_x}\right| \end{aligned} \tag{1-20}$$

(2)附加平面力偶系 M_1、M_2、…、M_n 可以合成为一个合力偶矩 M_O，即：

$$M_O = M_1 + M_2 + \cdots + M_n = \sum M_O(F) \tag{1-21}$$

显然，单独的 M_O 也不能与原力系等效，因此它被称为原力系对简化中心 O 的主矩。

综上所述，得到如下结论：平面一般力系向平面内任一点简化，可以得到一个力和一个力偶，这个力等于力系中各力的矢量和，作用于简化中心，称为原力系的主矢；这个力偶的矩等于原力系中各力对简化中心之矩的代数和，称为原力系的主矩。

原力系与主矢 F'_R 和主矩 M_O 的联合作用等效。主矢 F'_R 的大小和方向与简化中心的选择无关。主矩 M_O 的大小和转向与简化中心的选择有关。

平面一般力系的简化方法，在工程实际中可用来解决许多力学问题，如固定端约束问题。

固定端约束是使被约束体插入约束内部，被约束体一端与约束成为一体而完全固定，既不能移动也不能转动的一种约束形式。工程中的固定端约束是很常见的，诸如：机床上装卡加工工件的卡盘对工件的约束(图 1-45a)；大型机器中立柱对横梁的约束(图 1-45b)；房屋建筑中墙壁对雨篷的约束(图 1-45c)；飞机机身对机翼的约束(图 1-45d)。

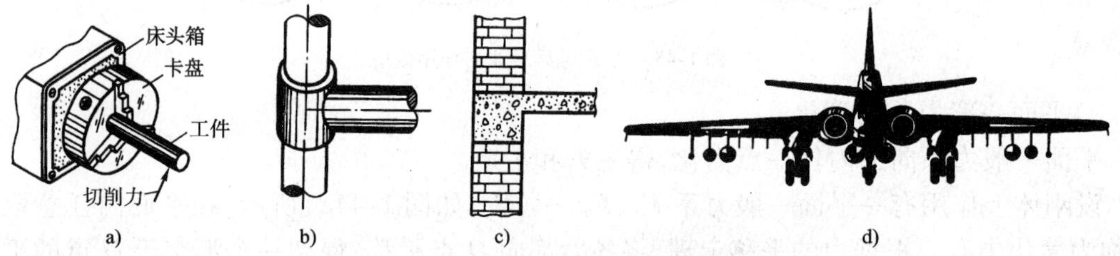

图 1-45　工程中常见的固定端约束

固定端约束的约束反力是由约束与被约束体紧密接触而产生的一个分布力系，当外力为平面力系时，约束反力所构成的这个分布力系也是平面力系。由于其中各个力的大小与方向均难以确定，因而可将该力系向 A 点简化，得到的主矢用一对正交分力表示，而将主矩用一个反力偶矩来表示，这就是固定端约束的约束反力，如图 1-46 所示。

3)平面一般力系的合成结果

由前述可知，平面一般力系向一点 O 简化后，一般来说得到主矢 F'_R 和主矩 M_O，但这并不是简化的最终结果，进一步分析可能出现以下四种情况。

(1) $F'_R = 0, M_O \neq 0$。

说明该力系无主矢，而最终简化为一个力偶，其力偶矩就等于力系的主矩，此时主矩与简化中心无关。

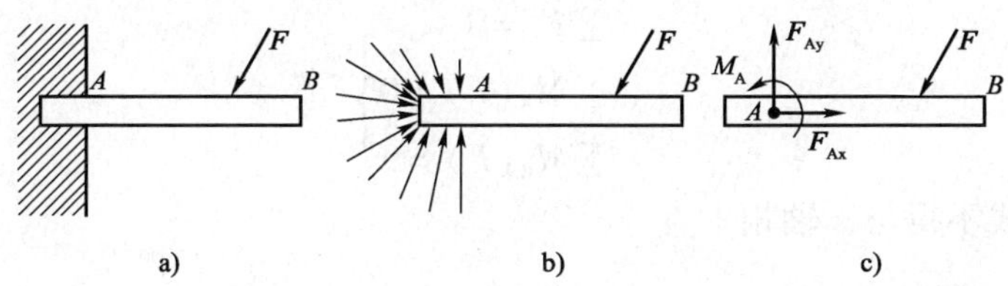

图 1-46　固定端约束的约束反力

(2) $F'_R \neq 0$, $M_O = 0$。

说明原力系的简化结果是一个力,而且这个力的作用线恰好通过简化中心,此时 F'_R 就是原力系的合力 F_R。

(3) $F'_R \neq 0$, $M_O \neq 0$。

这种情况还可以进一步简化,根据力的平移定理逆过程,可以把 F'_R 和 M_O 合成一个合力 F_R。合成过程如图 1-47 所示,合力 F_R 的作用线到简化中心 O 的距离为:

$$d = \left|\frac{M_O}{F_R}\right| = \left|\frac{M_O}{F'_R}\right| \tag{1-22}$$

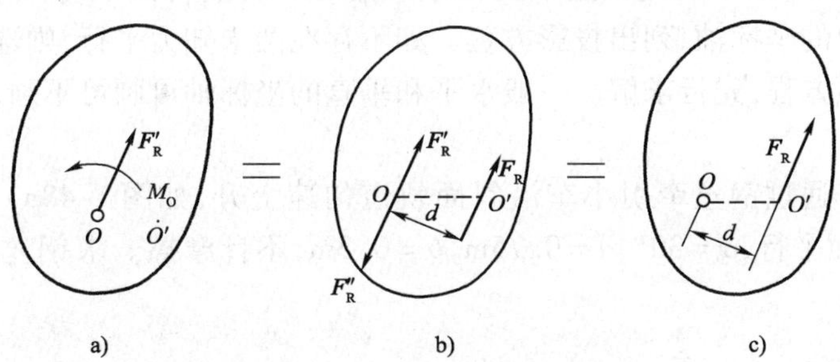

图 1-47　平面一般力系的合成过程

(4) $F'_R = 0$, $M_O = 0$。

这表明:该力系对刚体总的作用效果为零,即物体处于平衡状态。

4) 平面一般力系的平衡方程

(1) 基本形式。由上述讨论知,若平面一般力系的主矢和对任一点的主矩都为零,则物体处于平衡;反之,若力系是平衡力系,则其主矢、主矩必同时为零。因此,平面一般力系平衡的充要条件是

$$\left.\begin{aligned} F'_R &= \sqrt{(\sum F_x)^2 + (\sum F_y)^2} = 0 \\ M_O &= \sum M_O(F) = 0 \end{aligned}\right\} \tag{1-23}$$

故得平面一般力系的平衡方程为:

$$\left.\begin{aligned} \sum F_x &= 0 \\ \sum F_y &= 0 \\ \sum M_O(F) &= 0 \end{aligned}\right\} \tag{1-24}$$

式(1-24)满足平面一般力系平衡的充分和必要条件,所以平面一般力系有三个独立的平衡方程,可求解最多三个未知量。

用解析表达式表示平衡条件的方式不是唯一的。平衡方程的形式还有二矩式和三矩式两种形式。

(2) 二矩式。

$$\left.\begin{aligned}\sum F_x&=0\\ \sum M_A(F)&=0\\ \sum M_B(F)&=0\end{aligned}\right\}\tag{1-25}$$

附加条件:AB 连线不得与 x 轴相垂直。

(3)三矩式。

$$\left.\begin{aligned}\sum M_A(F)&=0\\ \sum M_B(F)&=0\\ \sum M_C(F)&=0\end{aligned}\right\}\tag{1-26}$$

附加条件:A、B、C 三点不在同一直线上。

式(1-25)和式(1-26)是物体取得平衡的必要条件,但不是充分条件,读者可自行推证。

5)平面一般力系平衡方程的解题步骤

(1)确定研究对象,画出受力图。应取有已知力和未知力作用的物体,画出其分离体的受力图。

(2)列平衡方程并求解。适当选取坐标轴和矩心。若受力图上有两个未知力互相平行,可选垂直于此二力的坐标轴,列出投影方程。如不存在两未知力平行,则选任意两未知力的交点为矩心列出力矩方程,先行求解。一般水平和垂直的坐标轴可画可不画,但倾斜的坐标轴必须画。

例 1-10 绞车通过钢丝牵引小车沿斜面轨道匀速上升,如图 1-48a)所示。已知小车重 $P=10\text{kN}$,绳与斜面平行,$\alpha=30°$,$a=0.75\text{m}$,$b=0.3\text{m}$,不计摩擦。求钢丝绳的拉力及轨道对车轮的约束反力。

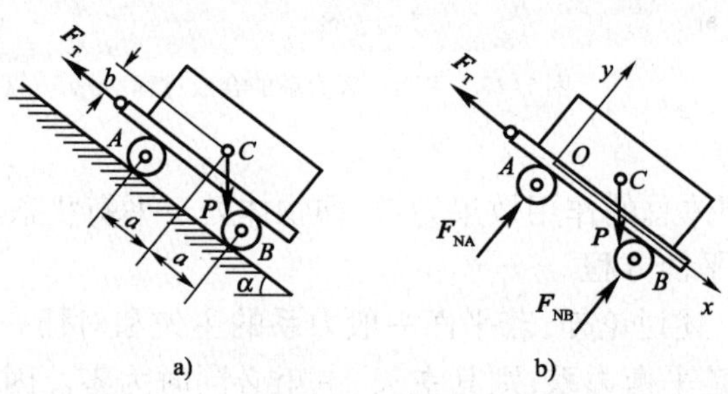

图 1-48 小车的受力图

解:(1)取小车为研究对象,画受力图(图 1-48b)。小车上作用有重力 P,钢丝绳的拉力 F_T,轨道在 A、B 处的约束反力 F_{NA} 和 F_{NB}。

(2)取图示坐标系,列平衡方程:

$$\sum F_x=0 \qquad -F_T+P\sin\alpha=0$$

$$\sum F_y=0 \qquad F_{NA}+F_{NB}-P\cos\alpha=0$$

$$\sum M_O(\boldsymbol{F})=0 \qquad F_{NB}(2a)-Pb\sin\alpha-Pa\cos\alpha=0$$

解得: $F_T=5\text{kN}, F_{NB}=5.33\text{kN}, F_{NA}=3.33\text{kN}$

例 1-11 悬臂梁如图 1-49 所示,梁上作用有均布载荷 q,在 B 端作用有集中力 $F=ql$ 和力偶为 $M=ql^2$,梁长度为 $2l$,已知 q 和 ql(力的单位为 N,长度单位为 m)。求固定端的约束反力。

解:(1)取 AB 梁为研究对象,画受力图(图 1-49b),均布载荷 q 可简化为作用于梁中点的一个集中力 $F_Q=q\times 2l$。

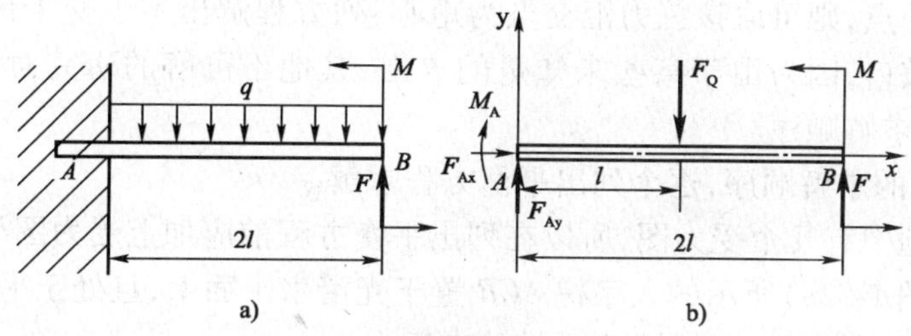

图 1-49　悬臂梁的受力图

(2)列平衡方程。

$$\sum F_x = 0 \qquad F_{Ax} = 0$$

$$\sum M_A(\boldsymbol{F}) = 0 \qquad M - M_A + F(2l) - F_Q l = 0$$

故

$$M_A = M + 2Fl - F_Q l = ql^2 + 2ql^2 - 2ql^2 = ql^2$$

$$\sum F_y = 0 \qquad F_{Ay} + F - F_Q = 0$$

故

$$F_{Ay} = F_Q - F = 2ql - ql = ql$$

1.6　物体系统的平衡

物系平衡时,组成系统的每一个物体也都保持平衡。若物系由 n 个物体组成,对每个受平面一般力系作用的物体至多只能列出 3 个独立的平衡方程,对整个物系至多只能列出 $3n$ 个独立的平衡方程。若问题中未知量的数目不超过独立的平衡方程的总数,即用平衡方程可以解出全部未知量,这类问题称为静定问题。反之,若问题中未知量的数目超过了独立的平衡方程的总数,则单靠平衡方程不能解出全部未知量,这类问题称为超静定问题或静不定问题。在工程实际中,为了提高刚度和稳固性,常对物体增加一些支承或约束,因而使问题由静定变为超静定。例如图 1-50a)、b)为静定结构,图 1-51a)、b)为静不定结构。在用平衡方程来解决工程实际问题时,应首先判别该问题是否静定。本章只研究静定问题。

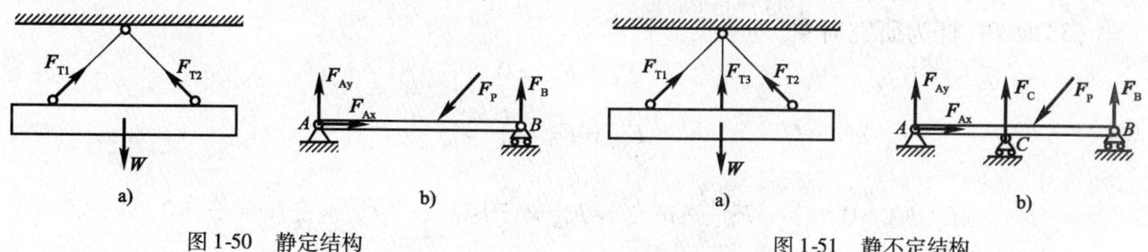

图 1-50　静定结构

图 1-51　静不定结构

求解物系平衡问题的步骤是:

(1)适当选择研究对象,画出各研究对象的分离体的受力图(研究对象可以是物系整体、单个物体,也可以是物系中几个物体的组合)。

(2)分析各受力图,确定求解顺序。

研究对象的受力图可分为两类,一类是未知量数等于独立平衡方程的数目,称为是可解的;另一类是未知量数超过独立平衡方程的数目,称为暂不可解的。若是可解的,应先取其为研究对象,求出某些未知量,再利用作用与反作用关系,扩大求解范围。有时也可利用其受力特点,列出平衡方程,解出某些未知量。如某物体受平面一般力系作用,有四个未知量,但有三个未知量汇交于一点，则可取该三力汇交点为矩心，列方程解出不汇交于该点的那个未知力。这便是解题的突破口，因为由于某些未知量的求出，其他不可解的研究对象也可以成为可解了，这样便可确定求解顺序。

(3)根据确定的求解顺序，逐个列出平衡方程求解。

由于同一问题中有几个受力图，所以在列出平衡方程前应加上受力图号，以示区别。

例 1-12　如图 1-52a)所示的人字梯 ACB 置于光滑水平面上，且处于平衡，已知人重为 $\boldsymbol{G}$，夹角为 α，长度为 l。求 A、B 和铰链 C 处的约束反力。

解:(1)选取研究对象，画出整体及每个物体的受力图如图 1-52b)、c)、d)所示。

AC 和 BC 杆所受的力系均为平面一般力系，每个杆都有四个未知力，暂不可解。但由于物系整体受平面平行力系作用，故是可解的。先以整体为研究对象，求出 $\boldsymbol{F}_A$、$\boldsymbol{F}_B$，则 AC 和 BC 便可解了，故再取 BC 为研究对象，求出 C 处反力。

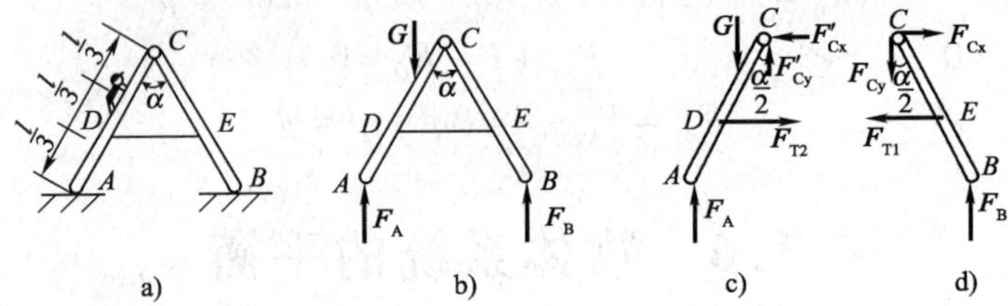

图 1-52　人字梯的受力图

(2)取整体为研究对象，列平衡方程求解

$$\sum M_A(F)=0 \qquad F_B\times 2\sin\frac{\alpha}{2}-G\times\frac{2}{3}l\sin\frac{\alpha}{2}=0$$

故
$$F_B=\frac{G}{3}$$

$$\sum F_y=0 \qquad F_A+F_B-G=0$$

故
$$F_A=G-F_B=G-\frac{G}{3}=\frac{2}{3}G$$

(3)取 BC 杆为研究对象，列平衡方程求解。

$$\sum F_y=0 \qquad F_B-F_{Cy}=0$$

故
$$F_{Cy}=F_B=\frac{G}{3}$$

$$\sum M_E(F)=0 \qquad F_B\frac{l}{3}\sin\frac{\alpha}{2}+F_{Cy}\times\frac{2}{3}l\sin\frac{\alpha}{2}-F_{Cx}\times\frac{2}{3}l\cos\frac{\alpha}{2}=0$$

故
$$F_{Cx}=\frac{G}{2}\tan\frac{\alpha}{2}$$

例 1-13　一构架如图 1-53a)所示，已知 F 和 a，且 $F_1=2F$。试求两固定铰链 A、B 和铰链 C 的约束反力。

解:(1)分别取构件 ACD 及 BEC 为研究对象，画出各分离体的受力图，如图 1-53b)、c)所示。

(2)图 1-53b)有四个未知力，不可解；图 1-53c)有四个未知力，但有三个未知力汇交于一点，可先求出 F_{Bx} 和 F_{Cx}。

$$\sum M_C(\mathrm{F})=0 \qquad F_{Bx}\times 2a-Fa=0$$

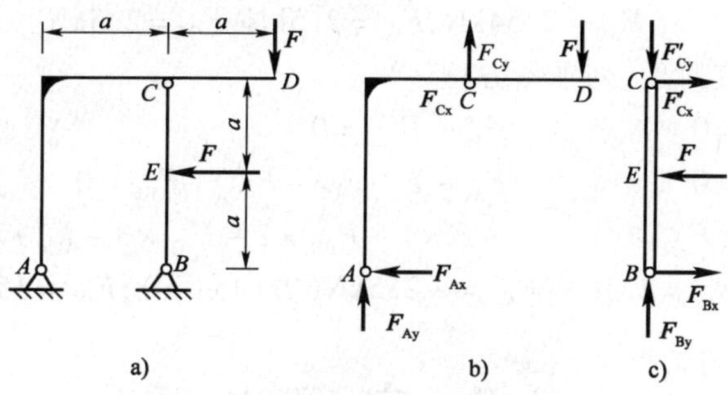

图 1-53　构架的受力图

故　　$F_{Bx}=\dfrac{F}{2}$

$\sum F_x=0$　　$F'_{Cx}+F_{Bx}-Fa=0$

故　　$F'_{Cx}=F-F_{Bx}=F-\dfrac{F}{2}=\dfrac{F}{2}$

解出 F'_{Cx}后，图 1-53b）中的 F_{Cx}变为已知力，因而可解。

$\sum M_A(F)=0$　　$F_{Cy}a+F_{Cx}2a-F_1 2a=0$

故　　$F_{Cy}=2F_1-2F_{Cx}=2F_1-2\dfrac{F}{2}=2F_1-F=3F$

$\sum F_y=0$　　$F_{Ay}+F_{Cy}-F_1=0$

故　　$F_{Ay}=F_1-F_{Cy}=F_1-(2F_1-F)=-F$

$\sum F_x=0$　　$F_{Ax}-F_{Cx}=0$

$F_{Ax}=F_{Cx}=\dfrac{F}{2}$

求出 F_{Cy}后，再转图 1-53c）求解 F_{By}。

$\sum F_y=0$　　$F_{By}-F'_{Cy}=0$

故　　$F_{By}=F'_{Cy}=3F$

例 1-14　组合梁由 AC 和 CE 用铰链连接，载荷及支承情况如图 1-54a）所示，已知：$l=8\text{m}$，$F=5\text{kN}$，均布载荷集度 $q=2.5\text{kN/m}$，力偶的矩 $M=5\text{kN}\cdot\text{m}$。求支座 A、B、E 及中间铰 C 的反力。

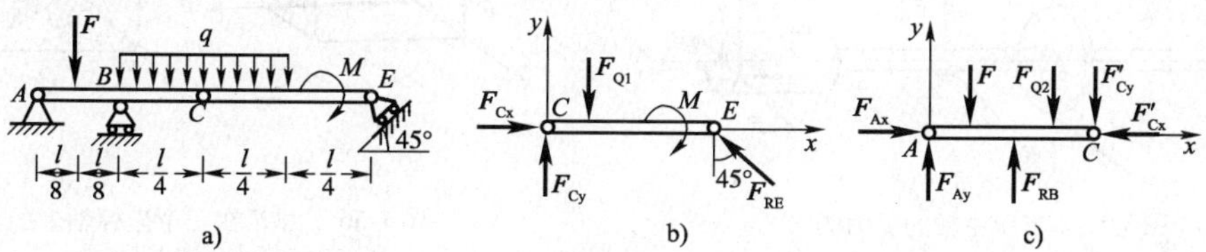

图 1-54　组合梁的受力图

解：(1) 分别取梁 CE 及 ABC 为研究对象，画出各分离体的受力图，如图 1-54b）、c）所示。其中 F_{Q1} 和 F_{Q2} 分别为梁 CE 梁 ABC 上均布载荷的合力。

(2) 列平衡方程求解。图 1-54c）有五个未知力，不可解；图 1-54b）有三个未知力，可解。

$\sum F_x=0$　　$F_{Cx}-F_{RE}\cos45°=0$

$\sum F_y=0$　　$F_{Cy}-F_{Q1}+F_{RE}\sin45°=0$

$\sum M_C(F)=0$　　$-F_{Q1}\times1-5+F_{RE}\sin45°\times4=0$

得 $F_{RE}=3.54\text{kN}, F_{Cx}=2.5\text{kN}, F_{Cy}=2.5\text{kN}$

(3)以 ABC 为研究对象,列平衡方程

$$\sum F_x=0 \qquad F_{Ax}-F'_{Cx}=0$$

$$\sum F_y=0 \qquad F_{Ay}-F-F_{Q2}-F'_{Cy}+F_{RB}=0$$

$$\sum M_A(F)=0 \qquad -F\times 1+F_{RB}\times 2-F_{Q2}\times 3-F'_{Cy}\times 4=0$$

得 $F_{Ax}=2.5\text{kN}, F_{Ay}=-2.5\text{kN}$(方向向下),$F_{RB}=15\text{kN}$

1.7 空 间 力 系

当力系中各力的作用线不在同一平面,而呈空间分布时,称为空间力系。

在工程实际中,有许多问题都属于这种情况。如图1-55所示车床主轴,受切削力 $\boldsymbol{F}_x$、$\boldsymbol{F}_y$、$\boldsymbol{F}_z$ 和齿轮上的圆周力 $\boldsymbol{F}_t$、径向力 $\boldsymbol{F}_r$ 以及轴承 A、B 处的约束反力,这些力构成一组空间力系。

与平面力系一样,空间力系可分为空间汇交力系、空间平行力系及空间一般力系。

1.7.1 力在空间直角坐标轴上的投影

在平面力系中,常将作用于物体上某点的力向坐标轴 x、y 上投影。同理,在空间力系中,也可将作用于空间某一点的力向坐标轴 x、y、z 上投影,具体做法如下。

(1)直接投影法。若一力 $\boldsymbol{F}$ 的作用线与 x、y、z 轴对应的夹角已经给定,如图1-56a)所示,则可直接将力 $\boldsymbol{F}$ 向三个坐标轴投影,得:

$$\left.\begin{aligned} F_x &= F\cos\alpha \\ F_y &= F\cos\beta \\ F_z &= F\cos\gamma \end{aligned}\right\} \tag{1-27}$$

式中:α、β、γ——分别为力 $\boldsymbol{F}$ 与 x、y、z 三坐标轴间的夹角。

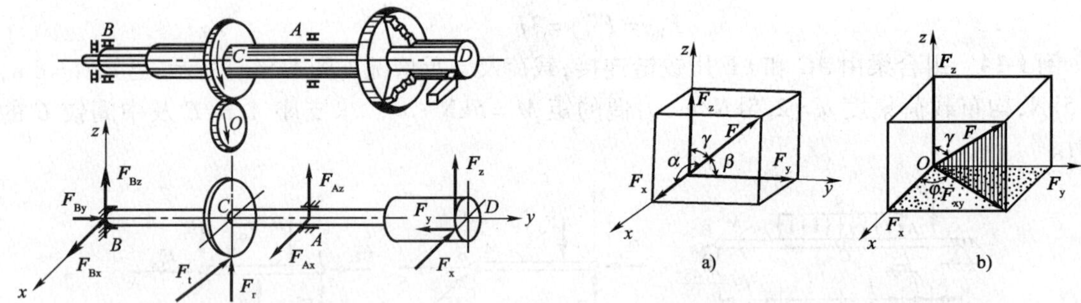

图1-55 车床主轴的受力图

图1-56 力 $\boldsymbol{F}$ 在三个坐标轴上的投影

(2)二次投影法。当力 $\boldsymbol{F}$ 与 x、y 坐标轴间的夹角不易确定时,可先将力 $\boldsymbol{F}$ 投影到坐标平面 xOy 上,得一力 $\boldsymbol{F}_{xy}$,进一步再将 $\boldsymbol{F}_{xy}$ 向 x、y 轴上投影。如图1-56b)所示。若 γ 为力 $\boldsymbol{F}$ 与 z 轴间的夹角,φ 为 $\boldsymbol{F}_{xy}$ 与 x 轴间的夹角,则力 $\boldsymbol{F}$ 在三个坐标轴上的投影为:

$$\left.\begin{aligned} F_x &= F_{xy}\cos\varphi = F\sin\gamma\cos\varphi \\ F_y &= F_{xy}\sin\varphi = F\sin\gamma\sin\varphi \\ F_z &= F\cos\gamma \end{aligned}\right\} \tag{1-28}$$

具体计算时,可根据问题的实际情况选择一种适当的投影方法。

力和它在坐标轴上的投影是一一对应的，如果力 $\boldsymbol{F}$ 的大小、方向是已知的，则它在选定的坐标系的三个轴上的投影是确定的；反之，如果已知力 $\boldsymbol{F}$ 在三个坐标轴上的投影 F_x、F_y、F_z 的值，则力 $\boldsymbol{F}$ 的大小、方向也可以求出，其形式如下：

$$F = \sqrt{F_x^2 + F_y^2 + F_z^2} \tag{1-29}$$

$$\left.\begin{aligned} \cos\alpha &= \frac{F_x}{F} \\ \cos\beta &= \frac{F_y}{F} \\ \cos\gamma &= \frac{F_z}{F} \end{aligned}\right\} \tag{1-30}$$

例 1-15　已知圆柱斜齿轮所受的啮合力 $F_n = 1\ 410\text{N}$，齿轮压力角 $\alpha = 20°$，螺旋角 $\beta = 25°$（图 1-57）。试计算斜齿轮所受的圆周力 $\boldsymbol{F}_t$、轴向力 $\boldsymbol{F}_a$ 和径向力 $\boldsymbol{F}_r$。

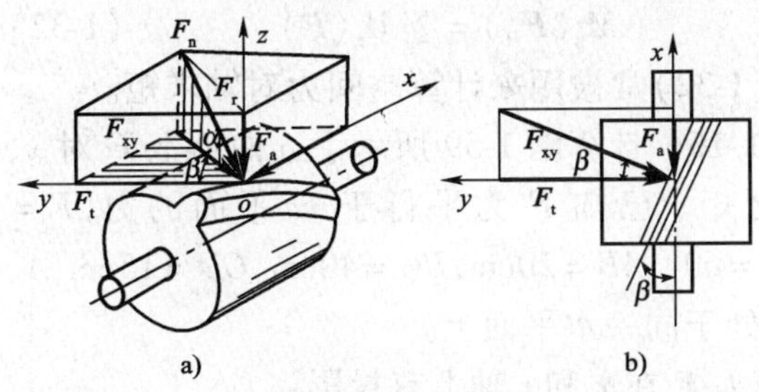

图 1-57　圆柱斜齿轮的受力图

解：取坐标系如图 1-57a）所示，使 x、y、z 分别沿齿轮的轴向、圆周的切线方向和径向。先把啮合力 $\boldsymbol{F}_n$ 向 z 轴和坐标平面 xOy 投影，得：

$$F_z = -F_r = -F_n\sin\alpha$$

$$= -1\ 410\sin20° = -482\text{N}$$

$\boldsymbol{F}_n$ 在 xOy 平面上的分力 $\boldsymbol{F}_{xy}$，其大小为：

$$F_{xy} = F_n\cos\alpha = 1\ 410\cos20° = 1\ 325\text{N}$$

然后再把 $\boldsymbol{F}_{xy}$ 投影到 x、y 轴得：

$$\begin{aligned} F_x = F_a &= -F_{xy}\sin\beta \\ &= -F_n\cos\alpha\sin\beta \\ &= -1\ 410\cos20°\sin25° = -560\text{N} \end{aligned}$$

$$\begin{aligned} F_y = F_t &= -F_{xy}\cos\beta = -F_n\cos\alpha\cos\beta \\ &= -1\ 410\cos20°\cos25° = -1\ 201\text{N} \end{aligned}$$

1.7.2　力对轴之矩

1）力对轴之矩的概念

在工程中，常遇到刚体绕定轴转动的情形，为了度量力对转动刚体的作用效应，必须引入力对轴之矩的概念。

现以关门动作为例，图 1-58a）中门的一边有固定轴 z，在 A 点作用一力 $\boldsymbol{F}$，为度量此力对刚体的转动效应，可将该力 $\boldsymbol{F}$ 分解为两个互相垂直的分力：一个是与转轴平行的分力 $F_z = F\sin\beta$；另一个是在与转轴垂直平面上的分力 $F_{xy} = F\cos\beta$。

由经验可知，F_z 不能使门绕 z 轴转动，只有分力 F_{xy} 才能产生使门绕 z 轴转动的效应。

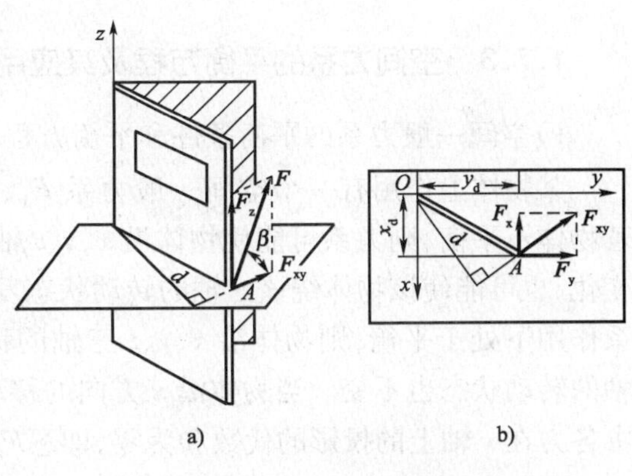

图 1-58　关门过程的受力图

如以 d 表示 $\boldsymbol{F}_{xy}$ 作用线到 z 轴与平面的交点 O 的距离，则 $\boldsymbol{F}_{xy}$ 对 O 点之矩，就可以用来度量力 $\boldsymbol{F}$ 使门绕 z 轴转动的效应，记作：

$$M_z(\boldsymbol{F}) = M_O(\boldsymbol{F}_{xy}) = \pm F_{xy}d \tag{1-31}$$

力对轴之矩在轴上的投影是代数量，其值等于此力在垂直该轴平面上的投影对该轴与此平面的交点之矩。力矩的正负代表其转动作用的方向。当从 z 轴正向看，逆时针方向转动为正，顺时针方向转动为负（或用右手法则确定其正负）。

由式(1-31)可知，当力的作用线与转轴平行（$F_{xy}=0$），或者与转轴相交时（$d=0$），即当力与转轴共面时，力对该轴之矩等于零。力对轴之矩的单位是 N·m。

2）合力矩定理

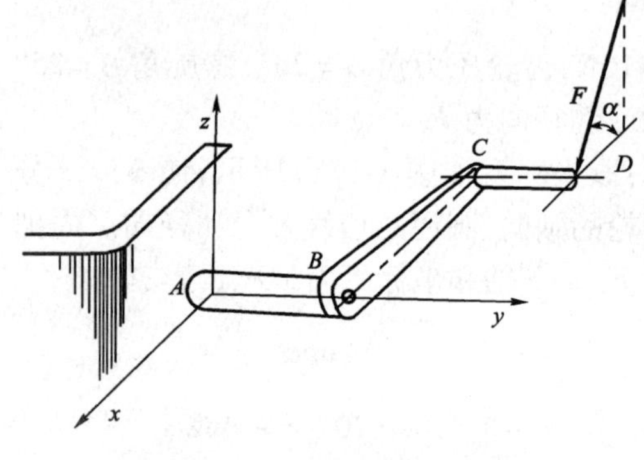

图 1-59　手摇曲柄的受力图

设有一空间力系 $\boldsymbol{F}_1$、$\boldsymbol{F}_2$、…、$\boldsymbol{F}_n$，其合力为 $\boldsymbol{F}_R$，则可证合力 $\boldsymbol{F}_R$ 对某轴之矩等于各分力对同轴力矩的代数和，可写成：

$$M_z(\boldsymbol{F}_R) = \sum M_z(\boldsymbol{F}) \tag{1-32}$$

式(1-32)常被用来计算空间力对轴求矩。

例 1-16　计算图 1-59 所示手摇曲柄上 $\boldsymbol{F}$ 对 x、y、z 轴之矩。已知 $\boldsymbol{F}$ 为平行于 xz 平面的力，$F=100\text{N}$，$\alpha=60°$，$AB=20\text{cm}$，$BC=40\text{cm}$，$CD=15\text{cm}$，A、B、C、D 处于同一水平面上。

解：力 $\boldsymbol{F}$ 在 x 和 z 轴上有投影：

$$F_x = F\cos\alpha, F_z = -F\sin\alpha$$

计算 $\boldsymbol{F}$ 对 x、y、z 各轴的力矩：

$$M_x(\boldsymbol{F}) = -F_z(AB+CD) = -100\sin60°(20+15)$$

$$= -3\ 031\text{N}\cdot\text{cm} = -30.31\text{N}\cdot\text{m}$$

$$M_y(\boldsymbol{F}) = -F_z\cdot BC = -100\sin60° \times 40$$

$$= -3\ 464\text{N}\cdot\text{cm} = -34.64\text{N}\cdot\text{m}$$

$$M_z(\boldsymbol{F}) = -F_x(AB+CD) = -100\cos60°(20+15)$$

$$= -1\ 750\text{N}\cdot\text{cm} = -17.5\text{N}\cdot\text{m}$$

1.7.3　空间力系的平衡方程及其应用

1）空间一般力系的平衡条件和平衡方程

某物体上作用有一个空间一般力系 $\boldsymbol{F}_1$、$\boldsymbol{F}_2$、…、$\boldsymbol{F}_n$（图 1-60）。若物体不平衡，则力系可能使物体沿 x、y、z 轴方向的移动状态发生变化，也可能使该物体绕该三轴的转动状态发生变化。若物体在力系作用下处于平衡，则物体沿 x、y、z 三轴的移动状态不变，绕该三轴的转动状态也不变。当物体沿 x 方向的移动状态不变时，该力系中各力在 x 轴上的投影的代数和为零，即 $\sum F_x=0$；同理可得 $\sum F_y=0$，$\sum F_z=0$。当物体绕 x 轴的转动状态不变时，该力系对 x 轴力矩

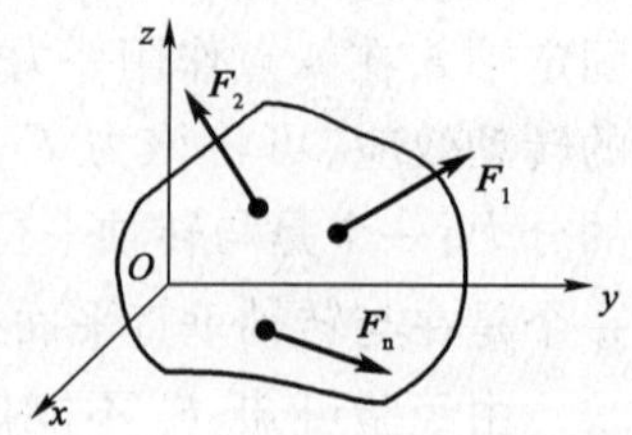

图 1-60　空间一般力系

的代数和为零，即$\sum M_x(F)=0$，同理可得$\sum M_y(F)=0$，$\sum M_z(F)=0$。由此可见，空间一般力系的平衡方程为：

$$\left.\begin{aligned}\sum F_x=0,\sum F_y=0,\sum F_z=0\\\sum M_x(F)=0,\sum M_y(F)=0,\sum M_x(F)=0\end{aligned}\right\}\tag{1-33}$$

式(1-33)表达了空间一般力系平衡的必要和充分条件为：各力在三个坐标轴上投影的代数和以及各力对三个坐标轴之矩的代数和都必须分别等于零。

利用该六个独立平衡方程式，可以求解六个未知量。

2）空间力系的特殊情况

（1）空间汇交力系。各力的作用线汇交于一点的空间力系称为空间汇交力系（图1-61）。若以汇交点为原点，取直角坐标系$Oxyz$，则由于各力与三个坐标轴都相交，方程组（1-33）中的三个力矩方程自然得到满足，所以空间汇交力系的平衡方程只有三个，即：

$$\sum F_x=0,\sum F_y=0,\sum F_z=0\tag{1-34}$$

（2）空间平行力系。各力作用线互相平行的空间力系称为空间平行力系（图1-62）。取坐标系$Oxyz$，令z轴与力系中各力平行，则不论力系是否平衡，都自然满足$\sum F_x=0$，$\sum F_y=0$，$\sum M_z(\boldsymbol{F})=0$。于是空间平行力系的平衡方程为：

$$\sum F_z=0,\sum M_x(F)=0,\sum M_y(F)=0\tag{1-35}$$

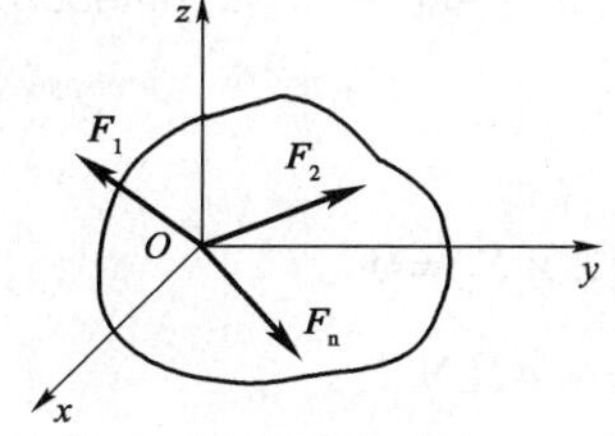

图1-61　空间汇交力系

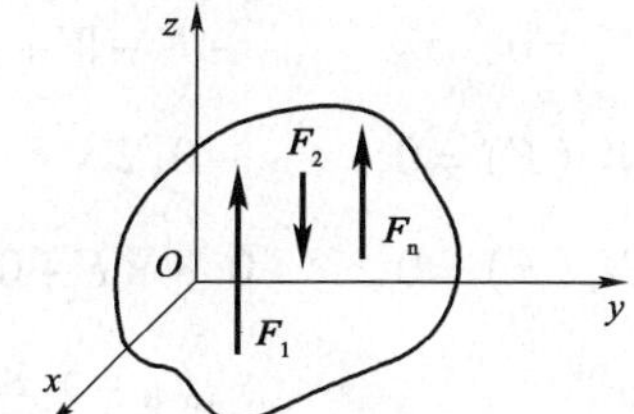

图1-62　空间平行力系

例1-17　有一空间支架固定在相互垂直的墙上。支架由垂直于两墙的铰接二力杆OA、OB和钢绳OC组成。已知$\theta=30°$，$\varphi=60°$，O点吊一重量$G=1.2\text{kN}$的重物（图1-63a）。试求两杆和钢绳所受的力。图中O、A、B、D四点都在同一水平面上，杆和绳的重量都忽略不计。

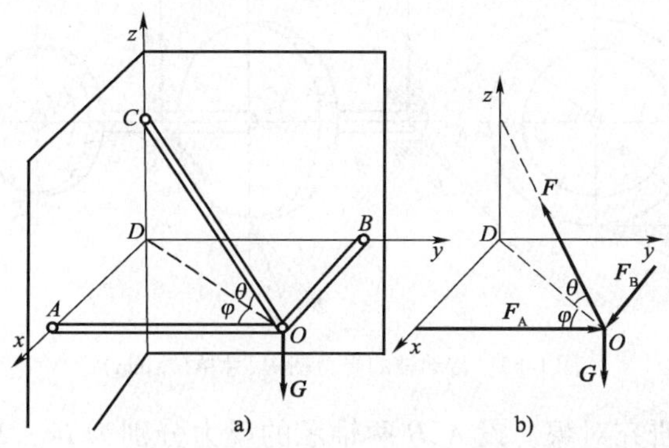

图1-63　空间支架的受力图

解：（1）选研究对象，画受力图。取铰链O为研究对象，设坐标系为$Dxyz$，受力如图1-63b）所示。

(2)列平衡方程,求未知量,即:

$$\sum F_x = 0 \qquad F_B - F\cos\theta\sin\varphi = 0$$

$$\sum F_y = 0 \qquad F_A - F\cos\theta\cos\varphi = 0$$

$$\sum F_z = 0 \qquad F\sin\theta - G = 0$$

$$F = \frac{G}{\sin\theta} = \frac{1.2\text{kN}}{\sin 30^\circ} = 2.4\text{kN}$$

解上述方程得:

$$F_A = F\cos\theta\cos\varphi = 2.4\text{kN}\cos30^\circ\cos60^\circ = 1.04\text{kN}$$

$$F_B = F\cos\theta\sin\varphi = 2.4\text{kN}\cos30^\circ\sin60^\circ = 1.8\text{kN}$$

例 1-18 三轮小车自重 $W = 8\text{kN}$,作用于点 C,载荷 $F = 10\text{kN}$,作用于点 E,如图 1-64 所示。求小车静止时地面对车轮的反力。

解:(1)选小车为研究对象,画受力图如图 1-64 所示。其中 $\boldsymbol{W}$ 和 $\boldsymbol{F}$ 为主动力,$\boldsymbol{F}_A$、$\boldsymbol{F}_B$、$\boldsymbol{F}_D$ 为地面的约束反力,此五个力相互平行,组成空间平行力系。

图 1-64 三轮小车的受力图

(2)取坐标轴如图所示,列出平衡方程求解:

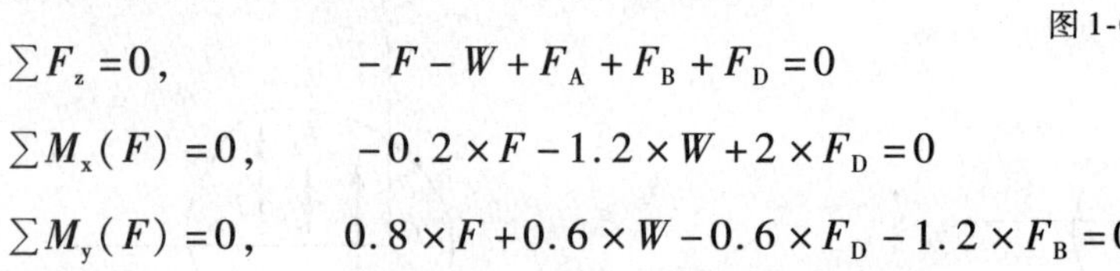

$$\sum F_z = 0, \qquad -F - W + F_A + F_B + F_D = 0$$

$$\sum M_x(F) = 0, \qquad -0.2 \times F - 1.2 \times W + 2 \times F_D = 0$$

$$\sum M_y(F) = 0, \qquad 0.8 \times F + 0.6 \times W - 0.6 \times F_D - 1.2 \times F_B = 0$$

得:

$$F_D = 5.8\text{kN}, F_B = 7.78\text{kN}, F_A = 4.42\text{kN}$$

例 1-19 传动轴如图 1-65 所示,以 A、B 两轴承支承。圆柱直齿轮的节圆直径 $d = 17.3\text{mm}$,压力角 $\alpha = 20^\circ$,在凸缘盘上作用一力偶,其力偶矩 $M = 1\ 030\text{N}\cdot\text{m}$。如轮轴自重和摩擦不计,求传动轴匀速转动时 A、B 两轴承的反力及齿轮所受的啮合力 $\boldsymbol{F}$。

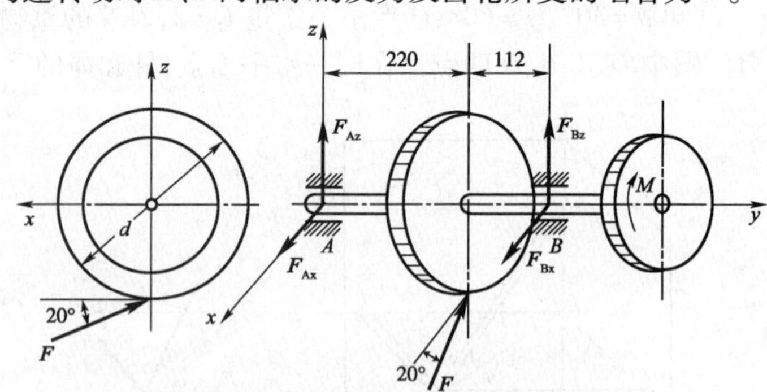

图 1-65 传动轴的受力图(尺寸单位:mm)

解:(1)取整个轴为研究对象。设 A、B 两轴承的反力分别为 $\boldsymbol{F}_{Ax}$、$\boldsymbol{F}_{Az}$、$\boldsymbol{F}_{Bx}$、$\boldsymbol{F}_{Bz}$,并沿 x、z 轴的正向,此外,还有力偶 M 和齿轮所受的啮合力 $\boldsymbol{F}$,这些力构成空间一般力系。

(2)取坐标轴如图所示,列平衡方程:

$$\sum M_y(\boldsymbol{F}) = 0 \qquad -M + F\cos20^\circ \times d/2 = 0$$

$\sum M_x(\boldsymbol{F})=0 \qquad F\sin20° \times 220\text{mm}+F_{Bz}\times 332\text{mm}=0$

$\sum M_z(\boldsymbol{F})=0 \qquad -F_{Bx}\times 332\text{mm}+F\cos20°\times 220\text{mm}=0$

$\sum F_x=0 \qquad F_{Ax}+F_{Bx}-F\cos20°=0$

$\sum F_z=0 \qquad F_{Az}+F_{Bz}+F\sin20°=0$

联立求解以上各式，得：

$$F=12.67\text{kN},\quad F_{Bz}=-2.87\text{kN},\quad F_{Bx}=7.89\text{kN},$$
$$F_{Ax}=4.02\text{kN},\quad F_{Az}=-1.46\text{kN}$$

1.7.4 重心及其计算

重力是地球对物体的引力，如果将物体看成由无数的质点组成，则重力便组成空间平行力系，这个力系的合力的大小就是物体的重量。不论物体如何放置，其重力的合力作用线相对于物体总是通过一个确定的点，这个点称为物体的重心（图1-66中C点）。

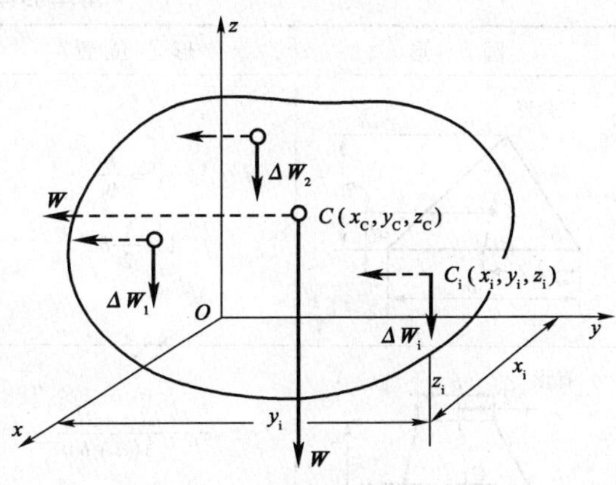

图1-66 物体的重心

不论是在日常生活里还是在工程实际中，确定物体重心的位置都具有重要的意义。例如，当我们用手推车推重物时，只有重物的重心正好与车轮轴线在同一铅垂面内时，才能比较省力；起重机吊起重物时，吊钩应位于被吊物体重心的正上方，以保证起吊过程中物体保持平稳；电机转子、飞轮等旋转部件在设计、制造与安装时，都要求它的重心尽量靠近轴线，否则将产生强烈的振动，甚至引起破坏；而振动打桩机、混凝土捣实机等则又要求其转动部分的重心偏离转轴一定距离，以得到预期的振动。

根据合力矩定理可推导出物体重心位置坐标公式为：

$$x_C=\frac{\sum \Delta W_i x_i}{W},y_C=\frac{\sum \Delta W_i y_i}{W},z_C=\frac{\sum \Delta W_i z_i}{W} \tag{1-36}$$

式中，ΔW_i 为组成物体的微小部分的重量，其重心位置为 C_i；W 是整个物体的重量，重心在 C 处，且 $W=\sum \Delta W_i$；x_C、y_C、z_C是物体重心坐标，x_i、y_i、z_i是 ΔW_i 的重心坐标，如图1-66所示。

若物体是均质的，则各微小部分的重力 ΔW_i 与其体积 ΔV_i 成正比，物体的重量 W 也必按相同的比例与物体总体积 V 成正比。于是式(1-36)可变为：

$$x_C=\frac{\sum \Delta V_i x_i}{V},y_C=\frac{\sum \Delta V_i y_i}{V},z_C=\frac{\sum \Delta V_i z_i}{V} \tag{1-37}$$

可见，均质物体的重心位置完全取决于物体的形状，即均质物体的重心与体积形心重合。

若物体不仅是均质的，而且是等厚平板，消去式(1-37)中的板厚，则得其平面图形的形心坐标公式为：

$$x_C=\frac{\sum \Delta A_i x_i}{A},y_C=\frac{\sum \Delta A_i y_i}{A},z_C=\frac{\sum \Delta A_i z_i}{A} \tag{1-38}$$

求物体重心时，须注意：

(1)利用物体的对称性求重心。很多常见的物体往往具有一定的对称性,如具有对称面、对称轴或对称中心,此时,重心必在物体的对称面、对称轴或对称中心上。

(2)积分法。在求基本规则形体的形心时,可将形体分割成无限多块微小的形体。在此极限情况下,式(1-36)、式(1-37)和式(1-38)均可写成定积分形式。

重心公式:

$$x_C = \frac{\int_C x\mathrm{d}G}{G}, y_C = \frac{\int_C y\mathrm{d}G}{G}, z_C = \frac{\int_C z\mathrm{d}G}{G} \tag{1-39}$$

体积、面积等形心公式可依次类推。这是计算物体重心和形心的基本方法。

机械设计手册中,可查得用此法求出的常用基本几何形体的形心位置,表1-1列出了其中的几种。

基本形体的形心位置表 表1-1

圆　形	形心位置	圆　形	形心位置
三角形 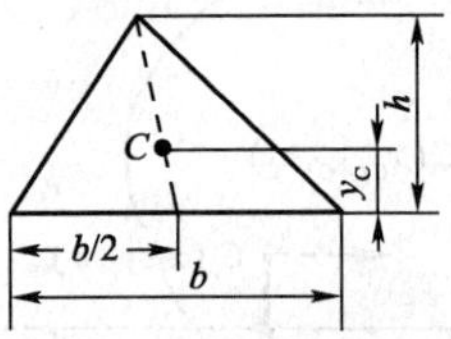	$y_C = \frac{h}{3}$ $A = \frac{1}{2}bh$	抛物线 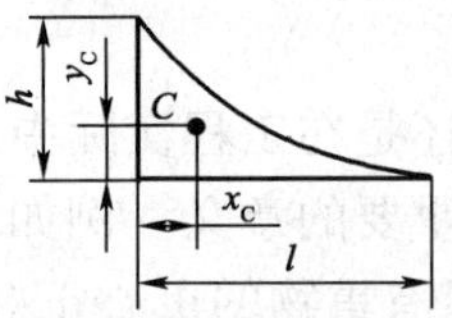	$x_C = \frac{1}{4}l$ $y_C = \frac{3}{10}$ $A = \frac{1}{3}hl$
梯形 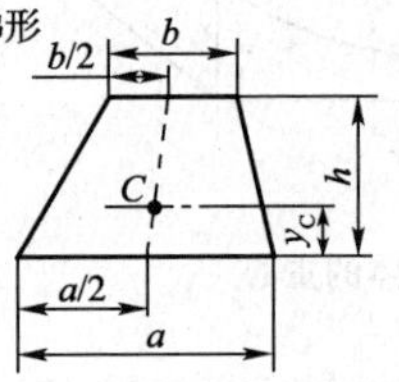	$y_C = \frac{h(a+2b)}{3(a+b)}$ $A = \frac{h}{2}(a+b)$	扇形 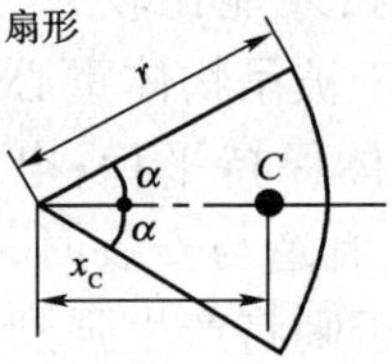	$x_C = \frac{2r\sin\alpha}{3\alpha}$ $A = ar^2$ 半圆的 $\alpha = \frac{\pi}{2}$ $x_C = \frac{4r}{3\pi}$

(3)组合体的重心求法。工程中很多构件往往是由几个简单的基本形体组合而成的,即所谓组合体,若组合体中每一基本形体的重心(或形心)是已知的,则整个组合体的重心(或形心)可用式(1-37)或式(1-38)求出。

例1-20 试求Z形截面重心的位置,其尺寸如图1-67所示。

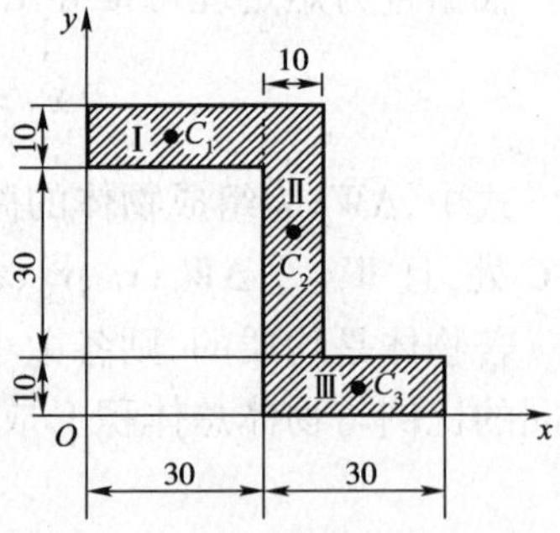

解:将Z形截面看做由Ⅰ、Ⅱ、Ⅲ三个矩形面积组合而成,每个矩形的面积和重心位置可方便求出。取坐标轴如图1-67所示。

Ⅰ:$A_1 = 300\text{mm}^2, x_1 = 15\text{mm}, y_1 = 45\text{mm}$

Ⅱ:$A_2 = 400\text{mm}^2, x_2 = 35\text{mm}, y_2 = 30\text{mm}$

Ⅲ:$A_3 = 300\text{mm}^2, x_3 = 45\text{mm}, y_3 = 5\text{mm}$

图1-67 Z形截面的重心(尺寸单位:mm)

按式(1-38)求得该截面重心的坐标 x_C、y_C 为:

$$x_C = \frac{\sum \Delta A_i x_i}{A} = \frac{300 \times 15 + 400 \times 35 + 300 \times 45}{300 + 400 + 300} = 32\text{mm}$$

$$y_C = \frac{\sum \Delta A_i y_i}{A} = \frac{300 \times 45 + 400 \times 30 + 300 \times 5}{300 + 400 + 300} = 27\text{mm}$$

例 1-21　求图 1-68 所示图形的形心，已知大圆的半径为 R，小圆的半径为 r，两圆的中心距为 a。

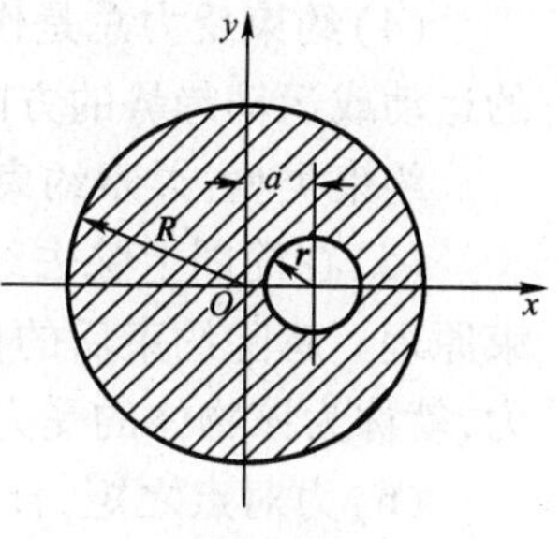

图 1-68

解：取坐标系如图所示，因图形对称于 x 轴，其形心在 x 轴上，故 $y_C = 0$。

图形可看做由两部分组成，挖去的面积以负值代入，两部分图形的面积和形心坐标为：

$$A_1 = \pi R^2, x_1 = y_1 = 0$$

$$A_2 = -\pi r^2, x_2 = a, y_2 = 0$$

由式(1-38)可得：

$$x_C = \frac{A_1 x_1 + A_2 x_2}{A_1 + A_2} = \frac{\pi R^2 \times 0 + (-\pi r^2) \times a}{\pi R^2 + (-\pi r^2)} = -\frac{ar^2}{R^2 - r^2}$$

本 章 小 结

(1)力的三要素：大小、方向和作用点的位置。

力的单位：力的国际制单位是牛顿或千牛顿，其符号为 N 或 kN。

(2)静力学公理：

公理一　二力平衡公理

当一个刚体受两个力作用而处于平衡状态时，其充分与必要的条件是：这两个力大小相等，作用于同一直线上，且方向相反。

公理二　加减平衡力系公理

在刚体的原有力系中，加上或减去任一平衡力系，不会改变原力系对刚体的作用效应。

力的可传性原理：作用于刚体上的力，可以沿其作用线移至刚体内任一点，而不改变原力对刚体的作用效应。

公理三　力的平行四边形法则

作用于物体同一点的两个力可以合成为一个合力，合力也作用于该点，其大小和方向由以这两个力为邻边所构成的平行四边形的对角线所确定，即合力矢等于这两个分力矢的矢量和。

三力平衡汇交定理：物体受三个力作用而平衡时，此三个力的作用线必汇交于一点。

公理四　作用与反作用定律

两个物体间的作用力与反作用力，总是大小相等，方向相反，作用线相同，并分别作用于这两个物体。

(3)力在坐标轴上的投影。若已知 F 的大小及其与 x 轴所夹的锐角 α，则有：

$$\left.\begin{aligned} F_x &= F\cos\alpha \\ F_y &= -F\sin\alpha \end{aligned}\right\}$$

若已知 $\boldsymbol{F}_x$、$\boldsymbol{F}_y$ 值，可求出 $\boldsymbol{F}$ 的大小和方向，即：

$$\left.\begin{aligned} F &= \sqrt{F_x^2 + F_y^2} \\ \tan\alpha &= \left|\frac{F_y}{F_x}\right| \end{aligned}\right\}$$

(4)约束反力总是作用在被约束体与约束体的接触处,其方向也总是与该约束所能限制的运动或运动趋势的方向相反。

约束类型:柔索约束、光滑面约束、光滑铰链约束、轴承约束。

(5)在简图上除去约束,使对象成为自由体,添上代表约束作用的约束反力,称为解除约束原理。解除约束后的自由物体称为分离体,在分离体上画上它所受的全部主动力和约束反力,就称为该物体的受力图。

(6)力对点之矩,合力矩定理。

力矩的概念:力对具有转动中心的物体所产生的转动效应称为力对点之矩,记作:

$$M_O(\boldsymbol{F}) = \pm Fh$$

合力矩定理:力系的合力对平面上任一点之矩,等于所有各分力对同一点力矩的代数和,记作:

$$M_O(\boldsymbol{F}_R) = \sum M_O(\boldsymbol{F})$$

(7)力偶及力偶矩。

力偶为一对等值、反向且不共线的平行力,它对物体的作用是产生单纯的转动效应。力偶有三个要素,即力偶矩的大小、力偶的转向与力偶的作用面。力偶矩可以记作:

$$M(\boldsymbol{F},\boldsymbol{F}') = M = \pm Fd$$

(8)平面一般力系的简化与平衡方程。

①力的平移定理:作用于刚体上的力 $\boldsymbol{F}$ 可以平移到刚体内任一点 O,但必须附加一力偶,此附加力偶的力偶矩等于原力 $\boldsymbol{F}$ 对点 O 之矩。

②平面一般力系的简化结果:

主矢 $$\boldsymbol{F}'_R = \sum \boldsymbol{F}' = \sum \boldsymbol{F}$$

主矩 $$M_O = \sum M_O(\boldsymbol{F})$$

③平面力系的平衡方程,见下表。

力系名称	平 衡 方 程	其他形式的平衡方程	独立方程数目
平面一般力系	$\left.\begin{array}{l}\sum F_x=0\\ \sum F_y=0\\ \sum M_O(F)=0\end{array}\right\}$	$\left.\begin{array}{l}\sum F_x=0\\ \sum M_A(F)=0\\ \sum M_B(F)=0\end{array}\right\}$ 或 $\left.\begin{array}{l}\sum M_A(F)=0\\ \sum M_B(F)=0\\ \sum M_C(F)=0\end{array}\right\}$ (AB 连线不垂直 x 轴)　(A、B、C 不共线)	3
平面汇交力系	$\left.\begin{array}{l}\sum F_x=0\\ \sum F_y=0\end{array}\right\}$		2
平面平行力系	$\left.\begin{array}{l}\sum F_y=0\\ \sum M_O(F)=0\end{array}\right\}$	$\left.\begin{array}{l}\sum M_A(F)=0\\ \sum M_B(F)=0\end{array}\right\}$ (AB 连线不平行于各力作用线)	2
平面力偶系	$\sum M=0$		1

(9)求解物体系统平衡问题的步骤:

①适当选取研究对象,画出各研究对象的受力图。

②分析各受力图,确定求解顺序,并根据选定的顺序逐个选取研究对象求解。

(10)力 F 在空间直角坐标轴上的投影有两种计算方法。

①直接投影法：

$$\left.\begin{aligned} F_x &= F\cos\alpha \\ F_y &= F\cos\beta \\ F_z &= F\cos\gamma \end{aligned}\right\}$$

式中：α、β、γ——分别为力 F 与 x、y、z 三坐标轴间的夹角。

②二次投影法：

$$\left.\begin{aligned} F_x &= F_{xy}\cos\varphi = F\sin\gamma\cos\varphi \\ F_y &= F_{xy}\sin\varphi = F\sin\gamma\sin\varphi \\ F_z &= F\cos\gamma \end{aligned}\right\}$$

式中：γ——力 $\boldsymbol{F}$ 与 z 轴间的夹角；

φ——$\boldsymbol{F}_{xy}$与 x 轴间的夹角。

(11)力对轴之矩。

①力对轴之矩是力使物体绕轴转动效应的度量，大小等于力在垂直于轴的平面上的分力对该平面和轴的交点之矩，记作：

$$M_z(\boldsymbol{F}) = M_O(\boldsymbol{F}_{xy}) = \pm F_{xy}d$$

②合力矩定理：合力 F_R 对某轴之矩等于各分力对同轴力矩的代数和，记作：

$$M_z(\boldsymbol{F}_R) = \sum M_z(\boldsymbol{F})$$

(12)空间一般力系的平衡方程：

$$\left.\begin{aligned} &\sum F_x = 0, \sum F_y = 0, \sum F_z = 0 \\ &\sum M_x(F) = 0, \sum M_y(F) = 0, \sum M_z(F) = 0 \end{aligned}\right\}$$

空间汇交力系和空间平行力系可以看成是空间一般力系的特殊情况，它们的平衡方程可从以上六个方程中导出。

(13)重心。重心是物体重力合力的作用点，它在物体内的位置是不变的，重心公式可由合力矩定理导出。对于均质物体来说，重心与几何形状的中心(形心)是重合的，所以求均质物体重心位置即求其形心的坐标。

习　　题

1-1　回答下列问题：

(1)作用力与反作用力是一对平衡力吗？

(2)题图 1-1a)中所示三铰拱架上的作用力 $\boldsymbol{F}$，可否依据力的可传性原理把它移到 D 点？为什么？

(3)二力平衡条件、加减平衡力系原理能否用于变形体？为什么？

(4)只受两个力作用的构件称为二力构件，这种说法对吗？

(5)确定约束反力方向的基本原则是什么？

(6)等式 $\boldsymbol{F}=\boldsymbol{F}_1+\boldsymbol{F}_2$ 与 $F=F_1+F_2$ 的区别何在？

(7)题图1-1b)、c)中所画出的两个力三角形各表示什么意思？二者有什么区别？

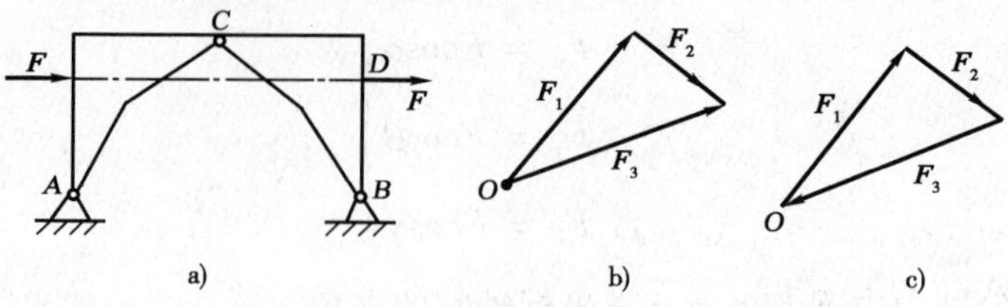

题图 1-1

1-2 作出题图1-2中物系中每个刚体的受力图。设接触面都是光滑的，没有画重力矢的物体都不计重力。

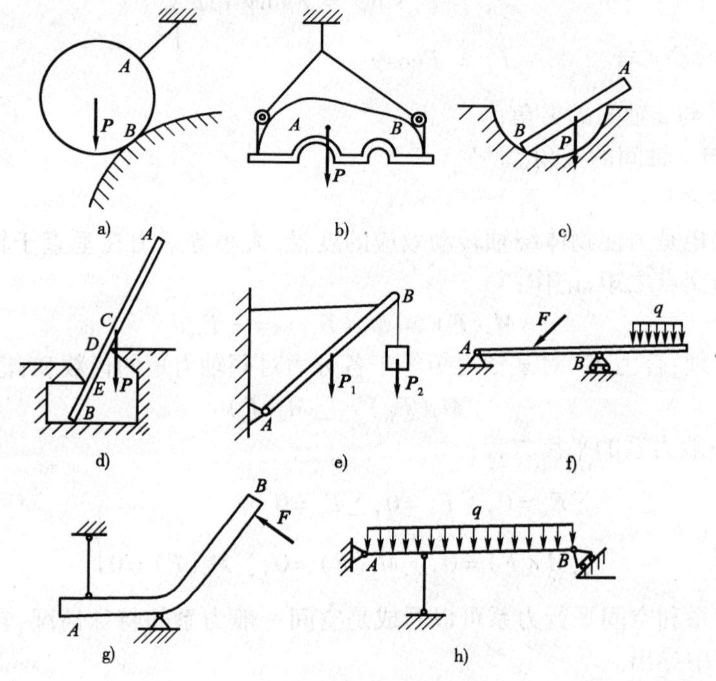

题图 1-2

1-3 试分别画出题图1-3结构中 AB 与 BC 的受力图。

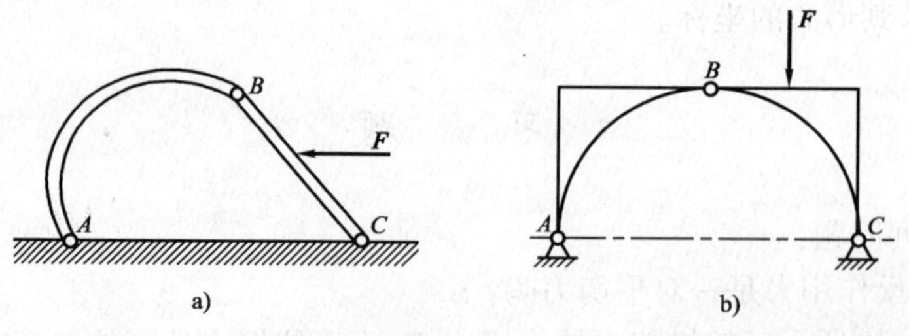

题图 1-3

1-4 画出题图1-4中物体及整个系统的受力图(各构件的自重不计，摩擦不计)：

(1)图a)中的杆 DH、BC、AC 及整个系统；

(2)图b)中的杆 DH、AB、CB 及整个系统。

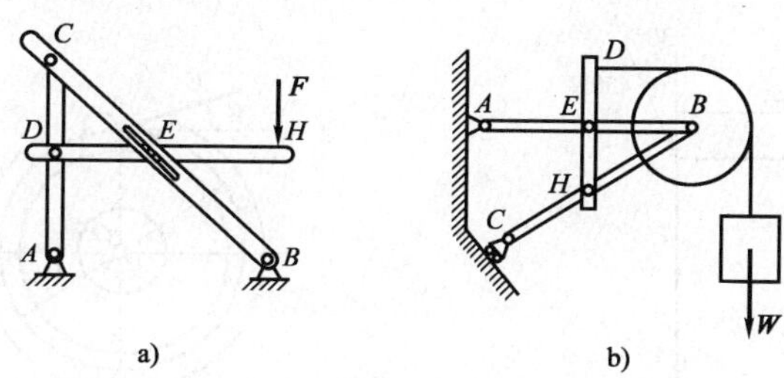

题图 1-4

1-5 试用解析法求题图 1-5 所示平面汇交力系的合力。

1-6 题图 1-6 所示大船由三条拖轮牵引，每根拖缆拉力为 5kN。求：(1)求作用于大船的合力；(2)欲使合力沿大船轴线方向，应如何调整 A 船与大船轴线的夹角 α？

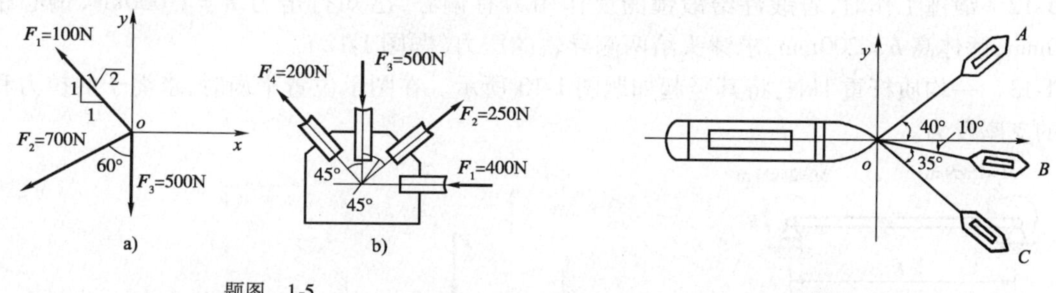

题图 1-5

题图 1-6

1-7 简易起重机(题图 1-7)用钢丝绳吊起重 $W = 2\,000\text{N}$ 的重物，各杆自重不计，A、B、C 三处简化为铰链连接，求杆 AB 和 AC 受到的力(滑轮尺寸和摩擦不计)。

1-8 试计算题图 1-8 中力 $\boldsymbol{F}$ 对点 O 之矩。

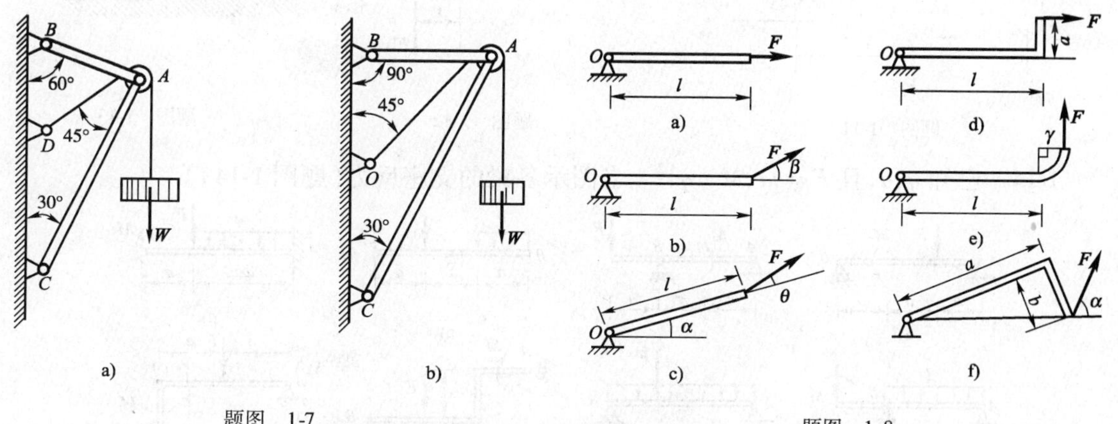

题图 1-7

题图 1-8

1-9 一个 450N 的力作用在 A 点，方向如题图 1-9 所示。求：(1)此力对 D 点的矩；(2)要得到与(1)相同的力矩，应在 C 点所加水平力的大小与指向；(3)要得到与(1)相同的力矩，在 C 点应加的最小力。

1-10 求题图 1-10 所示齿轮和皮带上各力对点 O 之矩。已知：$F = 1\text{kN}$，$\alpha = 20°$，$D = 160\text{mm}$，$F_{T1} = 200\text{N}$，$F_{T2} = 100\text{N}$。

1-11 构件的载荷及支承情况如题图 1-11 所示，$l = 4\text{m}$，求支座 A、B 的约束反力。

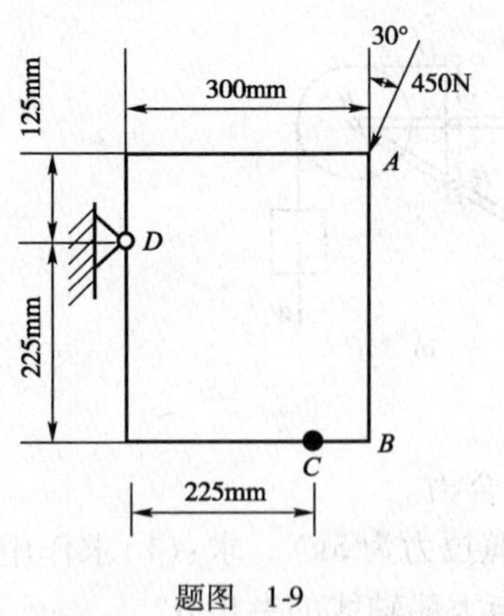

题图 1-9

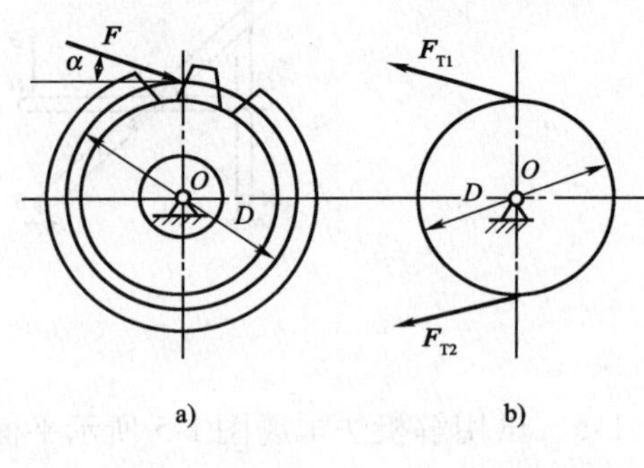

题图 1-10

1-12 锻锤工作时,若锻件给锻锤的反作用力有偏心,已知打击力 $F=1\ 000\text{kN}$,偏心距 $e=20\text{mm}$,锤体高 $h=200\text{mm}$,求锤头给两侧导轨的压力(题图 1-12)。

1-13 一均质杆重 1kN,将其竖起如题图 1-13 所示。在图示位置平衡时,求绳子的拉力和 A 处的支座反力。

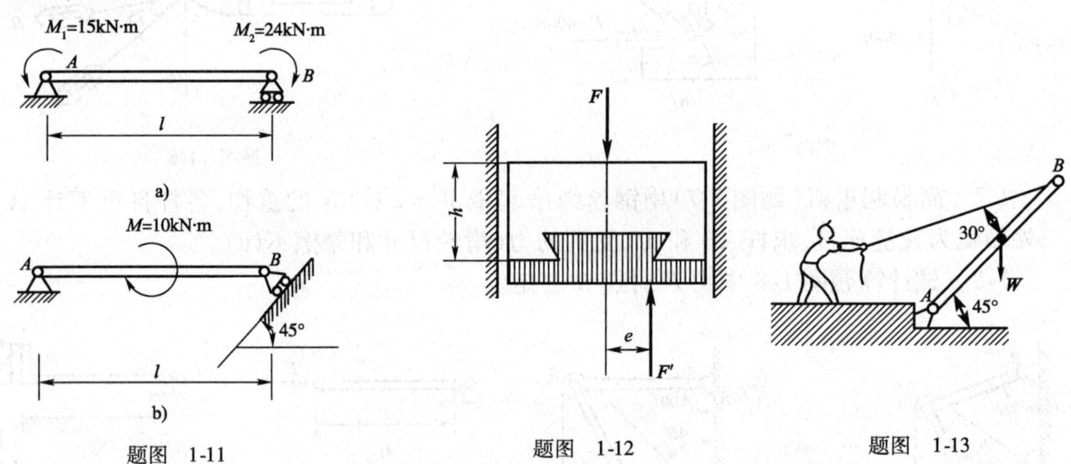

题图 1-11 题图 1-12 题图 1-13

1-14 已知 q、a,且 $F=qa$、$M=qa^2$。求图示各梁的支座反力(题图 1-14)。

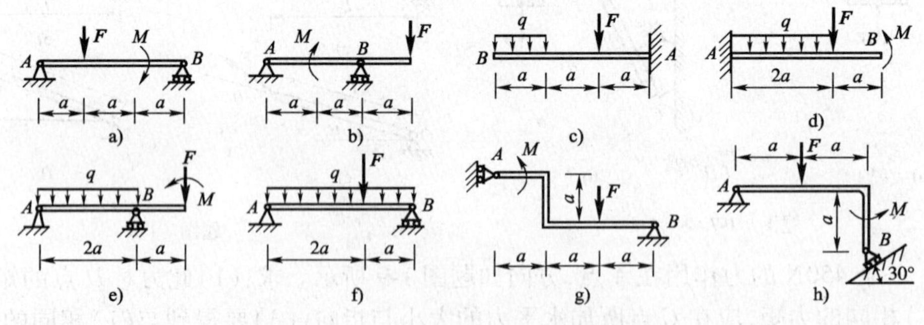

题图 1-14

1-15 水塔总重量 $G=160\text{kN}$,固定在支架 A、B、C、D 上,A 为固定铰链支座,B 为活动铰支,水箱左侧受风压为 $q=16\text{kN/m}$,如题图 1-15 所示。为保证水塔平衡,试求 A、B 间最小距离。

1-16 题图 1-16 所示汽车起重机的车重 $W_Q=26\text{kN}$,臂重 $G=4.5\text{kN}$,起重机旋转及固定

部分的重量 $W=31\text{kN}$。设伸臂在起重机对称面内。试求图示位置汽车不致翻倒的最大起重载荷 G_P。

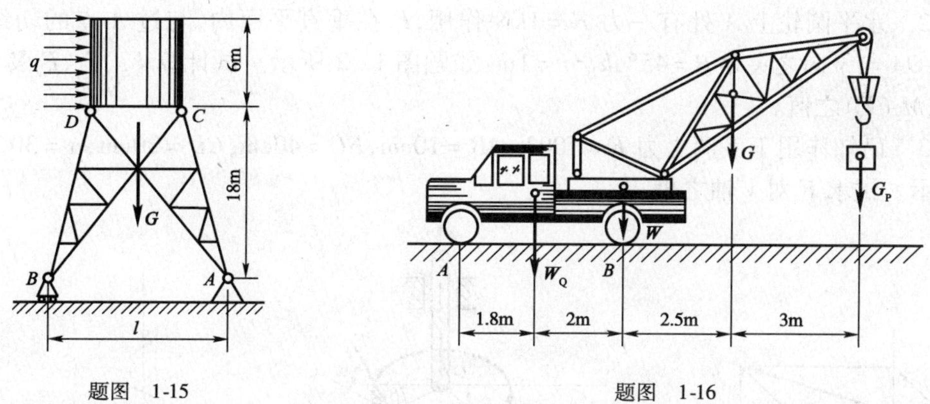

题图 1-15　　　　题图 1-16

1-17　组合梁及其受力情况如题图1-17所示。梁的自重可忽略不计,试求 A、B、C、D 各处的约束反力。

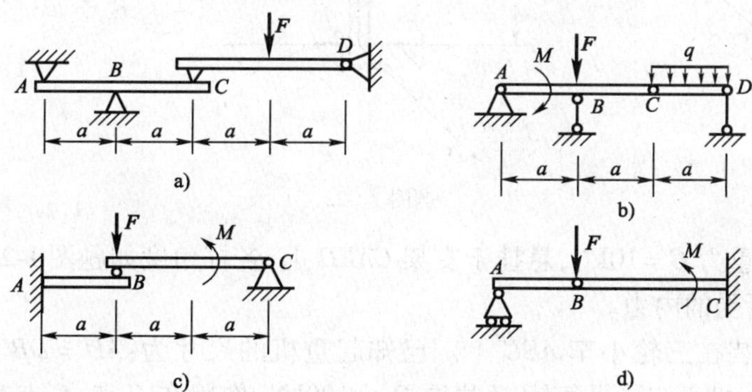

题图 1-17

1-18　在题图1-18所示构架中,已知 $\boldsymbol{F}$、a,试求 A、B 两支座反力。

1-19　题图1-19所示为汽车台秤简图,BCF 为整体台面,杠杆 AB 可绕轴 O 转动,B、C、D 三处均为铰链,杆 DC 处于水平位置。试求平衡时砝码重 $\boldsymbol{W}_1$ 与汽车重 $\boldsymbol{W}_2$ 的关系。

1-20　体重为 $\boldsymbol{W}$ 的体操运动员在吊环上做十字支撑。已知 l、θ、d(两肩关节间距离)、$\boldsymbol{W}_1$(两臂总重)。假设手臂为均质杆,试求肩关节受力(题图1-20)。

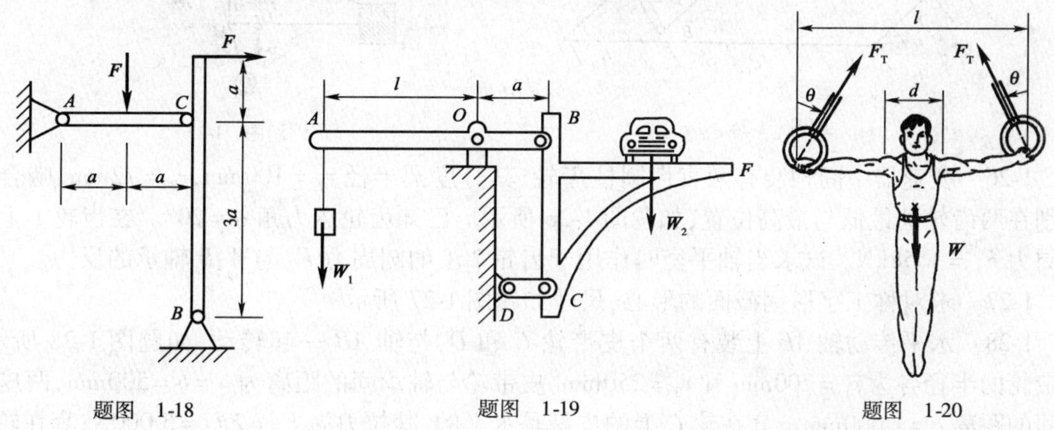

题图 1-18　　　　题图 1-19　　　　题图 1-20

1-21　已知在边长为 a 的正六面体上有 $F_1=6\text{kN}$，$F_2=2\text{kN}$，$F_3=4\text{kN}$，如题图 1-21 所示。试计算各力在三坐标轴上的投影。

1-22　水平圆轮上 A 处有一力 $F=1\text{kN}$ 作用，$\boldsymbol{F}$ 在垂直平面内，与过 A 点的切线成夹角 $\alpha=60°$，OA 与 y 向之夹角 $\beta=45°$，$h=r=1\text{m}$，如题图 1-22 所示。试计算 F_x、F_y、F_z 及 $M_x(\boldsymbol{F})$、$M_y(\boldsymbol{F})$、$M_z(\boldsymbol{F})$ 之值。

1-23　已知作用于手柄之力 $F=100\text{N}$，$AB=10\text{cm}$，$BC=40\text{cm}$，$CD=20\text{cm}$，$\alpha=30°$，如题图 1-23 所示。试求 $\boldsymbol{F}$ 对 y 轴之矩。

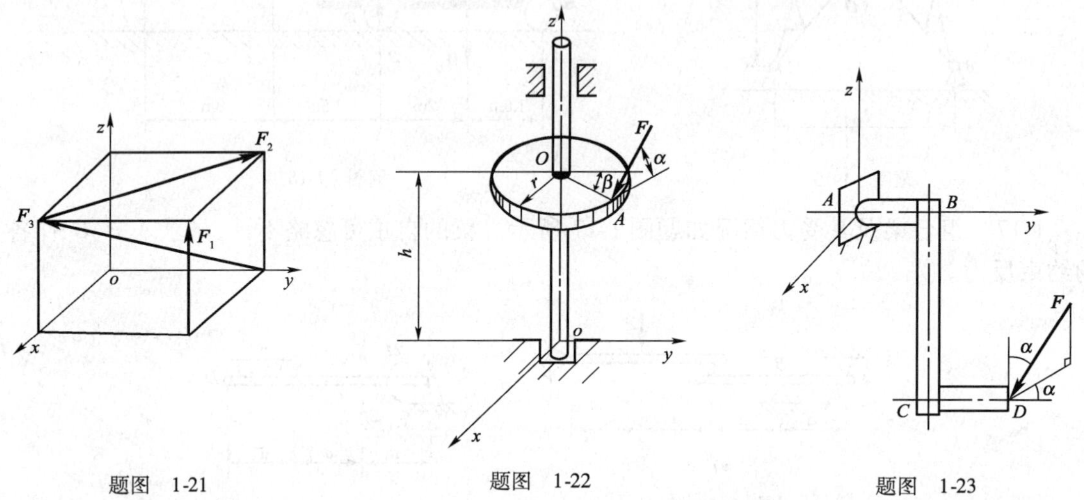

题图　1-21　　题图　1-22　　题图　1-23

1-24　重物的重力 $G=10\text{kN}$，悬挂于支架 $CABD$ 上，各杆角度如题图 1-24 所示。试求 CD、AD 和 BD 三个杆所受的内力。

1-25　起重机装在三轮小车 ABC 上。已知起重机的尺寸为：$AD=DB=1\text{m}$，$CD=1.5\text{m}$，$CM=1\text{m}$，$KL=4\text{m}$。机身连同平衡锤 $\boldsymbol{F}$ 共重 $P_1=100\text{kN}$，作用在 G 点，G 点在平面 MNF 之内，到机身轴线 MN 的距离 $GH=0.5\text{m}$，如题图 1-25 所示。所举重物 $P_2=30\text{kN}$。求当起重机的平面 LMN 平行于 AB 时车轮对轨道的压力。

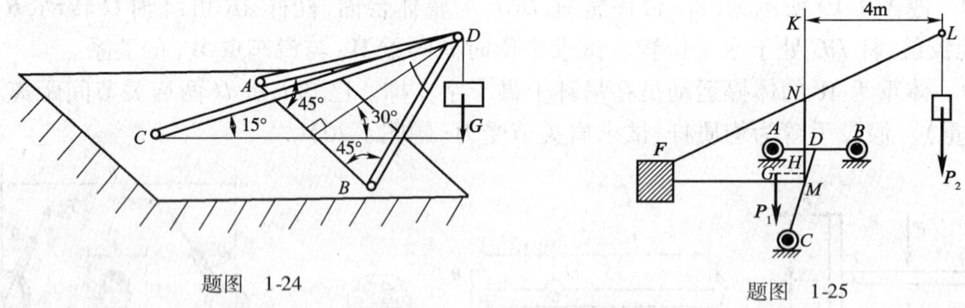

题图　1-24　　题图　1-25

1-26　变速器中间轴装有两直齿圆柱齿轮，其分度圆半径 $r_1=100\text{mm}$，$r_2=72\text{mm}$，啮合点分别在两齿轮的最低与最高位置，如题图 1-26 所示。已知齿轮压力角 $\alpha=20°$。在齿轮 1 上的圆周力 $F_1=1.58\text{kN}$。试求当轴平衡时作用于齿轮 2 上的圆周力 F_2 与 A、B 轴承的反力。

1-27　求对称工字形钢截面的形心，尺寸如题图 1-27 所示。

1-28　水平传动轴 AB 上装有两个皮带轮 C 和 D，与轴 AB 一起转动，如题图 1-28 所示。皮带轮的半径各为 $r_1=200\text{mm}$ 和 $r_2=250\text{mm}$，皮带轮与轴承间的距离为 $a=b=500\text{mm}$，两皮带轮间的距离 $c=1\ 000\text{mm}$。套在轮 C 上的皮带是水平的，其拉力为 $F_1=2F_2=5\ 000\text{N}$；套在轮 D

上的皮带与铅直线成角 $\alpha=30°$，其拉力为 $F_3=2F_4$。求在平衡情况下，拉力 F_3 和 F_4 的值，并求由皮带拉力所引起的轴承反力。

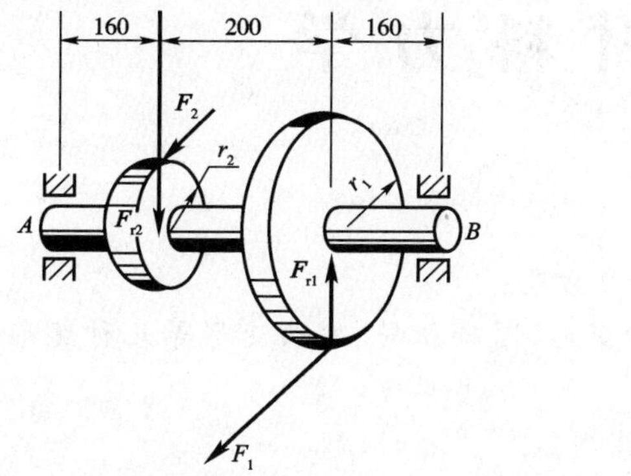

题图 1-26（尺寸单位：mm）

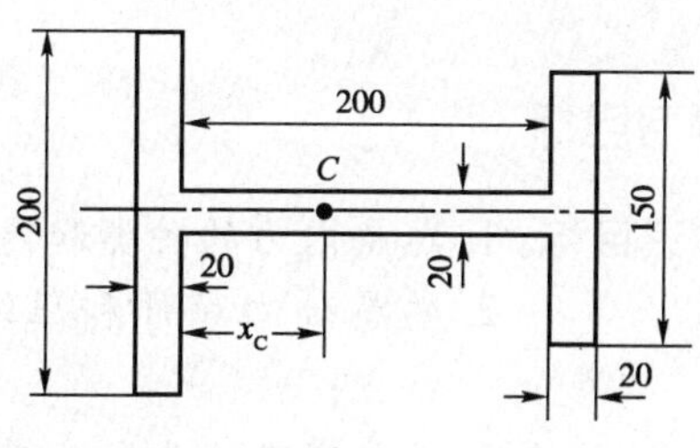

题图 1-27（尺寸单位：mm）

1-29 轴上装有直齿圆柱齿轮和直齿圆锥齿轮。圆柱齿轮 C 的直径 $D_1=200\text{mm}$，其上作用有圆周力 $F_{t1}=7.16\text{kN}$，径向力 $F_{r1}=2.6\text{kN}$，圆锥齿轮在其平均直径处（平均直径 $D_2=100\text{mm}$）作用有径向力 $F_{r2}=4.52\text{kN}$，轴向力 $F_{a2}=2.6\text{kN}$，圆周力 F_{t2}。若已知 $AC=CB=BD=100\text{mm}$，求圆周力 F_{t2} 和轴承 A、B 之反力（题图 1-29）。

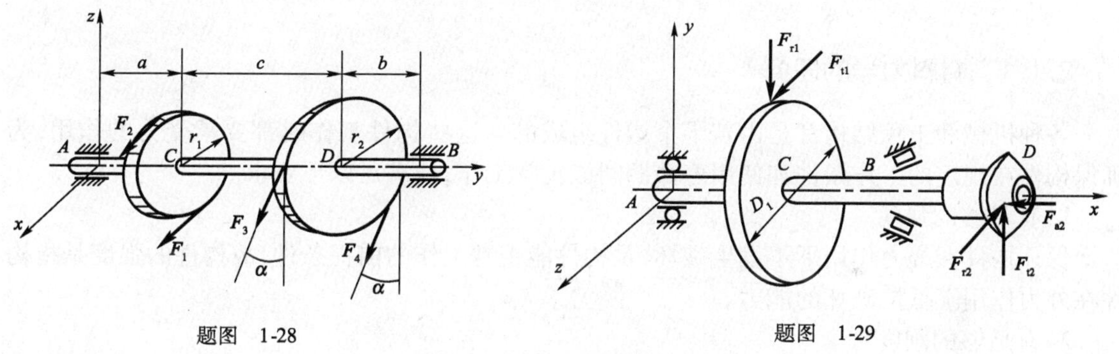

题图 1-28　　　　题图 1-29

第2章 材料力学

学习目标

知识目标：1. 熟悉内力的种类和内力的计算方法；

2. 熟悉轴向拉伸和压缩、剪切变形、圆轴扭转、弯曲变形等几种变形形式及特点；

3. 熟悉交变应力和疲劳的概念。

能力目标：1. 会对受轴向拉伸和压缩的杆件进行受力分析和绘制轴力图；

2. 能对受剪切变形和圆轴扭转的构件进行内力分析；

3. 会对受弯曲变形的杆件进行受力分析和绘制弯矩图。

2.1 引 言

2.1.1 材料力学的任务

各种机械和工程结构都是由若干个构件组成的。这些构件工作时都要承受力的作用，为确保构件在规定的工作条件和使用寿命期间能正常工作，须满足以下要求。

1）有足够的强度

保证构件在外力作用下不发生破坏，是构件能正常工作的前提条件，故构件的强度是指构件在外力作用下抵抗破坏的能力。

2）有足够的刚度

构件在外力作用下产生的变形应在允许的限度内。构件在外力作用下抵抗变形的能力，即为构件具有的刚度。

3）有足够的稳定性

某些细长杆件（或薄壁构件）在轴向压力达到一定的数值时，会失去原来的平衡形态而丧失工作能力，这种现象称为失稳。所谓稳定性是指构件维持原有形态平衡的能力。

构件的强度、刚度和稳定性与所用材料的力学性能有关，而材料的力学性能必须由实验来测定。此外，还有些实际工程问题至今无法由理论分析来解决，必须依赖于实验手段。

由此可见，材料力学的任务是：在保证构件满足强度、刚度和稳定性要求的前提下，以最经济的代价为构件选择最适合的材料，确定合理的截面形状与尺寸，提供必要的理论基础、计算方法和实验技术。

2.1.2 材料力学的基本假设

由各种固体材料制成的构件，在载荷作用下将产生变形，统称为变形固体。为便于分析和简化计算，对变形固体作以下基本假设。

（1）连续性假设。即认为组成构件的物质毫无空隙地充满到整个构件的几何容积体内。

(2)均匀性假设。即认为材料的各个部分的力学性能完全相同。

(3)各向同性假设。材料在各个方向的力学性能完全相同。

若材料沿不同方向呈现不同的力学性能,则称为各向异性。本书主要讨论各向同性材料。

从微观来看,以上的假设是不存在的,但从宏观来看,按统计学的规则,材料的力学性能是所有组成材料的晶粒与晶间物质的统计平均值,故上述假设是成立的。实验的结果表明,依据上述假设所得到的理论,满足一般工程的要求,是符合实际的。

(4)小变形假设。认为构件受力后的变形量与构件原始尺寸相比是极其微小的。这样,在研究构件的平衡和运动,以及其内部的受力和变形等问题时,均可按构件的原始尺寸计算,从而使计算简化。

2.1.3 外力的形式

1)分布力或分布载荷

作用于构件的外力又可称为载荷,是一个物体对另一物体的作用力。按外力作用方式可以分为体积力和表面力。作用在杆件内部各个质点上的力称为体积力,例如重力,电磁力,惯性力等都是体积力。体积力的单位为牛顿/米^3,记为 N/m^3。表面力是作用于物体表面上的力,又可分为分布力和集中力。沿某一面积连续作用于结构上的外力,称为分布力或分布载荷,用 q 来表示,单位为牛顿/米^2 或兆牛/米^2,分别记为 N/m^2,和 MN/m^2。压力容器内部的气体或液体对容器内壁的作用力,风对建筑物墙面的作用力及水对水坝的作用力等都是表面力,均为分布载荷。沿长度方向分布的分布力单位为牛顿/米或千牛/米,分别记为 N/m,kN/m。这里我们主要研究沿长度(轴向)方向分布的载荷,例如楼板对屋梁的作用力,即以沿梁轴线每单位长度作用多少力来度量。一般情况下,q 是轴向坐标的函数 $q=q(x)$,$q(x)$称为分布载荷。如果 q 在其分布长度内为常数,则称为均布载荷。

2)集中力或集中载荷

若外力分布的面积远小于受力物体的整体尺寸,或沿长度的分布长度远小于轴线的长度,则这样的外力可以看成是作用于一点的集中力。如火车车轮对钢轨的压力、汽车对大桥桥面的压力等都可看做是集中力。集中力的单位为牛顿或千牛,分别记为 N,kN。

3)集中力偶

载荷以力偶的形式施加在杆件上。

4)静载荷,动载荷

若载荷由零缓慢地增加到某一定值以后即保持不变,则这样的载荷称为静载荷。随时间变化的载荷则为动载荷。动载荷又可分为交变载荷和冲击载荷。随时间作周期性变化的载荷称为交变载荷,如齿轮转动时轮齿的受力即为交变载荷。物体的运动在瞬时发生突变所引起的载荷称为冲击载荷,如紧急制动时飞轮及曲轴、锻压时汽锤杆所受的载荷,地震载荷,物体撞击构件时的作用力等都是冲击载荷。材料在静载荷和动载荷作用下的力学行为有很大差别,分析方法也不完全相同。

5)约束反力

与分离体相连的物体对分离体的作用称为约束,其作用力称为约束力或约束反力。有关约束反力在前面已有描述,这里不在赘述。

通常,载荷往往是作为已知力给出的,而约束反力需要经过平衡分析求解出来。

2.2 内力与截面法

2.2.1 内力的概念

构件所承受的载荷及约束反力统称为外力。构件在外力作用下将产生变形,其各部分之间的相对位置将发生变化,从而产生构件内部各部分之间的相互作用力。这种由外力引起的构件内部的相互作用力,称为内力。这种内力的大小以及它在构件内部的分布方式随外力和变形的改变而变化,并与构件的强度、刚度和稳定性密切相关。内力分析是材料力学的基础。

2.2.2 截面法

为了研究构件内力的分布及大小,通常采用截面法。它的过程可归纳为以下三个步骤:

(1)在需要求内力的截面处,假想用一垂直于轴线的截面把构件分成两个部分,保留其中任一部分作为研究对象,称之为分离体。

(2)将弃去的另一部分对保留部分的作用力用截面上的内力代替。

(3)对保留部分(分离体)建立平衡方程,由已知外力求出截面上内力的大小和方向。

应指出,在使用截面法求内力时,构件在被截开前,静力学中的力系等效代换及力的可传性是不适用的。

截面法是材料力学分析内力的基本方法。

2.3 轴向拉伸或压缩

2.3.1 轴向拉伸压缩的概念

工程中有很多杆件是承受轴向拉伸或压缩的。例如,旋臂式吊车中的 AB 杆(图 2-1)、紧固螺栓(图 2-2)等都是受拉伸的杆件,而油缸活塞杆(图 2-3)、建筑物中的支柱(图 2-4)等则是受压缩的杆件。其受力特点为:作用于杆件的外力合力的作用线与杆件的轴线相重合。其变形为沿杆轴线方向的伸长或缩短,这种变形称为轴向拉伸或压缩。轴向拉伸或压缩杆件的力学简图如图 2-5 所示。

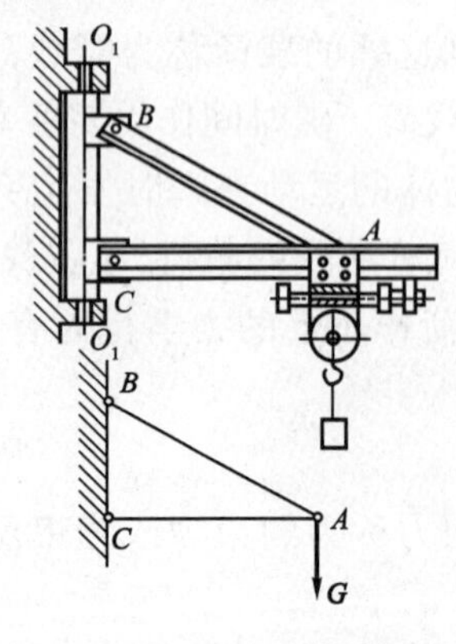

图 2-1 旋臂式吊车

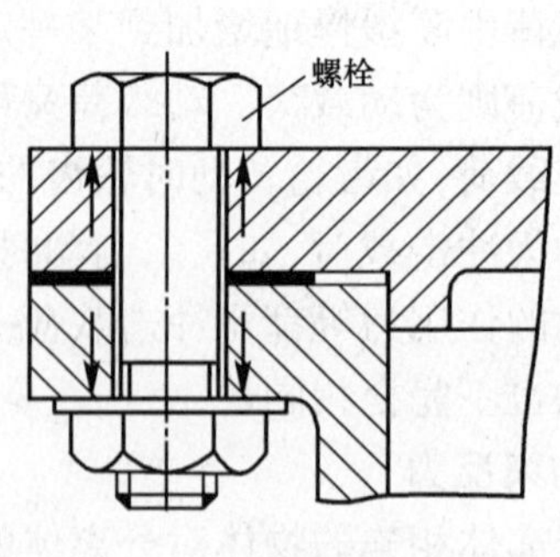

图 2-2 紧固螺栓

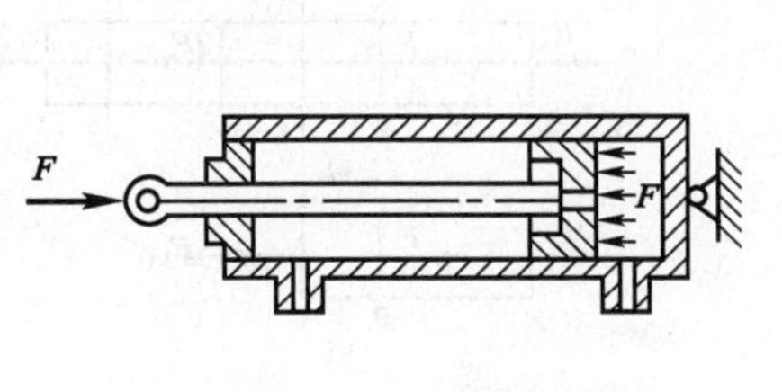

图 2-3　油缸活塞杆

图 2-4　建筑支柱

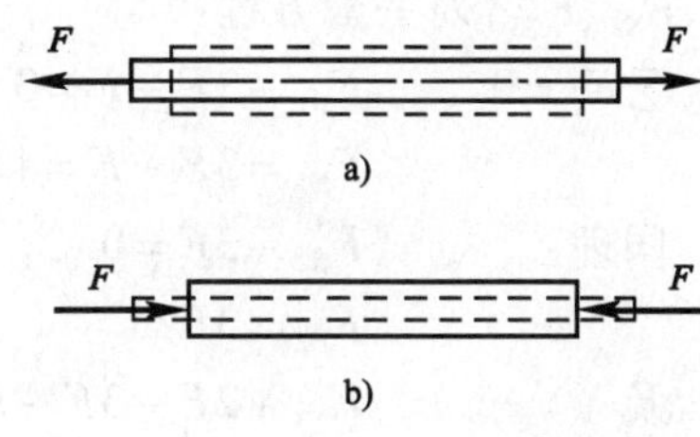

图 2-5　轴向拉伸或压缩杆件的力学简图

2.3.2　轴向拉伸或压缩时的内力分析

用截面法分析轴向拉伸(或压缩)杆件(图 2-6a)的内力,其步骤如下:

(1)欲求某一截面 $m—m$ 处的内力时,就沿该截面假想地把杆件切开使其分为两部分(图 2-6a)。

(2)任取其中一部分,例如图 2-6b)左段,作为研究对象,弃去右段。

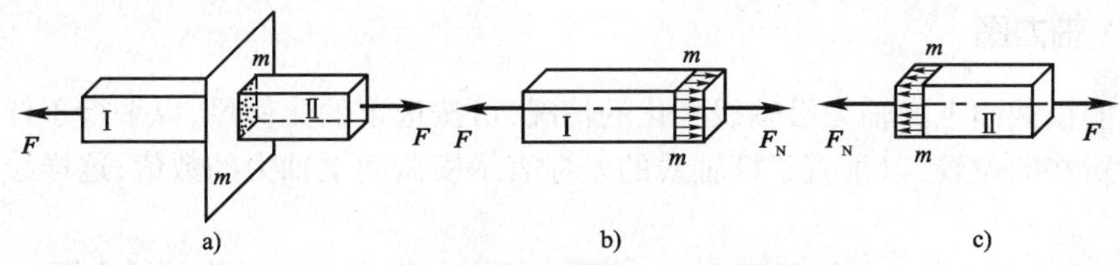

图 2-6　轴向拉伸杆件的内力

(3)杆件原来在外力的作用下处于平衡状态,则选取部分仍应保持平衡。因此,左段除外力作用外,在截面 $m—m$ 处必定产生右段对左段的作用力。

根据材料力学的均匀连续性假设,构件内部相邻部分之间相互作用的力,实际上应是一个连续分布的内力系,将此分布内力系合成,即为横截面上分布内力的合力,此合力称为物体的内力。

今后就用内力一词表示连续分布于截面的内力系的合力(偶)。对于受轴向拉伸或压缩的构件,因其内力垂直于横截面并与轴线重合,所以把轴向拉伸和压缩时横截面上的内力称为轴力,用 $\boldsymbol{F}_N$ 表示,见图 2-6b)、c)。轴力的正、负由构件的变形确定,当轴力的方向与横截面的外法线方向一致时(即离开截面),构件受拉伸长,轴力为正;反之,构件受压缩短,轴力为负。

截面上内力的大小可由平衡条件求出:

$$\sum F_x = 0 \qquad F - F_N = 0$$

$$F_N = F$$

如果选取右段为研究对象,可得同样结果,见图 2-6c)。

以上过程可归纳为以下几步,即:

切开。沿所求截面假想地将杆件切开。

取出。取出其中任意一部分作为研究对象。

替代。以内力代替弃去部分对选取部分的作用。

平衡。列平衡方程求出内力。

例 2-1　杆件在 A、B、C、D 各截面作用外力如图 2-7 所示,求 1—1,2—2,3—3 截面处轴力。

解:由截面法,沿各所求截面将杆件切开,取左段为研究对象,在相应截面分别画上轴力

F_{N1}、F_{N2}、F_{N3}，列平衡方程：

$\sum F_x = 0$　　$F_{N1} - 3F - F = 0$

$F_{N1} = 3F + F = 4F$

同理：　$F_{N2} - 3F = 0$

$F_{N2} = 3F$

及　　$F_{N3} + 2F - 3F - F = 0$

$F_{N3} = 3F + F - 2F = 2F$

由以上各代数等式不难得到以下结论：

拉(压)杆各截面上的轴力在数值上等于该截面一侧(研究段)所有外力的代数和。外力离开该截面时取为正，指向该截面时取为负，即：

$$F_N = \sum_{i=1}^{n} F_i \tag{2-1}$$

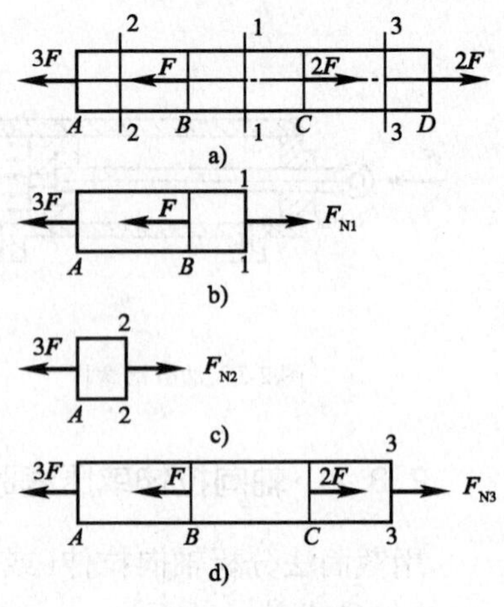

图 2-7　杆件的受力图

轴力为正时，表示轴力离开截面，杆件受拉；轴力为负时，表示轴力指向截面，杆件受压。

2.3.3　轴力图

为了表明横截面上的轴力沿轴线变化的情况，可按选定的比例尺，以平行于杆轴线的坐标表示横截面所在的位置，以垂直于杆轴线的坐标表示横截面上轴力的数值，这样绘出的图形称为轴力图。

例 2-2　图 2-8a)表示一等截面直杆，其受力情况如图所示。试作其轴力图。

解：(1)作杆的受力图(图 2-8b)，求约束反力 F_A；

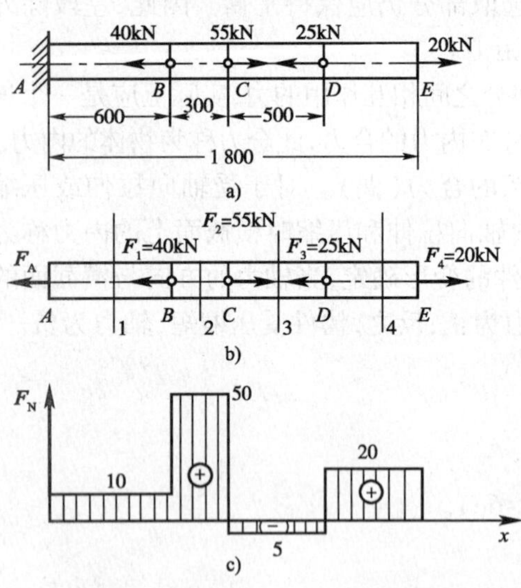

图 2-8　等截面直杆的受力图与轴力图

根据 $\sum F_x = 0$，$-F_A - F_1 + F_2 - F_3 + F_4 = 0$

得　$F_A = -40 + 55 - 25 + 20 = 10\text{kN}$

(2)求各段横截面上的轴力并作轴力图。

计算轴力可用截面法，亦可直接应用式(2-1)，因而不必再逐段截开及作研究段的分离体图。在计算时，取截面左侧或右侧均可，一般取外力较少的轴段为好。

AB 段：$F_{N1} = F_A = 10\text{kN}$(考虑左侧)

BC 段：$F_{N2} = 10 + 40 = 50(\text{kN})$(考虑左侧)

CD 段：$F_{N3} = 20 - 25 = -5(\text{kN})$(考虑右侧)

DE 段：$F_{N4} = 20\text{kN}$(考虑右侧)

由以上计算结果可知，杆件在 CD 段受压，其他各段均受拉。最大轴力 $F_{N\max}$ 在 BC 段，其轴力图如图 2-8c)所示。

2.4　杆件剪切变形

工程结构中的许多连接件，如铆钉、螺栓、键、销等，受力后产生的主要变形为剪切。

2.4.1 剪切的概念

图 2-9 为一剪床剪切钢板的示意图,钢板在上、下刀刃的作用下,在相距 δ 区域内发生变形,当外力足够大时,钢板被切断。

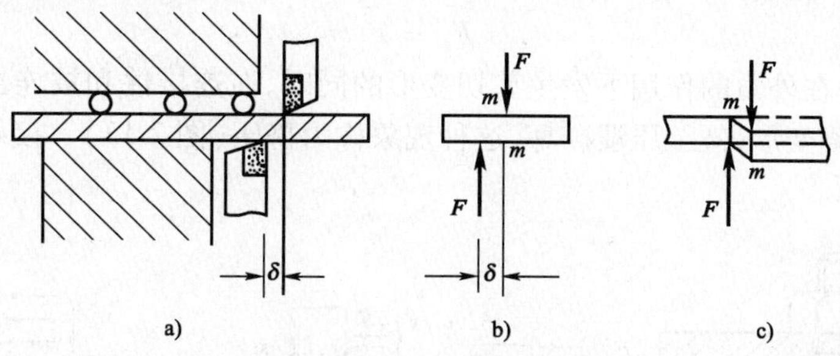

图 2-9 剪床剪切钢板的受力图

图 2-10a)为一铆钉连接简图。当被连接件上受到外力 F 的作用后,力由两块钢板传到铆钉与钢板的接触面上,铆钉上受到大小相等,方向相反的两组分布力的合力 F 的作用(图 2-10b),使铆钉上下两部分沿中间截面 m—m 发生相对错动的变形,如图 2-10c)所示。

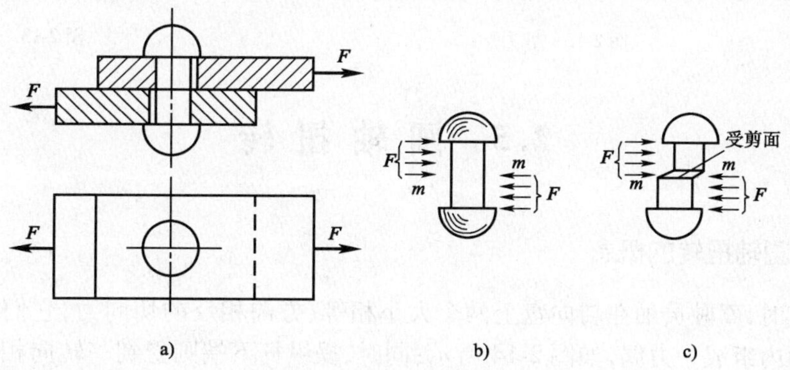

图 2-10 铆钉连接受力图

由上述两例可见,剪切的受力特点是:作用在杆件两侧面上,且与轴线垂直的外力的合力,大小相等,方向相反,作用线相距很近。其变形为使杆件两部分沿中间截面 m—m 在作用力的方向上发生相对错动。杆件的这种变形称为剪切,杆件所沿发生相对错动的中间截面 m—m 称为剪切面。

只有一个受剪面的剪切称为单剪,如上述两例。有两个受剪面的剪切称为双剪,如图 2-11 中螺栓所受的剪切。

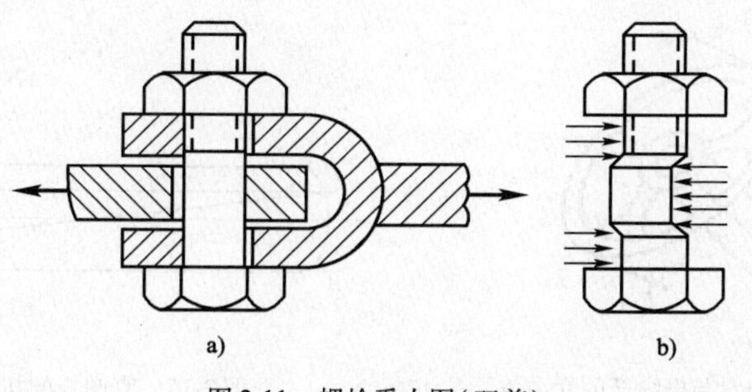

图 2-11 螺栓受力图(双剪)

2.4.2 剪切时的内力

由截面法可得剪切面上的内力,它是剪切面上分布内力的合力,称为剪力,用 $\boldsymbol{F}_s$ 表示,见图 2-12c)。对任一分离体,如图 2-12b)、c)所示列平衡方程可得:

$$F_s = F$$

铆钉等连接件在外力的作用下发生剪切变形的同时,在连接件和被连接件接触面上互相压紧,产生局部压陷变形,甚至压溃破坏,这种现象称为挤压(图 2-13)。接触面上的压力称为挤压力,用 $\boldsymbol{F}_{bs}$ 表示。

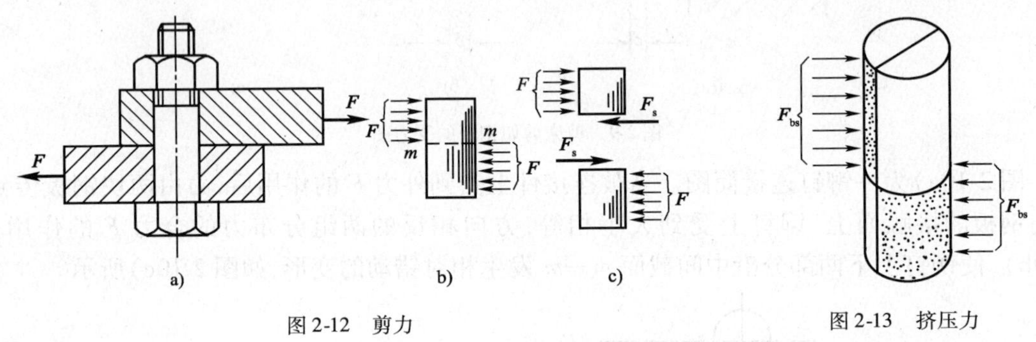

图 2-12 剪力

图 2-13 挤压力

2.5 圆轴扭转

2.5.1 圆轴扭转的概念

驾驶汽车时,驾驶员加在转向盘上两个大小相等、方向相反的切向力,它们在垂直于操纵杆轴线的平面内组成一力偶,如图 2-14 所示;同时,操纵杆下端则受到一转向相反的阻力偶的作用。在这两个力偶作用下,操纵杆产生扭转变形。

工程中等直圆杆的扭转变形是很常见的,例如汽车转向轴、油田钻井的钻杆等,工作时都承受扭转变形。

扭转变形的受力特点为:杆件两端分别受到大小相等,转向相反,且在垂直于轴线平面内的两个力偶作用,如图 2-15 所示。其变形为杆的各横截面绕轴线作相对转动。任意两横截面之间产生相对角位移 φ,φ 称为扭转角(如 φ_{AB} 为截面 B 相对于截面 A 的扭转角)。同时,杆的纵向线发生微小倾斜,变成螺旋线。

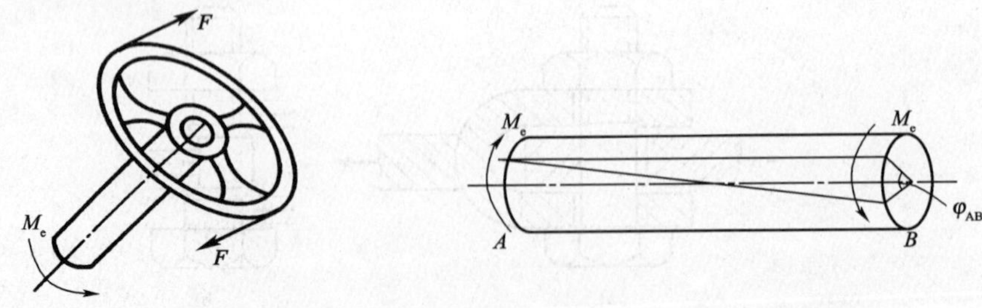

图 2-14 转向盘与操纵杆的受力

图 2-15 直圆杆的扭转变形

2.5.2 外力偶矩的计算

工程中,对于作用于轴的外力偶矩一般不直接给出,通常是根据轴传递的功率和轴的转速算出。功率、转速和外力偶矩之间的换算关系为:

$$M_e = 9\ 550\ \frac{P}{n} \tag{2-2}$$

式中:n——轴的转速,r/min;

P——轴所传递的功率,kW;

M_e——外力偶矩的大小,N·m。

2.5.3 转矩与转矩图

为了确定扭转时横截面上的内力,仍采用截面法。图 2-16a)为处于平衡状态下的,在两端垂直于轴线平面内受一对等值、反向的外力偶作用的圆轴。

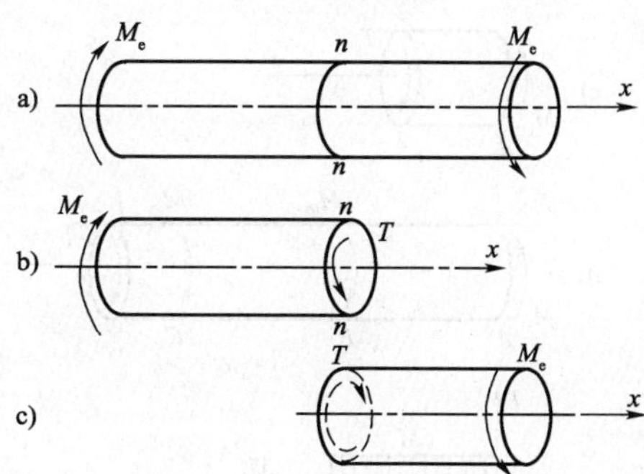

图 2-16 圆轴的扭转

若求任意横截面 n—n 上的内力,假想沿截面将轴切开,分为左右两段,任取左或右段为研究对象,现取左段为研究对象(图 2-16b),由于左端有外力偶作用,在 n—n 截面上必有一个内力偶 T 与之相平衡。

由平衡方程 $\sum M_x = 0$ $\qquad T - M_e = 0$

有: $\qquad T = M_e$

因此,圆轴扭转时,其任意横截面上的内力为一个作用在该截面上的力偶,称为转矩,用 T 表示。

若取右段为研究对象,结果相同。

为了使截面两侧求出的转矩具有相同的正负号,采用右手螺旋定则:四指转向为圆轴转向,以右手拇指表示为转矩矢量,背离该截面时为正,指向该截面时为负。这样无论取左段或右段,其横截面上的转矩正负号均相同。

与求轴力的方法相类似,用截面法计算转矩时,可将转矩设为正值,计算结果为负说明该转矩转向与所设的转向相反。

例 2-3 图 2-17 所示圆截面杆各截面处的外力偶矩大小分别为 $M_{e1} = 6M$,$M_{e2} = M$,$M_{e3} = 2M$,$M_{e4} = 3M$,求杆在横截面 1—1,2—2,3—3 处的转矩。

解:由截面法,沿各所求截面将杆件切开,取左段为研究对象,并以 T_1、T_2、T_3 表示相应截面上的转矩。取坐标轴如图所示,列平衡方程:

$\sum M_x = 0$ $\qquad T_1 + M_{e2} - M_{e1} = 0$

$$T_1 = M_{e1} - M_{e2} = 6M - M = 5M$$

$$T_2 - M_{e1} = 0$$

$$T_2 = M_{e1} = 6M$$

$$T_3 + M_{e2} + M_{e3} - M_{e1} = 0$$

$$T_3 = M_{e1} - M_{e2} - M_{e3} = 6M - M - 2M = 3M$$

由以上等式可总结出以下结论:扭转时各横截面上的转矩在数值上等于该截面一侧所有

外力偶矩的代数和。外力偶矩矢之方向离开该截面时取为正,指向该截面取为负,即:

$$T = \sum M_{ei} \tag{2-3}$$

为清晰地表示转矩沿轴线的变化,与轴力图的绘制方法一样绘制出转矩图。以平行于轴线的坐标表示横截面所在位置,垂直于杆轴线的坐标表示转矩的数值,如图2-17e)所示。

例2-4 图2-18所示为一传动轴,主动轮 B 输入功率 $P_B = 60\text{kW}$,从动轮 A、C、D 输出功率分别为 $P_A = 28\text{kW}$, $P_C = 20\text{kW}$, $P_D = 12\text{kW}$。轴的转速 $n = 500\text{r/min}$,试绘制轴的转矩图。

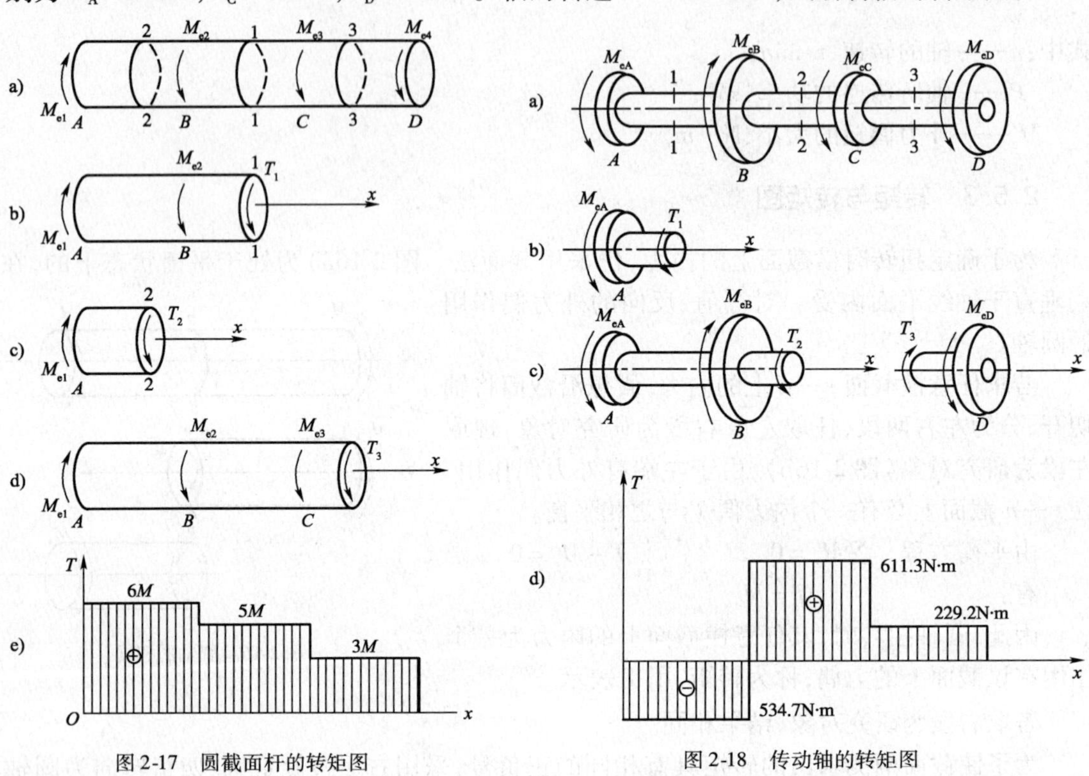

图2-17 圆截面杆的转矩图

图2-18 传动轴的转矩图

解:(1)计算外力偶矩。

由式(2-2)得:

$$M_{eB} = 9\,550\frac{P_B}{n} = 9\,550\frac{60}{500}\text{N}\cdot\text{m} = 1\,146\text{N}\cdot\text{m}$$

$$M_{eA} = 9\,550\frac{P_A}{n} = 9\,550\frac{28}{500}\text{N}\cdot\text{m} = -534.8\text{N}\cdot\text{m}$$

$$M_{eC} = 9\,550\frac{P_C}{n} = 9\,550\frac{20}{500}\text{N}\cdot\text{m} = 382\text{N}\cdot\text{m}$$

$$M_{eD} = 9\,550\frac{P_D}{n} = 9\,550\frac{12}{500}\text{N}\cdot\text{m} = 229.2\text{N}\cdot\text{m}$$

(2)计算转矩。应用截面法求出各截面上的转矩,由式(2-3)得:

AB 段 $T_1 = \sum M_{ei} = -M_{eA} = -534.8\text{N}\cdot\text{m}$

BC 段 $T_2 = \sum M_{ei} = M_{eB} - M_{eA} = 1\,146 - 534.8 = 611.2\text{N}\cdot\text{m}$

CD 段 $T_3 = \sum M_{ei} = -M_{eD} = 229.2\text{N}\cdot\text{m}$

(3)画转矩图。根据以上计算结果,按比例画转矩图,由图可知,最大转矩在 BC 段内的横截面上,其值为 611.2N·m。

(4)讨论。若将 AB 两轮位置互换一下,再分析其内力转矩,与上述分析有何不同的结果?

2.6 梁弯曲

2.6.1 对称弯曲的概念

承受设备及起吊重量的桥式起重机的大梁(图 2-19)、承受转子重量的电机轴(图 2-20)等,在工作时最容易发生的变形是弯曲。其受力特点是:杆件都是受到与杆轴线相垂直的外力(横向力)或外力偶的作用。其变形为杆轴线由直线变成曲线,这种变形称为弯曲变形。

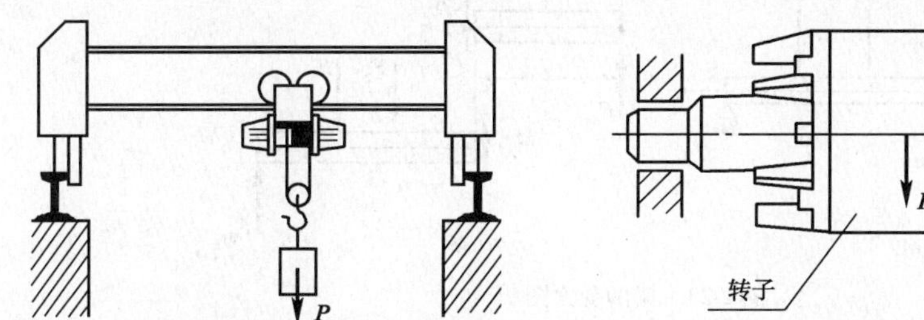

图 2-19 桥式起重机受力 图 2-20 电机受力

工程中的梁,其横截面通常都有一纵向对称轴。该对称轴与梁的轴线组成梁的纵向对称面(图 2-21)。外力或外力偶作用在梁的纵向对称平面内,则梁变形后的轴线在此平面内弯曲成一平面曲线,这种弯曲称为对称弯曲。这里我们主要讨论对称弯曲问题。

2.6.2 梁的基本形式

根据梁的支承情况,一般可简化为下列三种形式:

(1)简支梁。梁的一端为固定铰支座,另一端为可动铰支座,如图 2-22a)所示。

(2)外伸梁。带有外伸端的简支梁,如图 2-22b)所示。

(3)悬臂梁。梁的一端为固定端,另一端为自由端,如图 2-22c)所示。

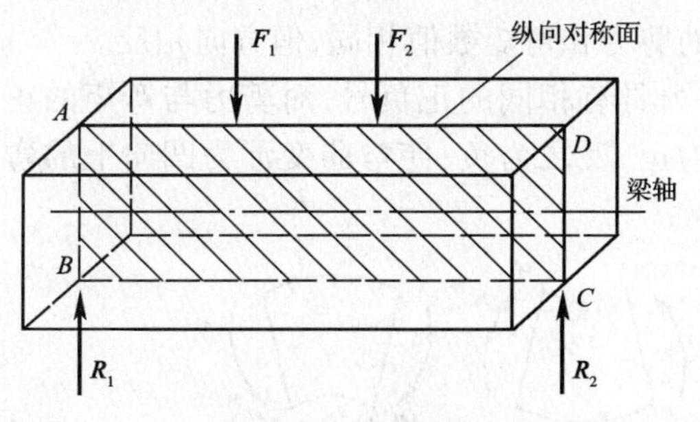

图 2-21 梁的弯曲

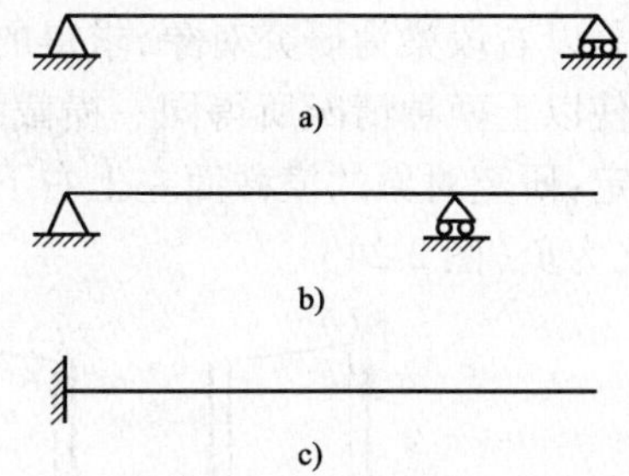

图 2-22 梁的基本形式

在对称弯曲的情况下,梁的主动力与约束反力构成平面力系。上述简支梁、外伸梁和悬臂梁的约束反力,都能由静力平衡方程确定,因此,又称为静定梁。

在工程实际中,有时为了提高梁的强度和刚度,采取增加梁的支承的办法,此时静力平衡方程就不足以确定梁的全部约束反力,这种梁称为静不定梁或超静定梁。

2.6.3 梁弯曲时的内力——剪力和弯矩

梁在载荷作用下,根据平衡条件可求得支座反力。当作用在梁上的所有外力(载荷和支座反力)都已知时,用截面法可求出任一横截面上的内力。

设梁 AB 受横向力 F 作用(图 2-23a),相应的支反力为 F_{Ax},F_{By}。现求距 A 端 x 处横截面上的内力。由截面法将梁切开,任取其中一段,例如左段,作为研究对象。因原来梁处于平衡状态,故左段梁在外力及截面处内力的共同作用下亦应保持平衡。由于外力均垂直于梁的轴线,故截面上必有一与截面相切的内力即 F_s 和一个在外力作用面内的内力偶即 M 与之平衡,F_s 和 M 分别称为剪力和弯矩。

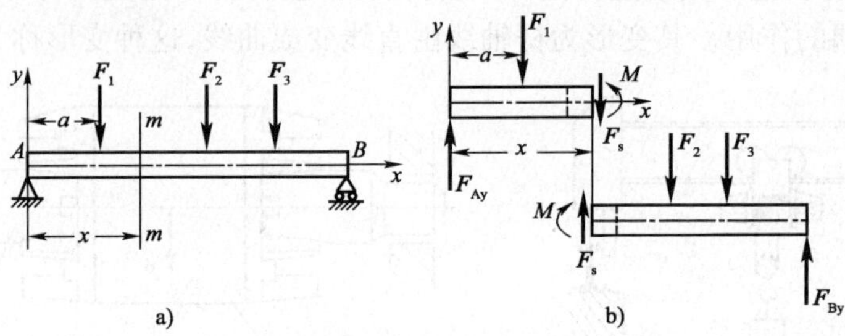

图 2-23 梁的受力图

对左段列平衡方程有:

$\sum F_y = 0$ $\qquad F_{Ay} - F_1 - F_s = 0$

得 $\qquad F_s = F_{Ay} - F_1$

即剪力在数值上等于左段上所有外力的代数和,故有:

$$F_s = \sum F_i \tag{2-4}$$

由 $\quad \sum M_C = 0 \qquad -F_{Ay}x + F_1(x-a) + M = 0$

得 $\qquad M = F_{Ay}x - F_1(x-a)$

矩心 C 为截面的形心,故弯矩在数值上等于左段梁上所有外力对截面形心 C 的力矩的代数和,即有:

$$M = \sum (F_i x_i + M_{ei}) \tag{2-5}$$

式中:x_i——外力距截面形心的距离。

如果以右段梁为研究对象,求得的截面上的剪力和弯矩数值相同,但方向相反。

为使以上两种情况所得同一横截面上的内力具有相同的正负号,对剪力与弯矩的正负作如下规定:研究对象的横截面左上右下的剪力为正,反之为负;使弯曲变形为凹向上的弯矩为正,反之为负(图 2-24)。

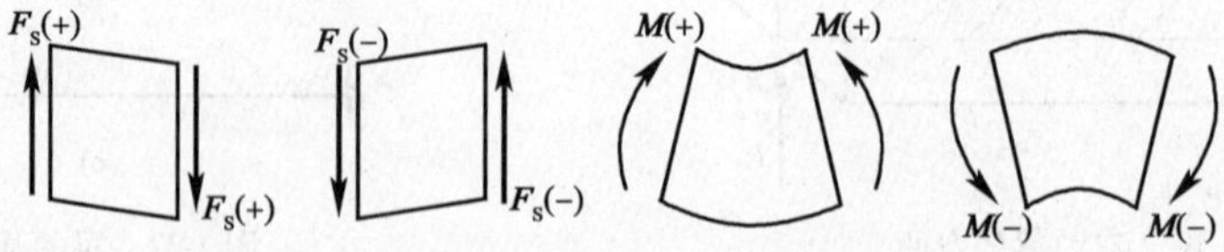

图 2-24 剪力与弯矩的正负

综上所述,可得如下结论:

弯曲时梁横截面上的剪力在数值上等于该截面一侧外力的代数和;横截面上的弯矩在数

值上等于该截面一侧外力对该截面形心的力矩的代数和。

应用上述结论时，横截面上的外力的正负号规定如下：计算剪力时，截面左上右下的外力取正，反之为负。计算弯矩时，向上的外力（不论在截面的左侧或右侧）对形心的矩为正，反之为负；或截面左侧的顺时针力偶及截面右侧的逆时针力偶取正，反之为负。

利用上述规则，可直接根据截面左侧或右侧梁上的外力求横截面上的剪力和弯矩。

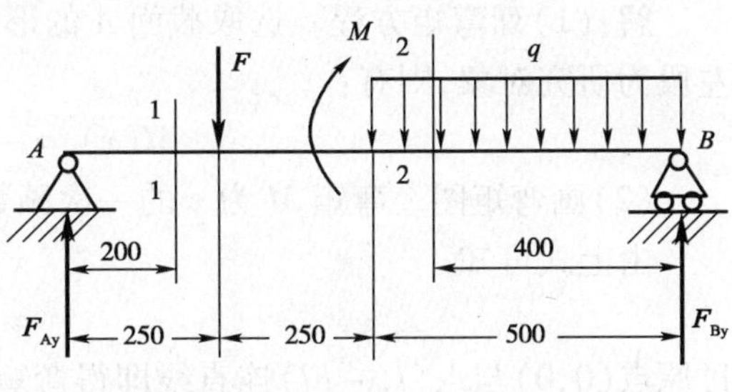

图 2-25　简支梁的受力图

例 2-5　如图 2-25 所示简支梁受集中力 $F = 1\,000\text{N}$，集中力偶 $M = 4\text{kN}\cdot\text{m}$ 和均布载荷 $q = 10\text{kN/m}$ 的作用，试根据外力直接求出图中 1—1 和 2—2 截面上的剪力和弯矩。

解：(1)求支反力：

$\sum M_B = 0 \qquad F \times 0.75 - F_{Ay} \times 1 - M + 10^4 \times 0.5 \times 0.25 = 0$

$$F_{Ay} = -2\,000\text{N}$$

$\sum F_y = 0 \qquad F_{Ay} - F - 0.5q + F_{By} = 0$

$$F_{By} = 8\,000\text{N}$$

(2)求截面内力。根据式(2-4)、式(2-5)，由左侧外力计算。

1—1 截面　$F_{s1} = F_{Ay} = -2\,000\text{N}$

$M_1 = F_{Ay} \times 0.2 = -2\,000 \times 0.2 = -400\text{N}\cdot\text{m}$

2—2 截面　$F_{s2} = F_{Ay} - F - q \times 0.1 = -2\,000 - 1\,000 - 10^4 \times 0.1 = -4\,000\text{N}$

$M_2 = F_{Ay} \times 0.6 - F \times 0.35 + M - q \times 0.1 \times 0.05$

$= -2\,000 \times 0.6 - 1\,000 \times 0.35 + 4\,000 - 10^4 \times 0.1 \times 0.05 = 2\,400\text{N}\cdot\text{m}$

由右侧外力计算：

1—1 截面　$F_{s1} = F_{By} + q \times 0.5 + F = -8\,000 + 10^4 \times 0.5 + 1\,000 = -2\,000\text{N}$

$M_1 = F_{By} \times 0.8 - q \times 0.5 \times 0.55 - M - F \times 0.05$

$= 8\,000 \times 0.8 - 10^4 \times 0.5 \times 0.55 - 4\,000 - 1\,000 \times 0.05 = -400\text{N}\cdot\text{m}$

2—2 截面　$F_{s2} = q \times 0.4 - F_{By} = 10^4 \times 0.4 - 8\,000 = -4\,000\text{N}$

$M_2 = F_{By} \times 0.4 - q \times 0.4 \times 0.2 = 8\,000 \times 0.4 - 10^4 \times 0.4 \times 0.2 = 2\,400\text{N}\cdot\text{m}$

两侧计算结果完全相同，但截面 1—1 上的内力由左侧计算较简便，截面 2—2 上的内力则由右侧计算较方便。

由以上计算结果可知，计算内力时可任取截面左侧或右侧，一般取外力较少的杆段为好。

2.6.4　弯矩图

在一般情况下，梁横截面上的剪力和弯矩是随截面的位置不同而变化的。如果沿梁轴线方向选取坐标 x 表示横截面的位置，则梁的各截面上的剪力和弯矩都可表示为 x 的函数，即：

$$F_s = F_s(x), M = M(x)$$

上两式分别称为梁的剪力方程和弯矩方程。

如果以 x 为横坐标轴，以 F_s 或 M 为纵坐标轴，分别绘制 $F_s = F_s(x)$，$M = M(x)$ 的函数曲线，则分别称为剪力图和弯矩图。

从剪力图和弯矩图上可以很容易地确定梁的最大剪力和最大弯矩，以及梁的危险截面的位置。在梁的强度计算和刚度计算中,一般弯矩起主要的作用,因此我们主要研究弯矩方程的建立和弯矩图的绘制。下面举例说明弯矩图的做法。

例 2-6 图 2-26a)所示悬臂梁,在自由端受集中力作用,试作弯矩图。

解:(1)列弯矩方程。选取截面 A 的形心为坐标原点,坐标轴如图所示。在截面 x 处切取左段为研究对象,则有:

$$M(x) = -Fl \quad (0 \leqslant x \leqslant l)$$

(2)画弯矩图。弯矩 M 为 x 的一次函数,所以弯矩图为一条斜直线。

由上式可知 $x=0, M=0$

$$x=l, M=-Fl$$

过原点(0,0)与点(l, $-Fl$)连直线即得弯矩图(图 2-26b)。

由图可知,弯矩的最大值在固定端的左侧截面上,$|M|_{max}=Fl$,故固定端截面为危险截面。

例 2-7 图 2-27a)所示悬臂梁,在全梁上受集度为 q 的均布载荷作用。试作该梁的弯矩图。

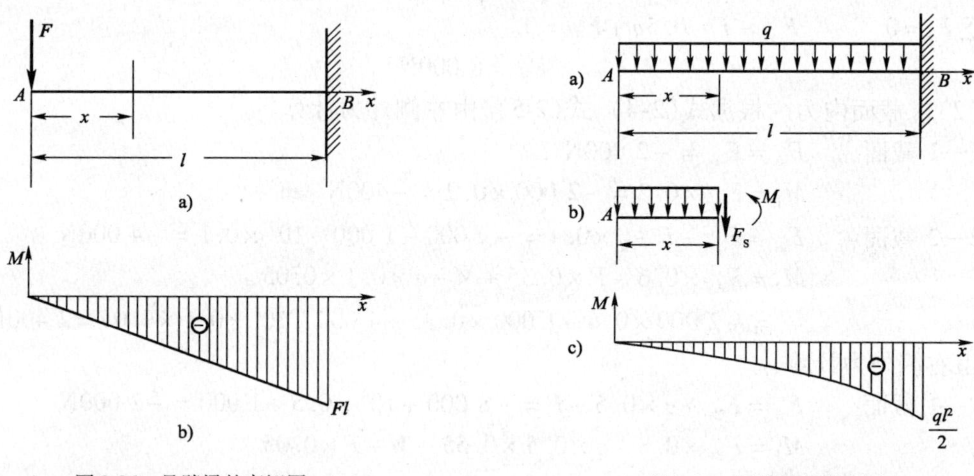

图 2-26 悬臂梁的弯矩图

图 2-27 悬臂梁的弯矩图

解:(1)列弯矩方程。选取截面 A 的形心为坐标原点,并在截面处切取左段为研究对象(图 2-27b),则:

$$M(x) = -\frac{qx^2}{2} \quad (0 \leqslant x \leqslant l)$$

(2)画弯矩图。由上式可知,弯矩 M 是 x 的二次函数,弯矩图是一抛物线。由二次曲线性质知,此曲线顶点为(0,0),开口向下,可确定几点画出该曲线(图 2-27c)。

$$x = 0, M = 0$$

$$x = \frac{l}{2}, M = -\frac{ql^2}{8}$$

$$x = l, M = -\frac{ql^2}{2}$$

由图可知,在固定端左侧上的弯矩最大为 $|M|_{max} = \frac{ql^2}{2}$。

例 2-8 图 2-28a)所示简支梁,在全梁上受集度为 q 的均布载荷,试作此梁的弯矩图。

解:(1)求支反力。由$\sum M_A = 0$及$\sum M_B = 0$得:

$$F_{Ay} = F_{By} = \frac{ql}{2}$$

(2)列弯矩方程。取A为坐标原点,并在截面x处切取左段为研究对象(图2-28b),则:

$$M = F_{Ay}x - \frac{qx^2}{2} = \frac{qxl}{2} - \frac{qx^2}{2} \quad (0 \leqslant x \leqslant l)$$

(3)画弯矩图。上式表明,弯矩M是x的二次函数,弯矩图是一条抛物线。由均布载荷在梁上的对称分布特点可知,抛物线的最大值应在梁的中点处。也可用求极值的方法确定极值所在位置即极值的x坐标值,代入弯矩方程,求出弯矩的最大值。

由三组特殊点,可大致确定这条曲线的形状(图2-28c)。

$$x = 0, M = 0$$

$$x = \frac{l}{2}, M = \frac{ql^2}{8}$$

$$x = l, M = 0$$

例2-9 图2-29a)所示简支梁,在C点处受集中载荷F作用。试作出弯矩图。

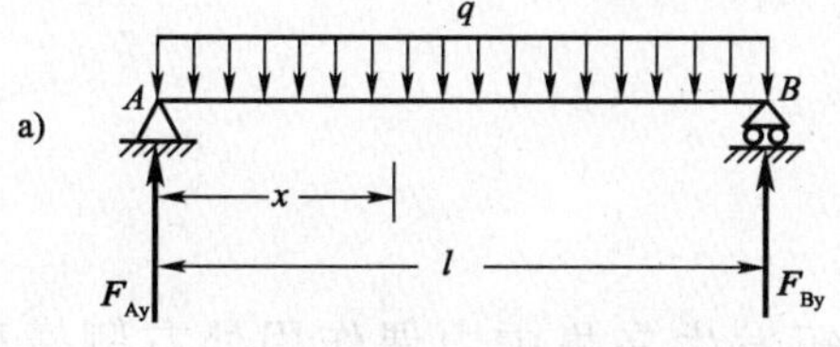

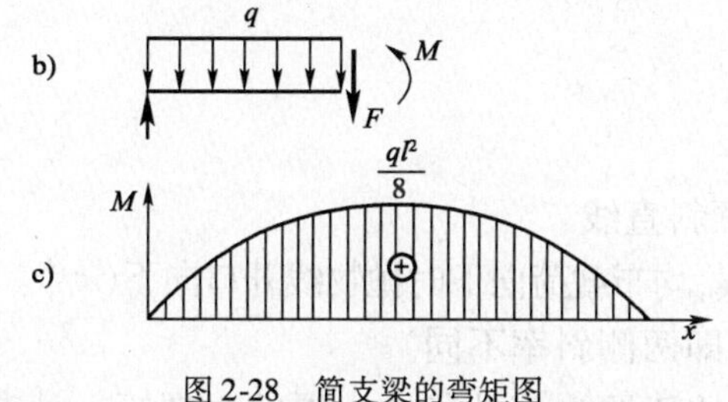

图2-28 简支梁的弯矩图

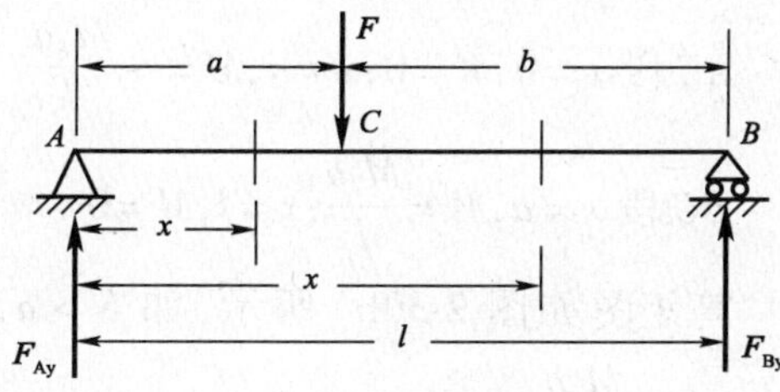

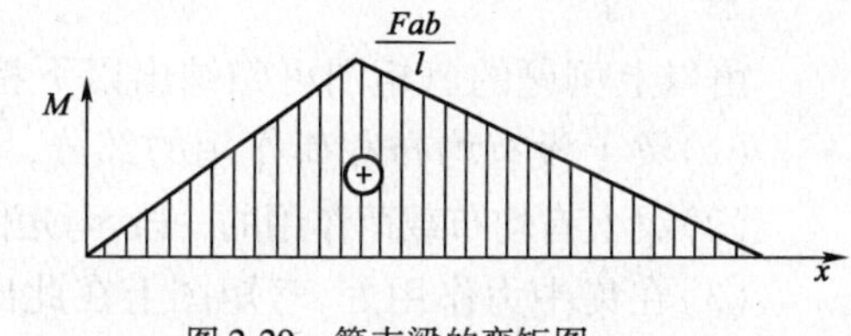

图2-29 简支梁的弯矩图

解:(1)求支反力。由$\sum M_A = 0$及$\sum M_B = 0$,得:

$$F_{Ay} = \frac{Fb}{l}, F_{By} = \frac{Fa}{l}$$

(2)列弯矩方程。因梁在C点处有集中力,故应分段考虑。

AC段 $$M(x) = F_{Ay}x = \frac{Fbx}{l} (0 \leqslant x \leqslant a)$$

CB段 $$M(x) = F_{By}(l - x) = \frac{Fa}{l}(l - x) (a \leqslant x \leqslant l)$$

(3)画弯矩图。由弯矩方程知,C截面左右段均为斜直线。

AC段 $x = 0, M = 0; x = a, M = \frac{Fab}{l}$

BC段 $x = a, M = \frac{Fab}{l}; x = l, M = 0$

弯矩图如图2-29b)所示。最大弯矩在集中力作用处横截面C,$M_{max} = \frac{Fab}{l}$。

例 2-10 图 2-30a)所示为简支梁，在 C 点处作用有一集中力偶 M_e。试作其弯矩图。

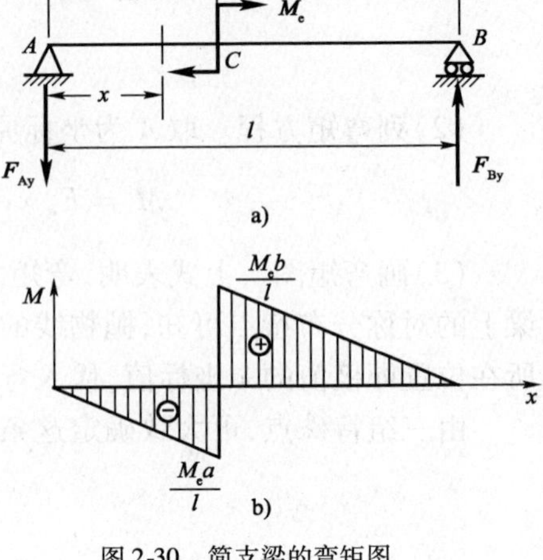

图 2-30 简支梁的弯矩图

解：(1)求支反力。由于梁上仅有一外力偶作用，所以支座两端反力必构成一力偶与之平衡，故有：

$$F_{Ay} = F_{By} = \frac{M_e}{l}$$

(2)列弯矩方程。因梁在 C 点处有集中力偶，故弯矩应分段考虑。

AC 段，$C^{左}$

$$M(x) = -F_{Ay}x = -\frac{M_e}{l}x \quad (0 \leqslant x \leqslant a)$$

BC 段，$C^{右}$

$$M(x) = F_{By}(l-x) = -\frac{M_e}{l}(l-x) \quad (a \leqslant x \leqslant l)$$

(3)画弯矩图。由弯矩方程可知，C 截面左右均为斜直线。

AC 段 $x=0, M=0; x=a, M=-\frac{M_e a}{l}$

BC 段 $x=a, M=\frac{M_e b}{l}; x=l, M=0$

弯矩图如图 2-30b)所示，如 $b>a$，则最大弯矩发生在集中力偶作用处右侧横截面上，$M_{max}=\frac{M_e b}{l}$。

由以上例题的弯矩图可归纳出以下特点：

(1)梁上没有均布载荷作用的部分，弯矩图为倾斜直线。

(2)梁上有均布载荷作用的一段，弯矩图为抛物线，均布载荷向下时抛物线开口向下(⌒)。

(3)在集中力作用处，弯矩图上在此出现折角(即两侧斜率不同)。

(4)梁上集中力偶作用处，弯矩图有突变，突变的值即为该处集中力偶的力偶矩。从左至右，若力偶为顺时针转向，弯矩图向上突变，反之若力偶为逆时针转向，则弯矩图向下突变。

(5)绝对值最大的弯矩总是出现在：剪力为零的截面上、集中力作用处、集中力偶作用处。

利用上述特点，可以不列梁的内力方程，而简捷地画出梁的弯矩图。其方法是：以梁上的界点将梁分为若干段，求出各界点处的内力值，最后根据上面归纳的特点画出各段弯矩图。

例 2-11 一外伸梁受力情况如图 2-31a)所示，试作梁的弯矩图。

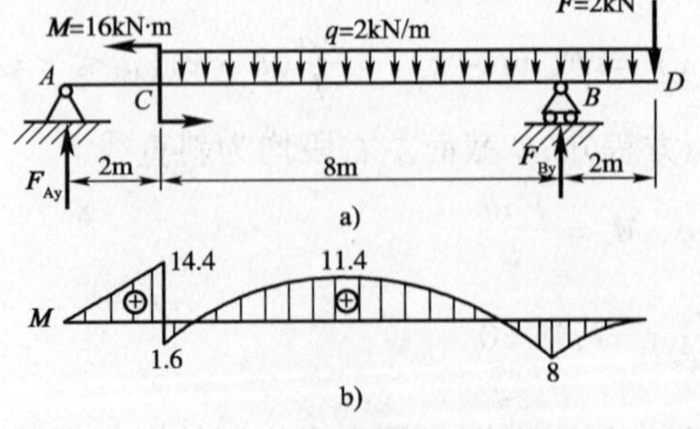

图 2-31 外伸梁的弯矩图

解:(1)求支反力。

$$\sum M_A = 0, \quad M - q \times 10\text{m} \times (5+2)\text{m} - F \times 12\text{m} + F_{By} \times 10\text{m} = 0$$

有
$$F_{By} = 14.8\text{kN}$$

$$\sum M_B = 0, \quad -F_{Ay} \times 10\text{m} + M + q \times 8\text{m} \times 4\text{m} - q \times 2\text{m} \times 1\text{m} - F \times 2\text{m} = 0$$

得
$$F_{Ay} = 7.2\text{kN}$$

(2)求各界点的弯矩值。本题中有四个界点 A、B、C、D。故将全梁分为三段 AC、CB、BD。

A 点　$M_A^{右} = 0$

C 点　$M_C^{左} = F_{Ay} \times 2\text{m} = 14.4\text{kN} \cdot \text{m}$

$M_C^{右} = F_{Ay} \times 2\text{m} - M_e = 7.2\text{kN} \times 2\text{m} - 16\text{kN} \cdot \text{m} = -1.6\text{kN} \cdot \text{m}$

B 点　$M_B^{左} = -q \times 2\text{m} \times 1\text{m} - F \times 2\text{m} = -2\text{kN/m} \times 2\text{m} \times 1\text{m} - 2\text{kN} \times 2\text{m} = -8\text{kN} \cdot \text{m}$

$M_B^{右} = M_B^{左}$

D 点　$M_D^{右} = M_D^{左} = 0$

(3)画弯矩图。

AC 段:该段无均布载荷,M 图应为斜直线。连接 A 点和 C 点左侧弯矩值,画出 AC 段弯矩图。

CB 段:该段 C 点处有集中力偶,M 图上有向下的突变,突变值为外力偶矩的大小,CB 段受向下的均布载荷作用,故该段弯矩图是开口向下的抛物线。但这里需确定该段弯矩最大值及所在位置,由上面归纳可知,最大弯矩值应在该段剪力为零的点,故列剪力方程:

有
$$F_s = F_{Ay} - q(x-2)$$

当
$$F_s = 0 \text{ 时}, x = 5.6\text{m}$$

列弯矩方程
$$M = F_{Ay}x - M_e - q(x-2) \times \frac{(x-2)}{2} = 7.2x - 16 - (x-2)^2$$

当
$$x = 5.6\text{m 时}, M_{max} = 11.36\text{kN} \cdot \text{m}$$

连接 C 点右侧、最大弯矩值点与 B 点左侧弯矩值即可大至画出该段弯矩图。

BD 段:该段受向下均布载荷作用,故 M 图为开口向下的抛物线。连接 B 点右侧与 D 点左侧弯矩值,可得该段弯矩图。

2.7 交变应力

2.7.1 交变应力及构件的疲劳破坏

前述各节研究的都是静载荷作用下的强度问题。所谓静载荷,是指由零缓慢地增加到某一值后保持不变(或变动很小)的载荷。在工程中,有些构件的应力大小或方向随时间作周期性变化,这种应力称为交变应力。

例如齿轮上的每一个齿(图 2-32),自开始啮合到脱离啮合的过程中,齿根上的应力自零增加到最大值,然后又渐减为零,齿轮每转一周,齿根上的应力按此规律重复变化一次。

人们在长期的生产实践中发现,构件在交变应力作用下发生的破坏和静应力作用时的破坏不同,它有以下的特点:

(1)破坏时的最大应力一般远低于静载荷下材料的强度极限,甚至低于屈服点。

(2)塑性很好的材料,破坏时一般表现为无明显塑性变形的脆性断裂。

(3)断裂面有两个截然不同的区域:一个光滑区,另一个是粗糙区(图 2-33)。在光滑区内,有时可以看到以微裂纹为起始点(称为裂纹源)逐渐扩展的弧形曲线。

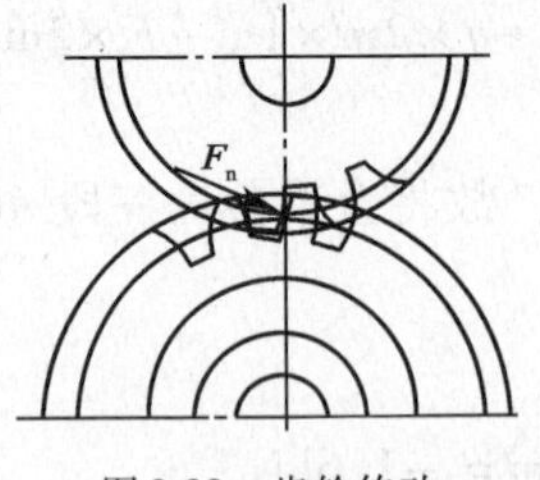

图 2-32　齿轮传动

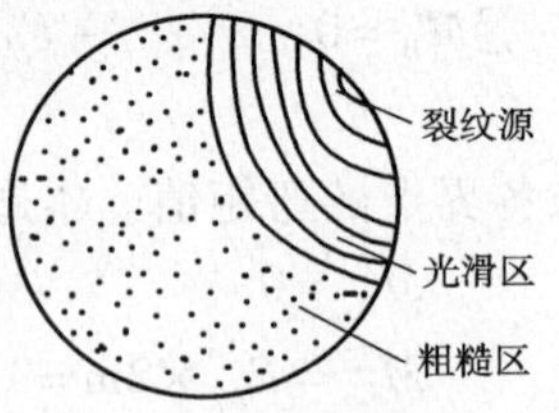

图 2-33　疲劳断裂截面形貌

构件在交变应力下的破坏现象,工程上习惯称为"疲劳"破坏。目前对这种疲劳破坏现象的一般解释是:

当交变应力的大小到达某一限度时,经过多次应力循环后,构件中的最大应力处或材料有缺陷处出现细微裂纹,随着循环次数的增加,裂纹逐渐扩展成为裂缝,由于应力交替变化,裂缝两边的材料时而压紧时而张开,使材料相互挤压研磨,形成光滑区。当断面削弱至一定程度而抗力不足时,在一个偶然的冲击或振动下,便发生突然的脆性断裂,断裂处形成粗糙区。

构件的疲劳破坏通常是在机器运转过程中突然发生的,事先不易发现,一旦发生疲劳破坏,往往造成严重的损害,因此,对于承受交变应力的构件必须进行疲劳强度计算。

2.7.2　循环特征和持久极限

1)循环特征

在交变应力作用下,构件内任一点的应力在最大应力和最小应力之间循环变化着,它的变化规律以矿车车轴(图 2-34)为例来说明。当轴横截面上任一点 A 转到 1 位置时应力最大,以 σ_{max}表示,转到 2 位置时应力为零,转到 3 位置时应力最小,以 σ_{min}表示,转到 4 位置时应力为零,转到 1 位置时,应力又达到最大。轴每转一周,应力重复变化一次。将应力随时间变化的规律绘在应力—时间直角坐标系内,得到应力变化曲线(图 2-34)。我们把应力每重复变化一次的过程,称为一个应力循环。图 2-34 曲线上由 1 点到 1′点的过程就是一个应力循环。

对于各种不同的应力变化规律,可以用最小应力与最大应力之比来表示,其比值称为循环特征。

即:

$$r = \frac{\sigma_{min}}{\sigma_{max}}$$

工程中经常遇到的交变应力有下列两种:

(1)对称循环。应力循环中最大应力与最小应力的大小相等,而方向相反,即 $\sigma_{min} = -\sigma_{max}$,车轴或转轴上任一点的弯曲正应力就是这种循环(图 2-34),其循环特征:

$$r = \sigma_{min}/\sigma_{max} = -1$$

(2)脉动循环。应力循环中最小应力为零,即 $\sigma_{min} = 0$,其应力变化曲线如图 2-35 所示。如单向旋转齿轮的齿根处 A 点的弯曲正应力就可以看成是这种循环,其循环特征:

$$r = \sigma_{min}/\sigma_{max} = 0$$

当最大应力和最小应力的大小相等而方向相同时($\sigma_{min} = \sigma_{max}$),即应力无变化的情况,这就是静应力。这种应力可以看做是交变应力的一种特殊情况,其循环特征:

$$r = \sigma_{min}/\sigma_{max} = 1$$

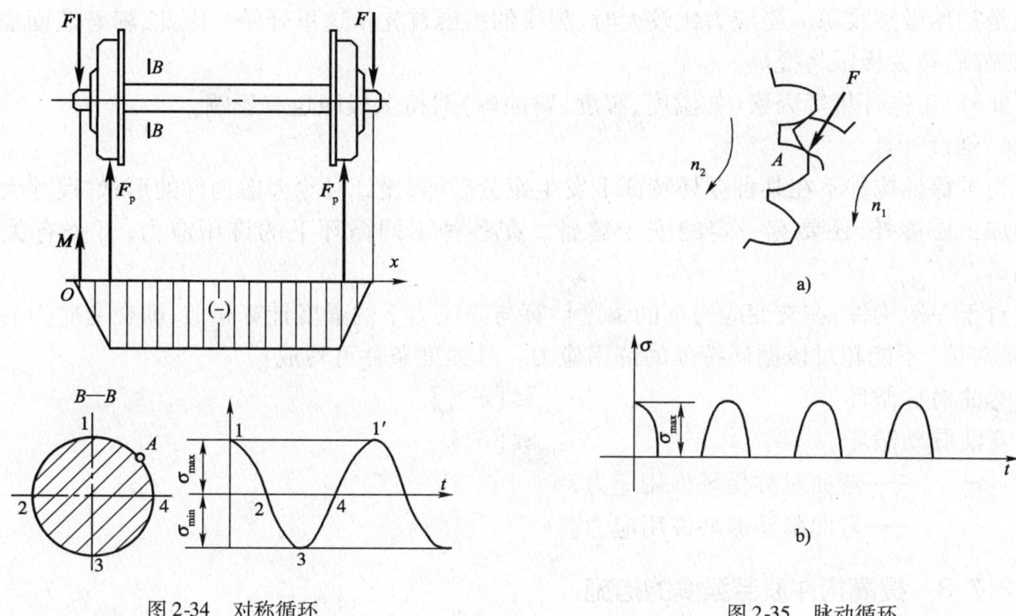

图 2-34　对称循环

图 2-35　脉动循环

2）持久极限

我们知道，材料在静载荷作用下抵抗破坏的能力用屈服点应力 σ_s 或用抗拉强度 σ_b 表示，而材料对疲劳破坏的抵抗能力则用持久极限表示。在交变应力作用下，材料经过无数次循环而不发生破坏的最大应力称为持久极限，也称为疲劳极限，用 σ_r 表示，这里的脚标 r 表示循环特征。例如 σ_{-1}、σ_0 或 σ_{+1} 分别表示对称循环、脉动循环和静应力作用下材料的持久极限。实验指出：持久极限的数值随材料种类、受力形式（弯曲、扭转、拉压）的不同而不同，且同一种材料在同一种受力形式下持久极限还随着循环特征的不同而不同。

材料的持久极限是用专门的试验机来测定的。图 2-36 是钢制小试件在弯曲对称循环下最大应力与循环次数 N 的关系曲线，习惯上称为疲劳曲线。从疲劳曲线上看出，当应力降低至某一数值后，疲劳曲线趋于水平，即有一条水平渐近线，只要应力不超过这一水平渐近线对应的应力值，试件就可经历无限次循环而不发生疲劳破坏。工程中常以 $N = 10^7$ 次应力循环对应的最大应力值为材料的持久极限 σ_{-1}。

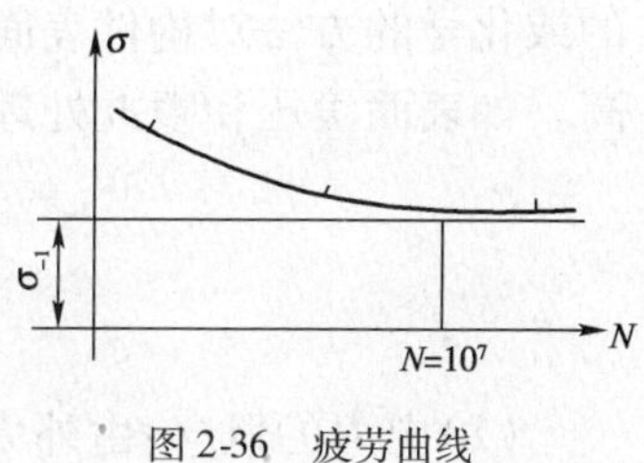

图 2-36　疲劳曲线

3）影响构件疲劳极限的因素

材料的持久极限是用标准试样在试验机上测得的，而实际构件与标准试样由于其尺寸、表面加工质量、工作环境等不同，其疲劳极限与材料的疲劳极限是不同的。

（1）应力集中的影响。在构件的截面突变处，如阶梯轴的过渡段、开孔、切槽等处，会产生应力集中现象。在这些局部区域内，应力有可能达到很高的数值，不仅容易形成微裂纹，而且会促使裂纹扩展，从而使疲劳极限降低。

（2）构件尺寸的影响。构件尺寸对疲劳极限有着明显的影响，试验结果表明，当构件横截面上的应力非均匀分布时，构件尺寸越大，其疲劳极限越低。构件的尺寸越大，所包含的缺陷越多，出现裂纹的几率也越大。

(3)表面质量的影响。粗糙的机械加工,会在构件的表面形成深浅不同的刀痕与擦伤,这些就是初始微裂纹源。当应力比较大时,裂纹的扩展首先从这里开始。因此,随着表面加工质量的提高,疲劳极限将提高。

此外,工作环境等因素(如温度、湿度、腐蚀等)对持久极限也有影响。

4)强度计算

为了保证构件不在某种循环特征下发生疲劳破坏,设计时除考虑构件的形状、尺寸大小和表面加工质量外,还要有一定的安全储备。在各种不同循环下的许用应力,可查有关手册得到。

对于一般构件,在交变应力下的强度计算与静应力下的强度计算相似,即交变应力的最大值(绝对值)不能超过该循环特征的许用应力。其强度条件可写成:

弯曲对称循环 $\sigma_{max} \leqslant [\sigma_{-1}]$

弯曲脉动循环 $\sigma_{max} \leqslant [\sigma_0]$

式中:$[\sigma_{-1}]$——弯曲对称循环许用应力;

$[\sigma_0]$——弯曲脉动循环许用应力。

2.7.3 提高构件疲劳强度的措施

提高构件的疲劳强度,是指在不改变构件的基本尺寸和材料的前提下,通过减小应力集中和改善表面质量,以提高构件的疲劳极限,通常有以下一些途径。

1)缓和应力集中

截面突变处的应力集中是产生裂纹以及裂纹扩展的重要原因。因此,通过适当加大截面突变处的过渡圆角以及采取其他措施,有利于缓和应力集中,从而可以明显地提高构件的疲劳强度。

2)提高构件表面层质量

在应力非均匀分布的情形下,疲劳裂纹大都从构件表面开始形成和扩展。因此,通过机械的或化学的方法对构件表面进行强化处理,改善表面层质量,将使构件的疲劳强度有明显的提高。如表面滚压和喷丸处理,表面渗碳、渗氮和液体碳氮共渗等。

本 章 小 结

(1)内力的概念:由外力引起的构件内部的相互作用力,称为内力。通常用截面法求构件的内力。

(2)四种基本变形及其内力:

①轴向拉伸或压缩时横截面上的内力,即轴力,用 $\boldsymbol{F}_N$ 表示。

$$F_N = \sum_{i=1}^{n} F_i$$

拉(压)杆各截面上的轴力在数值上等于该截面一侧(研究段)所有外力的代数和。外力离开该截面时取为正,指向该截面时取为负。

②剪切变形时剪切面上分布内力的合力,即剪力,用 $\boldsymbol{F}_s$ 表示。

$$F_s = F$$

③圆轴扭转时横截面上的内力,即转矩,用 T 表示。

$$T = \sum M_{ei}$$

扭转时各横截面上的转矩在数值上等于该截面一侧所有外力偶矩的代数和。外力偶矩矢之方向离开该截面时取为正，指向该截面取为负。

④梁弯曲时横截面上的内力，即弯矩，用 M 表示。

$$M = \sum(F_i x_i + M_{ei})$$

横截面上的弯矩在数值上等于该截面一侧外力对该截面形心 C 的力矩的代数和。使梁产生∪变形的弯矩为正，产生∩变形的弯矩为负。

(3)交变应力：大小和方向随时间作周期性变化的构件的应力，称为交变应力。

(4)交变载荷：作用在构件上的随时间作周期性改变的载荷，称为交变载荷。

(5)疲劳破坏：构件在交变应力作用下发生的破坏，称为疲劳破坏。其特点是破坏应力远低于静载荷下材料的强度极限。

(6)工程中常见的交变应力：

①对称循环；

②脉动循环。

(7)持久极限：材料在经过 $N=10^7$ 次应力循环而不发生破坏的最大应力。

习　题

2-1　试判别下列构件中哪些承受轴向拉伸或轴向压缩(题图 2-1)。

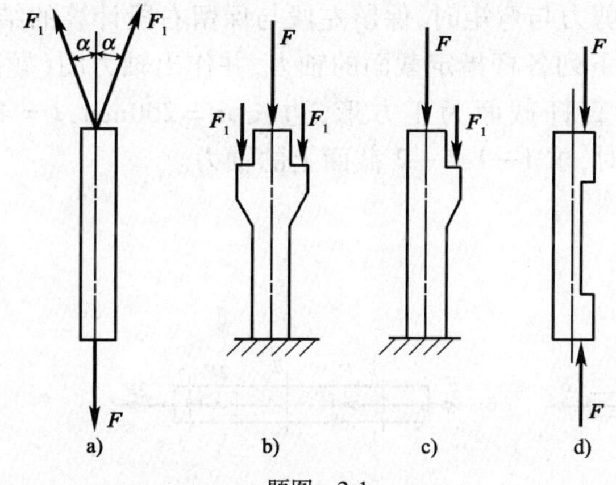

题图　2-1

2-2　试判别下列结构中，哪些杆受拉，哪些杆受压，按图中编号说明(题图 2-2)。

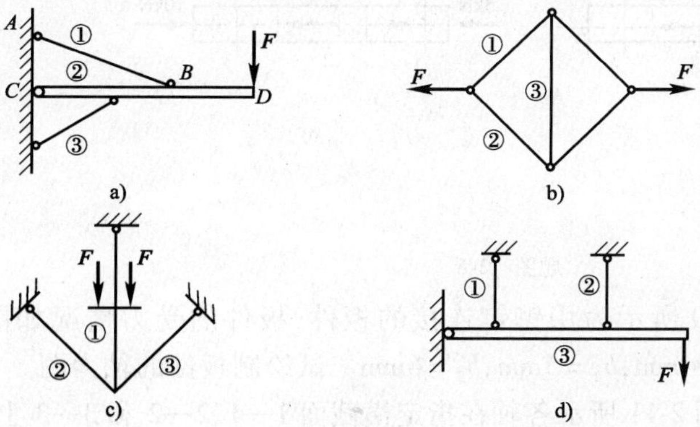

题图　2-2

2-3　试述机械中连接件承受剪切时，其连接处的受力特点和变形情况。

2-4　指出题图 2-4 中构件的剪切面和挤压面。

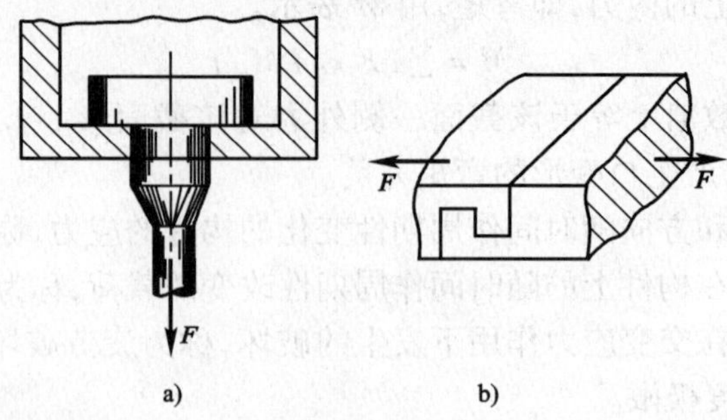

题图　2-4

2-5　在减速器中，高速轴的直径较大还是低速轴的直径较大？为什么？

2-6　如题图 2-6 所示的一传动轴，如何改变外力偶的作用位置以提高轴的承载能力？

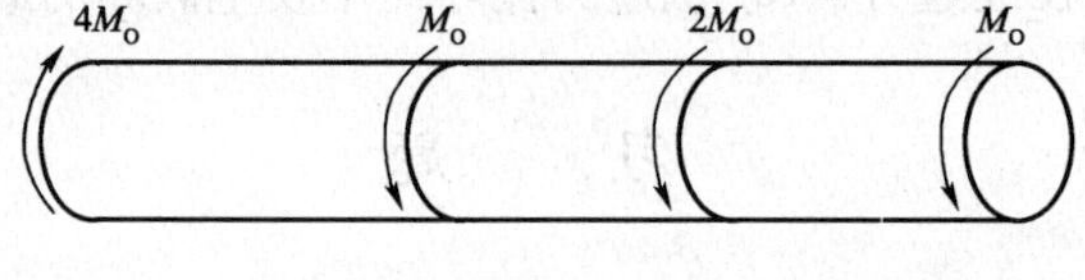

题图　2-6

2-7　在求某截面的剪力与弯矩时，保留左段与保留右段计算的结果是否相同？

2-8　试用截面法求下列各杆指定截面的轴力，并作出轴力图（题图 2-8）。

2-9　题图 2-9 所示直杆截面为正方形，边长 $a = 200\text{mm}$，$l = 4\text{m}$，$F = 10\text{kN}$，重度 $\gamma = 20\text{kN/m}^3$，在考虑杆自重时，求 1—1，2—2 截面上的轴力。

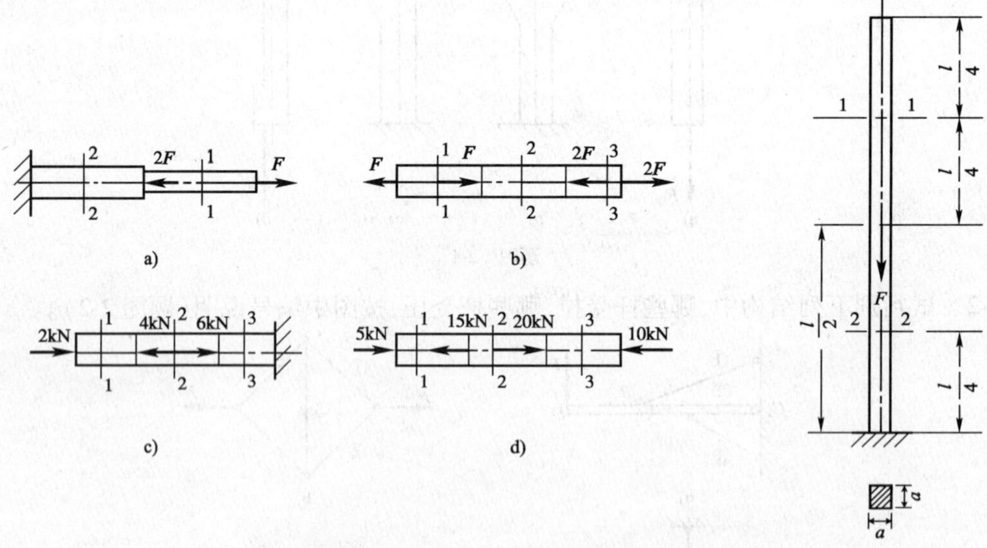

题图　2-8　　　　题图　2-9

2-10　题图 2-10 所示为用铆钉连接的板件，板件的受力情况如图 b）所示。已知：$F = 7\text{kN}$，$t = 1.5\text{mm}$，$b_1 = 4\text{mm}$，$b_2 = 5\text{mm}$，$b_3 = 6\text{mm}$。试绘制板件的轴力图。

2-11　试求题图 2-11 所示各轴在指定横截面 1—1、2—2 和 3—3 上的转矩。

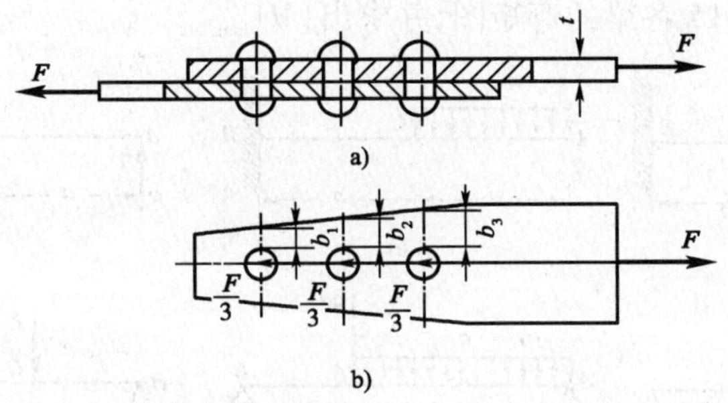

题图　2-10

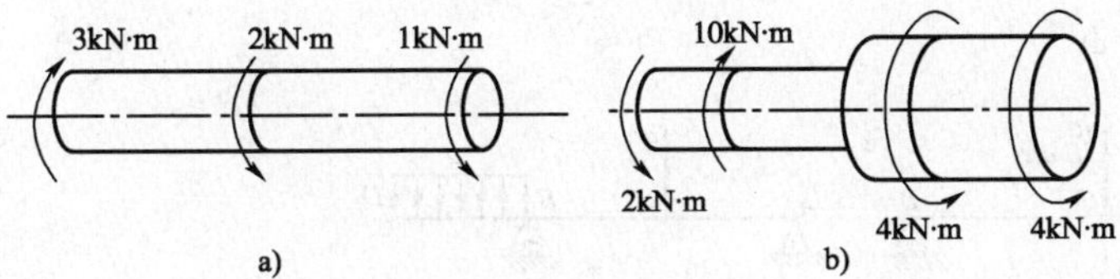

题图　2-11

2-12　试绘出题图 2-12 所示各轴的转矩图。

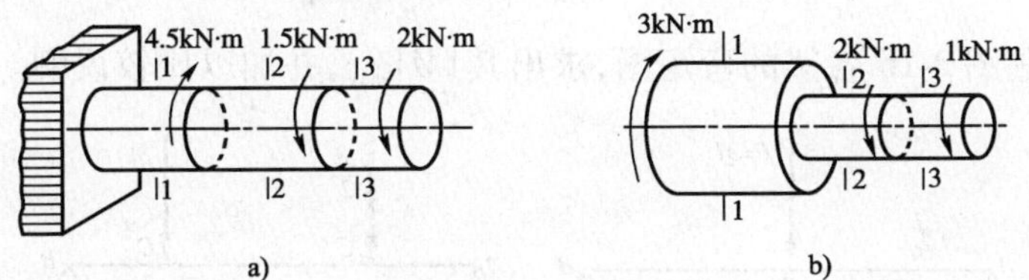

题图　2-12

2-13　传动轴转速 $n = 250\text{r/min}$，轮 B 输入功率 $P_B = 7\text{kW}$，轮 A、C、D 输出功率为 $P_A = 3\text{kW}$，$P_C = 2.5\text{kW}$，$P_D = 1.5\text{kW}$，试绘该轴的转矩图（题图 2-13）。

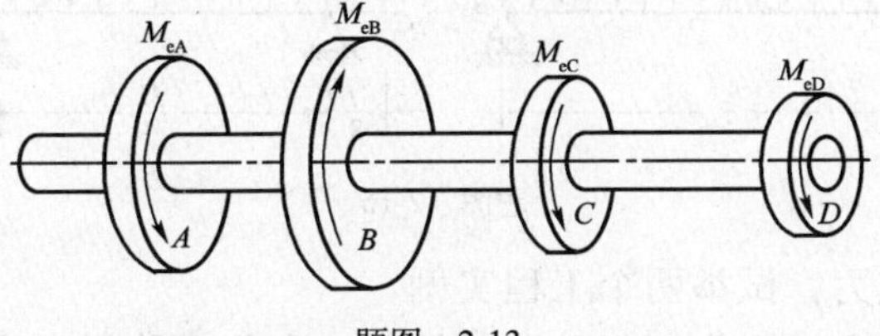

题图　2-13

2-14　试计算题图 2-14 中各梁指定横截面的剪力和弯矩。

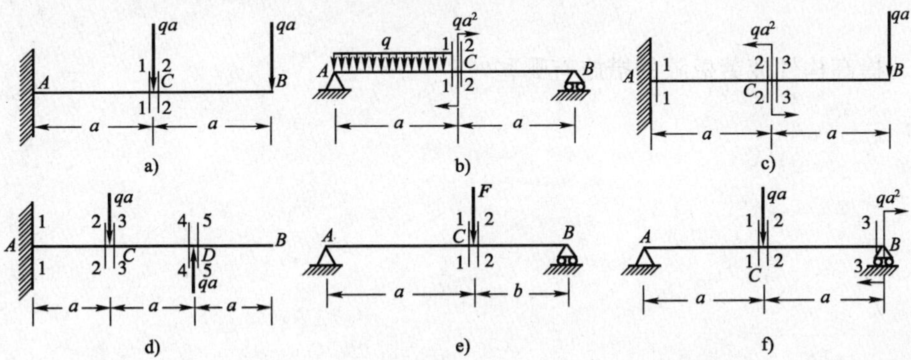

题图　2-14

2-15　试作出题图 2-15 各梁的弯矩图，并求出$|M|_{max}$。

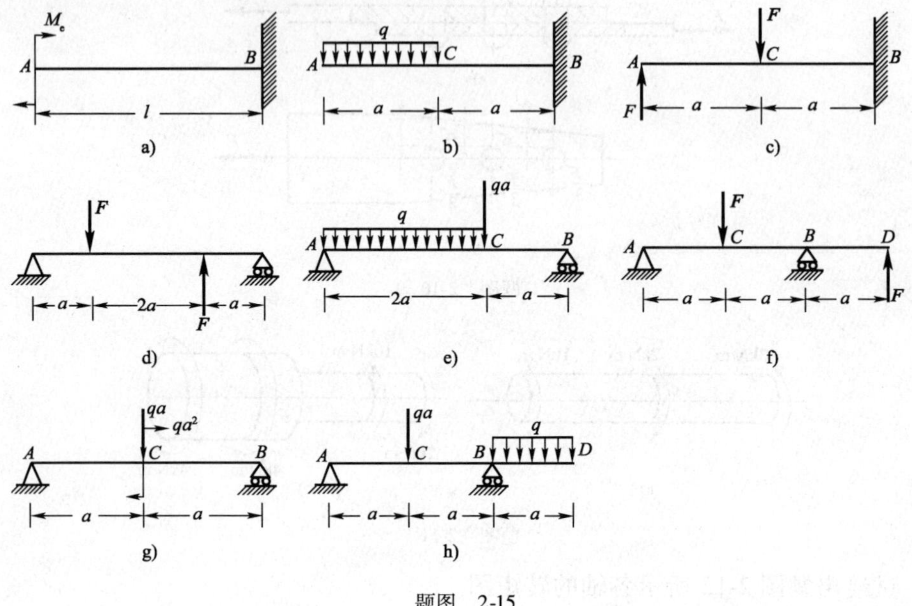

题图　2-15

2-16　试作出题图 2-16 各梁的弯矩图，求出其$|M|_{max}$，并加以比较说明。

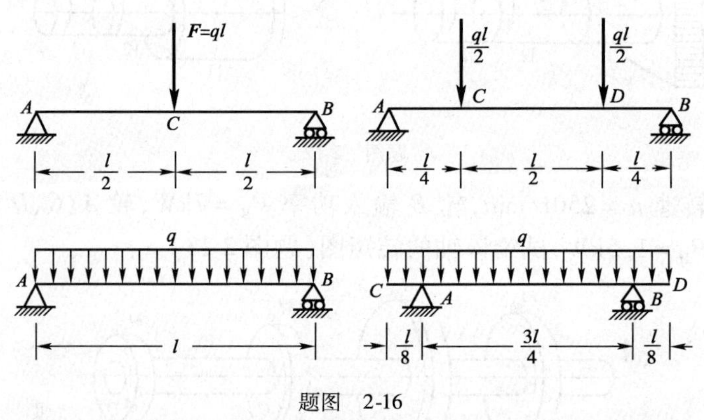

题图　2-16

2-17　什么是交变应力？试举两个工程实例。

2-18　金属构件在交变应力作用下破坏时的断口有什么特征？疲劳失效的过程怎样？

2-19　影响构件疲劳极限的主要因素有哪些？材料的疲劳极限和构件的疲劳极限哪一个大？

2-20　提高构件疲劳极限的措施有哪些？

第3章　摩擦、磨损及润滑概述

学习目标

知识目标： 1.了解摩擦和磨损的种类；

2.了解磨损的过程及应用；

3.熟悉润滑的常用方法及选择。

能力目标： 会根据具体的摩擦、磨损的特点选择相应的润滑措施。

随着现代科学技术的发展，对摩擦、磨损的研究已经形成一门新的学科领域——摩擦学。为了节约能源、提高效率及延长机械零件的寿命，润滑是必不可少的。本章对摩擦、磨损和润滑作简要的介绍。了解并掌握这方面的知识有利于正确地设计、使用和维护机器。

3.1　摩擦与磨损

各类机器在工作时，其各零件相对运动的接触部分都存在着摩擦，摩擦是机器运转过程中不可避免的物理现象。摩擦不仅消耗能量，而且使零件发生磨损，甚至导致零件失效。据统计，世界上1/3～1/2的能源消耗在摩擦上，而各种机械零件因磨损失效的也占全部失效零件的一半以上。磨损是摩擦的结果，润滑则是减少摩擦和磨损的有力措施，这三者是相互联系不可分割的。

3.1.1　摩擦及其分类

在外力作用下，一物体相对于另一物体运动或有运动趋势时，两物体接触面间产生的阻碍物体运动的切向阻力称为摩擦力。这种在两物体接触区产生阻碍运动并消耗能量的现象，称为摩擦。摩擦会造成能量损耗和零件磨损，在一般情况下是有害的，因此应尽量减少摩擦。但有些情况下却要利用摩擦工作，如带传动、摩擦制动器等。

根据摩擦副表面间的润滑状态将摩擦状态分为四种：干摩擦、液体摩擦、边界摩擦和混合摩擦(图3-1)。

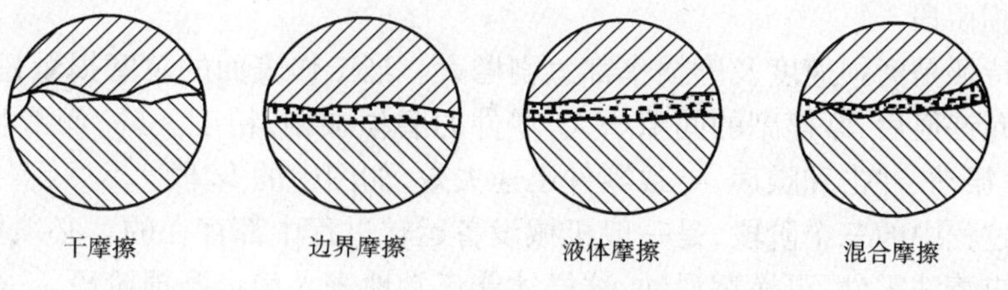

图3-1　摩擦的几种形式

1)干摩擦

如果两物体的滑动表面为没有任何润滑剂或保护膜的纯金属，这两个物体直接接触时的摩擦称为干摩擦。干摩擦状态产生较大的摩擦功耗及严重的磨损，因此应严禁出现这种摩擦。

2）液体摩擦

两摩擦表面不直接接触，被油膜（油膜厚度一般在1.5～2μm）隔开的摩擦称为液体摩擦。

3）边界摩擦

两摩擦表面被吸附在表面的边界膜（油膜厚度小于1μm）隔开，使其处于干摩擦与液体摩擦之间的状态，这种摩擦称为边界摩擦。

4）混合摩擦

在实践中有很多摩擦副处于干摩擦、液体摩擦与边界摩擦的混合状态，称为混合摩擦。

由于液体摩擦、边界摩擦、混合摩擦都必须在一定的润滑条件下才能实现，因此这三种摩擦又分别称为液体润滑、边界润滑和混合润滑。

3.1.2 磨损及其过程

运动副之间的摩擦将导致零件表面材料的逐渐损失，这种现象称为磨损。单位时间内材料的磨损量称为磨损率。磨损量可以用体积、质量或厚度来衡量。

机械零件严重磨损后，将降低机器的工作效率和可靠性，使机器提早报废。因此，预先考虑如何避免或减轻磨损，是设计、使用、维护机器的一项重要内容。但另一方面，磨损也并非全都是有害的，工程上常利用磨损的原理来减小零件表面的粗糙度，如磨削、研磨、抛光、跑合等。

在机械的正常运转中，磨损过程大致可分为以下三个阶段，如图3-2所示。

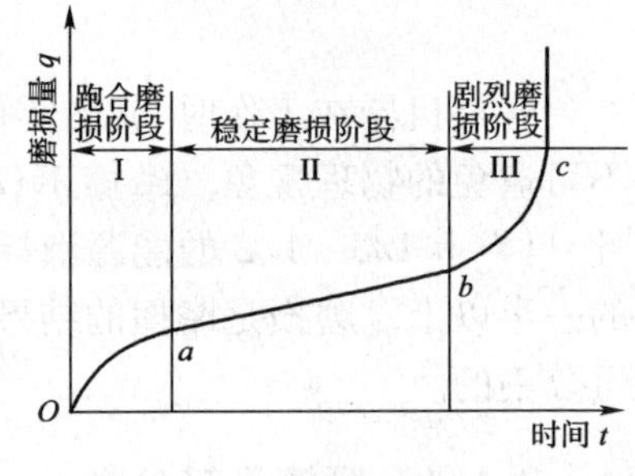

图3-2 零件的磨损过程

1）跑合（磨合）磨损阶段

在这一阶段中，磨损速度由快变慢，而后逐渐减小到一稳定值。这是由于新加工的零件表面呈尖峰状态，使运转初期摩擦副的实际接触面积较小，单位接触面积上的压力较大，因而磨损速度较快，如图中磨损曲线的 Oa 段。

跑合磨损到一定程度后，尖峰逐渐被磨平，磨损速度即逐渐减慢。

2）稳定磨损阶段

在这一阶段中磨损缓慢，磨损率稳定，零件以平稳而缓慢的磨损速度进入零件正常工作阶段，如图中的 ab 段。这个阶段的长短即代表零件使用寿命的长短，磨损曲线的斜率即为磨损率，斜率越小磨损率就越低，零件的使用寿命就越长。经此磨损阶段后零件进入剧烈磨损阶段。

3）剧烈磨损阶段

此阶段的特征是磨损速度及磨损率都急剧增大。当工作表面的总磨损量超过机械正常运转要求的某一允许值后，摩擦副的间隙增大，零件的磨损加剧，精度下降，润滑状态恶化，温度升高，从而产生振动、冲击和噪声，导致零件迅速失效，如图中的 bc 段。

上述磨损过程中的三个阶段，是一般机械设备运转过程中都存在的。必须指出的是，在跑合阶段结束后应清洗零件，更换润滑油，这样才能正常地进入稳定磨损阶段。

3.1.3 磨损分类

按照磨损的机理以及零件表面磨损状态的不同，一般工况下把磨损分为磨粒磨损、黏着磨损、疲劳磨损、腐蚀磨损等。

1)磨粒磨损

由于摩擦表面上的硬质突出物或从外部进入摩擦表面的硬质颗粒,对摩擦表面起到切削或刮擦作用,从而引起表层材料脱落的现象,称为磨粒磨损。这种磨损是最常见的一种磨损形式,应设法减轻这种磨损。为减轻磨粒磨损,除注意满足润滑条件外,还应合理地选择摩擦副的材料,降低表面粗糙度值以及加装防护密封装置等。

2)黏着磨损

当摩擦副受到较大正压力作用时,由于表面不平,其顶峰接触点受到高压力作用而产生弹、塑性变形,附在摩擦表面的吸附膜破裂、温升后使金屑的顶峰塑性面牢固地黏着并熔焊在一起,形成冷焊结点。在两摩擦表面相对滑动时,材料便从一个表面转移到另一个表面,成为表面凸起,促使摩擦表面进一步磨损。这种由于黏着作用引起的磨损,称为黏着磨损。

黏着磨损按程度不同可分为五级:轻微磨损、涂抹、擦伤、撕脱、咬死。如汽缸套与活塞环、曲轴与轴承、轮齿啮合表面等,皆可能出现不同黏着程度的磨损。涂抹、擦伤、撕脱又称为胶合,往往发生于高速、重载的场合。

合理地选择配对材料(如选择异种金属),采用表面处理(如表面热处理、喷镀、化学处理等),限制摩擦表面的温度,控制压强及采用含有油性极压添加剂的润滑剂等,都可减轻黏着磨损。

3)疲劳磨损(点蚀)

两摩擦表面为点或线接触时,由于局部的弹性变形形成了小的接触区。这些小的接触区形成的摩擦副如果受变化接触应力的作用,则在其反复作用下,表层将产生裂纹。随着裂纹的扩展与相互连接,表层金属脱落,形成许多月牙形的浅坑,这种现象称为疲劳磨损,也称点蚀。

合理地选择材料及材料的硬度(硬度高则抗疲劳磨损能力强),选择黏度高的润滑油,加入极压添加剂及减小摩擦面的粗糙度值等,可以提高抗疲劳磨损的能力。

4)腐蚀磨损

在摩擦过程中,摩擦面与周围介质发生化学或电化学反应而产生物质损失的现象,称为腐蚀磨损。腐蚀磨损可分为氧化磨损、特殊介质腐蚀磨损、气蚀磨损等。腐蚀也可以在没有摩擦的条件下形成,这种情况常发生于钢铁类零件,如化工管道、泵类零件、柴油机缸套等。

应该指出的是,实际上大多数磨损是以上述四种磨损形式的复合形式出现的。

3.2 润　　滑

在摩擦副间加入润滑剂,以降低摩擦、减轻磨损,这种措施称为润滑。润滑的主要作用是:(1)减小摩擦系数,提高机械效率;(2)减轻磨损,延长机械的使用寿命;同时,润滑还可起到冷却、防尘以及吸振等作用。

3.2.1　润滑剂的性能与选择

常用的润滑剂除了润滑油和润滑脂外,还有固体润滑剂(如石墨等)、气体润滑剂(如空气等)。

1)润滑油

润滑油是目前使用最多的润滑剂,主要有矿物油、合成油、动植物油等,其中应用最广的为矿物油。

润滑油最重要的一项物理性能指标为黏度,它是选择润滑油的主要依据。黏度的大小表示了液体流动时其内摩擦阻力的大小,黏度越大,内摩擦阻力就越大,液体的流动性就越差。黏度可用动力黏度、运动黏度、条件黏度(恩氏黏度)等表示。我国的石油产品常用运动黏度来标定。

2)润滑脂

润滑脂是在润滑油中加入稠化剂(如钙、钠、锂等金属皂基)而形成的脂状润滑剂,又称为黄油或干油。

3.2.2 润滑方法和润滑装置

机械设备的润滑,主要集中在传动件和支承件上。各种零、部件的润滑将在相关各章节中介绍。

3.3 密封装置

为了使润滑持续、可靠、不漏油,同时为了防止外界脏物进入机体,必须采用相应的密封装置。密封装置从总体上可分为两大类:一类是固定密封,即密封后密封件之间固定不动;另一类是动密封,即密封后两密封件之间有相对运动。

固定密封可采用各种垫片,包括金属、非金属垫片以及密封胶等。动密封又分为接触式、非接触式、半接触式密封,其中应用较广的是接触式密封,它主要是利用各种密封圈或毡圈密封。各种密封件都已标准化,可查阅手册选取适当的形式。非接触式密封有迷宫式密封、螺旋式密封,半接触式密封有活塞环密封、机械密封等,其结构较复杂,主要用于重要部件的密封。图3-3为滚动轴承的密封。

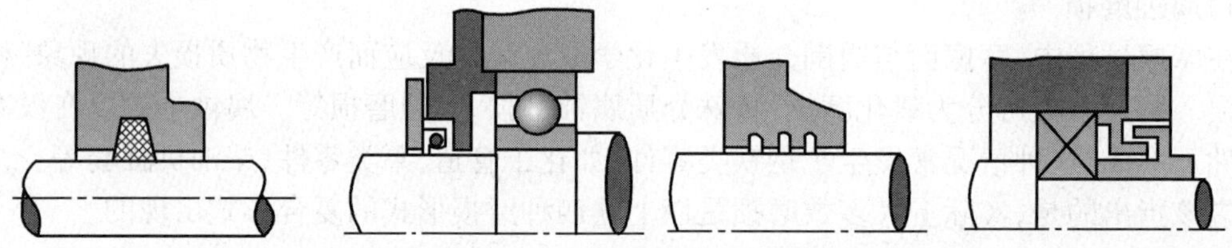

图3-3 滚动轴承的密封

在一般常用的机械中,用得较多的密封装置是密封圈和填料。密封圈有各种形式,有带骨架的和不带骨架的,有普通型和双口型的等,应根据使用条件查阅手册进行选择。密封圈也可作防尘密封件使用,但粉尘严重时,应使用专门的防尘密封圈。采用脂润滑时,可使用毡圈密封。

本章小结

本章主要介绍了摩擦的种类、磨损的过程和种类以及常用的润滑方式。

(1)摩擦是机器运转过程中不可避免的物理现象。摩擦不仅消耗能量,而且使零件发生磨损,甚至导致零件失效。磨损是摩擦的结果,润滑则是减少摩擦和磨损的有力措施,这三者是相互联系不可分割的。

(2)根据摩擦副表面间的润滑状态将摩擦状态分为四种:干摩擦、液体摩擦、边界摩擦和混合摩擦。

(3)磨损过程大致可分为:①跑合(磨合)磨损阶段;②稳定磨损阶段;③剧烈磨损阶段。

(4)按照磨损的机理以及零件表面磨损状态的不同,一般工况下把磨损分为磨粒磨损、黏着磨损、疲劳磨损、腐蚀磨损等。

习　　题

3-1　按摩擦副表面间的润滑状态,摩擦可分为哪几类?各有何特点?

3-2　磨损过程分几个阶段?各阶段的特点是什么?

3-3　按磨损机理的不同,磨损有哪几种类型?

3-4　哪种磨损对传动件来说是有益的?为什么?

3-5　如何选择适当的润滑剂?

第4章　平面机构的运动简图及自由度

学习目标

知识目标：1.掌握运动副的种类和特点；
2.了解机构运动简图的绘制。

能力目标：能准确计算机构的自由度，会判断机构运动是否确定。

机构由构件组成，各构件之间具有确定的相对运动。然而，把构件任意拼凑起来不一定能运动；即使能够运动，也不一定具有确定的相对运动。那么，构件应如何组合才能运动？在什么条件下才具有确定的相对运动？这对分析现有机构或创新机构很重要。

所有构件的运动平面都相互平行的机构称为平面机构，否则称为空间机构。本章仅讨论平面机构的情况，因为在生活和生产中，平面机构应用最多。

4.1　运　动　副

4.1.1　运动副的概念

机构由若干个相互连接起来的构件组成。机构中两构件之间直接接触并能作相对运动的可动连接，称为运动副。例如轴与轴承之间的连接，活塞与汽缸之间的连接，凸轮与推杆之间的连接，两齿轮的齿和齿之间的连接等。

4.1.2　运动副的分类

在平面运动副中，两构件之间的直接接触有三种情况：点接触、线接触和面接触。按照接触特性，通常把运动副分为低副和高副两类。

1）低副

两构件通过面接触构成的运动副称为低副。根据两构件间的相对运动形式，低副又分为移动副和转动副。两构件间的相对运动为直线运动的，称为移动副，如图4-1所示；两构件间的相对运动为转动的，称为转动副或称为铰链副，如图4-2所示。

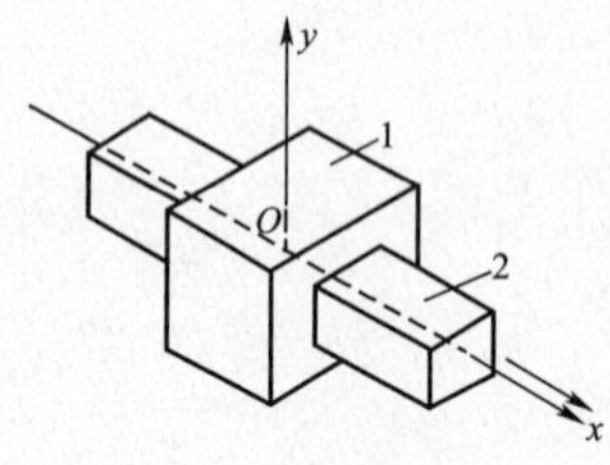

图4-1　移动副

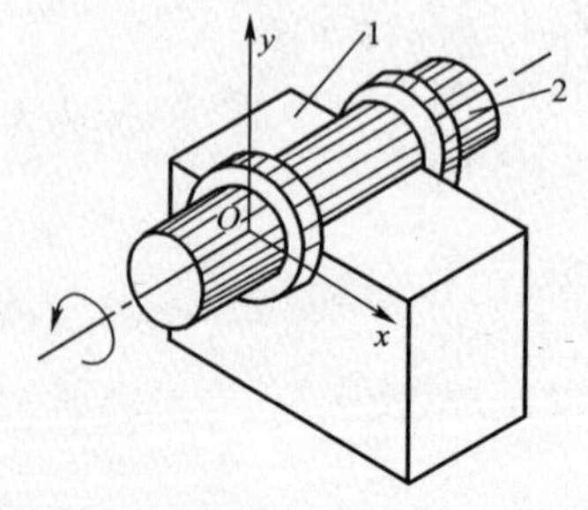

图4-2　转动副

2)高副

两构件通过点或线接触构成的运动副称为高副。如图 4-3 所示,凸轮 1 与尖顶推杆 2 构成高副;如图 4-4 所示,两齿轮轮齿啮合处也构成高副。

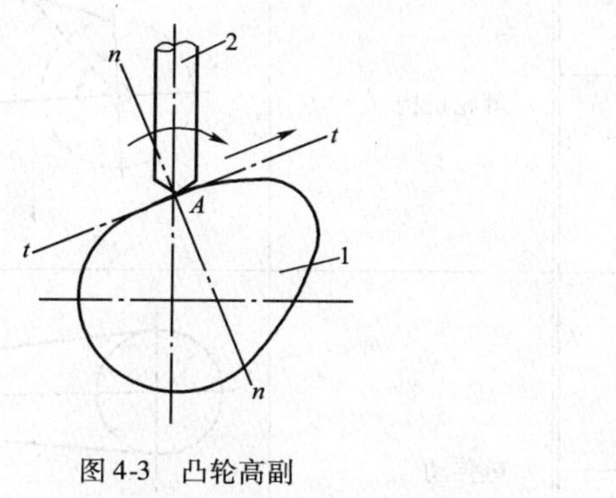

图 4-3　凸轮高副

1-凸轮;2-推杆

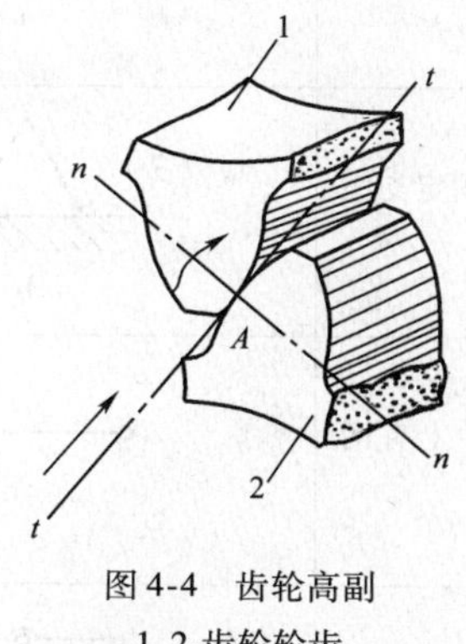

图 4-4　齿轮高副

1、2-齿轮轮齿

低副因通过面接触而构成运动副,故其接触处的压强小,承载能力大,耐磨损,寿命长,且因其形状简单,所以容易制造。低副的两构件之间只能作相对滑动;而高副的两构件之间则可作相对滑动或滚动,或两者并存。

4.2　平面机构运动简图

实际构件的外形和结构往往很复杂,在研究机构运动时,为了突出与运动有关的因素,将那些无关的因素删减掉,保留与运动有关的外形,用规定的符号来代表构件和运动副,并按一定的比例表示各种运动副的相对位置。这种表示机构各构件之间相对运动的简化图形,称为机构运动简图。部分常用机构运动简图符号见表 4-1,其他常用零部件的表示方法可参看 GB 4460—84《机构运动简图符号》。

机构中的构件可分为三类:

(1)固定件或机架——用来支撑活动构件的构件。研究机构中活动构件的运动时,常以固定件作为参考坐标系。

(2)原动件——运动规律已知的活动构件。它的运动是由外界输入的,故又称为输入构件。

(3)从动件——机构中随着原动件的运动而运动的其余活动构件。其中输出机构为预期运动的从动件称为输出构件,其他从动件则起传递运动的作用。

在一般的运动简图的绘制中,必有一个构件被相对地看做固定件,在活动构件中,必须有一个或几个原动件,其余的是从动件。两构件组成高副时,在简图中应该画出两构件接触处的曲线轮廓。例如互相啮合的齿轮在简图中应画出一对节圆来表示,凸轮则用完整的轮廓曲线来表示。

例 4-1　试绘制图 4-5a)所示颚式破碎机的机构运动简图。

解:颚式破碎机的主体机构由机架 1、偏心轴 2、动颚 3、肘板 4 共四个构件组成。偏心轴是原动件,动颚和肘板都是从动件。偏心轴在与它固连的带轮 5 的拖动下绕轴线 A 转动,驱使输出构件动颚 3 作平面运动,从而将矿石轧碎。

部分常用机构运动简图符号(GB 4460—84) 表4-1

名　称	符　号	名　称	符　号
轴、杆、连杆等构件	a	棘轮机构	i
轴、杆的固定支座(机架)	b		
一个构件上有两个转动副	c	链传动	j
一个构件上有三个转动副	d		
两个运动构件用转动副相连	1　2　1　2　1　2 e	外啮合圆柱齿轮传动	k
一个运动构件一个固定构件用转动副相连	2　1　2　1　2　1 f	内啮合圆柱齿轮传动	l
两个运动构件用移动副相连	2　1　2　1 g	齿轮齿条传动	m
一个运动构件一个固定构件用移动副相连	2　1　2　1 h	在支架上的电机	n

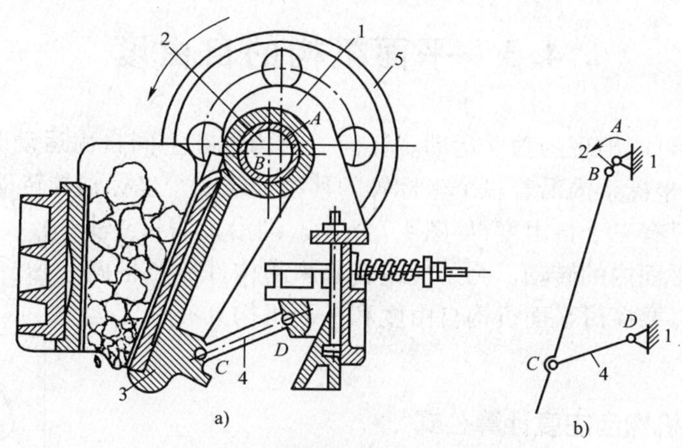

图 4-5　颚式破碎机及其机构简图

1-机架;2-偏心轴;3-动颚;4-肘板;5-带轮

偏心轴 2 与机架 1 绕轴线 A 作相对转动,故构件 1、2 组成以 A 为中心的回转副;动颚 3 与偏心轴 2 绕轴线 B 作相对转动,故构件 2、3 组成以 B 为中心的回转副;肘板 4 与动颚 3 绕轴线 C 相对转动,故构件 3、4 组成以 C 为中心的回转副;肘板与机架绕轴线 D 作相对转动,故构件 4、1 组成以 D 为中心的回转副。

选定适当比例尺,根据图 4-5a)尺寸定出 A、B、C、D 的相对位置,用构件和运动副的规定符号绘出机构运动简图,如图 4-5b)所示。最后,将图中的机架画上斜线,在原动件上标出指示运动方向的箭头。

例 4-2　绘制图 4-6a)所示活塞泵机构的运动简图。

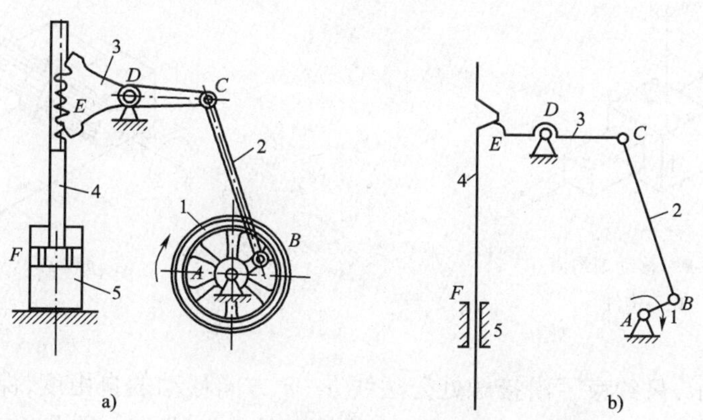

图 4-6　活塞泵及其机构简图

1-曲柄;2-连杆;3-齿扇;4-齿条活塞;5-机架

解:活塞泵由曲柄 1、连杆 2、齿扇 3、齿条活塞 4 和机架 5 共五个构件组成。曲柄 1 是原动件,2、3、4 为从动件。当原动件 1 回转时,活塞在汽缸中作往复运动。

各构件之间的连接如下:构件 1 和 5、2 和 1、3 和 2、3 和 5 之间为相对转动,分别构成回转副 A、B、C、D。构件 3 的轮齿与构件 4 的齿构成平面高副 E。构件 4 与构件 5 之间为相对移动,构成移动副 F。

选取适当比例尺,按图 4-6a)尺寸,用构件和运动副的规定符号画出机构运动简图,如图 4-6b)所示。最后,将图中的机架画上斜线,在原动件上标出指示运动方向的箭头。

4.3 平面机构的自由度

自由度是构件可能出现的独立运动。任何一个构件在空间自由运动时皆有六个自由度。它可表示为在直角坐标系内沿着三个坐标轴的移动和绕三个坐标轴的转动。而对于一个作平面运动的构件,则只有三个自由度,如图4-7所示。即沿 x 轴和 y 轴移动,以及在 xOy 平面内的转动。为了使组合起来的构件能产生确定的相对运动,有必要探讨平面机构自由度和平面机构具有确定运动的条件。

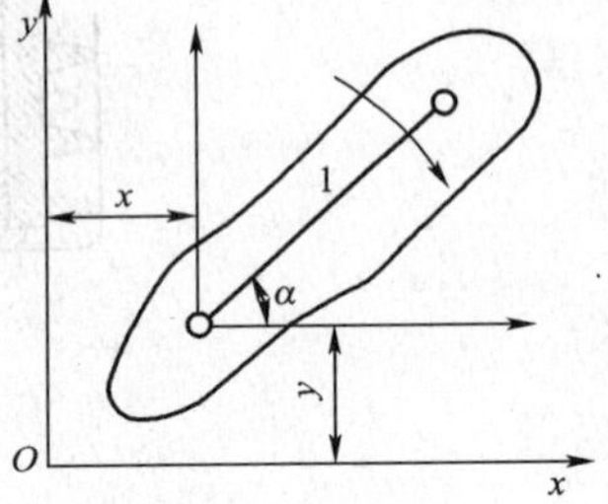

图4-7　构件的自由度

4.3.1 平面机构自由度计算公式

如前所述,一个作平面运动的自由构件具有三个自由度。因此,平面机构的每个活动构件,在未用运动副连接之前,都有三个自由度。当两个构件组成运动副之后,它们的相对运动就受到约束,使得某些独立的相对运动受到限制。对独立的相对运动的限制,称为约束。约束增多,自由度就相应减少。由于不同种类的运动副引入的约束不同,所以保留的自由度也不同。

1)低副

(1)移动副。如图4-8所示,约束了沿一个轴方向的移动和在平面内转动两个自由度,只保留沿另一个轴方向移动的自由度。

(2)转动副。如图4-9所示,约束了沿两个轴移动的自由度,只保留一个转动的自由度。

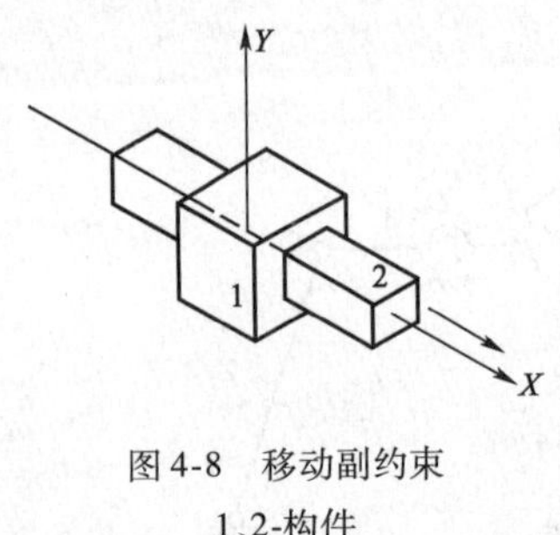

图4-8　移动副约束

1、2-构件

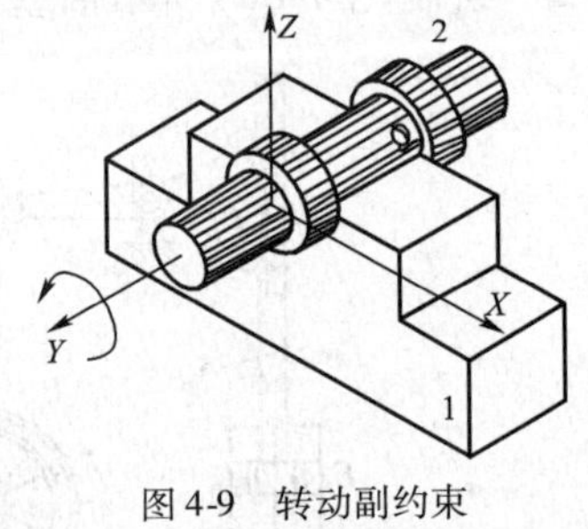

图4-9　转动副约束

1、2-构件

2)高副

如图4-10所示,只约束了沿接触处公法线 $n—n$ 方向移动的自由度,保留绕接触处的转动和沿接触处公切线 $t—t$ 方向移动的两个自由度。

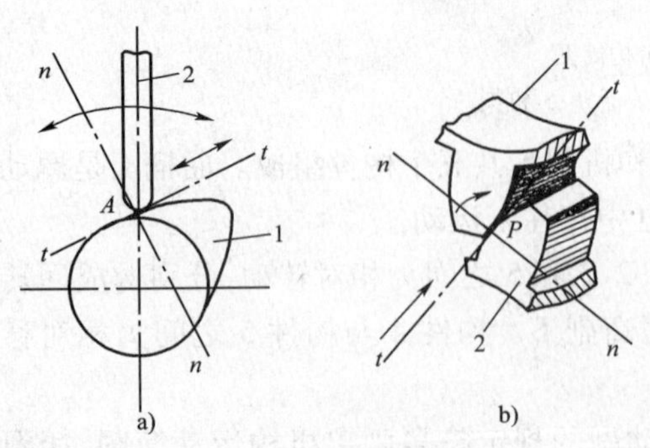

图4-10　高副约束

1、2-构件

结论:在平面机构中,①每个低副引入两个约束,使机构失去两个自由度;②每个高副引入一个约束,使机构失去一个自由度。

如果一个平面机构中包含有 n 个活动构件(机架为参考坐标系,因相对固定,所以不计在内),其中有 P_L 个低副和 P_H 个高副。则这些活动构件在未用运动副连接之前,其自由度总数为 $3n$。当用 P_L 个低副和 P_H 个高副连接成机构之后,全部运动副所引入的约束为 $2P_L+P_H$。因此活动构件的自由度总数减去运动副引入的约束总数，就是该机构的自由度数，用 F 表示，有：

$$F = 3n - 2P_L - P_H \tag{4-1}$$

式(4-1)就是平面机构自由度的计算公式。由公式可知，机构自由度 F 取决于活动构件的数目以及运动副的性质和数目。机构的自由度必须大于零，机构才能够运动，否则成为桁架。

例 4-3 计算图 4-6b)所示的活塞泵的自由度。

解：除机架外，活塞泵有四个活动构件，$n=4$；四个回转副和一个移动副共 5 个低副，$P_L=5$；一个高副，$P_H=1$。由式(4-1)得：

$$F = 3n - 2P_L - P_H = 3 \times 4 - 2 \times 5 - 1 \times 1 = 1$$

该机构的自由度为 1。

4.3.2 机构具有确定运动的条件

机构的自由度也即是机构所具有的独立运动的个数。由前所述可知，从动件是不能独立运动的，只有原动件才能独立运动。通常每个原动件只具有一个独立运动，因此，机构自由度必定与原动件的数目相等。

如图 4-11a)所示的五杆机构中，原动件数等于 1，两构件自由度 $F=3\times4-2\times5=2$。由于原动件数小于 F，显然，当只给定原动件 1 的位置角 φ_1 时，从动件 2、3、4 的位置既可为实线位置，也可为虚线所处的位置，因此其运动是不确定的。只有给出两个原动件，使构件 1、4 都处于给定位置，才能使从动件获得确定运动。

如图 4-11b)所示四杆机构中，由于原动件数（=2）大于机构自由度数（$F=3\times3-2\times4=1$），因此原动件 1 和原动件 3 不可能同时按图中给定方式运动。

如图 4-11c)所示的五杆机构中，机构自由度等于 0（$F=3\times4-2\times6=0$），它的各杆件之间不可能产生相对运动。

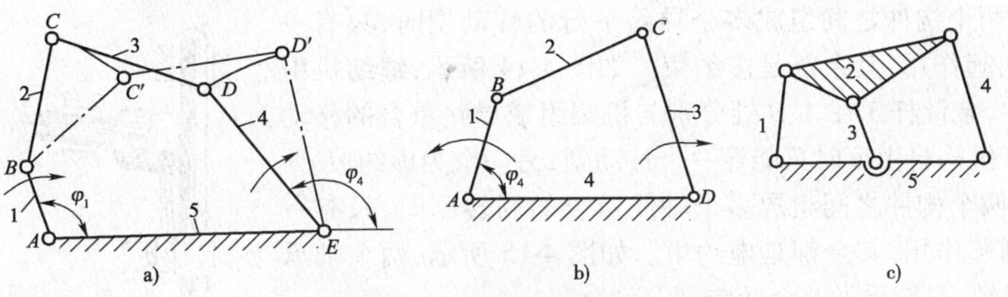

图 4-11 不同自由度机构的运动

a)两个自由度；b)一个自由度；c)0 个自由度

1～5-构件

综上所述，机构具有确定运动的条件是：机构自由度必须大于零，且原动件数与其自由度必须相等。

4.3.3 计算平面机构自由度的注意事项

1)复合铰链

两个以上构件组成两个或更多个共轴线的转动副，即为复合铰链，如图 4-12a)为三个构件在 A 处构成复合铰链。由其侧视图 4-12b)可知，此三构件共组成两个共轴线转动副。当由 K 个构件组成复合铰链时，则应当组成($K-1$)个共轴线转动副。

2)局部自由度

机构中常出现一种与输出构件运动无关的自由度,称为局部自由度或多余自由度。在计算机构自由度时,可预先排除。如图4-13a)所示的平面凸轮机构中,为了减少高副接触处的磨损,在从动件上安装一个滚子3,使其与凸轮轮廓线滚动接触。显然,滚子绕其自身轴线转动与否并不影响凸轮与从动件间的相对运动,因此,滚子绕其自身轴线的转动为机构的局部自由度,在计算机构的自由度时,应预先将转动副 C 除去不计,或如图4-13b)所示,设想将滚子3与从动件2固连在一起作为一个构件来考虑。这样在机构中,$n=2,P_L=2,P_H=1$,其自由度为 $F=3n-2P_L-P_H=3\times2-2\times2-1=1$。即此凸轮机构中只有一个自由度。

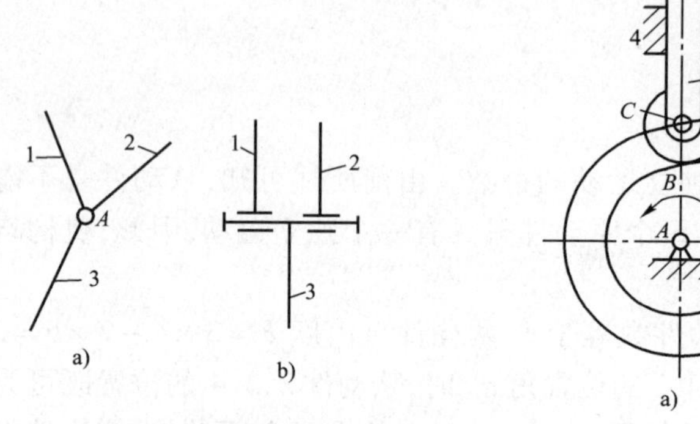

图4-12　复合铰链

1~3-构件

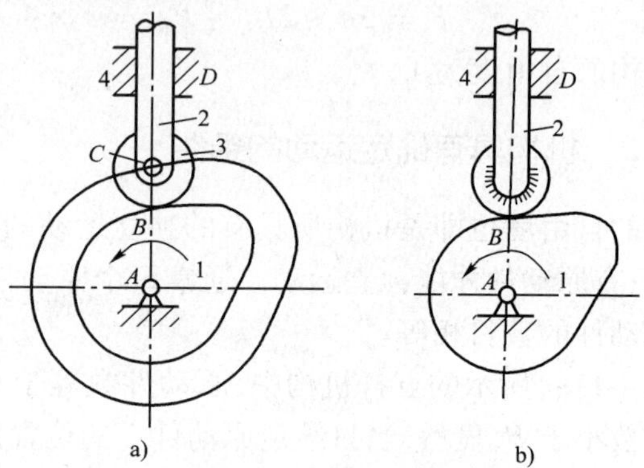

图4-13　局部自由度

1-凸轮;2-从动件;3-滚子

3)虚约束

在运动副引入的约束中,有些约束对机构自由度的影响是重复的。这些对机构运动不起限制作用的重复约束,称为消极约束或虚约束,在计算机构自由度时,应当除去不计。

平面机构中的虚约束常出现在下列场合:

(1)两个构件之间组成多个导路平行的移动副时,只有一个移动副起作用,其余都是虚约束。如图4-14所示,缝纫机引线机构中,装针杆3在 A、B 处分别与机架组成导路重合的移动副。计算机构自由度时只能算一个移动副,另一个为虚约束。

(2)两个构件之间组成多个轴线重合的回转副时,只有一个回转副起作用,其余都是虚约束。如图4-15所示,两个轴承支撑一根轴,只能看做一个回转副。

(3)机构中对传递运动不起独立作用的对称部分,也为虚约束。如图4-16所示的轮系中,中心轮经过两个对称布置的小齿轮2和2′驱动内齿轮3,其中有一个小齿轮对传递运动不起独立作用。但由于第二个小齿轮的加入,使机构增加了一个虚约束。应当注意,对于虚约束,从机构的运动观点来看是多余的,但从增强构件刚度、改善机构受力状况等方面来看,都是必需的。

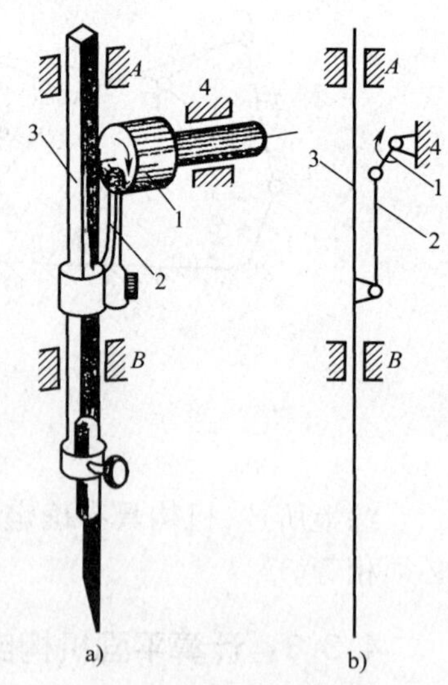

图4-14　导路重合的虚约束

1-曲柄;2-摇杆;3-装针杆

综上所述,在计算平面机构自由度时,必须考虑是否存在复合铰链,并应将局部自由度和虚约束除去不计,才能得到正确的结果。

例4-4　试计算图4-17中,发动机配气机构的自由度。

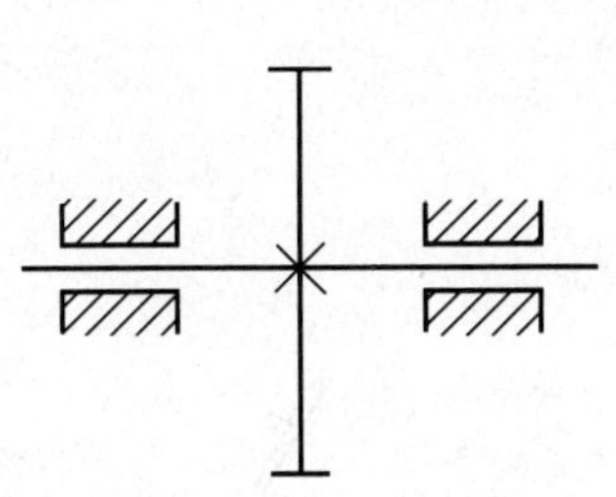

图 4-15　轴线重合的虚约束

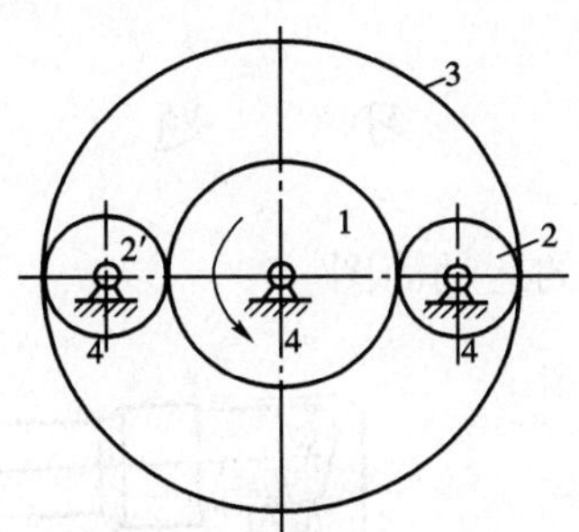

图 4-16　对称结构的虚约束
1-中心轮；2、2'-中间齿轮；3-从动齿轮；4-机架

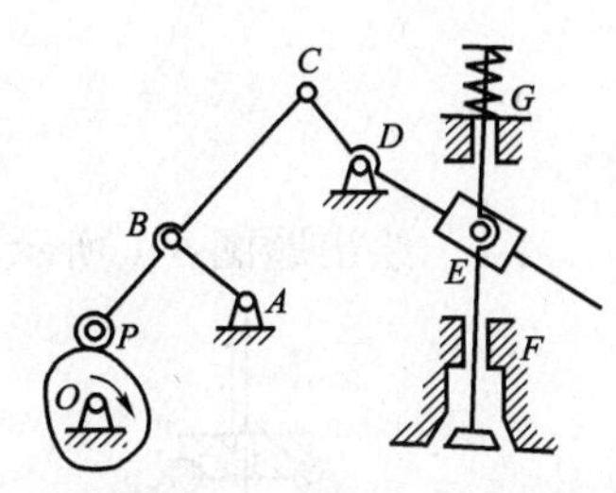

图 4-17　发电机配气机构

解：此机构中，G、F 为导路重合的两移动副，其中一个是虚约束；P 处的滚子为局部自由度。除去虚约束及局部自由度后，该机构则有 $n=6$；$P_L=8$；$P_H=1$。其自由度为：

$$F = 3n - 2P_L - P_H = 3\times 6 - 2\times 8 - 1 = 1$$

例 4-5　试计算图 4-18a）所示的大筛机构的自由度，并判断它是否有确定的运动。

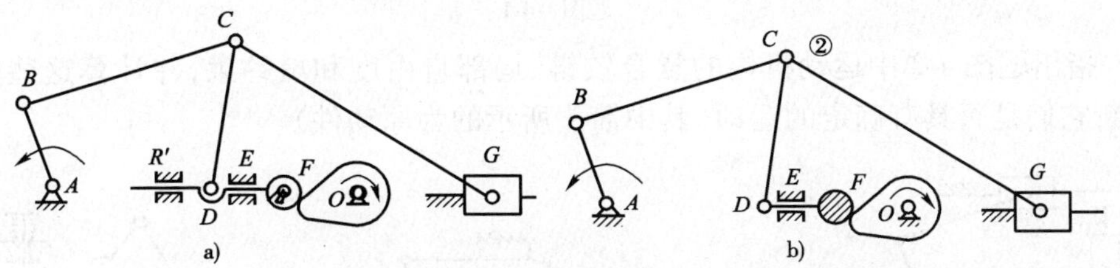

图 4-18　大筛机构

解：机构中的滚子有一个局部自由度。顶杆与机架在 E 和 E' 组成两个导路平行的移动副，其中之一为虚约束。C 处是复合铰链。今将滚子与顶杆焊成一体，去掉移动副 E'，并在 C 点注明回转副的个数，如图 4-18b）所示，由此得，$n=7$，$P_L=9$，$P_H=1$。其自由度为：

$$F = 3n - 2P_L - P_H = 3\times 7 - 2\times 9 - 1 = 2$$

因为机构有两个原动件，其自由度等于 2，所以具有确定的运动。

本 章 小 结

（1）两构件之间直接接触并能作相对运动的可动连接为运动副。运动副划分如下：

运动副
- 低副（面接触）{回转副、移动副} 约束数为 2
- 高副（点或线接触）⟶ 约束数为 1

（2）机构运动简图：为了突出和运动有关的因素，注意保留与运动有关的外形，仅用规定的符号来代表构件和运动副。

（3）计算平面机构自由度的公式：$F=3n-2P_L-P_H$。

（4）机构具有确定运动的条件是：机构自由度必须大于零，且原动件数与其自由度必须相等。

（5）在计算平面机构自由度时，必须考虑是否存在复合铰链，并应将局部自由度和虚约束除去不计，才能得到正确的结果。

习　题

4-1　绘出题图 4-1 所示机构的运动简图。

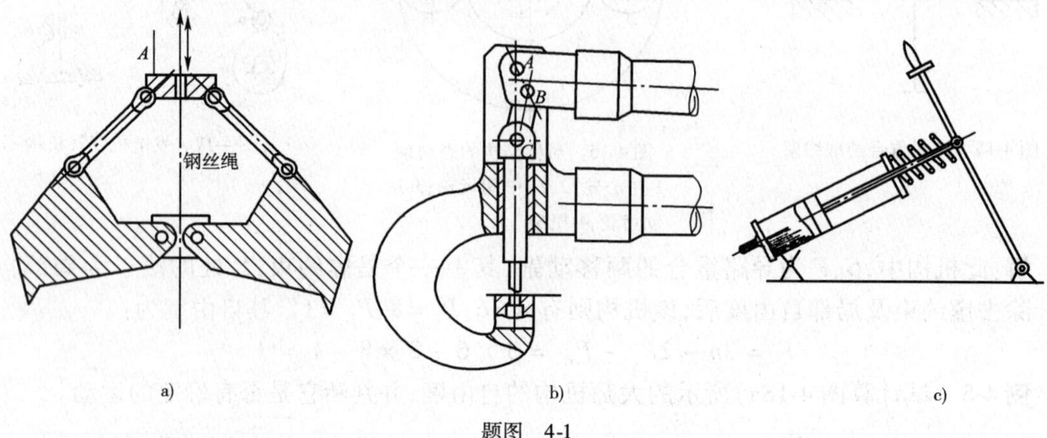

题图　4-1

4-2　指出题图 4-2 中运动机构的复合铰链、局部自由度和虚约束，并计算这些机构自由度，并判断它们是否具有确定的运动（其中箭头所示的为原动件）。

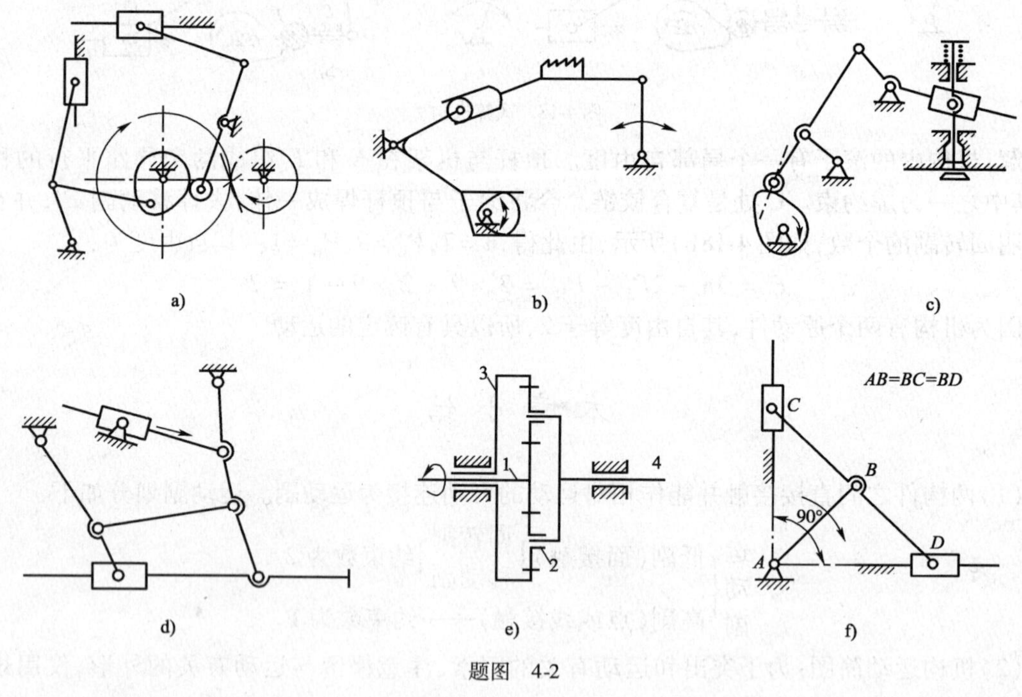

题图　4-2

实 训 任 务

1）了解运动副的形式

（1）带领学生对机械零件陈列室进行参观。

（2）给学生讲解所陈列的平面机构运动副形式及特点。

(3)指导学生拆装内燃机，使学生熟悉各个机构的工作原理，找出内燃机中的运动副形式，完成下列表格的填写。

<table>
<tr><th colspan="2">运动副</th><th>序号</th><th>名称</th><th>个数</th><th>作用</th></tr>
<tr><td colspan="2" rowspan="4">高副</td><td></td><td></td><td></td><td></td></tr>
<tr><td></td><td></td><td></td><td></td></tr>
<tr><td></td><td></td><td></td><td></td></tr>
<tr><td></td><td></td><td></td><td></td></tr>
<tr><td rowspan="8">低副</td><td rowspan="4">转动副</td><td></td><td></td><td></td><td></td></tr>
<tr><td></td><td></td><td></td><td></td></tr>
<tr><td></td><td></td><td></td><td></td></tr>
<tr><td></td><td></td><td></td><td></td></tr>
<tr><td rowspan="4">移动副</td><td></td><td></td><td></td><td></td></tr>
<tr><td></td><td></td><td></td><td></td></tr>
<tr><td></td><td></td><td></td><td></td></tr>
<tr><td></td><td></td><td></td><td></td></tr>
</table>

2)平面机构运动简图的绘制

通过观察内燃机、抽水机等其他机器的工作过程，绘制它们的平面机构运动简图，掌握简单机构平面简图的绘制方法。

测绘运动简图的方法和步骤：

(1)仔细观察各机构模型，了解其名称、用途和结构，并找出原动件。

(2)缓慢转动被测机构，从原动件开始，仔细观察机构的运动，从而找出组成机构的固定构件和所有的活动构件。

(3)根据各相互连接的两构件间的接触情况及相对运动性质，确定各运动副的类型。

(4)以纸面为机构的投影面，选择一个能清楚地表达整个机构各构件的位置，用规定的运动副符号表示各运动副，并且用目测大致地确定各运动副的相对位置，画出机构运动简图草稿。注意应使草图与实物大致成比例，并用箭头表示原动件的运动方向。

(5)准确测量各回转副中心之间的距离、移动副导路的相对位置尺寸，并注于草图上。

(6)选取合适的长度比例尺，在实验报告中绘出机构运动简图并填写有关内容。

机构运动简图的长度比例尺：

$$\mu_{L}=\frac{\text{构件的实际长度(cm)}}{\text{简图上所画的构件长度(mm)}}$$

编号					
机构名称					
机构运动简图					

3）机构自由度的计算

计算自由度时，判断出机构运动简图中活动件、低副和高副的个数，应用公式 $F=3n-2P_{\mathrm{L}}-P_{\mathrm{H}}$计算机构自由度，要注意复合铰链、局部自由度和虚约束的判别。将计算结果与实际机构对照，机构自由度数应与原动件数相符；否则，应当找出机构运动简图的错误并改正，完成下表。

编号						
机构名称						
机构运动简图						
机构自由度计算	n					
	P_{L}					
	P_{H}					
	F					

第5章　平面连杆机构

学习目标

知识目标:1.掌握四杆机构的基本形式及应用;

2.理解四杆机构的演化方法及应用;

3.掌握四杆机构的基本特性。

能力目标:能说出各种四杆机构在其他机器上的应用。

平面连杆机构是由若干构件通过低副连接而成的平面机构,也称平面低副机构。

平面连杆机构广泛应用于各种机械和仪表中,其主要优点是:

(1)由于运动副是低副,面接触,传力时压强小,磨损较轻,承载能力较高;

(2)构件的形状简单,易于加工,构件之间的接触由构件本身的几何约束来保持,故工作可靠;

(3)可实现多种运动形式及其转换,满足多种运动规律的要求;

(4)利用平面连杆机构中的连杆可满足多种运动轨迹的要求。

主要缺点有:

(1)由于低副中存在间隙,机构不可避免地存在着运动误差,精度不高;

(2)主动构件匀速运动时,从动件通常为变速运动,故存在惯性力,不适用于高速场合。

平面机构常以其组成的构件(杆)数来命名,如由四个构件通过低副连接而成的机构称为四杆机构,而五杆或五杆以上的平面连杆机构称为多杆机构。四个机构是平面连杆机构中最常见的形式,也是多杆机构的基础。

5.1　四杆机构的基本形式及其演化

5.1.1　四杆机构的基本形式

构件间的运动副均为转动副连接的四杆机构,是四杆机构的基本形式,称为铰链四杆机构,如图5-1所示。由三个活动构件和一个固定构件(即机架)组成。其中,*AD*杆是机架,与机架相对的杆(*BC*杆)称为连杆,与机架相连的构件(*AB*杆和*CD*杆)称为连架杆,能绕机架作360°回转的连架杆称为曲柄,只能在小于360°范围内摆动的连架杆称为摇杆。

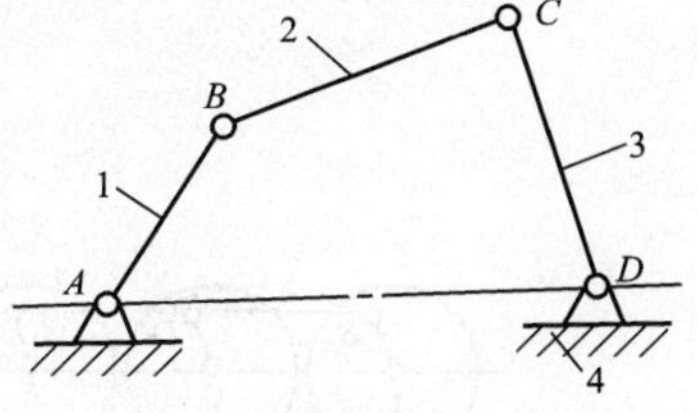

图5-1　铰链四杆机构

根据两连架杆的运动形式的不同,铰链四杆机构可分为三种基本形式并以其连架杆的名称组合来命名。

1)曲柄摇杆机构

两连架杆中一个为曲柄,另一个为摇杆的四杆机构,称为曲柄摇杆机构。曲柄摇杆机构中，当以曲柄为原动件时，可将曲柄的匀速转动变为从动件的摆动。如图5-2所示的雷达天线机构，当原动件曲柄1转动时，通过连杆2，使与摇杆3固结的抛物面天线作一定角度的摆动，以调整天线的俯仰角度。图5-3为汽车前窗的刮水器，当主动曲柄 AB 回转时，从动摇杆作往复摆动，利用摇杆的延长部分实现刮水动作。也有以摇杆为主动件，曲柄为从动件的曲柄摇杆机构。图5-4所示的缝纫机的踏板机构，踏板为主动件，当脚蹬踏板时，可将踏板的摆动变为曲柄即缝纫机皮带轮的匀速转动。

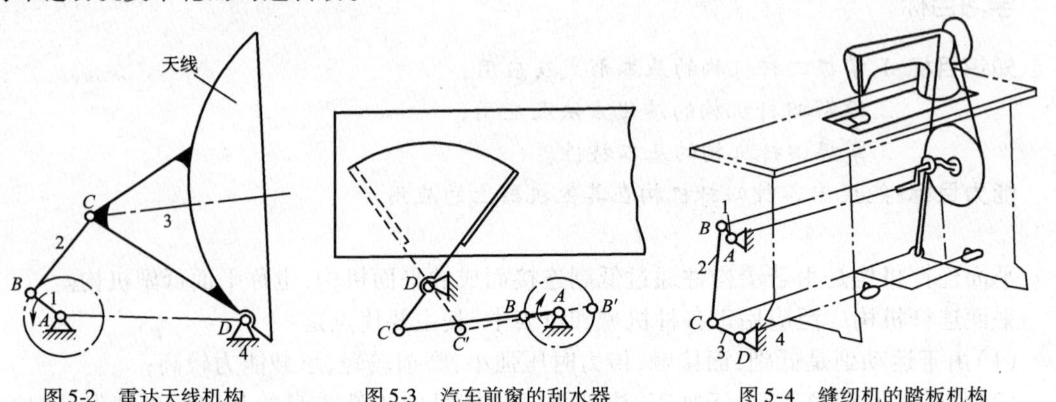

图5-2　雷达天线机构　　图5-3　汽车前窗的刮水器　　图5-4　缝纫机的踏板机构

2）双曲柄机构

两连架杆均为曲柄的四杆机构，称为双曲柄机构。通常，主动曲柄作匀速转动时，从动曲柄作同向变速转动，如图5-5所示的惯性筛机构，当曲柄1作匀速转动时，曲柄3作变速转动，通过构件5使筛子6获得加速度，从而将被筛选的材料分离。在双曲柄机构中，若相对的两杆长度分别相等，则称为平行双曲柄机构或平行四边形机构，若两曲柄转向相同且角速度相等，则称为正平行四边形机构（图5-6a）。两曲柄转向相反且角速度不同，则为反平行四边形机构（图5-6b）。

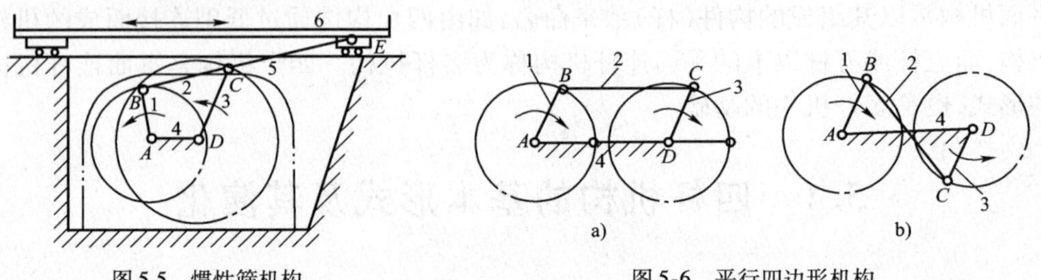

图5-5　惯性筛机构　　图5-6　平行四边形机构

如图5-7a）所示的机车车轮联动机构和图5-7b）所示的摄影车座斗机构就是正平行四边形机构的实际应用，由于两曲柄作等速同向转动，从而保证了机构的平稳运行。

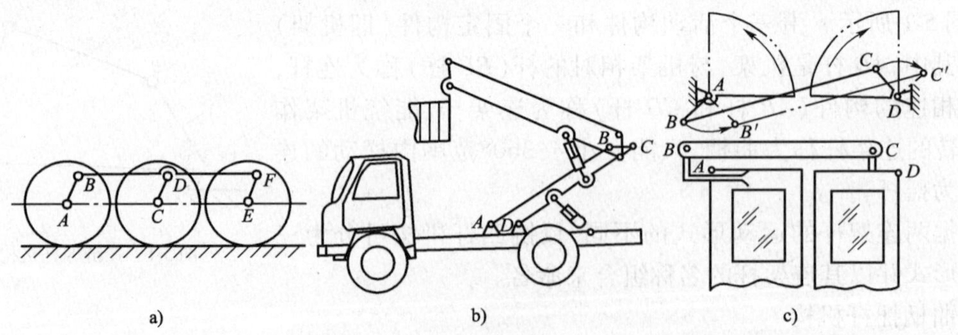

图5-7　平行四边形机构的实际应用

图 5-7c) 所示的车门启闭机构，是反平行四边机构的一个应用，但 AD 与 BC 不平行，因此，两曲柄作不同速反向转动，从而保证两扇门能同时开启或关闭。

另外，对平行双曲柄机构，无论以哪个构件为机架都是双曲柄机构。但若取较短构件作机架，则两曲柄的转动方向始终相同。

3) 双摇杆机构

两连架杆均为摇杆的铰链四杆机构称为双摇杆机构。图 5-8a) 所示为港口起重机，当 CD 杆摆动时，连杆 CB 上悬挂重物的点 E 在近似水平直线上移动。图 5-8b) 所示的电风扇摇头机构中，电机装在摇杆 4 上，铰链 B 处装有一个与连杆 1 固结在一起的蜗轮。电机转动时，电机轴上的蜗杆带动蜗轮迫使连杆 1 绕 B 点作整周转动，从而使连架杆 2 和 4 作往复摆动，达到风扇摇头的目的。

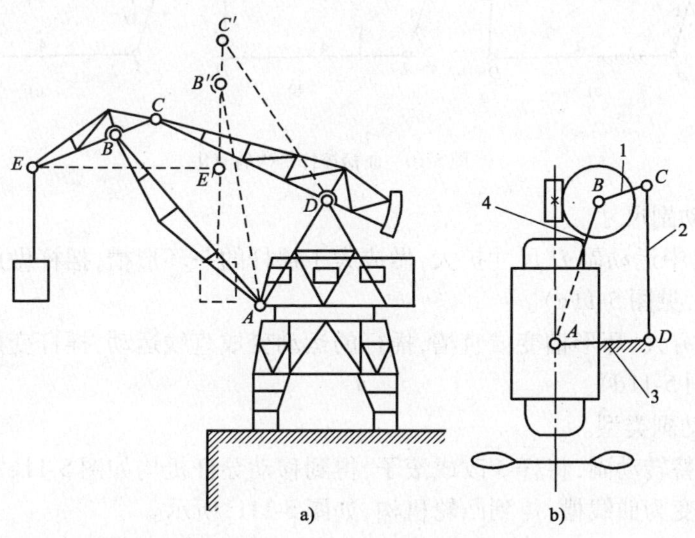

图 5-8　双摇杆机构的应用实例

图 5-9a)、b) 所示的飞机起落架及汽车前轮的转向机构等也均为双摇杆机构的实际应用。汽车前轮的转向机构中，两摇杆的长度相等，称为等腰梯形机构，它能使与摇杆固联的两前轮轴转过的角度不同，使车轮转弯时，两前轮的轴线与后轮轴延长线上的某点 P 交于一点，汽车四轮同时以 P 点为瞬时转动中心，各轮相对地面近似于纯滚动，保证了汽车转弯平稳并减少了轮胎磨损。

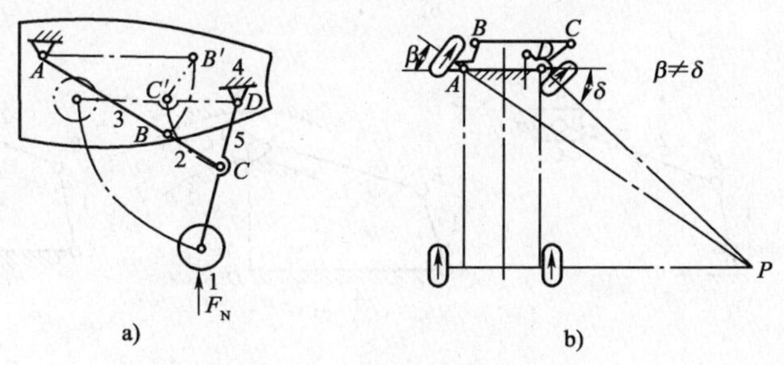

图 5-9　双摇杆机构的实际实例

5.1.2　四杆机构的演化

生产中广泛应用的各种四杆机构，都可认为是从铰链四杆机构演化而来的。下面通过实例介绍四杆机构的演化方法。

1）曲柄摇杆机构的演化

（1）改变机架。曲柄摇杆机构可以说是所有四杆机构的基础。如对图 5-10a）所示的曲柄摇杆机构，通过改变机架，即可得到双曲柄机构和双摇杆机构。

①以杆 1 作机架得到双曲柄机构，见图 5-10b）。

②以杆 2 作机架得到双摇杆机构，见图 5-10c）。

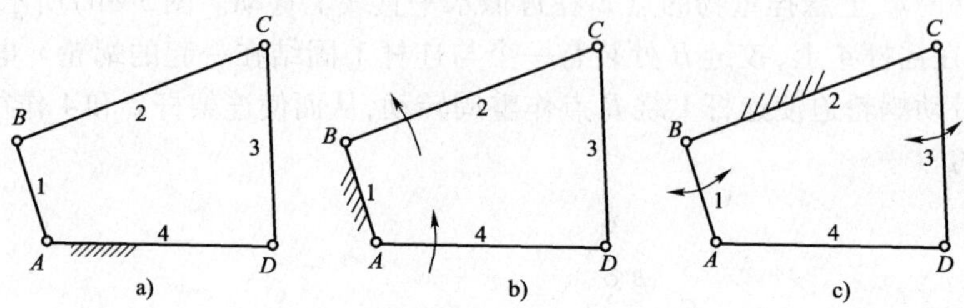

图 5-10　曲柄摇杆机构的演化

（2）改变运动副尺寸。

①将图 5-11 中运动副 D 尺寸扩大，做成大于摇杆的一环形槽，摇杆做成弧形滑块，得到曲柄弧形滑块机构，见图 5-11c）。

②扩大到无穷大，环形槽变成直槽，摇杆的运动变成直线运动，摇杆变成滑块，得到偏置曲柄滑块机构，见图 5-11d）。

（3）改变运动副类型。

①以高副代替转动副，将杆 3 改成滚子，得到移动导杆机构如图 5-11e）所示。

②将环形槽变为曲线槽，得到凸轮机构，如图 5-11f）所示。

③以两个移动副代替两个转动副，可得：

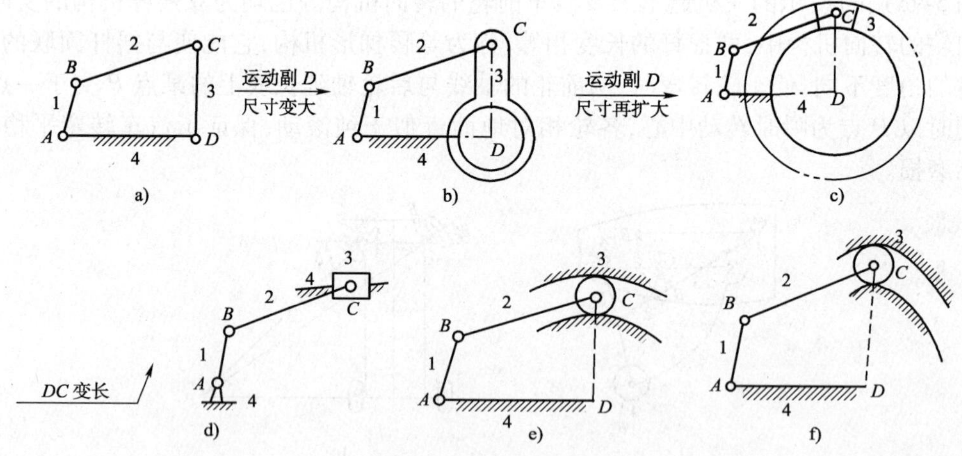

图 5-11　曲柄摇杆机构的演化

双转块机构，见图 5-12a）。

曲柄移动导杆机构，见图 5-13a）。

双滑块机构，见图 5-14a）。

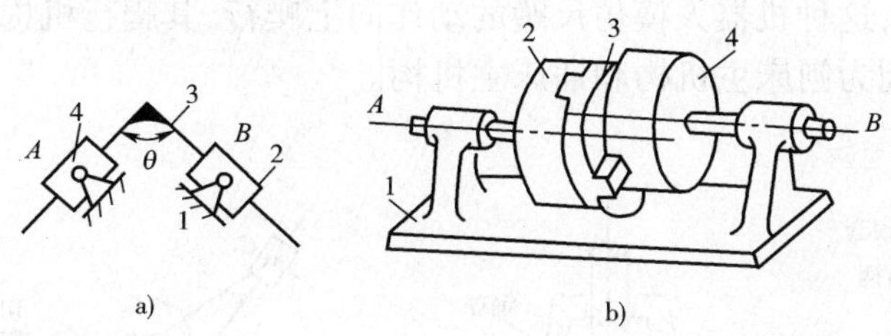

图 5-12　双转块机构

1-机架;2-转块;3-摇杆;4-转块

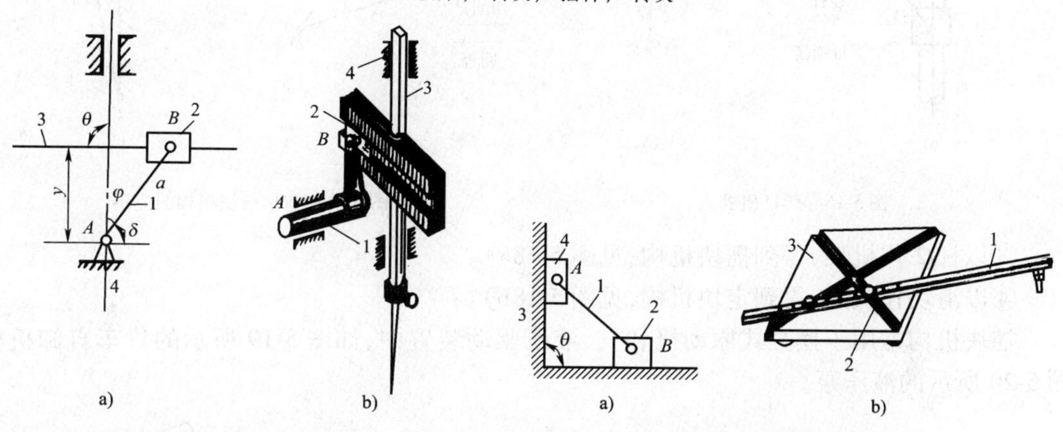

图 5-13　曲柄移动导杆机构

1-曲柄;2-滑块;3-导杆;4-机架

图 5-14　双滑块机构

1-连杆;2、4-滑块;3-机架

图 5-12b)所示的十字沟槽联轴器、图 5-13b)所示的缝纫机刺布机构及图 5-14b)所示的椭圆仪分别是它们的应用实例。

2)曲柄滑块机构的演化

由曲柄摇杆机构演化而来的偏置曲柄滑块机构,按照上述的方法,又可得到更多的具有滑块的四杆机构。

(1)改变机架。

①使滑块导路与曲柄转动中心的偏距为零,可得对心曲柄滑块机构见图 5-15a)。

曲柄滑块机构在锻压机、空压机、内燃机及各种冲压机器中得到广泛应用,如前述的内燃机中的活塞连杆机构,就是曲柄滑块机构。

②以杆 1 作机架,可得:

杆 $l_1 < l_2$ 可得转动导杆机构,见图 5-15b)。

杆 $l_1 > l_2$ 可得摆动导杆机构,见图 5-15c)。

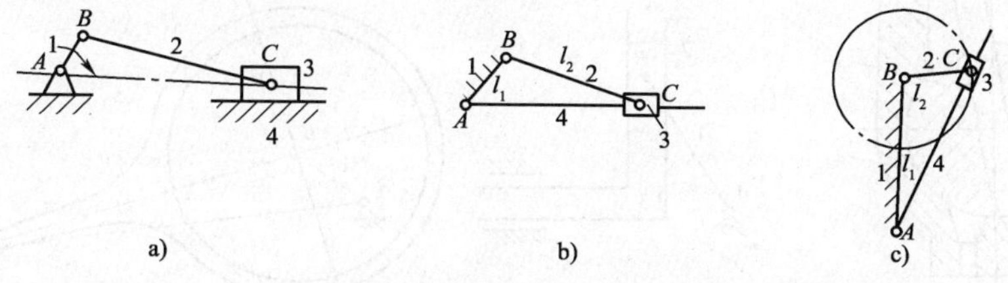

图 5-15　曲柄滑块机构的演化

导杆机构具有很好的传力性能,常用于插床、牛头刨床和送料装置等机械设备中。图 5-16

所示为爬杆机器人,这种机器人模仿尺蠖的动作向上爬行,其爬行机构就是曲柄滑块机构。图5-17a)、b)所示分别为刨床主机构和插床主机构。

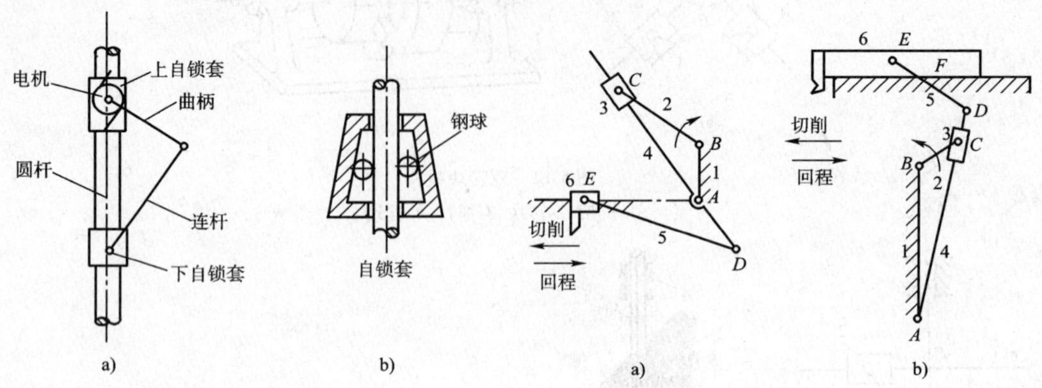

图5-16 爬杆机器人

图5-17 曲柄滑块机构的应用

③以杆2作机架,得到摇块机构,见图5-18a)。

④以滑块作机架,得到定块机构,见图5-18b)。

摇块机构常用于摆缸式原动机和气、液压驱动装置中,如图5-19所示的货车自卸机构及图5-20所示的液压泵。

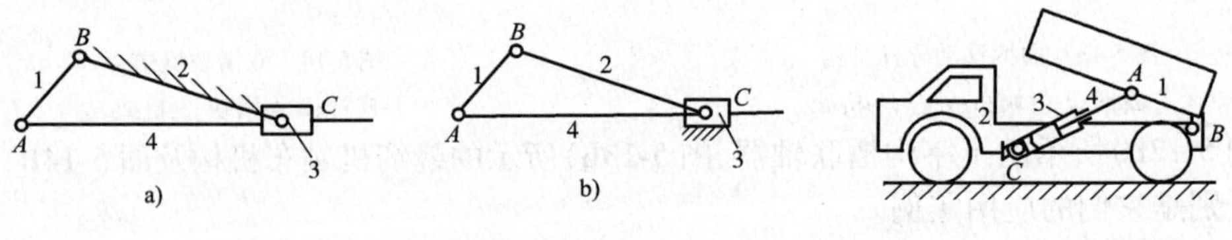

图5-18 摇块机构与定块机构

图5-19 货车自卸机构

(2)改变运动副尺寸。

①扩大转动副 C 的半径(图5-21a),使其超过杆2的长度,将杆2改成滑块2(图5-21b)在环形槽3内绕 C 点转动,可得到移动环形导杆机构。

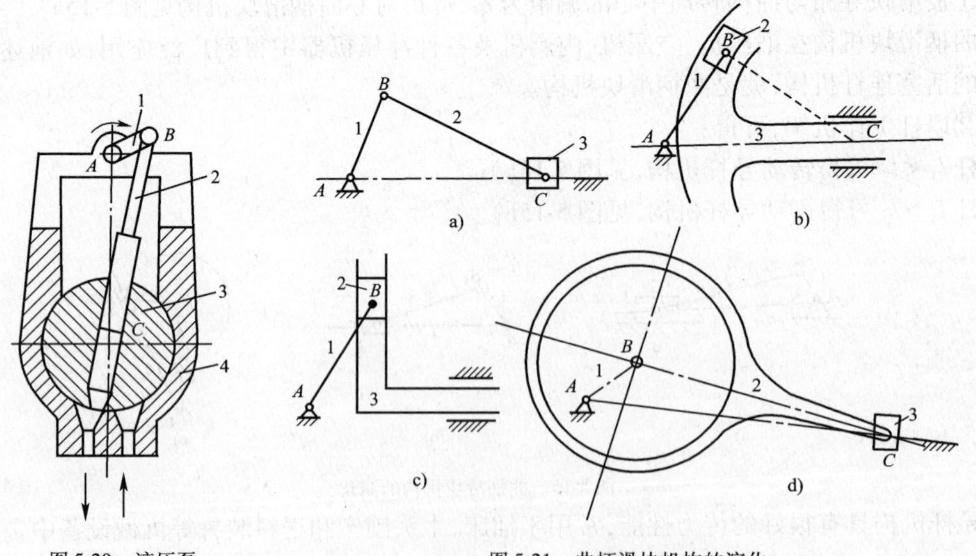

图5-20 液压泵

图5-21 曲柄滑块机构的演化

②转动副 C 扩大到无穷大,环形槽变成直槽,可得到移动导杆机构,见图 5-21c)。

③将转动副 B 扩大并超过杆 1 的长度,杆 1 变成了圆盘 1,可得到偏心轮机构,见图5-21d)。

偏心轮机构,实际上就是曲柄滑块机构,偏心圆盘的偏心距 AB 即为曲柄的长度。这种结构解决了由于曲柄过短,不能承受较大载荷的问题。多用于承受较大载荷的机械中,如破碎机、剪床及冲床等。

实际上,还可以将上述各机构进行不同的组合,从而得到更多及功能各异的机构。

5.2 平面四杆机构的基本特性

5.2.1 铰链四杆机构有曲柄的条件

铰链四杆机构三种基本形式的区别在于连架杆是否为曲柄。由于用低副连接的两构件无论固定其中哪一个,其相对运动不变,根据四杆机构的演化原理,存在曲柄的充要条件如下。

(1)最长杆与最短杆的长度之和小于或等于其余两杆长度之和;

(2)最短杆或其相邻杆为机架。

根据有曲柄的条件可知:

(1)当最长杆与最短杆长度之和大于其余两杆之和时,只能得到双摇杆机构;

(2)当最长杆与最短杆长度之和小于或等于其余两杆长度之和时:

①最短杆为机架时,得到双曲柄机构;

②最短杆的相邻杆为机架时,得到曲摇杆机构;

③最短杆的相对杆为机架时,得到双摇杆机构。

5.2.2 平面四杆机构的运动特性

1)平面四杆机构的极位、极位夹角、最大摆角

以图 5-22 所示的曲柄摇杆机构为例,当曲柄为原动件时,摇杆作往复摆动的左、右两个极限位置,称为极位;曲柄在摇杆处于两极位时的对应位置所夹的锐角称为极位夹角,用 θ 表示;摇杆的两个极位所夹的角度称为最大摆角,用 φ 表示。

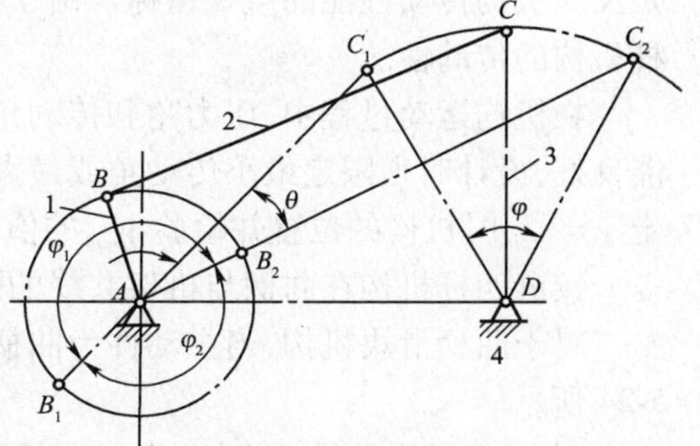

图 5-22 曲柄摇杆机构

2)急回特性

图 5-22 中,当主动曲柄顺时针从 AB_1 转到 AB_2,转过角度 $\varphi_1 = 180° + \theta$,摇杆从 C_1D 转到 C_2D,时间为 t_1,C 点的平均速度为 v_1。曲柄继续顺时针从 AB_2 转到 AB_1,转过角度 $= 180° - \theta$,摇杆从 C_2D 回到 C_1D,时间为 t_2,C 点的平均速度为 v_2,曲柄是等速转动,其转过的角度与时间成正比,因 $\varphi_1 > \varphi_2$,故 $t_1 > t_2$,由于摇杆往返的弧长相同,而时间不同,$t_1 > t_2$,所以 $v_2 > v_1$,说明当曲柄等速转动时,摇杆来回摆动的速度不同,返回速度较大,机构的这种性质,称为机构的急回特性,通常用行程速度变化系数 K 来表示这种特性,即:

$$K = \frac{\text{从动件回程平均速度}}{\text{从动件工作平均速度}} = \frac{C_1C_2/t_2}{C_2C_1/t_1} = \frac{t_1}{t_2} = \frac{180° + \theta}{180° - \theta} \tag{5-1}$$

$$\theta = 180^{\circ}\frac{K-1}{K+1} \tag{5-2}$$

式(5-1)表明,机构的急回程度取决于极位夹角的大小,只要 θ 不等于零,即 $K>1$,则机构具有急回特性;θ 越大,K 值越大,机构的急回作用就越显著。

对于对心曲柄滑块机构,因 $\theta = 0°$,则 $K=1$,机构无急回特性;而对偏置式曲柄滑块机构和摆动导杆机构,因 $\theta \neq 0°$,则 $K>1$,机构有急回特性。

四杆机构的急回特性可以节省非工作循环时间,提高生产效率,如牛头刨床中退刀速度明显高于工作速度,就是利用了摆动导杆机构的急回特性。

5.2.3 平面四杆机构的传力特性

平面四杆机构在生产中需要同时满足机器传递运动和动力的要求,具有良好的传力性能,可以使机构运转轻快,提高生产效率。要保证所设计的机构具有良好的传力性能,应从以下几个方面加以注意。

1)压力角和传动角

衡量机构传力性能的特性参数是压力角。在不计摩擦力、惯性力和杆件的重力时,从动件上受力点的速度方向与所受作用力方向之间所夹的锐角,称为机构的压力角,用 α 表示;它的余角 γ 称为传动角。

图 5-23 所示曲柄摇杆机构中,如不考虑构件的重量和摩擦力,则连杆是二力杆,主动曲柄通过连杆传给从动杆的力 F 沿 BC 方向。受力点 C 的速度方向与 F 所夹的锐角即为机构在此位置的压力角 α,F 可分解为沿 C 点速度方向的有效分力 $F_t = F\cos\alpha = F\sin\gamma$ 和沿杆方向的有害分力 $F_n = F\sin\alpha = F\cos\gamma$。显然,$\alpha$ 越小或者 γ 越大,有效分力越大,对机构传动越有利。α 和 γ 是反映机构传动性能的重要指标。由于 γ 角更便于观察和测量,工程上常以传动角来衡量连杆机构的传动性能。

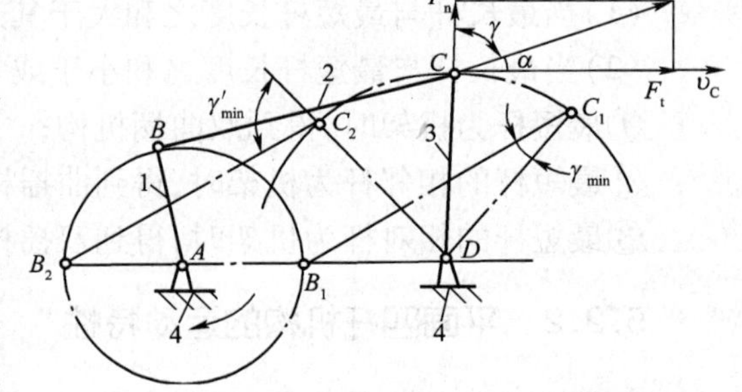

图 5-23　曲柄摇杆机构

在机构运动过程中,压力角和传动角的大小是随机构位置而变化的,为保证机构的传力性能良好,设计时须限定最小传动角或最大压力角 α_{max}。通常取 γ_{min} 为 40°～50°。为此,必须确定 $\gamma = \gamma_{min}$ 时机构的位置并检验 γ_{min} 的值是否小于上述的最小允许值。

铰链四杆机构在曲柄与机架共线的两位置处将出现最小传动角。

对于曲柄滑块机构,当主动件为曲柄时,最小传动角出现在曲柄与机架垂直的位置,如图 5-24 所示。

图 5-25 所示的导杆机构,由于在任何位置时主动曲柄通过滑块传给从动杆的力的方向,与从动杆受力的速度方向始终一致,所以传动角始终等于 90°。

2)死点

图 5-26 示的曲柄摇杆机构中,当摇杆为主动件时,在曲柄与连杆共线的位置出现传动角等于零的情况,这时不论连杆 BC 对曲柄 AB 的作用力有多大,都不能使杆 AB 转动,机构的这种位置(图中虚线所示位置)称为死点。机构在死点位置,出现从动件转向不定或者卡死不动的现象,如缝纫机踏板机构采用曲柄摇杆机构,它在死点位置,出现从动件曲柄倒、顺转向不定

(图 5-27a)或者从动件卡死不动(图 5-27b)的现象。

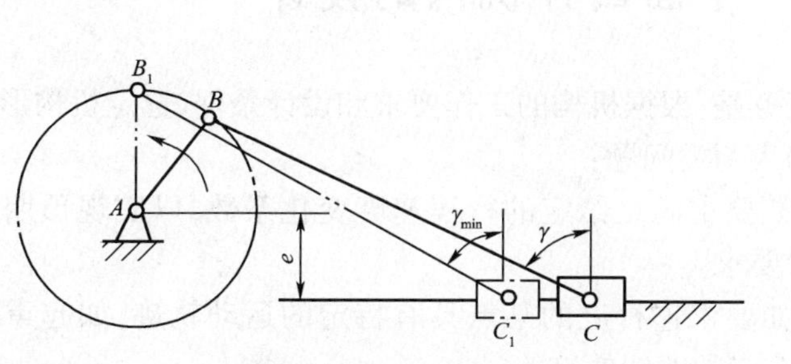
图 5-24　曲柄滑块机构的最小传动角

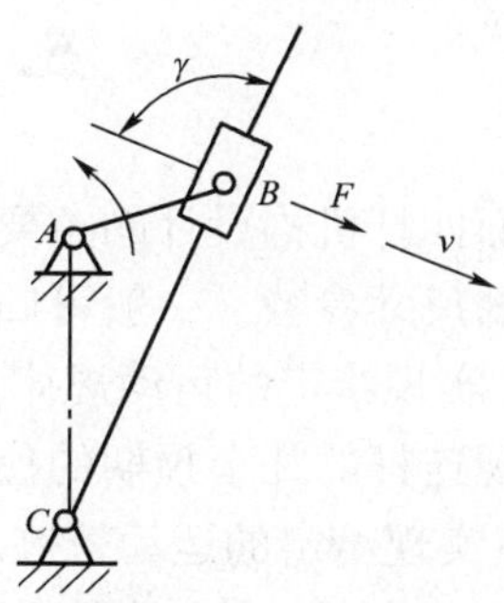
图 5-25　导杆机构

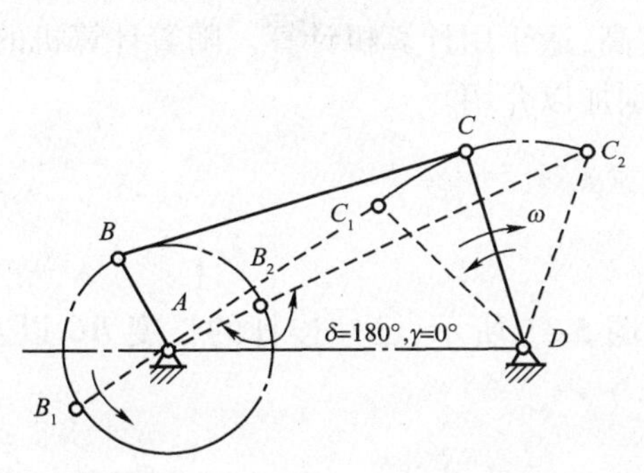
图 5-26　曲柄摇杆机构的死点

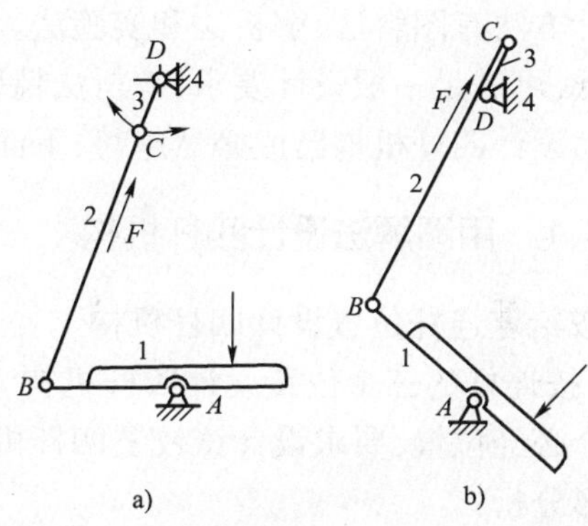
图 5-27　缝纫机踏板机构

曲柄滑块机构中,以滑块为主动件、曲柄为从动件时,死点位置是连杆与曲柄共线位置。

摆动导杆机构中,导杆为主动件、曲柄为从动件时,死点位置是导杆与曲柄垂直的位置。

对传动而言,机构设计中应设法避免或通过死点位置,工程上常利用惯性法使机构渡过死点,如图 5-4 所示的缝纫机,曲柄与大皮带轮为同一构件,利用皮带轮的惯性使机构渡过死点。图 5-28 所示的机车车轮联动机构,当一个机构处于死点位置时,可借助另一个机构来越过死点。对有夹紧或固定要求的机构,则可在设计中利用死点的特点,来达到目的。如图 5-29 所示的飞机起落架,当机轮放下时,*BC* 杆与 *CD* 杆共线,机构处在死点位置,地面对机轮的力不会使 *CD* 杆转动,使飞机降落可靠。图 5-30 所示的夹具,工件夹紧后 *BCD* 成一条线,工作时工件的反力再大,也不能使机构反转,使夹紧牢固可靠。

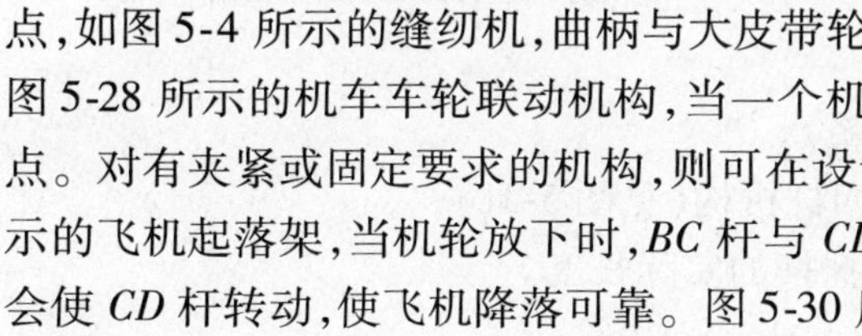

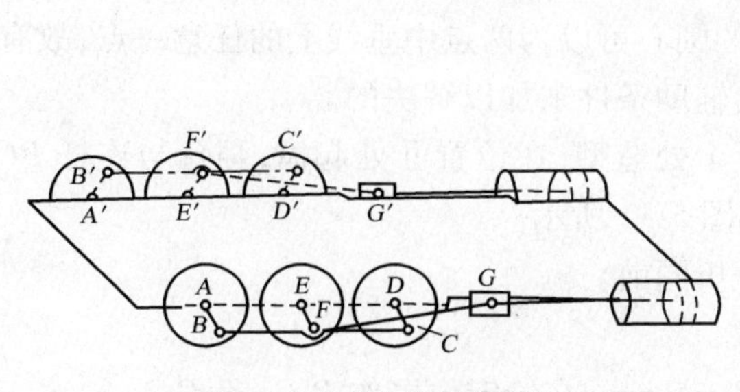
图 5-28　机车车轮联动机构

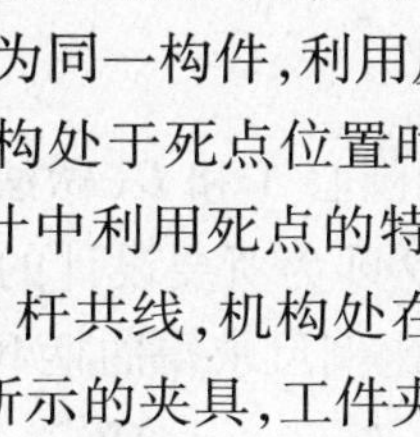

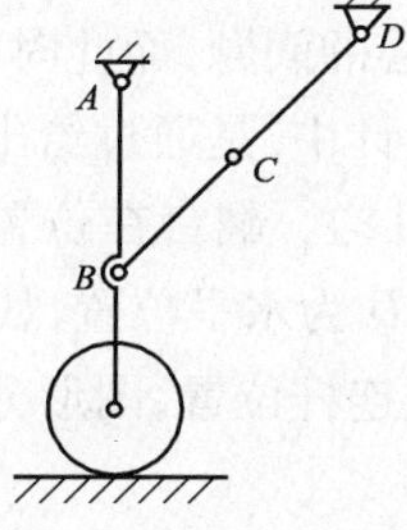
图 5-29　飞机起落架

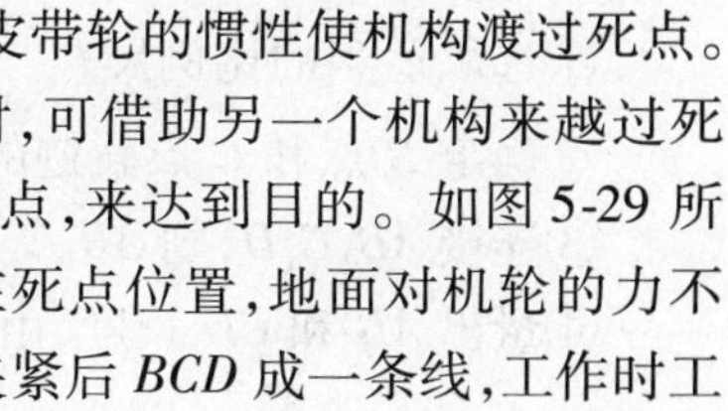

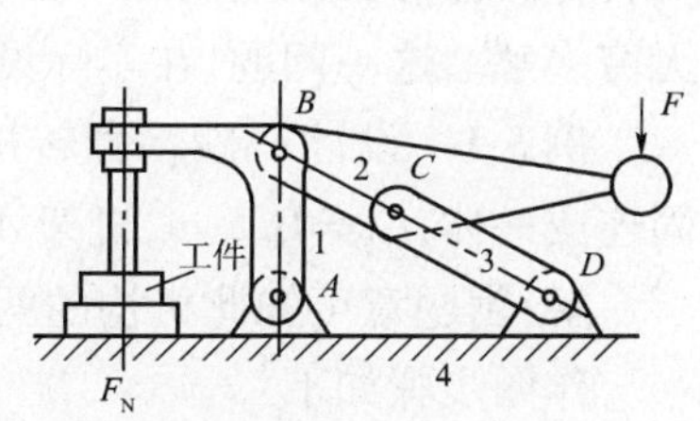

图 5-30　夹具夹紧机构

5.3 平面四杆机构的设计

平面四杆机构设计的主要任务是：根据机构的工作要求和设计条件，选定机构形式及确定各构件的尺寸参数。一般可归纳为两类问题：

(1)实现给定的运动规律。如要求满足给定的行程速度变化系数，以实现预期的急回特性或实现连杆的几个预期的位置要求。

(2)实现给定的运动轨迹。如要求连杆上的某点具有特定的运动轨迹，如起重机中吊钩的轨迹为一水平直线、搅面机上 E 点的曲线轨迹等。

为了使机构设计得合理、可靠，还应考虑几何条件和传力性能要求等。

设计方法有图解法、解析法和实验法。三种方法各有特点，图解法和实验法直观、简单，但精度较低，可满足一般设计要求；解析法精确度高，适于用计算机计算。随着计算机的普及，计算机辅助设计四杆机构已成必然趋势，下面分别加以介绍。

5.3.1 用图解法设计四杆机构

1)按给定连杆位置设计四杆机构

(1)按连杆的三个位置设计四杆机构。如图 5-31 所示，已知连杆的长度 BC 以及它运动中的三个必经位置，要求设计该铰链四杆机构。

图形分析：

由于连杆上的 B 点和 C 点分别与曲柄和摇杆上的 B 点和 C 点重合，而 B 点和 C 点的运动轨迹则是以曲柄和摇杆的固定铰链中心为圆心的一段圆弧，所以只要找到这两段圆弧的圆心，此设计即大功告成，由此将四杆机构的设计转化为已知圆弧上的三点求圆心的问题。

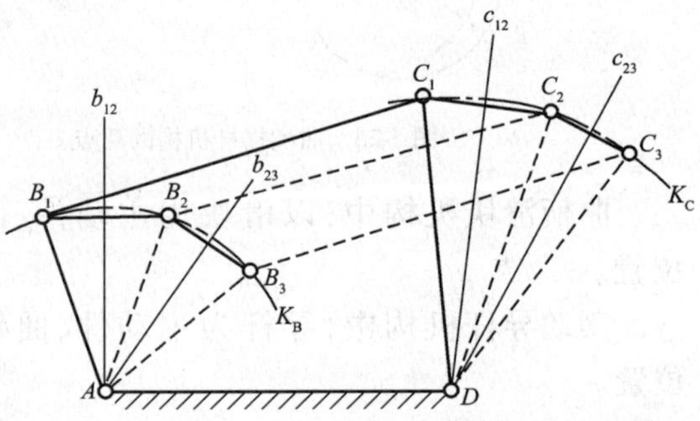

图 5-31 连杆的三个已知位置

设计步骤：

①选取适当的比例尺；

②确定 B 点和 C 点轨迹的圆心 A 和 D(做法略)；

③连接 AB_1C_1D，则 AB_1C_1D 即为所要设计的四杆机构(见图 5-31)；

④量出 AB 和 CD 长度，由比例尺求得曲柄和摇杆的实际长度。

$$l_{AB}=\mu_L\times AB \qquad l_{CD}=\mu_L\times CD$$

(2)按连杆的两个位置设计四杆机构。由上面的分析可知，若已知连杆的两个位置，同样可转化为已知圆弧上两点求圆心的问题，而此时的圆心可以为两点中垂线上的任意一点，故有无穷多解。这一问题，在实际设计中，是通过给出辅助条件来加以解决的。

例 5-1 设计一砂箱翻转机构。翻台在位置Ⅰ处造型，在位置Ⅱ处起模，翻台与连杆 BC 固连成一体，$l_{BC}=0.5$ m，机架 AD 为水平位置，如图 5-32 所示。

解：由题意可知此机构的两连杆位置，图形分析同前。

作图步骤如下：

(1)$\mu_L=0.1$m/mm，则 $BC=l_{BC}/\mu_L=0.5/0.1=5$ mm，在给定位置作 B_1C_1、B_2C_2；

(2)作 B_1B_2 的中垂线 b_{12}、C_1C_2 的中垂线 c_{12}；

(3)按给定机架位置作水平线，与 b_{12}、c_{12} 分别交得点 A、D；

(4)连接 AB 和 CD，即得到各构件的长度为：

$$l_{AB}=\mu_L\times AB=0.1\times25=2.5\ \text{m}$$

$$l_{CD}=\mu_L\times CD=0.1\times27=2.7\ \text{m}$$

$$l_{AD}=\mu_L\times AD=0.1\times8=0.8\ \text{m}$$

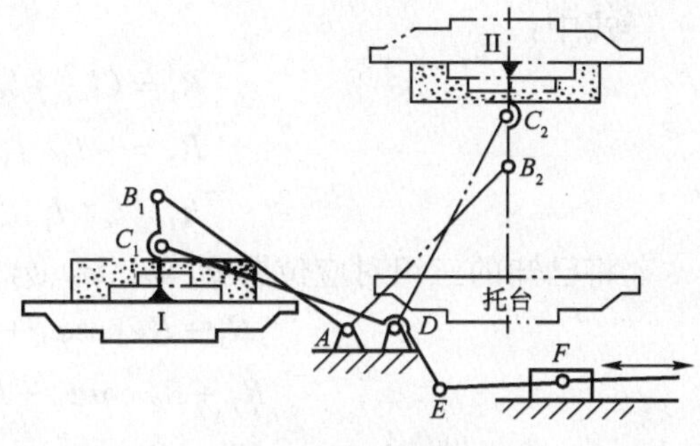

图 5-32　砂箱翻转机构

2)按给定的行程速度变化系数设计四杆机构

例 5-2　设已知行程速度变化系数 K、摇杆长度 l_{CD}、最大摆角 φ，试用图解法设计此曲柄摇杆机构。

解：图形分析：由曲柄摇杆机构处于极位时的几何特点我们已经知道(图 5-33)，在已知 l_{CD}、φ 的情况下，只要能确定固定铰链中心 A 的位置，则可确定出曲柄的长度和连杆的长度，即设计的实质是确定固定铰链中心 A 的位置。这样就把设计问题转化为确定 A 点位置的几何问题了。

设计步骤：

(1)由式(5-2)计算出极位夹角 θ。

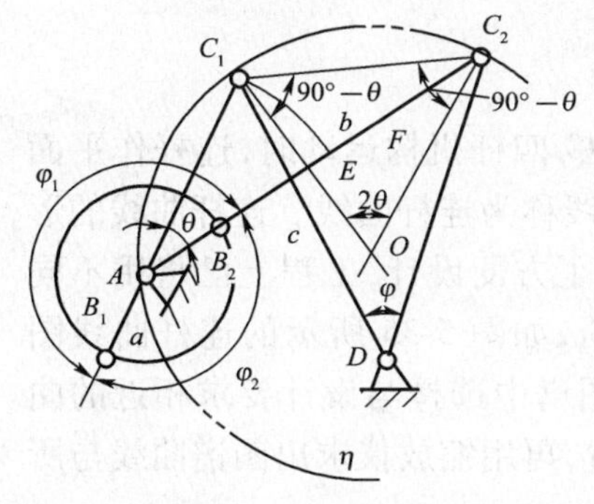

图 5-33　曲柄摇杆机构

(2)任取适当的长度比例尺 μ_L，求出摇杆的尺寸 CD，根据摆角作出摇杆的两个极限位置 C_1D 和 C_2D，如图 5-33。

(3)连接 C_1C_2 为底边，作 $\angle C_1C_2O=\angle C_2C_1O=90°-\theta$ 的等腰三角形，以顶点 O 为圆心，C_1O 为半径作辅助圆，由图 5-33 可知，此辅助圆上 C_1C_2 所对的圆心角等于 2θ，故其圆周角为 θ。

(4)在辅助圆上任取一点 A，连接 AC_1、AC_2，即能求得满足 K 要求的四杆机构。

$$l_{AB}=\mu_L(AC_2-AC_1)/2$$

$$l_{BC}=\mu_L(AC_2+AC_1)/2$$

应注意：由于 A 点是任意取的，所以有无穷解，只有加上辅助条件，如机架 AD 长度或位置，或最小传动角等，才能得到唯一确定解。

由上述分析可见，按给定行程速度变化系数设计四杆机构的关键问题是：已知弦长求作一圆，使该弦所对的圆周角为一给定值。

5.3.2　用解析法设计四杆机构

在图 5-34 所示的铰链四杆机构中，已知连架杆 AB 和 CD 的三组对应位置，要求确定各构件的长度 l_1、l_2、l_3、l_4。

如图所示选取直角坐标系 xOy，将各杆分别向 x 轴和 y 轴投影，得：

$$\left.\begin{aligned}l_1\cos\varphi+l_2\cos\delta+l_3\cos\psi&=l_4\\ l_1\sin\varphi+l_2\sin\delta&=l_3\sin\psi\end{aligned}\right\}\tag{5-3}$$

将方程组中的 δ 消去，可得：

$$R_1+R_2\cos\varphi+R_3\cos\psi=\cos(\varphi-\psi)\tag{5-4}$$

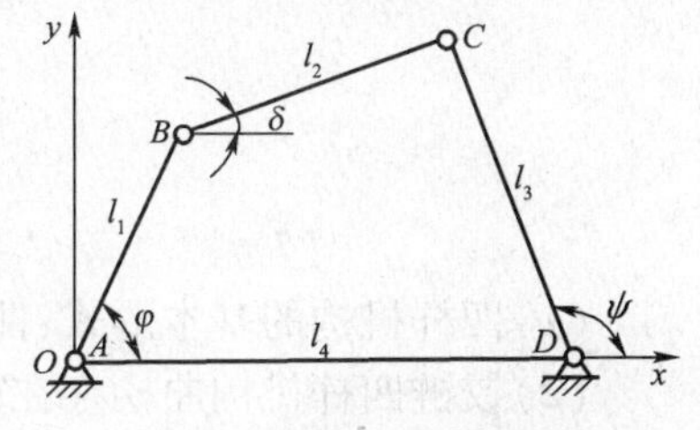

图 5-34　铰链四杆机构

式中：

$$\left.\begin{aligned} R_1 &= (l_4{}^2 + l_1{}^2 + l_3{}^2 - l_2{}^2)(2\,l_1\,l_3) \\ R_2 &= -l_4/\,l_3 \\ R_3 &= l_4/\,l_1 \end{aligned}\right\} \tag{5-5}$$

将已知的三组对应位置 φ_1、ψ_1，φ_2、ψ_2，φ_3、ψ_3，分别代入，可得线性方程组：

$$\left.\begin{aligned} R_1 + R_2\cos\varphi_1 + R_3\cos\psi_1 &= \cos(\varphi_1 - \psi_1) \\ R_1 + R_2\cos\varphi_2 + R_3\cos\psi_2 &= \cos(\varphi_2 - \psi_2) \\ R_1 + R_2\cos\varphi_3 + R_3\cos\psi_3 &= \cos(\varphi_3 - \psi_3) \end{aligned}\right\} \tag{5-6}$$

由方程组可解出 R_1、R_2、R_3，然后根据具体情况选定机架长度，则各杆长度由下列各式求出：

$$\left.\begin{aligned} l_1 &= l_4/\,R_3 \\ l_2 &= \sqrt{l_1^2 + l_3^2 + l_4^2 - 2l_1 l_3 R_1^2} \\ l_3 &= -l_4/\,R_2 \end{aligned}\right\} \tag{5-7}$$

用解析法设计四杆机构可得到较精确的设计结果，但计算工作量很大。随着计算机的普及，这部分工作完全可以由计算机来完成，使人们从繁琐的数学计算中解放出来。解析法设计四杆机构目前已进入了实用阶段。

5.3.3 实验法设计四杆机构简介

按给定的运动轨迹设计四杆机构，工程中通常采用实验法，四杆机构运动时，连杆作平面复杂运动，对其上面任一点都能描绘出一条封闭曲线，这种曲线称为连杆曲线。连杆曲线的形状随点在连杆上的位置和各构件相对长度的不同而不同。为了方便设计，工程上已将用不同杆长通过实验方法获得的连杆上不同点的轨迹汇编成图谱册，如图 5-35 所示的连杆曲线图谱。当需要按给定运动轨迹设计四杆机构时，设计者只需从图谱中选择与设计要求相近的曲线，同时查得机构各杆相对尺寸及描述点在连杆平面上的位置，再用缩放仪求出图谱曲线与所需轨迹曲线的缩放倍数，即可求得四杆机构的各杆实际尺寸。

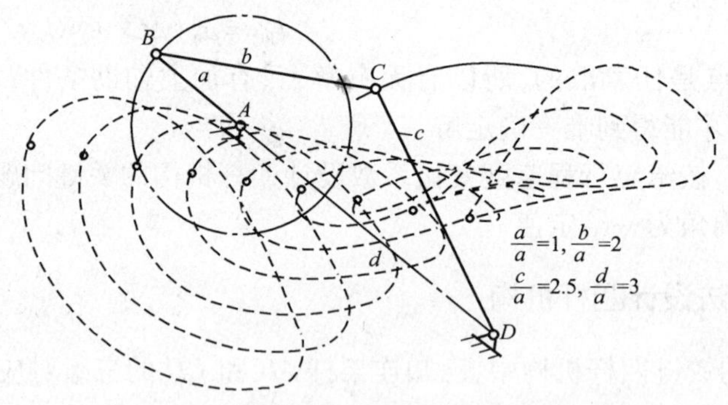

图 5-35　四杆机构的运动轨迹

本 章 小 结

(1)四杆机构的基本形式：曲柄摇杆机构、双曲柄机构、双摇杆机构。

(2)铰链四杆机构曲柄存在的条件：

①杆长之和条件；

②最短杆或其相邻杆为机架。

(3)平面四杆机构的运动特性:

①极位夹角 θ——曲柄在摇杆处于两极位时的对应位置所夹的锐角;

②最大摆角——摇杆的两个极位所夹的角度;

③急回特性——机构的返回行程速度大于工作行程速度的性质,称为机构的急回特性,用行程速比系数 K 表示:

$$K = \frac{180^\circ + \theta}{180^\circ - \theta}$$

(4)平面四杆机构的传力特性。

①传动角与压力角:

压力角——传动件上受力点的速度方向与所受作用力方向之间所夹的锐角,用 α 表示。

传动角——压力角的余角,用 γ 表示。

②死点:摇杆作主动件时,当曲柄与连杆共线时,从动件转向不定或被卡死的现象。

习　　题

5-1　铰链四杆机构有哪几种类型,如何判别?它们各有什么运动特点?

5-2　下列概念是否正确,若不正确,请改正。

(1)极位夹角就是从动件在两个极限位置的夹角。

(2)压力角就是作用于构件上的力和速度的夹角。

(3)传动角就是连杆与从动件的夹角。

5-3　加大四杆机构原动件的驱动力,能否使该机构越过死点位置?应采用什么方法越过死点位置?

5-4　根据题图 5-4 中注明的尺寸,判别各四杆机构的类型。

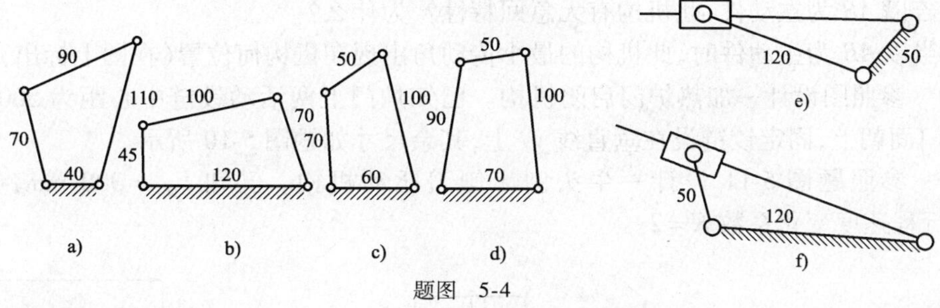

题图　5-4

5-5　题图 5-5 所示各四杆机构中,原动件 1 作匀速顺时针转动,从动件 3 由左向右运动时,要求:

(1)各机构的极限位置图,并量出从动件的行程。

(2)计算各机构行程速度变化系数。

(3)作出各机构出现最小传动角(或最大压力角)时的位置图,并量出其大小。

5-6　若题图 5-5 所示各四杆机构中,构件 3 为原动件,构件 1 为从动件,试作出该机构的死点位置。

5-7　题图 5-7 所示铰链四杆机构 $ABCD$ 中,AB 长为 a,欲使该机构成为曲柄摇杆机构、双摇杆机构,a 的取值范围分别为多少?

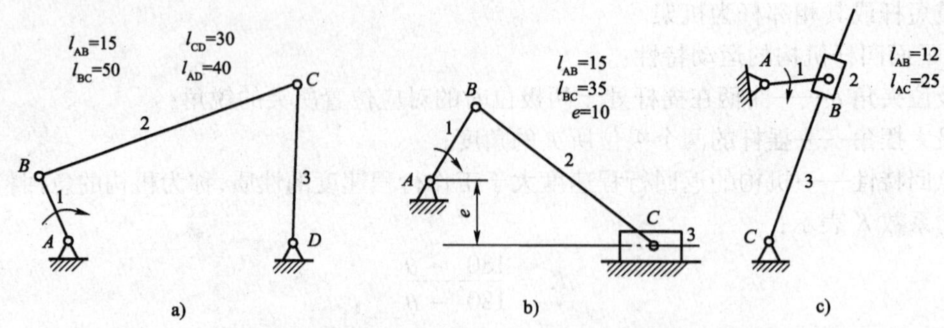

题图　5-5

5-8　如题图 5-8 所示的偏置曲柄滑块机构，已知行程速度变化系数 $K=1.5\text{mm}$，滑块行程 $H=50\text{mm}$，偏距 $e=20\text{mm}$，试用图解法求：

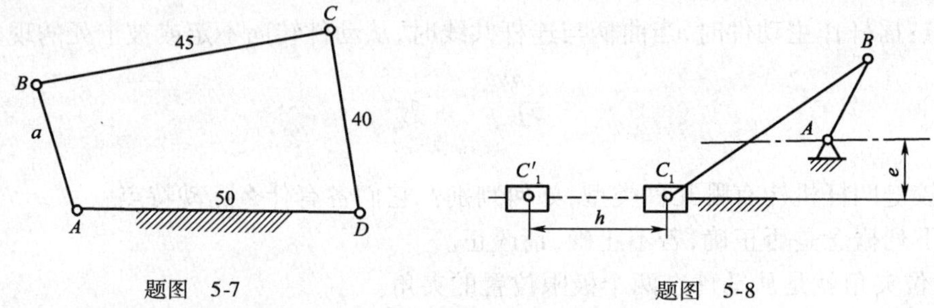

题图　5-7　　　　题图　5-8

(1)曲柄长度和连杆长度。

(2)曲柄为主动件时机构的最大压力角和最大传动角。

(3)滑块为主动件时机构的死点位置。

5-9　已知铰链四杆机构(如题图 5-9 所示)各构件的长度，试问：

(1)这是铰链四杆机构基本形式中的何种机构？

(2)若以 AB 为主动件，此机构有无急回特性？为什么？

(3)当以 AB 为主动件时，此机构的最小传动角出现在机构何位置(在图上标出)？

5-10　参照图设计一加热炉门启闭机构。已知炉门上两活动铰链中心距为 500mm，炉门打开时，门面朝上，固定铰链设在垂直线 yy 上，其余尺寸如题图 5-10 所示。

5-11　参照题图 5-11 设计一牛头刨床刨刀驱动机构。已知 $l_{AC}=300\text{ mm}$，行程 $H=450\text{mm}$，行程速度变化系数 $K=2$。

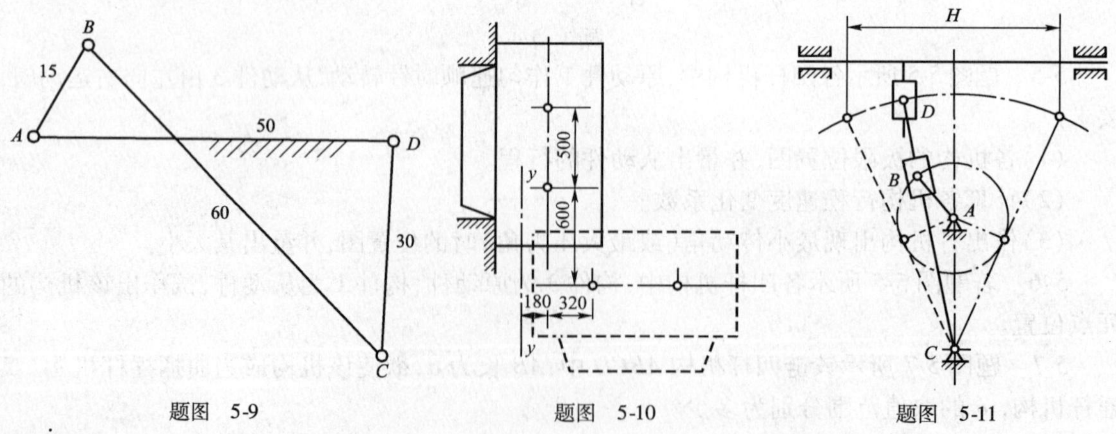

题图　5-9　　　　题图　5-10　　　　题图　5-11

实训任务

1)铰链四杆机构的基本形式及应用

(1)观看平面四杆机构的基本形式和应用的一些视频演示和实物演示。

(2)看完演示后,并结合查阅资料,完成下表。

机器名称	所用平面四杆机构	由哪种基本机构演化而来
插床		
惯性筛		
雷达天线		
汽车前轮的转向机构		
鹤式起重机		
飞机起落架机构		
步进式送料机构		
自行车		
走步机		
缝纫机踏板机构		
搅拌机		
手摇抽水唧筒		
回转式油泵		
牛头刨床		
滑块联轴器		
椭圆仪		
抽油机		
自卸货车		
手动冲床		
汽车车门启闭机构		
夹具夹紧机构		
机车驱动轮联动机构		

2)平面四杆机构的基本运动特性

(1)通过观察、演示,熟悉平面四杆机构的几个基本特性。

(2)列举出机器中利用急回特性和死点工作的例子。

第6章　凸轮机构

学习目标

知识目标：1.理解凸轮机构的特点及应用；

2.了解凸轮机构的运动规律。

能力目标：掌握凸轮机构的运动规律并会应用。

凸轮是一种具有曲线轮廓或凹槽的构件，它通过与从动件的高副接触，在运动时可以使从动件获得连续或不连续的任意预期运动。凸轮机构在各种机械中有大量的应用，即使在现代化程度很高的自动机械中，凸轮机构的作用也是不可替代的。

凸轮机构由凸轮、从动件和机架三部分组成，结构简单、紧凑，只要设计出适当的凸轮轮廓曲线，就可以使从动件实现任意的运动规律。在自动机械中，凸轮机构常与其他机构组合使用，充分发挥各自的优势，扬长避短。由于凸轮机构是高副机构，易于磨损；磨损后会影响运动规律的准确性，因此只适用于传递动力不大的场合。

图6-1为自动机床中的横向进给机构，当凸轮等速回转一周时，凸轮的曲线外廓推动从动件带动刀架完成以下动作：车刀快速接近工件，等速进刀切削，切削结束刀具快速退回，停留一段时间再进行下一个运动循环。

图6-2为糖果包装剪切机构，它采用了凸轮—连杆机构，槽凸轮1绕定轴B转动，摇杆2与机架铰接于A点。构件5和6与构件2组成转动副D和C，与构件3和4(剪刀)组成转动副E和F。构件3和4绕定轴K转动。凸轮1转动时，通过构件2、5和6，使剪刀打开或关闭。

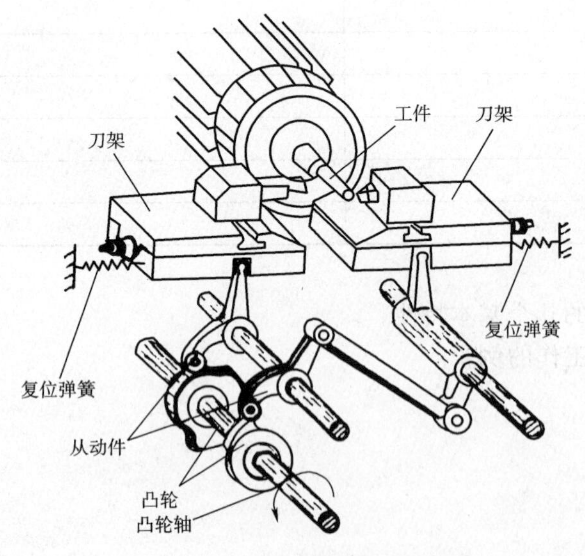

图6-1　自动机床中的横向进给机构

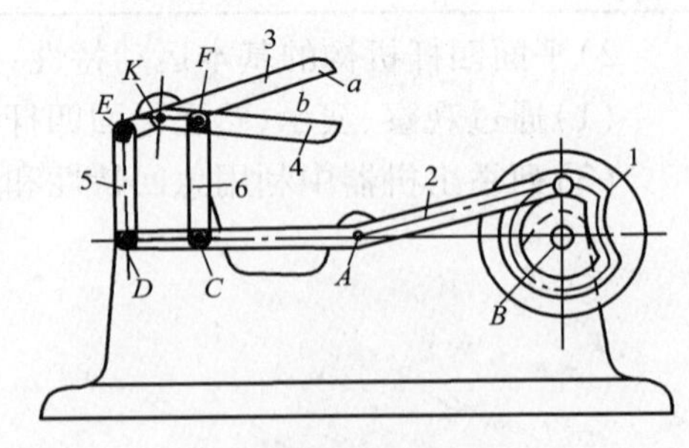

图6-2　糖果包装剪切机构

1-槽凸轮；2-摇杆；3、4-剪刀；5、6-构件

图 6-3 为机械手及进出糖机构。送糖盘 7 从输料带 10 上取得糖块,并与钳糖机械手反向同步放置至进料工位Ⅰ,经顶糖、折边后,产品被机械手送至工位Ⅱ后落下或由拨糖杆推下。机械手开闭由机械手开合凸轮(图中虚线)1 控制,该凸轮的轮廓线是由两个半径不同的圆弧组成,机械手的夹紧主要靠弹簧力。

图 6-4 所示为由两个凸轮组合的顶糖、接糖机构,通过平面槽凸轮机构将糖顶起,由圆柱凸轮机构控制接糖杆的动作,完成接糖工作。图 6-5 所示的机构中,应用了四个凸轮机构的配合动作来完成电阻压帽工序。内燃机中的阀门启闭机构(图 6-6)、缝纫机的挑线机构(图 6-7)等,都是凸轮机构具体应用的实例。由以上各例可见,凸轮机构在各种机器中的应用是相当广泛的,了解凸轮机构的有关知识是非常必要的。

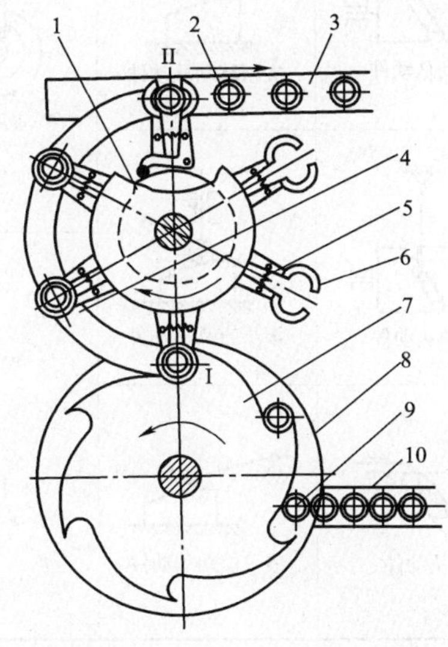

图 6-3　机械手及进出糖机构

1-机械手开合凸轮;2-成品;3-输送带;4-托板;5-弹簧;6-钳糖机械手;7-送糖盘;8-托盘;9-巧克力糖;10-输料带;Ⅰ-进料工位;Ⅱ-出糖工位

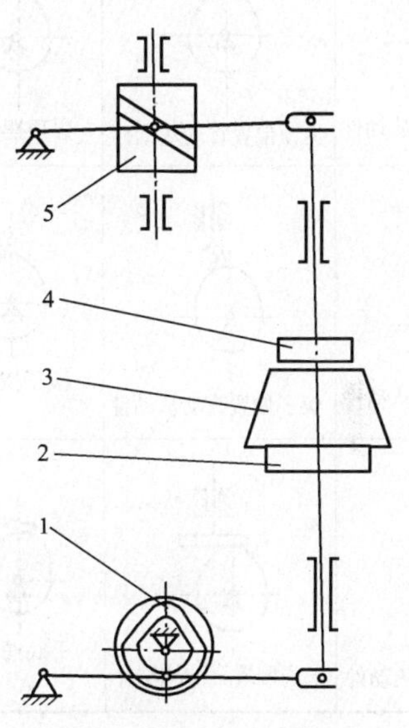

图 6-4　顶糖、接糖机构

1-平面槽凸轮机构;2-顶糖杆;3-糖块;4-接糖杆;5-圆柱凸轮机构

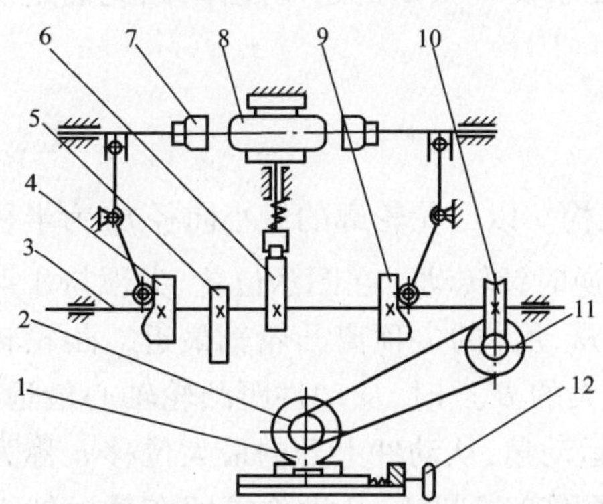

图 6-5　电阻压帽自动机的传动系统图

1-电动机;2-带式无级变速机构;3-分配轴;4、9-压帽机构凸轮;5-电阻送料机构凸轮;6-压紧机构凸轮;7-电阻帽;8-电阻坯件;10-蜗轮;11-蜗杆;12-调速手轮

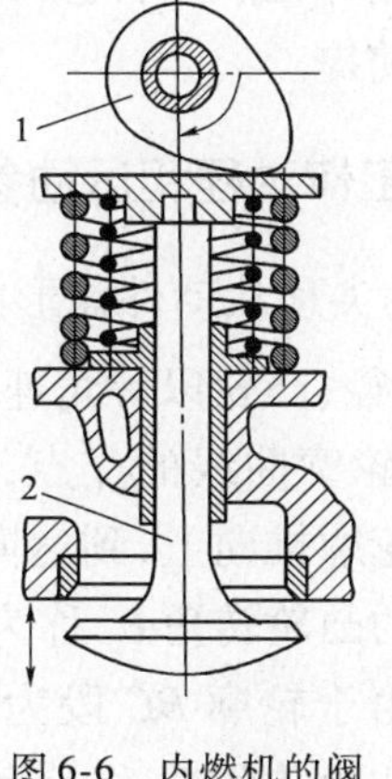

图 6-6　内燃机的阀门启闭机构

1-凸轮;2-推杆

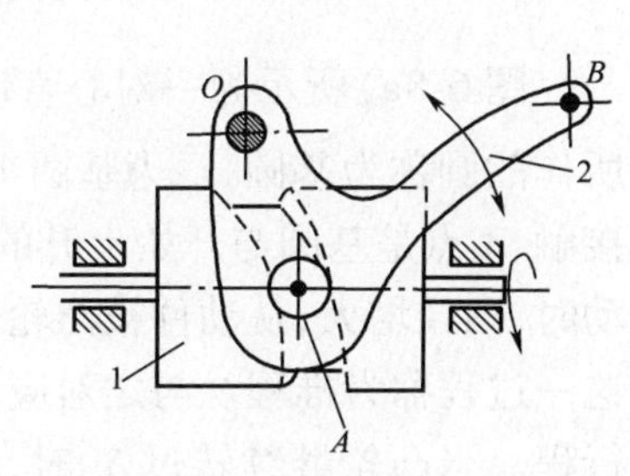

图 6-7　缝纫机的挑线机构

6.1 凸轮机构的分类

按照凸轮及从动件的形状，凸轮机构的分类见表 6-1。

凸轮机构的分类　　表 6-1

盘形凸轮机构			圆柱凸轮机构	移动凸轮机构	锁合方式
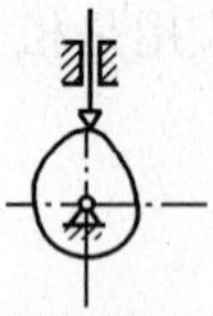 尖顶对心直动从动件	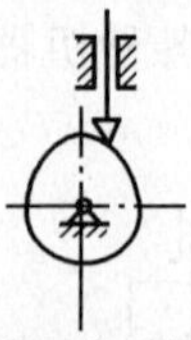 尖顶偏置直动从动件	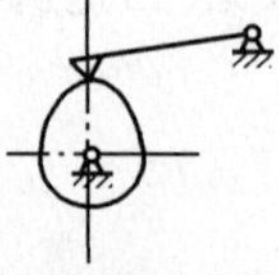 尖顶摆动从动件	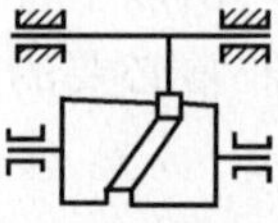 移动从动件	 尖顶移动从动件	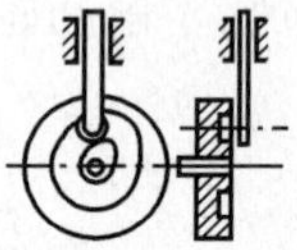 形锁合
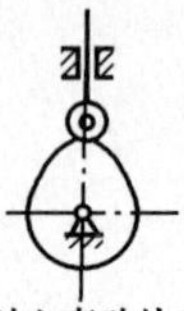 滚子对心直动从动件	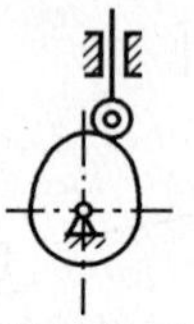 滚子偏置直动从动件	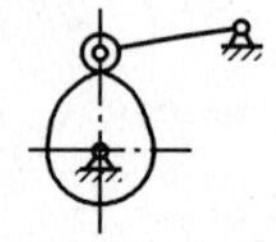 滚子摆动从动件	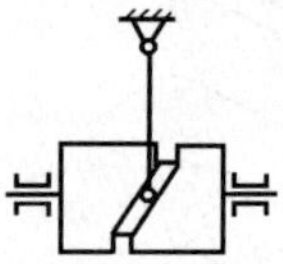 摆动从动件	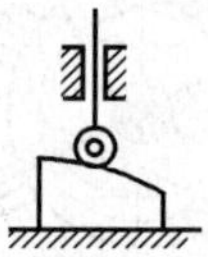 滚子直动从动件	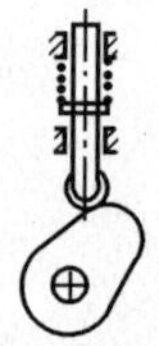
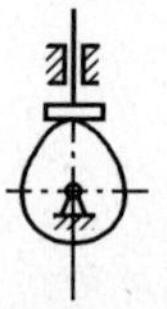 平底对心直动从动件	 平底偏置直动从动件	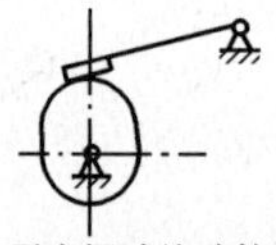 平底摆动从动件	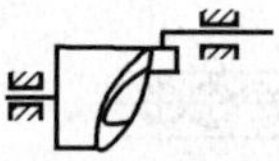 移动从动件	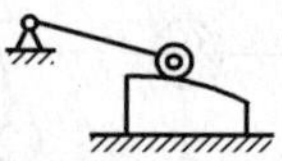 滚子摆动从动件	力锁合

6.2 凸轮机构中从动件常用的运动规律

凸轮机构设计的主要任务是保证从动件按照设计要求实现预期的运动规律，因此确定从动件的运动规律是凸轮设计的前提。

6.2.1 平面凸轮机构的工作过程和运动参数

图 6-8a）所示为一对心直动尖顶从动件盘形凸轮机构。以凸轮轮廓的最小向径 r_b 为半径所作的圆称为基圆，r_b 为基圆半径，凸轮以等角速度 w_1 逆时针转动。在图示位置，尖顶与 A 点接触，A 点是基圆与开始上升的轮廓曲线的交点，此时，从动件的尖顶离凸轮轴最近。凸轮转动时，向径增大，从动件被凸轮轮廓推向上，到达向径最大的 B 点时，从动件距凸轮轴心最远，这一过程称为推程。与之对应的凸轮转角 δ_0 称为推程运动角，从动件上升的最大位移 h 称为行程。当凸轮继续转过 δ_s 时，由于轮廓 BC 段为一向径不变的圆弧，从动件停留在最远处不动，此过程称为远停程，对应的凸轮转角 δ_s 称为远停程角。当凸轮又继续转过 δ'_0 角时，凸轮向径由最大减至 r_b，从动件从最远处回到基圆上的 D 点，此过程称为回程，对应的凸轮转角 δ'_0 称为回程运动角。当凸轮继续转过 δ'_s 角时，由于轮廓 DA 段为向径不变的基圆圆弧，从动件继续停在距轴心最近处不动，此过程称为近停程，对应的凸轮转角 δ'_s 称为近停程角。此时，

$\delta_0+\delta_s+\delta'_0+\delta'_s=2\pi$，凸轮刚好转过一圈，机构完成一个工作循环，从动件则完成一个"升—停—降—停"的运动循环。

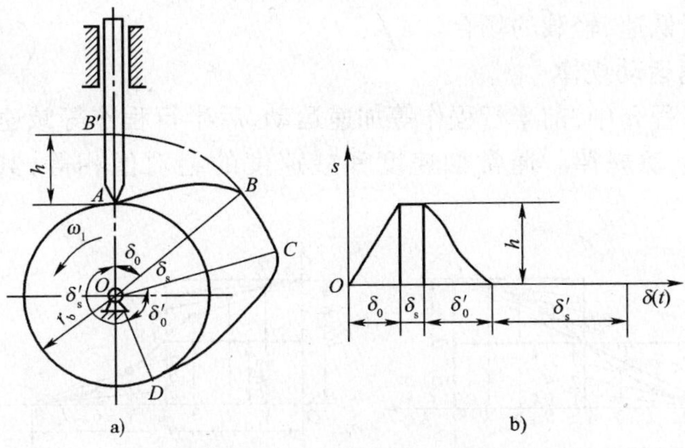

图 6-8　对心直动尖顶从动件盘形凸轮机构

上述过程可以用从动件的位移曲线来描述。以从动件的位移 s 为纵坐标，对应的凸轮转角为横坐标，将凸轮转角或时间与对应的从动件位移之间的函数关系用曲线表达出来的图形，称为从动件的位移线图，如图 6-8b）所示。

从动件在运动过程中，其位移 s、速度 v、加速度 a 随时间 t（或凸轮转角）的变化规律，称为从动件的运动规律。由此可见，从动件的运动规律完全取决于凸轮的轮廓形状。工程中，从动件的运动规律通常是由凸轮的使用要求确定的。因此，根据实际要求的从动件运动规律所设计凸轮的轮廓曲线，完全能实现预期的生产要求。

6.2.2　常用从动件的运动规律

常用从动件的运动规律有等速运动规律、等加速等减速运动规律、余弦加速度运动规律以及正弦运动规律等。

1）等速运动规律

从动件推程或回程的运动速度为常数的运动规律，称为等速运动规律。其运动线图如图 6-9 所示。

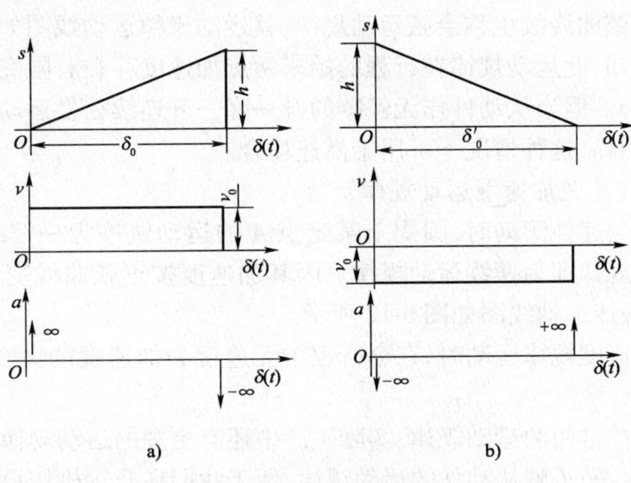

图 6-9　等速运动线图

由图可知,从动件在推程(或回程)开始和终止的瞬间,速度有突变,其加速度和惯性力在理论上为无穷大,致使凸轮机构产生强烈的冲击、噪声和磨损,这种冲击为刚性冲击。因此,等速运动规律只适用于低速、轻载的场合。

2)等加速等减速运动规律

从动件在一个行程 h 中,前半行程作等加速运动,后半行程作等减速运动,这种运动规律称为等加速等减速运动规律。通常加速度和减速度的绝对值相等,其运动线图如图 6-10 所示。

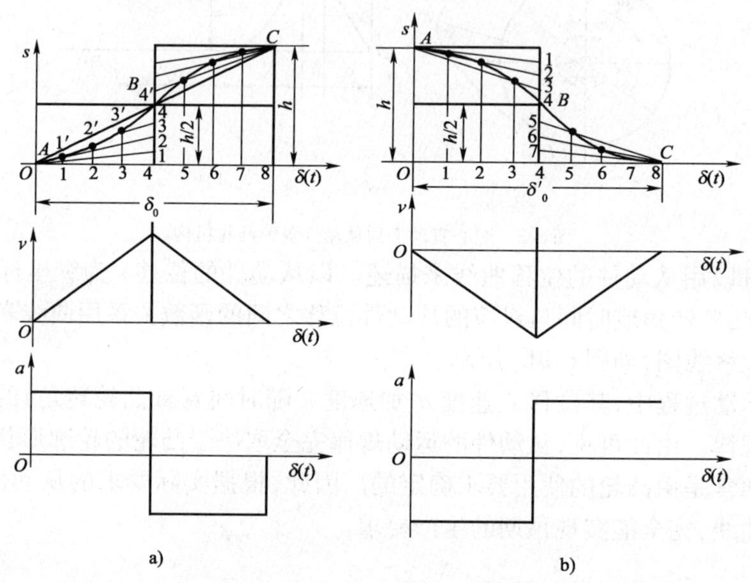

图 6-10 等加速等减速运动线图

由运动线图可知,这种运动规律的加速度在 A、B、C 三处存在有限值的突变,因而会在机构中产生有限值的冲击,这种冲击称为柔性冲击。与等速运动规律相比,其冲击程度大为减小。因此,等加速等减速运动规律适用于中速、中载的场合。

3)简谐运动规律(余弦加速度运动规律)

当一质点在圆周上作匀速运动时,它在该圆直径上投影的运动规律称为简谐运动。因其加速度运动曲线为余弦曲线故也称余弦运动规律,其运动规律运动线图如图 6-11 所示。

由加速度线图可知,此运动规律在行程的始末两点加速度存在有限突变,故也存在柔性冲击,只适用于中速场合。但当从动件作无停歇的升—降—升连续往复运动时,则得到连续的余弦曲线,柔性冲击被消除,这种情况下可用于高速场合。

4)摆线运动规律(正弦加速度运动规律)

当一圆沿纵轴作匀速纯滚动时,圆周上某定点 A 的运动轨迹为一摆线,而定点 A 运动时在纵轴上投影的运动规律即为摆线运动规律。因其加速度按正弦曲线变化,故又称正弦加速度运动规律,其运动规律运动线图如图 6-12 所示。

从动件按正弦加速度规律运动时,在全行程中无速度和加速度的突变,因此不产生冲击,适用于高速场合。

以上介绍了从动件常用的运动规律,实际生产中还有更多的运动规律,如复杂多项式运动规律、改进型运动规律等,了解从动件的运动规律,便于我们在凸轮机构设计时,根据机器的工作要求进行合理选择。

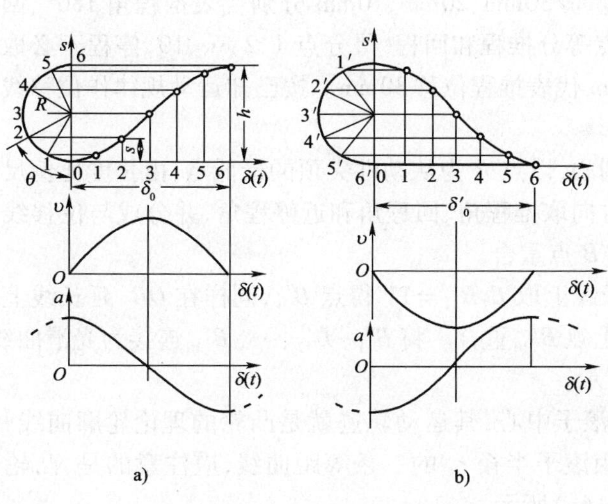

图 6-11　余弦加速度运动线图

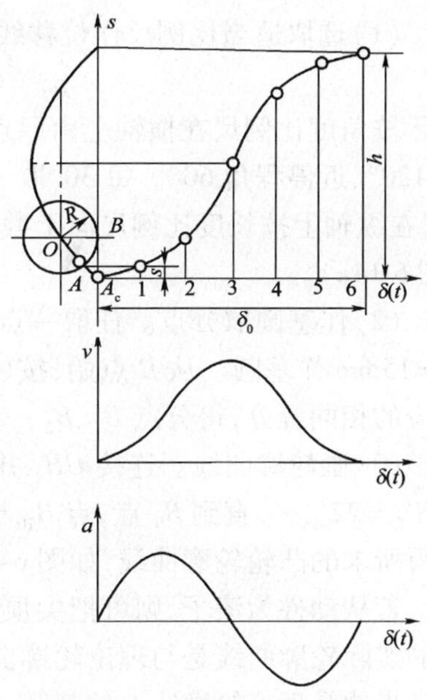

图 6-12　正弦加速度运动线图

6.3　凸轮轮廓曲线的设计

根据机器的工作要求，在确定了凸轮机构的类型及从动件的运动规律、凸轮的基圆半径和凸轮的转动方向后，便可开始凸轮轮廓曲线的设计了。凸轮轮廓曲线的设计方法有图解法和解析法。图解法简单直观，但不够精确，只适用于一般场合；解析法精确但计算量大，随着计算机辅助设计的迅速推广应用，解析法设计将成为设计凸轮机构的主要方法。下面主要介绍图解法设计凸轮轮廓曲线。

1）图解法的原理

图解法绘制凸轮轮廓曲线的原理是"反转法"，即在整个凸轮机构（凸轮、从动件、机架）上加一个与凸轮角速度大小相等、方向相反的角速度（$-\omega$），于是凸轮静止不动，而从动件则与机架（导路）一起以角速度（$-\omega$）绕凸轮转动，且从动件仍按原来的运动规律相对导路移动（或摆动），如图 6-13 所示。因从动件尖顶始终与凸轮轮廓保持接触，所以从动件在反转行程中，其尖顶的运动轨迹就是凸轮的轮廓曲线。

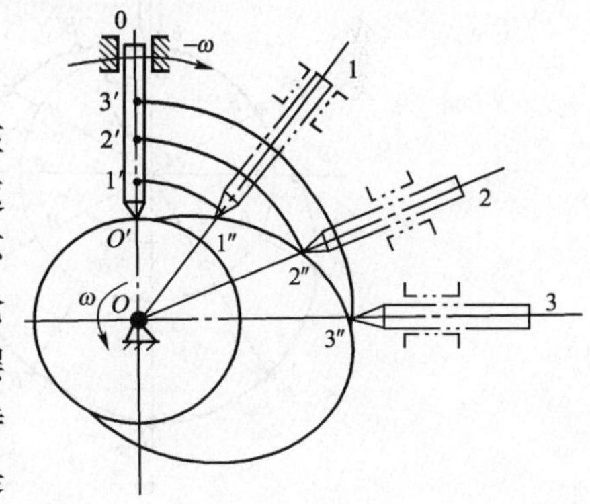

图 6-13　"反转法"

2）尖顶直动从动件盘形凸轮轮廓的设计

例 6-1　设已知凸轮逆时针回转，其基圆半径 $r_b = 30$mm，从动件的运动规律为：

凸轮转角	0° ~180°	180° ~300°	300° ~360°
从动件的运动规律	等速上升 30mm	等加速等减速下降回到原处	停止不动

试设计此凸轮轮廓曲线。

解：设计步骤如下。

(1)选取适当比例尺作位移线图。选取长度比例尺和角度比例尺为：

$$\mu_L = 0.002(\mathrm{m/mm}),\ \mu_\delta = 6(°/\mathrm{mm})$$

按角度比例尺在横轴上由原点向右量取 30mm、20mm、10mm 分别代表推程角 180°、回程角 120°、近停程角 60°。每 30°取一等分点等分推程和回程，得分点 1、2、…、10，停程不必取分点，在纵轴上按长度比例尺向上截取 15mm 代表推程位移 30mm。按已知运动规律作位移线图（图 6-14a）。

(2)作基圆取分点。任取一点 O 为圆心，以点 B 为从动件尖顶的最低点，由长度比例尺取 $r_b = 15\mathrm{mm}$ 作基圆。从 B 点始，按$(-\omega)$方向取推程角、回程角和近停程角，并分成与位移线图对应的相同等分，得分点 B_1、B_2、…、B_{11} 与 B 点重合。

(3)画轮廓曲线。连接 OB_1 并在延长线上取 $B_1B'_1 = 11'$得点 B'_1，同样在 OB_2 延长线上取 $B_2B'_2 = 22'$，…，直到 B_9 点，点 B_{10}与基圆上点 B'_{10}重合。将 B'_1、B'_2、…、B'_{10}连接为光滑曲线，即得所求的凸轮轮廓曲线，如图 6-14b）所示。

若从动件为滚子，则可把尖顶看做是滚子中心，其运动轨迹就是凸轮的理论轮廓曲线，凸轮的实际轮廓曲线是与理论轮廓曲线相距滚子半径 r_T 的一条等距曲线，应注意的是，凸轮的基圆指的是理论轮廓线上的基圆，如图 6-14c）所示。

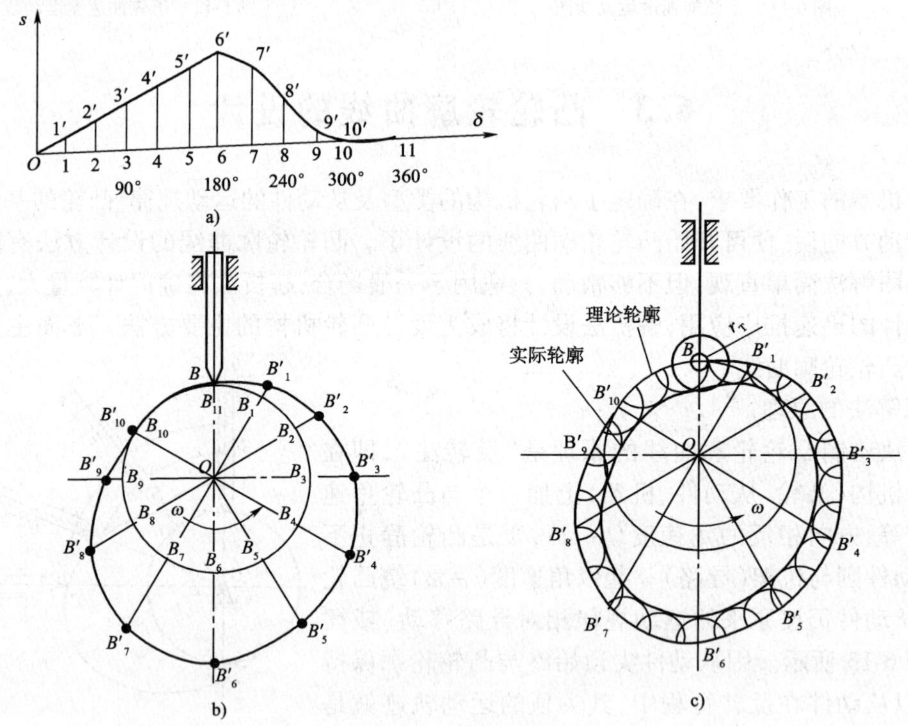

图 6-14　盘形凸轮轮廓的设计

对于其他从动件凸轮曲线的设计，可参照上述方法。

本 章 小 结

(1)凸轮机构的结构简单、紧凑，能够实现复杂的运动规律。

(2)凸轮机构从动件常见的运动规律有：等速运动规律、等加速等减速运动规律、简谐（余弦加速度)运动规律、摆线(正弦加速度)运动规律。

(3)凸轮轮廓设计的图解法的原理是“反转法”。

习　题

6-1　为什么凸轮机构广泛应用于自动、半自动机械的控制装置中?

6-2　凸轮轮廓的反转法设计,依据的是什么原理?

6-3　试标出题图 6-3 所示位移线图中的行程 h、推程运动角 δ_0、远停程角 δ_s、回程角 δ'_0、近停程角 δ'_s。

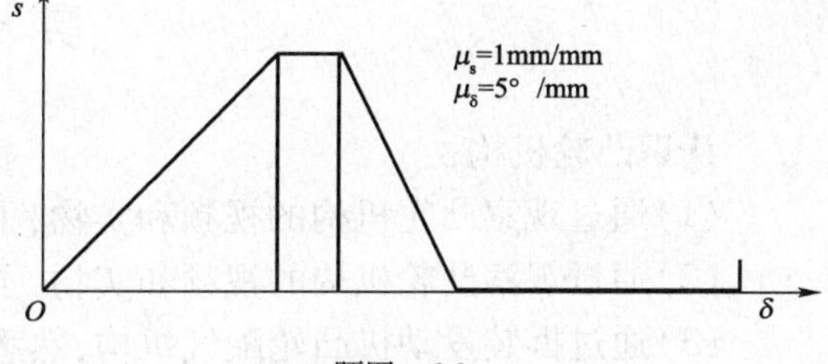

题图　6-3

6-4　试写出题图 6-4 所示凸轮机构的名称,并在图上作出行程 h,基圆半径 r_b,凸轮转角 δ_0、δ_s、δ'_0、δ'_s以及 A、B 两处的压力角。

6-5　如题图 6-5 所示是一偏心圆凸轮机构,O 为偏心圆的几何中心,偏心距 $e=15$ mm,$d=60$ mm,试在图中标出:

(1)凸轮的基圆半径、从动件的最大位移 h 和推程运动角 δ 的值;

(2)凸轮转过 90°时从动件的位移 s。

6-6　题图 6-6 所示为一滚子对心直动从动件盘形凸轮机构。试在图中画出该凸轮的理论轮廓曲线、基圆半径、推程最大位移 h 和图示位置的凸轮机构压力角。

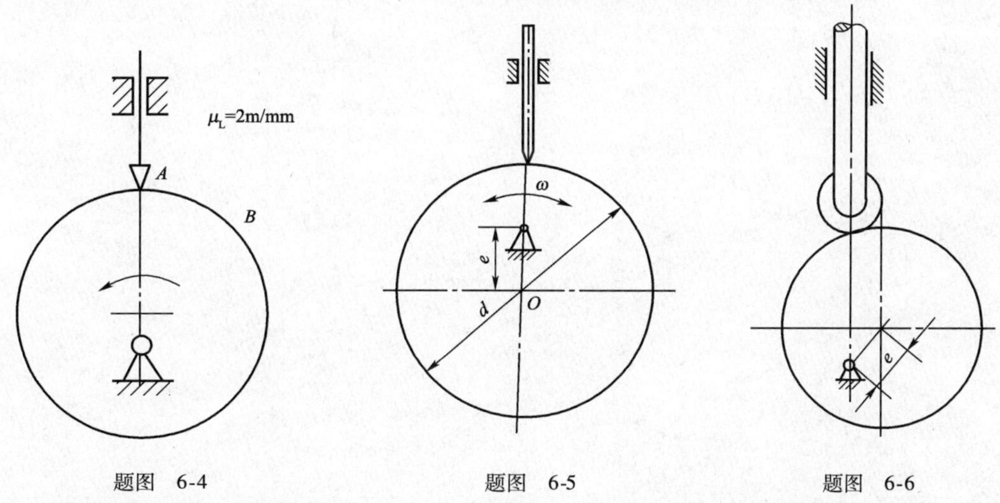

题图　6-4　　题图　6-5　　题图　6-6

6-7　标出题图 6-7 中各凸轮机构图示 A 位置的压力角和再转过 45°时的压力角。

6-8　设计一尖顶对心直动从动件盘形凸轮机构。凸轮顺时针匀速转动,基圆半径 r_b = 40mm,从动件的运动规律为:

δ	0 ~ 90°	90° ~ 180°	180° ~ 240°	240° ~ 360°
运动规律	等速上升	停止	等加速等减速下降	停止

6-9　若将上题改为滚子从动件,设已知滚子半径 r_T = 10mm,试设计其凸轮的实际轮廓曲线。

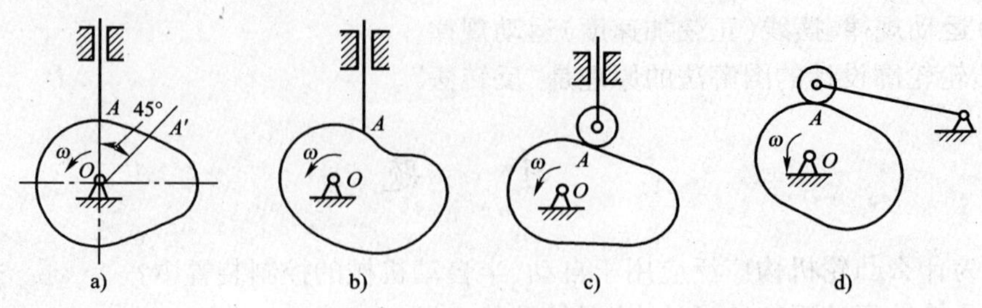

题图 6-7

实训任务

认识凸轮机构：

(1)通过观察凸轮机构的视频和实物，了解凸轮机构的应用与分类。

(2)通过观察凸轮机构的视频和实物，了解凸轮机构从动件的运动规律。

(3)通过拆装发动机凸轮配气机构，熟悉凸轮机构的工作原理和特点。

第7章　间歇运动机构

学习目标

知识目标:理解棘轮机构、槽轮机构、不完全齿轮机构的工作原理。

能力目标:掌握各种间歇运动机构的特点及这些机构在实际中的应用。

7.1　棘 轮 结 构

7.1.1　棘轮机构的工作原理和类型

如图7-1a)所示,棘轮机构由棘轮、棘爪及机架所组成。主动杆1空套在与棘轮3固连的从动轴上。驱动棘爪4与主动杆1用转动副A相连。当主动杆1逆时针方向转动时,驱动棘爪4便插入棘轮3的齿槽,使棘轮跟着转过某一角度。这时止回棘爪5在棘轮的齿背上滑过。当杆1顺时针方向转动时,止回棘爪5阻止棘轮发生顺时针方向转动,同时棘爪4在棘轮的齿背上滑过,所以此时棘轮静止不动。这样,当杆1作连续的往复摆动时,棘轮3和从动轴便作单向的间歇转动。杆1的摆动可由凸轮机构、连杆机构或电磁装置等得到。

按照结构特点,常用的棘轮机构有下列两大类。

1)轮齿式棘轮机构

轮齿式棘轮机构有外啮合(图7-1a)、内啮合(图7-1b)两种形式。当棘轮的直径为无穷大时,变为棘条(图7-1c),此时棘轮的单向转动变为棘条的单向移动。

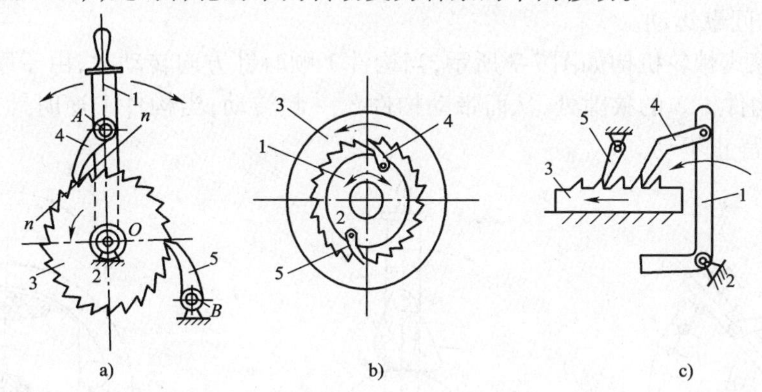

图7-1　单动式棘轮机构

1-摇杆;2-机架;3-棘轮;4-驱动棘爪;5-制动棘爪

根据棘轮的运动又可分为:

(1)单向式棘轮机构,包括单动式和双动式两种。图7-1所示为单动式棘轮机构,它的特点是摇杆向一个方向摆动时,棘轮沿同方向转过某一角度;而摇杆反向摆动时,棘轮静止不动。图7-2所示为双动式棘轮机构,当摇杆往复摆动时,都能使棘轮沿单一方向转动。单向式棘轮采用的是不对称齿形,常用的有锯齿形齿(图7-3a)、直线形三角齿（图7-3b)及圆弧形三角齿(图7-3c)。

(2)双向式棘轮机构(图7-4)。它的特点是当棘爪1在图示位置时,棘轮2沿逆时针方向间歇运动;若将棘爪提起(销子拔出),并绕本身轴线转180°后放下(销子插入),则可实现棘轮沿顺时针方向间歇运动。

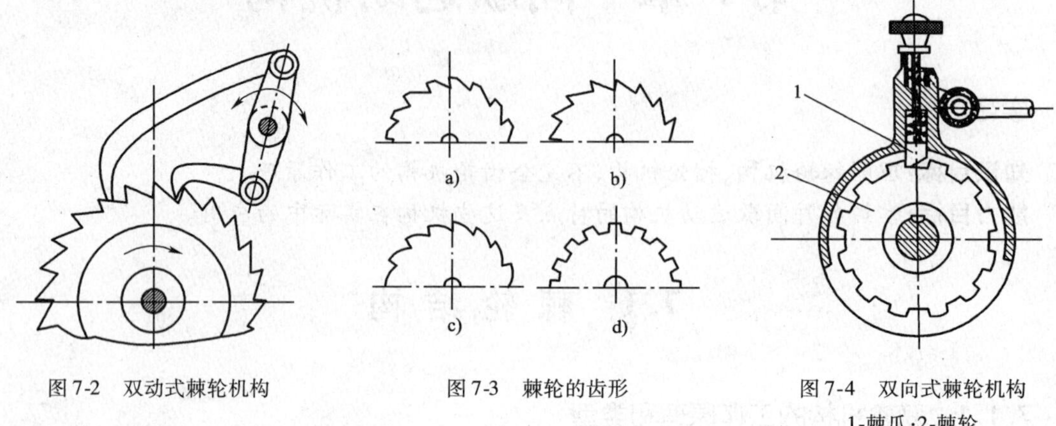

图7-2 双动式棘轮机构

图7-3 棘轮的齿形

图7-4 双向式棘轮机构
1-棘爪;2-棘轮

双向式的棘轮一般采用矩形齿(图7-3d)。

轮齿式棘轮机构在回程时,棘爪在齿面上滑过,故有噪声,平稳性较差,且棘轮的步进转角又较小。如要调节棘轮的转角,可以改变棘爪的摆角或改变拨过棘轮齿数的多少。如图7-5所示,在棘轮上加一遮板,变更遮板的位置,即可使棘爪行程的一部分在遮板上滑过,不与棘轮的齿接触,从而改变棘轮转角的大小。

2)摩擦式棘轮机构

图7-6所示为摩擦式棘轮机构,它的工作原理与轮齿式棘轮机构相同,只不过用偏心扇形块代替棘爪,用摩擦轮代替棘轮。当杆1逆时针方向摆动时,扇形块2楔紧摩擦轮3成为一体,使轮3也一同逆时针方向转动,这时止回扇形块4打滑;当杆1顺时针方向转动时,扇形块2在轮3上打滑,这时止回扇形块4楔紧,以防止3倒转。这样,当杆1作连续反复摆动时,轮3便得到单向的间歇运动。

常用的摩擦式棘轮机构如图7-7所示,当构件1顺时针方向转动时,由于摩擦力的作用使滚子2楔紧在构件1、3的狭隙处,从而带动构件3一起转动;当构件1逆时针方向转动时,滚子松开,构件3静止不动。

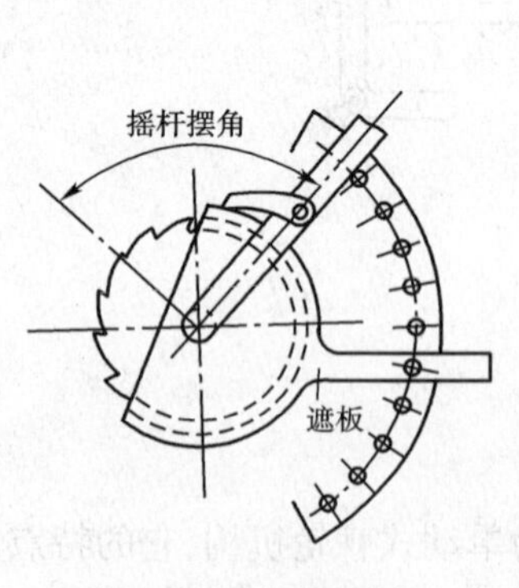

图7-5 棘轮的遮板

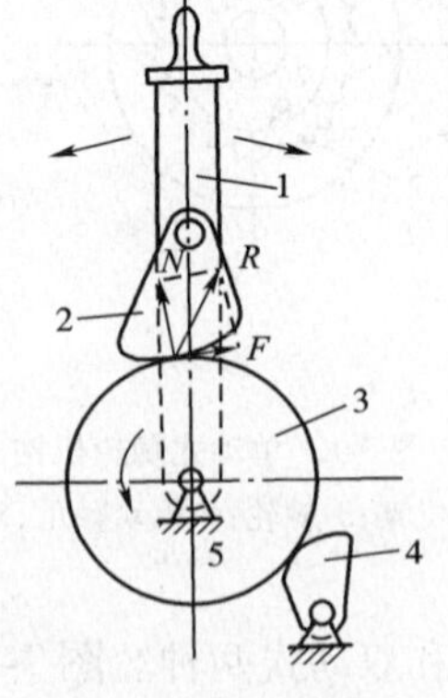

图7-6 摩擦式棘轮机构
1-杆;2-扇形块;3-楔紧摩擦轮;4-止回扇形块

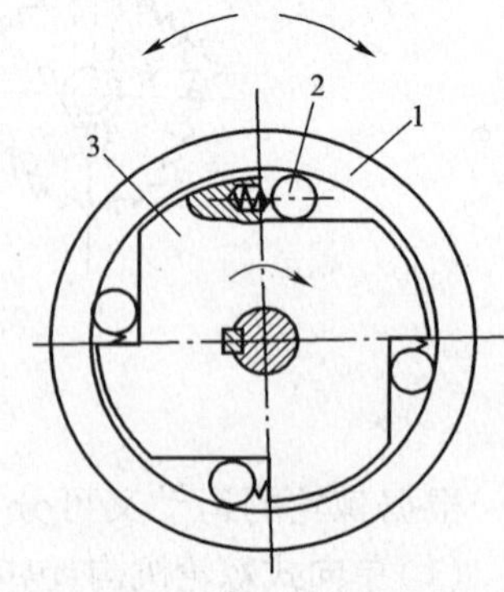

图7-7 摩擦式棘轮机构
1、3-构件;2-滚子

7.1.2 棘轮机构的优缺点和应用

轮齿式棘轮机构运动可靠,从动棘轮的转角容易实现有级的调节,但在工作过程中有噪声和冲击,棘齿易磨损,在高速时尤其严重,所以常用在低速、轻载下的间歇运动。例如在图7-8所示的牛头刨床工作台的横向进给机构中,运动由一对齿轮传到曲柄1,再经连杆2带动摇杆3作往复摆动;摇杆3上装有棘爪,从而推动棘轮4作单向间歇转动;由于棘轮与螺杆固连,从而又使螺母5(工作台)作进给运动。若改变曲柄的长度,就可以改变棘爪的摆角,以调节进给量。

图7-9所示为Z7105钻孔攻丝机的棘轮转位机构。蜗杆1经蜗轮2带动分配轴上的定位凸轮3,使摆杆4上的定位块离开定位盘以上的V形槽,这时分度凸轮6推动杠杆7带动连杆8,装在连杆8上的棘爪便推动棘轮9顺时针方向转动,从而使工作盘10实现转位运动。转位完毕,定位凸轮3和拉簧11使定位块再次插入定位盘5的V形槽中进行定位。

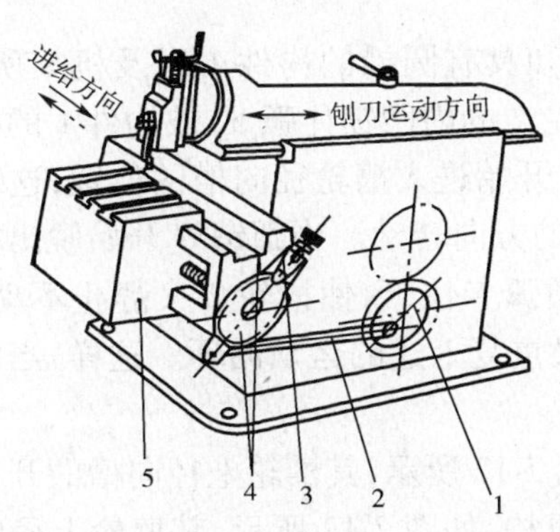

图7-8 牛头刨床工作台的横向进给机构

1-曲柄;2-连杆;3-摇杆;4-棘轮;5-螺母(工作台)

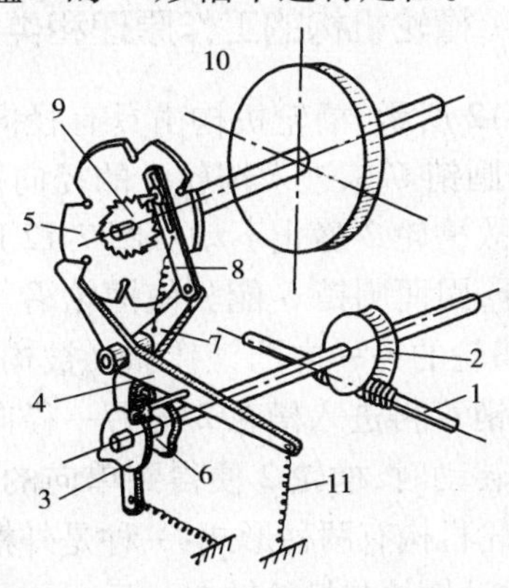

图7-9 Z7105钻孔攻丝机的棘轮转位机构

1-蜗杆;2-蜗轮;3-定位凸轮;4-摆杆;5-定位盘;6-分度凸轮;7-杠杆;8-连杆;9-棘轮;10-工作盘;11-拉簧

棘轮棘爪机构还可以用来实现快速的超越运动。如图7-10所示,运动由蜗杆1传到蜗轮2,通过装在蜗轮2上的棘爪3使棘轮4逆时针方向转动,棘轮与输出轴5固连,由此得到轴5的慢速转动。当需要轴5快速转动时,可逆时针转动手轮,这时由于手动速度大于由蜗轮蜗杆传动的速度,所以棘爪在棘轮上打滑,从而在蜗杆蜗轮继续转动的情况下,可用快速手动来实现超越运动。

此外,棘轮机构还可以用来做计数器。如图7-11所示,当电磁铁1的线圈通入脉冲直流信

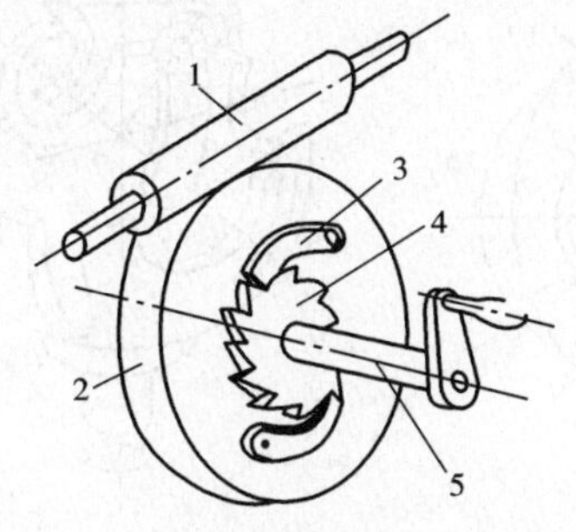

图7-10 棘轮棘爪机构的超越运动

1-蜗杆;2-蜗轮;3-棘爪;4-棘轮;5-轴

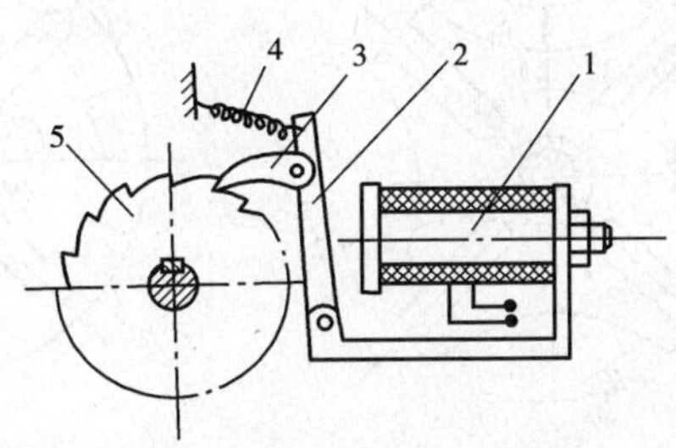

图7-11 计数器

1-电磁铁;2-衔铁;3-棘爪;4-弹簧;5-棘轮

号电流时,电磁铁吸动衔铁2,把棘爪3向右拉动,棘爪在棘轮5的齿上滑过;当断开信号电流时,借助弹簧4的恢复力作用,使棘爪向左推动,这时棘轮转过一个齿,表示计入一个数字,重复上述动作,便可实现数字计入运动。

在起重机、绞盘等机械装置中,还常利用棘轮机构使提升的重物能停止在任何位置上,以防止由于停电等原因造成事故。

摩擦式棘轮机构传递运动较平稳,无噪声,从动构件的转角可作无级调节,常用来做超越离合器,在各种机械中实现进给或传递运动。但运动准确性差,不宜用于运动精度要求高的场合。

7.2 槽轮机构

7.2.1 槽轮机构的工作原理和类型

如图7-12所示,槽轮机构由具有径向槽的槽轮2和具有圆销的构件1以及机架所组成。当构件1的圆销G未进入槽轮2的径向槽时,由于槽轮2的内凹锁住弧S_2被构件1的外凸圆弧S_1卡住,故槽轮2静止不动。图7-12所示为圆销G开始进入槽轮径向槽的位置,这时锁住弧S_2被松开,因而圆销G能驱使槽轮沿与构件1相反的方向转动。当圆销G开始脱出槽轮的径向槽时,槽轮的另一内凹锁住弧又被构件1的外凸圆弧卡住,致使槽轮2又静止不动,直至构件1的圆销G再进入槽轮2的另一径向槽时,两者又重复上述的运动循环。这样,当主动构件1作连续转动时,槽轮2便得到单向的间歇转动。

平面槽轮机构有两种形式:一种是外槽轮机构,如图7-12所示,其槽轮上径向槽的开口是自圆心向外,主动构件与槽轮转向相反;另一种是内槽轮机构,如图7-13所示,其槽轮上径向槽的开口是向着圆心的,主动构件与槽轮的转向相同,这两种槽轮机构都用于传递平行轴的运动。

图7-14所示为球面槽轮机构,它是用于传递两垂直相交轴的间歇运动机构,从动槽轮2呈半球形,主动构件1的轴线与销3的轴线都通过球心O,当主动构件1连续转动时,球面槽轮2得到间歇转动。

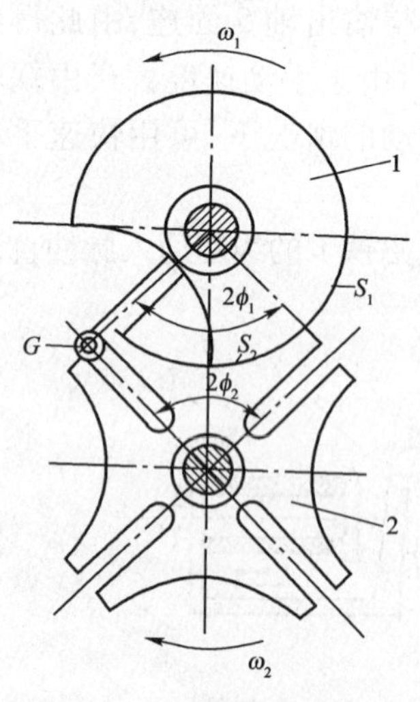

图7-12　外槽轮机构
1-构件;2-槽轮

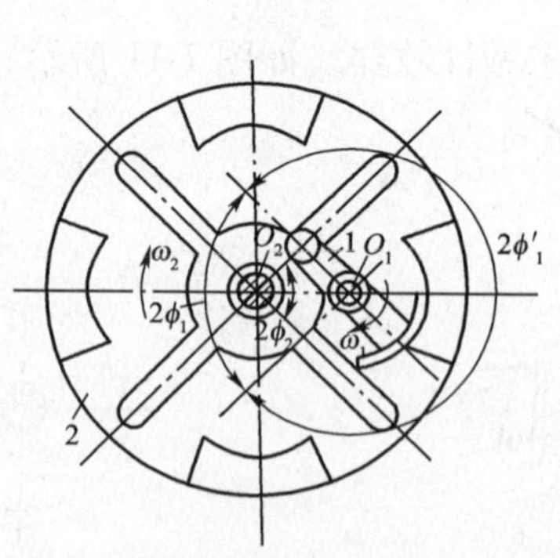

图7-13　内槽轮机构
1-构件;2-槽轮

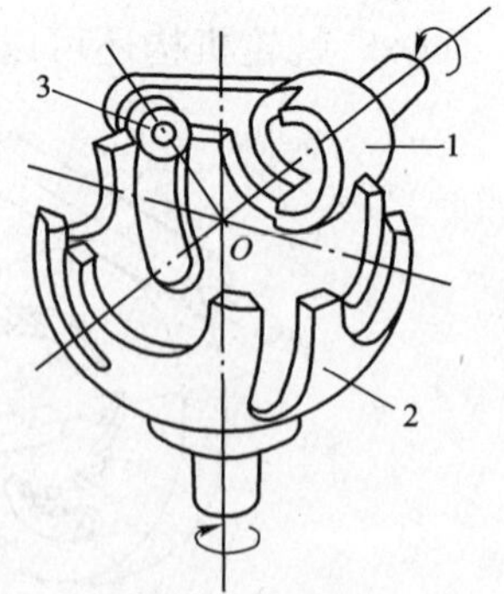

图7-14　球面槽轮机构
1-构件;2-槽轮;3-销

7.2.2 槽轮机构的运动系数

在图 7-12 所示的外槽轮机构中，为了使槽轮开始转动瞬时和终止转动瞬时的角速度为零，以避免刚性冲击，圆销开始进入径向槽或自径向槽脱出时，径向槽的中心线应切于圆销中心运动的圆周，因此，设 z 为均匀分布的径向槽数，则由图 7-12 得槽轮 2 转动时构件 1 的转角 $2\phi_1$ 为：

$$2\phi_1 = \pi - 2\phi_2 = \pi - \frac{2\pi}{z}$$

在一个运动循环内，槽轮 2 运动的时间 t_d，与构件 1 运动的时间 t 之比称为运动系数 τ。当构件 1 等速转动时，这个时间比可以用转角比来表示。对于只有一个圆销的槽轮机构，t_d 和 t 各对应于构件 1 回转 $2\phi_1$ 和 2π，因此，槽轮机构的运动系数 τ 为：

$$\tau = \frac{t_d}{t} = \frac{2\phi_1}{2\pi} = \frac{\pi - \frac{2\pi}{z}}{2\pi} = \frac{z-2}{2z} \tag{7-1}$$

由于运动系数 τ 必须大于零（因 $\tau = 0$ 表示槽轮始终不动），所以由上式可知，径向槽的数目 z 应大于 2。又由式 (7-1) 可知，这种槽轮机构的运动系数总小于 0.5，也就是说，槽轮运动的时间总小于静止的时间。

如果主动构件 1 装上若干个圆销，则可以得到 $\tau > 0.5$ 的槽轮机构。设均匀分布的圆销数目为 k，则此时槽轮在一个循环中的运动时间比只有一个圆销时增加 k 倍，因此：

$$\tau = \frac{kt_d}{t} = \frac{k(z-2)}{2z} \tag{7-2}$$

由于运动系数 τ 应小于 1（因 $\tau = 1$ 表示槽轮 2 与构件 1 一样作连续转动，不能实现间歇运动），所以由上式得：

$$k < \frac{2z}{z-2} \tag{7-3}$$

由式(7-3)可算出槽轮槽数确定后所允许的圆销数。例如当 $z = 3$ 时，圆销的数目可为 1 ~ 5；当 $z = 4$ 或 5 时，圆销的数目可为 1 ~ 3；又当 $z \geqslant 6$ 时，圆销的数目可为 1 ~ 2。

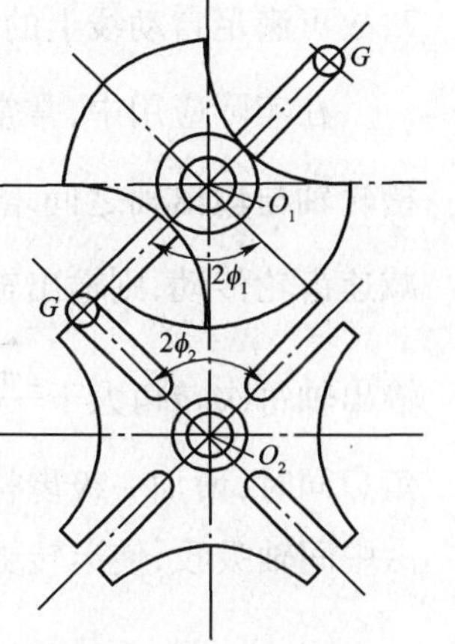

图 7-15 外槽轮机构

图 7-15 所示为 $z = 4$ 及 $k = 2$ 的外槽轮机构，它的运动系数 $\tau = 0.5$，即槽轮运动的时间与静止的时间相等。这时，除了径向槽和圆销都是均匀分布外，两圆销至轴 O_1 的距离也是相等的。

在主动构件等速转动期间，如果要使槽轮每次停歇的时间不相等，则主动构件 1 上的圆销应作不均匀分布；如果要使槽轮每次运动时间不相等，则应使圆销的回转半径不相等。图 7-16 所示为在主动构件等速转动时槽轮每次停歇和运动的时间均不相等的槽轮机构。

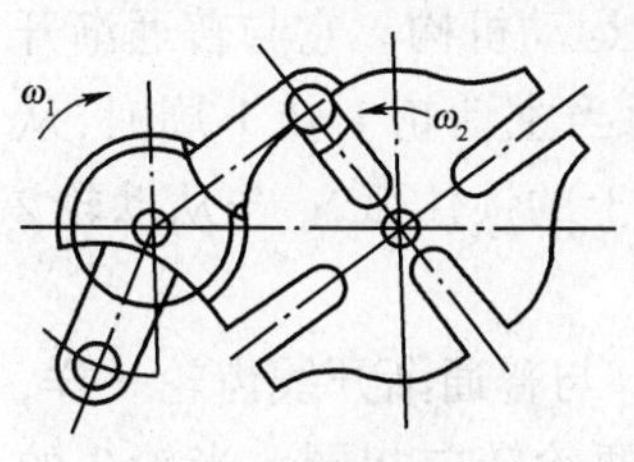

图 7-16 不规则槽轮机构

对于图 7-16 所示的内槽轮机构，当槽轮 2 运动时，构件 1 所转过角度 $2\phi'_1$ 为：

$$2\phi'_1 = 2\pi - 2\phi_1 = 2\pi - (\pi - 2\phi_2) = \pi + 2\phi_2 = \pi + \frac{2\pi}{z}$$

所以运动系数 τ 为：

$$\tau = \frac{2\phi'_1}{2\pi} = \frac{z+2}{2z} = \frac{1}{2} + \frac{1}{z} \tag{7-4}$$

由上式可知,内槽轮机构的运动系数总大于0.5。又因 τ 应小于1,所以 $z>2$,也就是说,径向槽的数目最少应为3,内槽轮机构永远只可以用一个圆销,因为根据:

$$\tau = \frac{2\phi'_1}{2\pi}k = \frac{k(z+2)}{2z} < 1, k < \frac{2z}{z+2}$$

则当 z 等于或大于3时,k 总小于2。

7.2.3 槽轮机构的优缺点和应用

槽轮机构结构简单,工作可靠,在进入和脱离啮合时运动较平稳,能准确控制转动的角度。但槽轮的转角大小不能调节,而且在槽轮转动的始、末位置加速度变化较大,所以有冲击。

槽轮机构一般应用在转速不高的间歇转动装置中。例如在电影放映机中,用槽轮间歇地移动影片;在自动机中,用以间歇地转动工作台或刀架。图7-17中的自动传送链装置,运动由主动构件1传给槽轮2,再经一对齿轮3、4使与齿轮4固连的链轮5作间歇转动,从而得到传送链6的间歇移动,传送链上装有装配夹具的安装支架7,故可满足自动线上的流水装配作业要求。

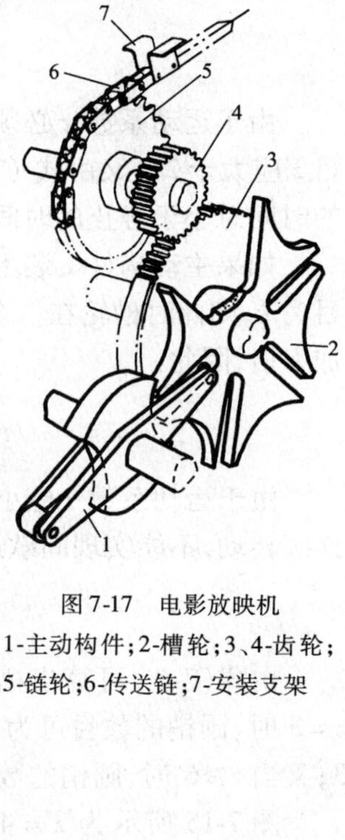

在实际应用中,常常需要槽轮轴转角大于或小于 $\frac{2\pi}{z}$,这时可在槽轮轴与输出轴之间增加一级齿轮传动,如图7-17所示。如果是减速齿轮传动,则输出轴每次转角小于 $\frac{2\pi}{z}$;如果是增速齿轮传动,则输出轴每次转角大于 $\frac{2\pi}{z}$,改变齿轮的传动比就可以改变输出轴的转角。同时,增加一级齿轮传动还可以使槽轮转位所产生的冲击主要由中间轴吸收,使运转更为平稳。

图7-17 电影放映机
1-主动构件;2-槽轮;3、4-齿轮;5-链轮;6-传送链;7-安装支架

7.3 不完全齿轮机构

7.3.1 不完全齿轮机构的工作原理和类型

不完全齿轮机构是由普通渐开线齿轮机构演化而成的一种间歇运动机构。它与普通渐开线齿轮机构不同之处是轮齿不布满整个圆周,如图7-18所示。图示当主动轮1转1周时,从动轮2转1/6周,从动轮每转停歇6次。当从动轮停歇时,主动轮1上的锁住弧 S_1 与从动轮2上的锁住弧 S_2 互相配合锁住,以保证从动轮停歇在预定的位置。

不完全齿轮机构的类型有:外啮合(图7-18)、内啮合(图7-19)。与普通渐开线齿轮一样,外啮合的不完全齿轮机构两轮转向相反;内啮合的不完全齿轮机构两轮转向相同。当轮2的直径为无穷大时,变为不完全齿轮齿条(图7-20),这时轮2的转动变为齿条的移动。

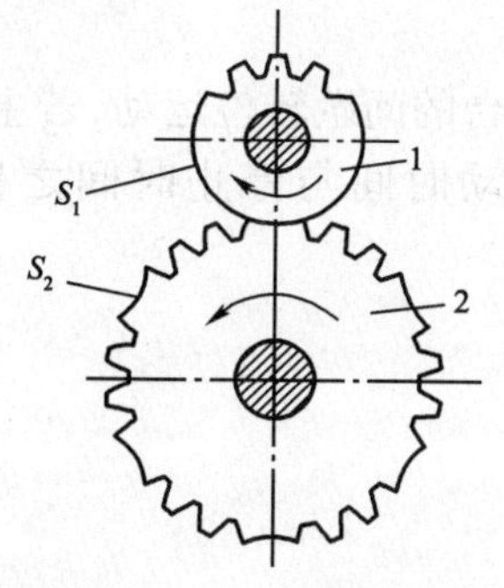

图 7-18　外啮合不完全齿轮机构

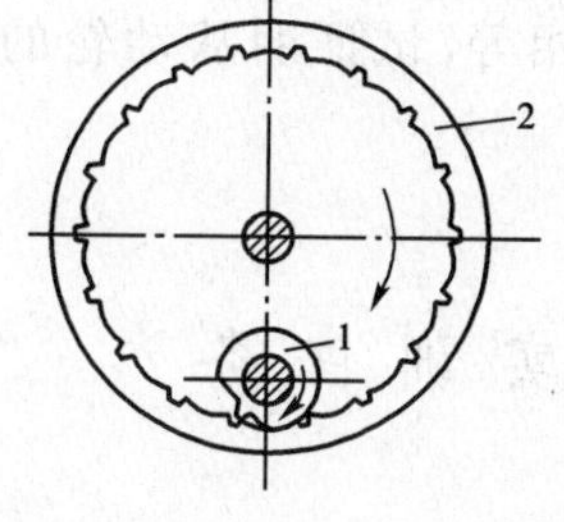

图 7-19　内啮合不完全齿轮机构

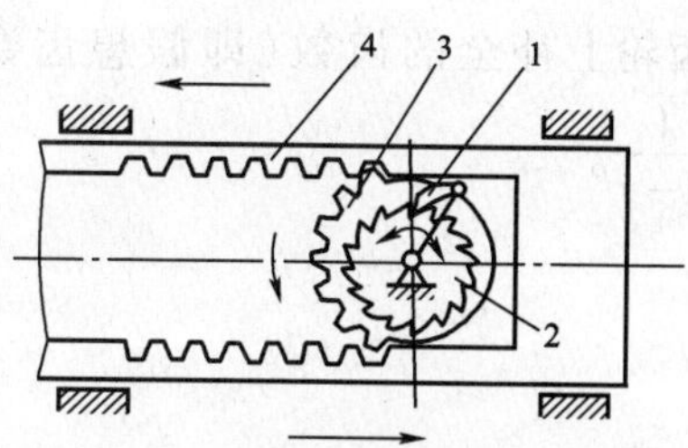

图 7-20　插秧机的秧箱移行机构

1-棘爪;2-棘轮;3-不完全齿轮;4-上下齿条

7.3.2　不完全齿轮机构的优缺点和应用

不完全齿轮机构与槽轮机构相比,其从动轮每转一周的停歇时间、运动时间及每次转动的角度变化范围都较大,设计较灵活。但其加工工艺较复杂,而且从动轮在运动的开始与终止时冲击较大,故一般用于低速、轻载的场合,如在自动机和半自动机中用于工作台的间歇转位,以及要求具有间歇运动的进给机构、计数机构等。

图 7-20 所示为插秧机的秧箱移行机构。该机构由与摆杆固连的棘爪 1、棘轮 2,与棘轮固连的不完全齿轮 3、上下齿条 4(秧箱)组成。当构件 1 顺时针方向摆动时,2、3 不动,秧箱 4 停歇 ,这时秧爪(图中未示出)取秧;当取秧完毕,构件 1 逆时针方向摆动,2 与 3 一同逆时针方向转动,3 与上齿条 4 啮合,使 4 向左移动, 即秧箱向左移动。当秧箱移到终止位置(如图示位置),轮 3 与下齿条 4 啮合,使秧箱自动换向向右移动。

本 章 小 结

(1)棘轮机构分为:外啮合棘轮机构、内啮合棘轮机构。其结构简单、制造方便和工作可靠,但冲击、噪声大,只适用于低速轻载场合。

(2)槽轮机构的结构简单、效率高、工作平稳,但其运动时间不可调节,在启动和停止时有冲击,适合于中速场合。

习　　题

7-1　比较不完全齿轮机构与普通渐开线齿轮机构在啮合过程中的异同点。

7-2　比较本章所述几种间歇运动机构的异同点,并说明各适用的场合。

7-3　牛头刨床工作台的横向进给螺杆的导程为 3mm,与螺杆固连的棘轮齿数 $z=40$,问棘轮的最小转动角度 ϕ 是多少? 该牛头刨床的最小横向进给量 s 是多少?

7-4　在六角车床的六角头外槽轮机构中,已知槽轮的槽数 $z=6$,槽轮静止时间 $t_j=\dfrac{5}{6}s/r$,运动时间是静止时间的 2 倍,求:(1)槽轮机构的运动系数 τ;(2)圆销数 k。

7-5　已知外槽轮机构的槽数 $z=4$,主动件 1 的角速度 $\omega_1=10$ rad/s,试求:

(1)主动件 1 在什么位置槽轮的角加速度最大?

(2)槽轮的最大角加速度。

7-6　一台 n 工位的自动机中,用不完全齿轮机构来实现工作台的间歇转位运动,若主、从动齿轮上补全的齿数(即假想齿数)相等,试证明从动轮的运动时间与停止时间之比等于$\frac{1}{n-1}$。

实 训 任 务

熟悉间歇运动机构的特点和应用:

(1)通过观察间歇运动机构的视频和实物,了解各种间歇运动机构的原理和应用。

(2)列举出机器中利用棘轮机构和槽轮机构的例子。

第8章　带　传　动

学习目标

知识目标:1.理解V带传动工作原理及类型;

2.了解V带标准规格,理解V带传动初拉力、工作拉力等基本概念,理解弹性滑动和打滑现象;

3.掌握V带传动设计方法。

能力目标:会根据工作场合设计带传动。

带传动是一种常用的传动形式,广泛用于各类机械中。日常生活中的双缸洗衣机、缝纫机、单放机等设备的传动系统中,也都有带传动。因此,我们需要了解带传动的一些基本知识,并掌握其设计方法。

8.1　带传动概述

8.1.1　带传动组成与常见类型

带传动由主动轮1、带3、从动轮2组成,带是挠性的中间零件,通过它将主动轮1的运动和动力传递给从动轮2(图8-1)。

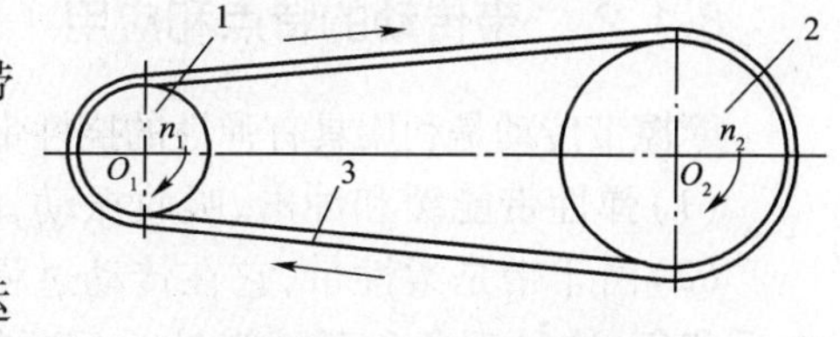

图8-1　带传动组成

1-主动轮;2-从动轮;3-带

按传动原理,带传动可分为摩擦带传动和啮合带传动两种。

1)摩擦带传动

它的工作原理是依靠带与带轮间的摩擦力传递运动,常见的有以下几种:

(1)平带传动。平带的横截面为扁平形,其工作面为内表面(图8-2a),常用的平带为橡胶帆布带。

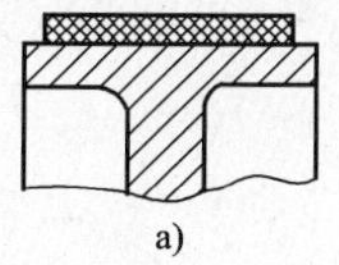
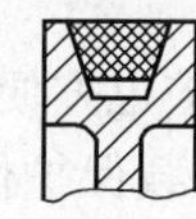
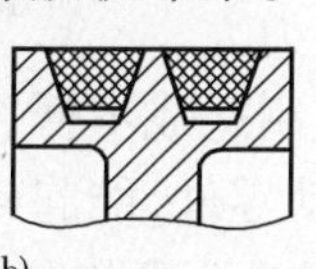
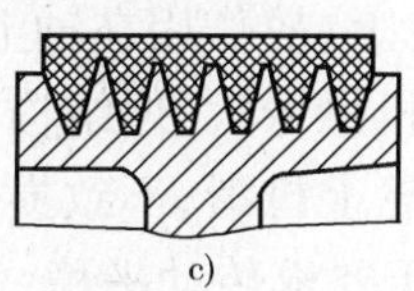
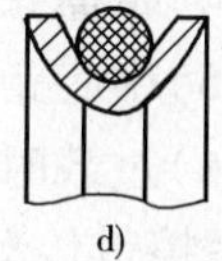

a)　b)　c)　d)

图8-2　摩擦带的常见类型

a)平带;b)V带;c)多楔带;d)圆带

(2)V带传动。V带的横截面为梯形,其工作面为两侧面(图8-2b)。V带与平带相比,由于正压力作用在楔形面上,当量摩擦因数大,能传递较大的功率,结构也紧凑,故应用最广,如双缸洗衣机等。

(3)多楔带传动。多楔带是若干根V带的组合(图8-2c),可避免多根V带长度不等,传力不均的缺点。

(4)圆带传动。圆带横截面是圆形(图 8-2d),通常用皮革或棉绳制成。圆带适用于传递小功率,如仪表、缝纫机等。

2)啮合带传动

它的工作原理是依靠带上的齿或孔与带轮上的齿直接啮合传递运动。啮合带传动有两种:

(1)同步带传动。工作时,带上的齿与轮上的齿相互啮合,以传递运动和动力(图 8-3a)。同步带传动可避免带与轮之间产生滑动,保证两轮圆周速度相同。

它常用于数控机床、纺织机械、收录机等需要速度同步的场合。

(2)齿孔带传动。工作时,带上的孔与轮上的齿相互啮合,以传递运动(图 8-3b)。这种传动同样可保证同步运动。如放映机、部分打印机等采用的是齿孔带传动,被输送的胶带和纸张也是齿孔带。

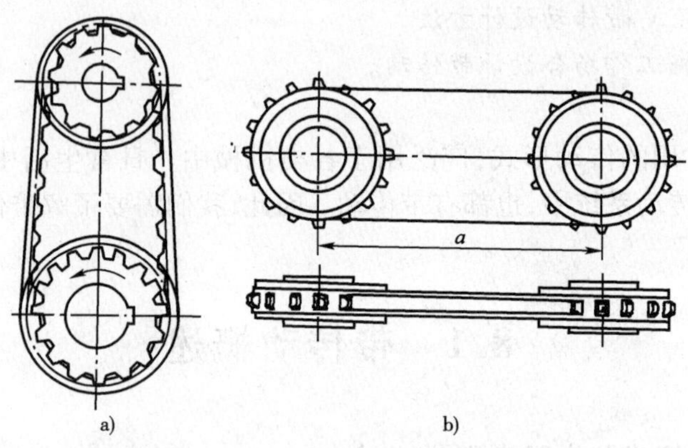

图 8-3 啮合带传动

a)同步带传动;b)齿孔带传动

8.1.2 带传动的特点和应用

摩擦带传动是利用具有弹性的挠性带与带轮间的摩擦来传递运动和动力的,故具有以下特点:

(1)弹性带能缓和冲击、吸收振动,故传动平稳、无噪声。

(2)由于带是柔性带,它在传动过程中会拉长和缩短,导致带沿着带轮的表面向前爬行或向后爬行,这种现象称弹性滑动。只要带在工作,弹性滑动就存在。带与轮之间的这种弹性滑动,导致速度损失,不能保证传动比恒定。

(3)滑动摩擦损耗功率,降低传动效率。

(4)带需张紧在轮上,故作用在轴上的压力大。

(5)中心距大,整机尺寸大,但结构简单,制造成本低,维护也方便。

(6)过载时,带在轮上打滑,不致损伤从动零件,能起到过载保护作用。

摩擦带传动适用于要求传动平稳,但传动比不严格的场合。

工业上用得最多的是普通 V 带传动,功率在 100 kW 以下,速度为 5 ~25 m/s,传动比可达 7,效率为 0.94 ~0.96,一般多用于高速级,起减速作用。

8.1.3 普通 V 带轮的常用材料与结构

1)V 带轮的材料

当带轮的圆周速度为 25 m/s 以下时,带轮的材料一般采用铸铁 HT150 或 HT200;速度较高时，应采用铸钢或钢板焊接。在小功率带传动中，也可采用铸铝或塑料。

2）V 带轮的结构和尺寸

V 带轮由轮缘（用于安装 V 带的部分，带轮上制有相应 V 形槽）、轮毂（带轮与轴相连接的部分）以及轮辐（轮缘与轮毂相连接的部分）三部分组成，轮槽尺寸见表 8-1。根据带轮直径的大小，普通 V 带轮共有实心式（图 8-4a）、辐板式（图 8-4b）、孔板式（图 8-4c）以及椭圆辐轮式（图 8-4d）四种典型结构。一般带轮基准直径小于 2～3 倍的带轮轴的直径时，多采用实心式；当带轮基准直径小于 300mm 时，可采用辐板式及孔板式；带轮基准直径再大，则可取椭圆辐轮式。

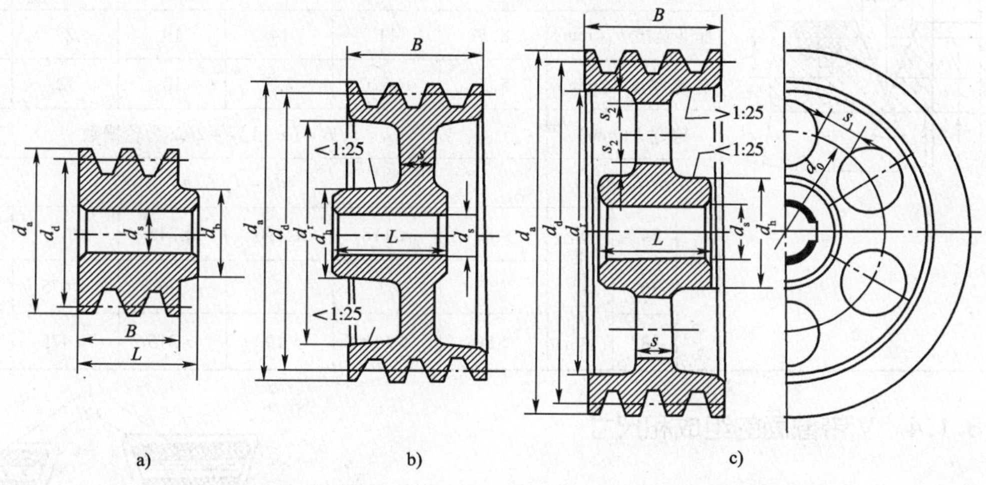

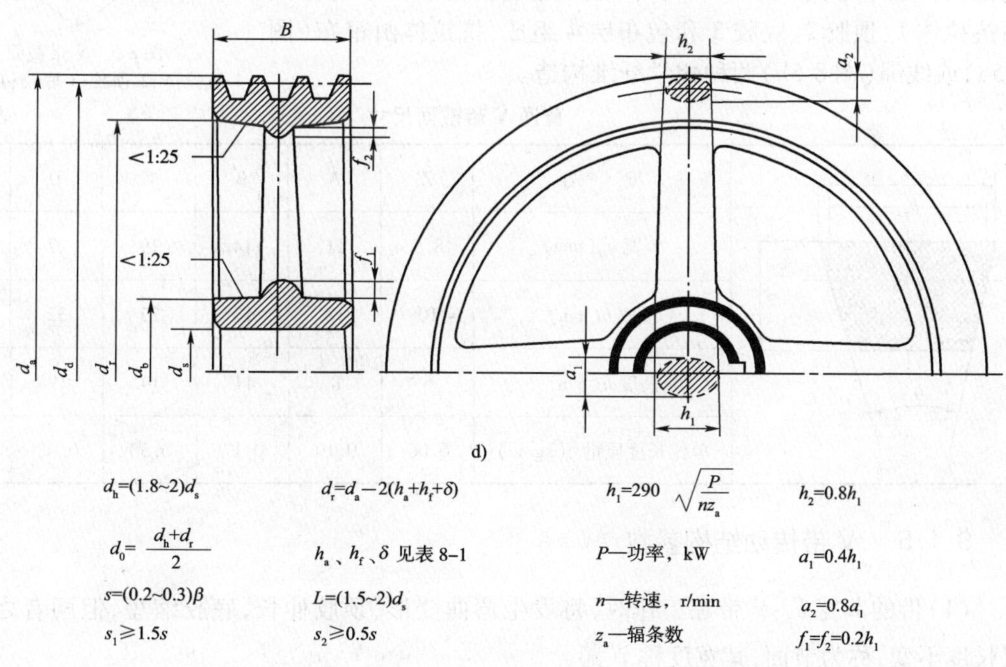

图 8-4　V 带轮的结构

a）实心式；b）辐板式；c）孔板式；d）椭圆辐轮式

普通 V 带轮槽尺寸 表 8-1

槽型截面尺寸	型号					
	Z	A	B	C	D	E
槽根高 $h_{f\min}$(mm)	7.0	8.7	10.8	14.3	19.9	23.4
槽顶高 $h_{a\min}$(mm)	2.0	2.75	3.5	4.8	8.1	9.6
槽间距 e(mm)	12	15	19	25.5	37	44.5
槽边宽 $f_{\min}$(mm)	7	9	11.5	10	23	28
基准宽度 b_d(mm)	8.5	11	14	19	27	32
轮缘厚度 δ(mm)	5.5	6	7.5	10	12	15
轮宽 B(mm)	$B=(z-1)e+2f$,z 为轮槽数					
外径 d_a(mm)	$d_a=d_d+2h_a$					
槽角 φ 34° 基准直径 d_d(mm)	≤80	≤118	≤190	≤315		
槽角 φ 36° 基准直径 d_d(mm)					≤475	≤600
槽角 φ 38° 基准直径 d_d(mm)	>80	>118	>190	>315	>475	>600

8.1.4 V 带截面的组成和尺寸

普通 V 带的型号有:Z、A、B、C、D、E 等几种。按字母排序截面面积越来越大(表 8-2),承载能力也越来越大。带的截面由抗拉体 1、顶胶 2、底胶 3 和包布层 4 组成,抗拉体由帘布(图 8-5a)或线绳(图 8-5b)两种化学纤维构造。

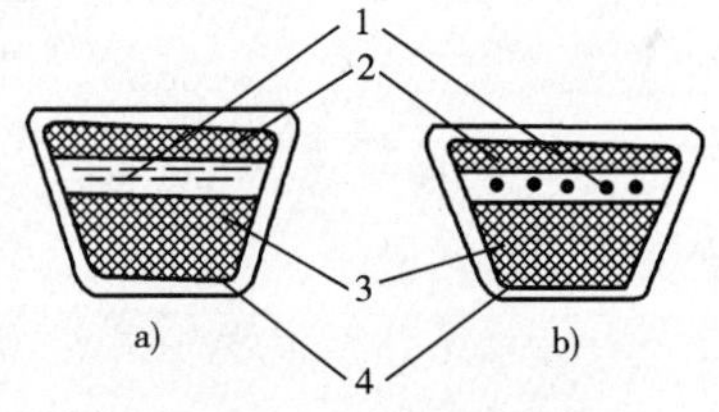

图 8-5 V 带截面
1-抗拉体;2-顶胶;3-底胶;4-包布层

普通 V 带截面尺寸 表 8-2

型号	Z	A	B	C	D	E
节宽 b_p(mm)	8.5	11	14	19	27	32
顶宽 b(mm)	10	13	17	22	32	38
高度 h(mm)	6	8	11	14	19	25
单位长度质量 q(kg/m)	0.06	0.10	0.17	0.30	0.62	0.90

8.1.5 V 带传动结构参数

(1)带的节宽 b_p:V 带在工作时,将发生弯曲变形,顶胶伸长,底胶缩短,但两者之间有一层长度不变,称为节面,其宽度称节宽。

(2)带槽的基准宽度 b_d:与带的节面宽度重合处的带槽宽度,称为带槽的基准宽度,$b_d=b_p$。

(3)带轮的基准直径 d_d:带槽基准宽度所在的圆,称为基准圆。其直径 d_d 称为带轮的基准直径,带轮的基准直径系列值见表 8-3。

普通 V 带轮基准直径系列(mm)　　表 8-3

d_d (mm)	Z	A	B	d_d (mm)	Z	A	B	C	D	E
				200	*	*	*	* *		
				212				*		
				224	*	*	*	*		
				236				*		
				250	*	*	*	*		
50	* *			265				*		
56	*			280	*	*	*	*		
63	*			300				*		
71	*			315	*	*	*	*		
75	*	* *		335				*		
80	*	*		355	*	*	*	*	* *	
85		*		375					*	
90	*	*		400	*	*	*	*	*	
95		*		425					*	
100	*	*		450		*	*	*	*	
106		*		475						
112	*	*		500	*	*	*	*	*	* *
118		*		530					*	*
125	*	*	* *	560		*	*	*	*	*
132	*	*	*	600			*	*	*	*
140	*	*	*	630	*	*	*	*	*	*
150	*	*	*	670						*
160	*	*	*	710		*	*	*	*	*
170			*	750			*	*	*	
180	*	*	*	800			*	*	*	*

注：* 为采用值；空格为不采用值；* * 为最小基准直径 d_{dmin}。

(4)带的基准长度 L_d：带的节面长度称为带的基准长度，也称带的公称长度，带的基准长度系列值见表 8-4。

普通 V 带轮基准长度 L_d 及长度因数 K_L(mm)　　表 8-4

基准长度 L_d(mm)	K_L Z	A	B	C	基准长度 L_d (mm)	K_L Z	A	B	C	D	E
400	0.87				2 000		1.03	0.98	0.88		
450	0.89				2 240		1.06	1.00	0.91		
500	0.91				2 500		1.09	1.03	0.93		
560	0.94				2 800		1.11	1.05	0.95	0.83	
630	0.96	0.81			3 150		1.13	1.07	0.97	0.86	
710	0.99	0.83			3 550		1.17	1.09	0.99	0.89	
800	1.00	0.85			4 000		1.19	1.13	1.02	0.91	
900	1.03	0.87	0.82		4 500			1.15	1.04	0.93	0.90
1 000	1.06	0.89	0.84		5 000			1.18	1.07	0.96	0.92
1 120	1.08	0.91	0.86		5 600				1.09	0.98	0.95
1 250	1.11	0.93	0.88		6 300				1.12	1.00	0.97
1 400	1.14	0.96	0.90		7 100				1.15	1.03	1.00
1 600	1.16	0.99	0.92	0.83	8 000				1.18	1.06	1.02
1 800	1.18	1.01	0.95	0.86	9 000				1.21	1.08	1.05

8.1.6 带传动的张紧和维护

V 带工作一段时间后，就会由于塑性变形而松弛，有效拉力降低。为了保证带传动的正常工作，应定期张紧带。常见的张紧装置见图 8-6。

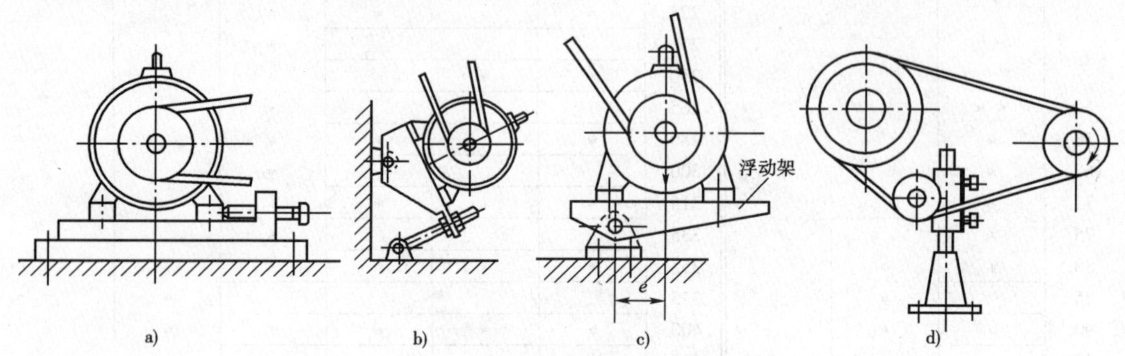

图 8-6 带传动常见的张紧装置

a）滑道式；b）摆架式；c）自动张紧装置；d）张紧轮张紧装置

图 8-6a)（滑道式）及 b)（摆架式）都属于定期张紧装置，靠调节螺钉或螺杆，调节带的张紧程度。

图 8-6c) 是利用本身自重，使带始终处在一定的张紧力下工作的自动张紧装置。

图 8-6d) 是利用张紧轮进行张紧的装置，常用于带传动中心距不可调的情况下。张紧轮一般应放在松边内侧，并尽量靠近大带轮，张紧轮的轮槽尺寸与带一致，且直径较小。

V 带传动的安装和维护需注意以下几点：

(1) 安装时，为避免带的磨损，两带轮轴必须平行，两轮轮槽必须对齐，否则将降低带的使用寿命，甚至使带从带轮上脱落，如图 8-7 所示。

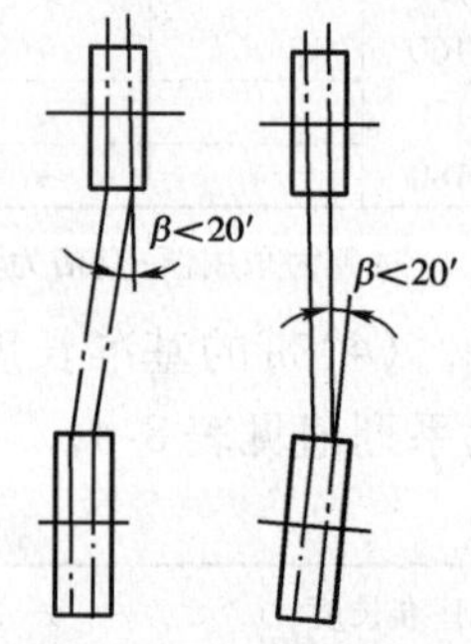

图 8-7 V 带传动的安装

(2) 胶带不宜与酸、碱或油接触，工作温度一般不应超过 60℃。

(3) 带传动装置应加防护罩。

(4) 带传动中，如果有一根过度松弛或疲劳损坏时，应全部更换新带。

8.2 V 带传动的设计计算

8.2.1 带的失效形式

1) 打滑

带与带轮是靠摩擦力来传递运动与动力的，因此，需要传递的力若大于所能提供的摩擦力时，就会出现主动轮转动，而带不随之转动的打滑现象，使传动失效。

带以一定的初拉力张紧在两带轮上，使带与带轮接触面间产生正压力，在转动过程中，接触面间产生摩擦力，使进入主动轮一边带的拉力增大，该边称为紧边；而离开主动轮一边带的拉力下降，该边称为松边。两边拉力之差为传递动力作用的有效拉力。

带在传动中所能提供的最大摩擦力，称为有效拉力 F_{elim}。它的计算式如下：

$$F_{elim} = 2F_0\left(1 - \frac{2}{1 + e^{f_v\alpha_1}}\right) \quad (N) \tag{8-1}$$

影响有效拉力的因素有：

(1)初拉力 F_0。F_0 越大，有效拉力越大。所以在安装带时，要保证带具有一定的初拉力。但初拉力太大，将增加磨损，降低带的使用寿命。

(2)包角 α_1。小带轮上的包角 α_1，指的是带与小带轮接触弧所对应的中心角，如图 8-8 所示。包角 α_1 越大，有效拉力越大，一般 V 带的包角 $\alpha_1 \geqslant 120°$。

(3)摩擦因数 f_v。摩擦因数越大，有效拉力越大。

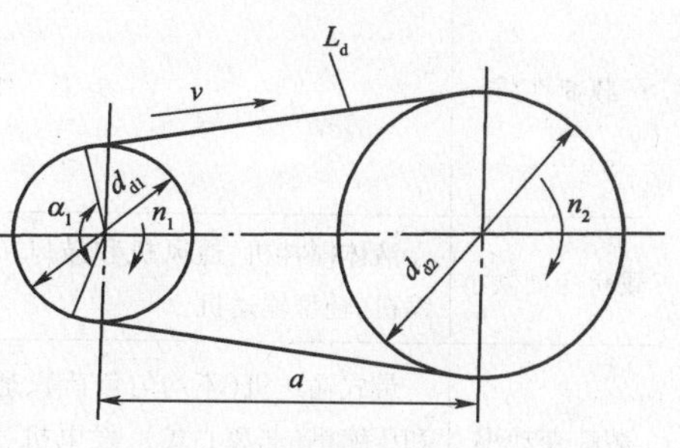

图 8-8　带传动的包角

2)带的疲劳损坏

由于带张紧在带轮上，工作时带受拉力，故带承受拉应力；带绕带轮转动时因离心力作用而产生离心拉应力；同时，带绕在带轮上由于弯曲变形而使带承受弯曲应力，故带在工作时所承受的应力有：拉应力(紧边拉应力 σ_1、松边拉应力 σ_2)、离心应力 σ_c 和弯曲应力 σ_{b1} 三种。

拉应力大小与带所承受的拉力大小成正比，与带的横截面积成反比。弯曲应力与带轮的基准直径成反比，带轮基准直径越小，则弯曲应力越大。离心应力与带运动的速度大小及带的单位长度质量成正比，与带的横截面积成反比。

由带的工作情况分析可知，最大应力发生在带绕入小带轮处，其大小为三种应力之和(如图 8-9)，即：

$$\sigma_{max} = \sigma_1 + \sigma_c + \sigma_{b1}$$

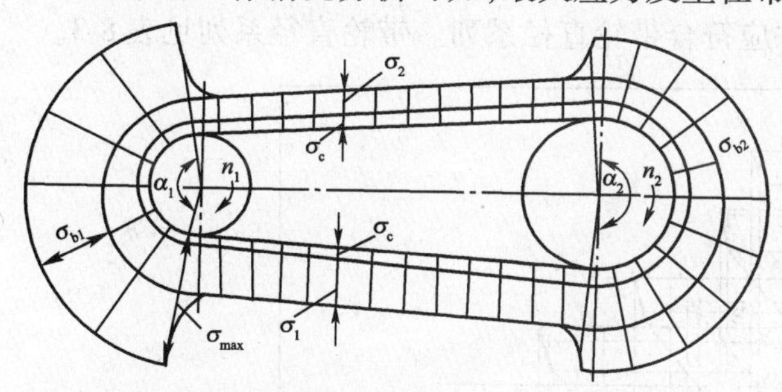

图 8-9　带传动的应力图

带上的应力随带的运动不断地循环变化，在使用一段时间后，当应力循环次数超过一定数值后，将会发生疲劳损坏，使传动失效。

带的疲劳强度条件：带上的最大应力小于或等于带的许用应力。

8.2.2　带的设计

设计 V 带传动的一般已知条件是：传动的用途和工作情况，传递功率，主动轮和从动轮的转速以及对外形尺寸的要求等。

设计计算准则：既要保证带与带轮接触面间不发生打滑，同时要保证带在许可使用年限内不发生疲劳破坏。

设计的内容：确定 V 带的型号、长度和根数，带轮的材料、结构和尺寸，中心距以及作用在轴上的力等。设计的步骤如下。

1)确定计算功率 P_c

计算功率 P_c 可按下式求得：

$$P_c = K_A P \tag{8-2}$$

式中：P——需要传递的名义功率，kW；

K_A——工作情况因数，见表 8-5。

工作情况因数 K_A 表 8-5

载荷性质	工作机	原动机					
		空、轻载启动			重载启动		
		每天工作小时(h)					
		<10	10~16	>16	<10	10~16	>16
载荷变动微小	液体搅拌机、通风机和鼓风机(≤7.5kW)、离心式水泵和压缩机、轻型输送机	1.0	1.1	1.2	1.1	1.2	1.3
载荷变动小	带式输送机(不均匀负荷)、通风机(>7.5kW)、旋转式水泵和压缩机(非离心式)、发电机、金属切削机床、旋转筛、锯木机和木工机械	1.1	1.2	1.3	1.2	1.3	1.4
载荷变动较大	制砖机、斗式提升机、往复式水泵和压缩机、起重机、磨粉机、冲剪机床、橡胶机械、振动筛、纺织机械、重载输送机	1.2	1.3	1.4	1.4	1.5	1.6
载荷变化很大	破碎机(旋转式、颚式等)、磨碎机(球磨、棒磨、管磨)	1.3	1.4	1.5	1.5	1.6	1.8

2)选择带的型号

根据计算功率和主动轮(通常是小带轮)转速，由图 8-10 选择 V 带型号。当在两种型号交线附近，可以两种型号同时计算，选择较佳者。

3)确定带轮基准直径

带轮基准直径是胶带节线所在圆的直径，即计算直径应根据实际情况来确定。通常小轮直径 d_{d1} 不应小于表 8-3 所示的最小直径，并应符合带轮直径系列。带轮直径系列见表 8-3。

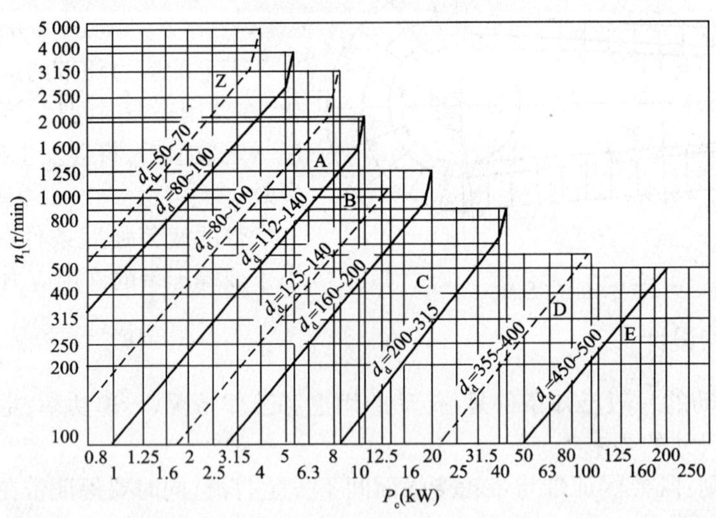

图 8-10 V 带型号的选择

4)小轮直径确定后，应验算带速 v

$$v = \frac{\pi d_{d1} n_1}{60 \times 1\,000} \qquad (\mathrm{m/s}) \tag{8-3}$$

式中：n_1——小带轮转速，r/min；

d_{d1}——小带轮直径，mm。

一般 $v \leqslant 25$ m/s。若速度过大，则会因离心力过大而降低带和带轮间的正压力，从而降低摩擦力和传动的工作能力；同时离心力过大又降低了带的疲劳强度。带速 v 也不能过小（一般不应小于 5 m/s）。带速太小说明所选的 d_{d1} 太小，这将使所需的圆周力过大，从而使所需的胶带根数过多。

大带轮直径 d_{d2} 也应按直径系列进行圆整。

$$d_{d2} = i \cdot d_{d1} \tag{8-4}$$

5）确定中心距 a 和胶带长度 L_d

中心距小虽能使传动紧凑，但带长太小，单位时间内胶带绕过带轮次数增多，即带的应力循环次数增加，将降低带的寿命。此外，中心距小又减小了包角 α_1，降低了摩擦力和传动能力。

中心距过大时除有相反的利弊外，高速时还易引起带的颤动。

一般推荐按下式初步确定中心距 a_0，

$$0.7(d_{d1} + d_{d2}) \leqslant a_0 \leqslant 2(d_{d1} + d_{d2}) \qquad (\text{mm}) \tag{8-5}$$

初选 a_0 后，可根据下式计算胶带的初选带的长度 L_{d0}。

$$L_{d0} = 2a_0 + \frac{\pi}{2}(d_{d1} + d_{d2}) + \frac{(d_{d2} - d_{d1})^2}{4a_0} \qquad (\text{mm}) \tag{8-6}$$

根据初选长度 L_{d0} 由表 8-4 选取和 L_{d0} 相近的标准胶带基准长度 L_d。

6）计算出实际中心距 a

$$a = a_0 + \frac{1}{2}(L_d - L_{d0}) \qquad (\text{mm}) \tag{8-7}$$

考虑到安装调整和胶带松弛后张紧的需要，应给中心距留出一定的调整余量。中心距的变动范围为 $-0.015L_d \sim +0.03L_d$。

7）验算小带轮包角 α_1

小带轮包角可按下式计算：

$$\alpha_1 = 180° - \frac{57.3°(d_{d2} - d_{d1})}{a} \geqslant 120° \tag{8-8}$$

一般小于此值，则应增大中心距 a。

8）确定胶带根数 z

（1）单根普通 V 带所能传递的额定功率 P_1。在载荷平稳、传动比 $i=1$、包角等于 180°、特定基准带长的情况下，根据带传动不打滑条件和带的疲劳强度条件，确定出单根普通 V 带所能传递的额定功率 P_1，作为普通 V 带传动计算的依据。

（2）单根普通 V 带所能传递的许可额定功率 P_0'。如果实际使用条件与确定 P_1 数据时的特定条件不同，必须考虑传动比不等于 1、包角不等于 180°、不是特定基准带长的情况，加以修正，从而得到许可额定功率 P_0'。

（3）确定胶带根数 z。带传动的设计计算准则是：单根 V 带传递的计算功率小于或等于单根 V 带的许可额定功率，即：

$$z \geqslant \frac{P_c}{P'_0} = \frac{P_c}{(P_1 + \Delta P_1)K_\alpha K_L} \tag{8-9}$$

式中：P_c——计算功率；

K_α——包角因数，查表 8-6；

K_L——长度因数，查表 8-4；

P_1——当包角等于 180°、特定带长、工作平稳的情况下，单根普通 V 带的额定功率，查表 8-7 ~ 表 8-12；

ΔP_1——当包角不等于 180°时，单根普通 V 带额定功率的增量，查表 8-7 ~ 表 8-12。

带的根数过多，应考虑更换带的型号，以减少根数。

包 角 因 数 K_α 表 8-6

小轮包角 α(°)	180	175	170	105	100	155	150	145	140	135	130	125	120
包角因数 K_α	1	0.99	0.98	0.96	0.95	0.93	0.92	0.91	0.89	0.88	0.86	0.84	0.82

Z 型 V 带的额定功率 P_1 和功率的增量 ΔP_1(kW) 表 8-7

n_1 (r/min)	d_{d1}(mm)						i										v (m/s) ≈
	50	56	63	71	80	90	1.00 ~ 1.01	1.02 ~ 1.04	1.05 ~ 1.08	1.09 ~ 1.12	1.13 ~ 1.18	1.19 ~ 1.24	1.25 ~ 1.34	1.35 ~ 1.50	1.51 ~ 1.99	≥ 2.00	
	P_1						ΔP_1										
800	0.10	0.12	0.15	0.20	0.22	0.24											
960	0.12	0.14	0.18	0.23	0.26	0.28		0.00									5
1 200	0.14	0.17	0.22	0.27	0.30	0.33					0.01						
1 450	0.16	0.19	0.25	0.30	0.35	0.36								0.02			
1 600	0.17	0.20	0.27	0.33	0.39	0.40											10
2 000	0.20	0.25	0.32	0.39	0.44	0.48											
2 400	0.22	0.30	0.37	0.46	0.50	0.54											15
2 800	0.26	0.33	0.41	0.50	0.56	0.60						0.03			0.04		

A 型 V 带的额定功率 P_1 和功率的增量 ΔP_1(kW) 表 8-8

n_1 (r/min)	d_{d1}(mm)						i										v (m/s) ≈
	75	90	100	112	125	140	1.00 ~ 1.01	1.02 ~ 1.04	1.05 ~ 1.08	1.09 ~ 1.12	1.13 ~ 1.18	1.19 ~ 1.24	1.25 ~ 1.34	1.35 ~ 1.51	1.52 ~ 1.99	≥ 2.00	
	P_1						ΔP_1										
800	0.45	0.68	0.83	1.00	1.19	1.41	0.00	0.01	0.02	0.03	0.04	0.05	0.06	0.08	0.09	0.10	
950	0.51	0.77	0.95	1.15	1.37	1.62	0.00	0.01	0.03	0.04	0.05	0.06	0.07	0.08	0.10	0.11	10
1 200	0.60	0.93	1.14	1.39	1.66	1.96	0.00	0.02	0.03	0.05	0.07	0.08	0.10	0.11	0.13	0.15	
1 450	0.68	1.07	1.32	1.61	1.92	2.28	0.00	0.02	0.04	0.06	0.08	0.09	0.11	0.13	0.15	0.17	15
1 600	0.73	1.15	1.42	1.74	2.07	2.45	0.00	0.02	0.04	0.06	0.09	0.11	0.13	0.15	0.17	0.19	
2 000	0.84	1.34	1.66	2.04	2.44	2.87	0.00	0.03	0.06	0.08	0.11	0.13	0.16	0.19	0.22	0.24	20
2 400	0.92	1.50	1.87	2.30	2.74	3.22	0.00	0.03	0.07	0.10	0.13	0.16	0.19	0.23	0.26	0.29	25
2 800	1.00	1.64	2.05	2.51	2.98	3.48	0.00	0.04	0.08	0.11	0.15	0.19	0.23	0.26	0.30	0.34	30

B 型 V 带的额定功率 P_1 和功率的增量 ΔP_1(kW) 表 8-9

n_1 (r/min)	d_{d1} (mm)						i										v (m/s) ≈
	125	140	160	180	200	224	1.00 ~ 1.01	1.02 ~ 1.04	1.05 ~ 1.08	1.09 ~ 1.12	1.13 ~ 1.18	1.19 ~ 1.24	1.25 ~ 1.34	1.35 ~ 1.51	1.52 ~ 1.99	≥ 2.00	
	P_1						ΔP_1										
200	0.48	0.59	0.74	0.88	1.02	1.19	0.00	0.01	0.01	0.02	0.03	0.04	0.04	0.05	0.06	0.06	5
400	0.84	1.05	1.32	1.59	1.85	2.17	0.00	0.01	0.03	0.04	0.06	0.07	0.08	0.10	0.11	0.13	
700	1.30	1.64	2.09	2.53	2.96	3.47	0.00	0.02	0.05	0.07	0.10	0.12	0.15	0.17	0.20	0.22	10
800	1.44	1.82	2.32	2.81	3.30	3.86	0.00	0.03	0.06	0.08	0.11	0.14	0.17	0.20	0.23	0.25	
950	1.64	2.08	2.66	3.22	3.77	4.42	0.00	0.03	0.07	0.10	0.13	0.17	0.20	0.23	0.26	0.30	15
1 200	1.93	2.47	3.17	3.85	4.50	5.26	0.00	0.04	0.08	0.13	0.17	0.21	0.25	0.30	0.34	0.38	
1 450	2.19	2.82	3.62	4.39	5.13	5.97	0.00	0.05	0.10	0.15	0.20	0.25	0.31	0.36	0.40	0.46	20
1 600	2.33	3.00	3.86	4.68	5.46	6.33	0.00	0.06	0.11	0.17	0.23	0.28	0.34	0.39	0.45	0.51	
1 800	2.50	3.23	4.15	5.02	5.83	6.73	0.00	0.06	0.13	0.19	0.25	0.32	0.38	0.44	0.51	0.57	25
2 000	2.64	3.42	4.40	5.30	6.13	7.02	0.00	0.07	0.14	0.21	0.28	0.35	0.42	0.49	0.56	0.63	

C 型 V 带的额定功率 P_1 和功率的增量 ΔP_1(kW) 表 8-10

n_1 (r/min)	d_{d1} (mm)						i										v (m/s) ≈
	200	224	250	280	315	355	1.00 ~ 1.01	1.02 ~ 1.04	1.05 ~ 1.08	1.09 ~ 1.12	1.13 ~ 1.18	1.19 ~ 1.24	1.25 ~ 1.34	1.35 ~ 1.51	1.52 ~ 1.99	≥ 2.00	
	P_1						ΔP_1										
500	2.87	3.58	4.33	5.19	6.17	7.27	0.00	0.05	0.10	0.15	0.20	0.24	0.29	0.54	0.39	0.44	
600	3.30	4.12	5.00	6.00	7.14	8.45	0.00	0.06	0.12	0.18	0.24	0.29	0.35	0.41	0.47	0.53	15
700	3.69	4.64	5.64	6.76	8.09	9.50	0.00	0.07	0.14	0.21	0.27	0.34	0.41	0.48	0.55	0.62	
800	4.07	5.12	6.23	7.52	8.92	10.46	0.00	0.08	0.16	0.23	0.31	0.39	0.47	0.55	0.63	0.71	20
950	4.58	5.78	7.04	8.49	10.05	11.73	0.00	0.09	0.19	0.27	0.37	0.47	0.56	0.65	0.74	0.83	
1 200	5.29	6.71	8.21	9.81	11.53	13.31	0.00	0.12	0.24	0.35	0.47	0.59	0.70	0.82	0.94	1.06	25
1 450	5.84	7.45	9.04	10.72	12.46	14.12	0.00	0.14	0.28	0.42	0.58	0.71	0.85	0.99	1.14	1.27	30

D 型 V 带的额定功率 P_1 和功率的增量 ΔP_1(kW) 表 8-11

n_1 (r/min)	d_{d1} (mm)						i										v (m/s) ≈
	355	400	450	500	560	630	1.00 ~ 1.01	1.02 ~ 1.04	1.05 ~ 1.08	1.09 ~ 1.12	1.13 ~ 1.18	1.19 ~ 1.24	1.25 ~ 1.34	1.35 ~ 1.51	1.52 ~ 1.99	≥ 2.00	
	P_1						ΔP_1										
300	7.35	9.13	11.02	12.88	15.07	17.57	0.00	0.10	0.21	0.31	0.42	0.52	0.62	0.73	0.83	0.94	15
400	9.24	11.45	13.85	16.20	18.95	22.05	0.00	0.14	0.28	0.42	0.56	0.70	0.83	0.97	1.11	1.25	
500	10.90	13.55	16.40	19.17	22.38	25.94	0.00	0.17	0.35	0.52	0.70	0.87	1.04	1.22	1.39	1.56	20
600	12.39	15.42	18.67	21.78	25.32	29.18	0.00	0.21	0.42	0.62	0.83	1.04	1.25	1.46	1.67	1.88	25
700	13.70	17.07	20.63	23.99	27.73	31.68	0.00	0.24	0.49	0.73	0.97	1.22	1.46	1.70	1.95	2.19	
800	14.83	18.46	22.25	25.76	29.55	33.38	0.00	0.28	0.56	0.83	1.11	1.39	1.67	1.95	2.22	2.50	30
950	16.15	20.06	24.01	27.50	31.04	34.19	0.00	0.33	0.66	0.99	1.32	1.60	1.92	2.31	2.64	2.97	35

E 型 V 带的额定功率 P_1 和功率的增量 ΔP_1(kW) 表 8-12

n_1 (r/min)	d_{d1}(mm)						i										v (m/s) ≈
	500	560	630	700	800	900	1.00 ~ 1.01	1.02 ~ 1.04	1.05 ~ 1.08	1.09 ~ 1.12	1.13 ~ 1.18	1.19 ~ 1.24	1.25 ~ 1.34	1.35 ~ 1.51	1.52 ~ 1.99	≥ 2.00	
	P_1						ΔP_1										
250	12.97	15.67	18.77	22.23	26.03	30.14	0.00	0.17	0.34	0.52	0.69	0.86	1.03	1.20	1.37	1.55	15
300	14.96	18.10	21.69	25.69	30.05	34.71	0.00	0.21	0.41	0.62	0.83	1.03	1.24	1.45	1.65	1.86	
350	16.81	20.38	24.42	28.89	33.73	38.64	0.00	0.24	0.48	0.72	0.96	1.20	1.45	1.69	1.92	2.17	20
400	18.55	22.49	26.95	31.83	37.05	42.49	0.00	0.28	0.55	0.83	1.00	1.38	1.65	1.93	2.20	2.48	
500	21.65	26.25	31.36	36.85	42.53	48.20	0.00	0.34	0.64	1.03	1.38	1.72	2.07	2.41	2.75	3.10	25
600	24.21	29.30	34.83	40.58	46.26	51.48	0.00	0.41	0.83	1.24	1.65	2.07	2.48	2.89	3.31	3.72	30
700	26.21	31.59	37.26	42.87	47.96	51.95	0.00	0.48	0.97	1.45	1.93	2.41	2.89	3.38	3.86	4.34	35

9)计算预拉力 F_0 和轴上压力 F_Q

预拉力越大,胶带对轮面的正压力和摩擦力也越大,不易打滑,即传递载荷的能力越大;但预拉力太大会增大胶带的拉应力,从而降低其使用寿命,同时作用在轴上的载荷也大。故预拉力的大小应适当。考虑离心力不良影响时,单根胶带的预拉力可按下式计算:

$$F_0 = 500\frac{P_c}{vz}(2.5/K_\alpha - 1) + qv^2 \qquad (\mathrm{N}) \tag{8-10}$$

式中:v——带速,m/s;

z——胶带根数;

P_c——计算功率,kW;

K_α——包角因数;

q——胶带每米长的质量,kg/m,见表 8-2。

为了设计安装带轮的轴和轴承,必须确定带传动作用在轴上的压力 F_Q。作用在轴上的压力可按下式计算:

$$F_Q \approx 2zF_0 \cdot \sin(\alpha_1/2) \qquad (\mathrm{N})$$

10)选择带轮的结构并绘制带轮的零件图

例 8-1 设计一带式输送机传动系统中的高速级普通 V 带传动。所需传递的功率 $P=3\mathrm{kW}$,转速 $n_1=960$ r/min,带的传动比 $i=2.5$,工人单班制工作,工作机有轻微冲击。

解:设计步骤如下:

(1)确定计算功率。

$$P_c = K_A \cdot P$$

式中,$P=3.5$ kW;K_A 为工作情况因数,见表 8-5,取 $K_A=1.1$。

$$P_c = 3.3\ \mathrm{kW}$$

(2)选择带的型号。

根据计算功率 $P_c=3.3$ kW 和小带轮转速 $n_1=960$ r/min,由图 8-10 选择 V 带型号。取 A 型带。

(3)确定带轮基准直径。

①自定小带轮基准直径 d_{d1}，应符合表 8-3 最小直径要求，取 $d_{d1}=75\text{mm}$。

②验算带速 v：

$$v=\frac{\pi d_{d1}n_1}{60\times 1\,000}=\frac{3.14\times 75\times 960}{60\times 1\,000}=3.78\text{m/s}$$

因为 $v\leqslant 5\text{m/s}$，所以要增大 d_{d1}，取 $d_{d1}=125\text{mm}$，$v=6.28\text{m/s}$。

③计算大带轮基准直径。

$$d_{d2}=id_{d1}=2.5\times 125=312.5\text{mm}$$

参考表 8-3 取 $d_{d2}=315\text{mm}$。

(4)确定中心距 a 和胶带长度 L_d。

①初步确定中心距 a_0

$$0.7(d_{d1}+d_{d2})\leqslant a_0\leqslant 2(d_{d1}+d_{d2})$$

$$0.7\times(125+315)\leqslant a_0\leqslant 2\times(125+315)$$

$$308\text{mm}\leqslant a_0\leqslant 880\text{mm}$$

取 $a_0=400\text{mm}$。

②初选 a_0 后，可根据下式计算胶带的初选带的长度 L_{d0}

$$L_{d0}=2a_0+\pi(d_{d1}+d_{d2})/2+(d_{d2}-d_{d1})^2/4a_0$$

$$L_{d0}=2\times 400+3.14\times(125+315)/2+(315-125)^2/(4\times 400)=1\,513.4\text{mm}$$

根据初选长度 L_{d0} 由表 8-4 选取和 L_{d0} 相近的标准胶带基准长度 $L_d=1\,000\text{mm}$

(5)计算出实际中心距 a。

$$a=a_0+(L_d-L_{d0})/2$$

$$a=400+(1\,000-1\,513.3)/2=443.3\text{mm}$$

中心距的变动范围为：

$$-0.015L_d\leqslant a\leqslant +0.03L_d$$

$$419.3\text{mm}\leqslant a\leqslant 491.3\text{mm}$$

(6)验算小带轮包角 α_1。

$$\alpha_1=180°-57.3°(d_{d2}-d_{d1})/a$$

$$\alpha_1=180°-57.3°(315-125)/443.3$$

$$\alpha_1=154.3°>120°$$

(7)确定胶带根数 z。

$$z\geqslant P_{ca}/P'_0=P_{ca}/(P_1+\Delta P_1)K_\alpha K_L$$

$$P_{ca}=3.3\text{kW}$$

P_1、ΔP_1 由表 8-8 得　　$P_1=1.38\text{kW}$，$\Delta P_1=0.111\text{kW}$

由表 8-6 查包角因数：　　$K_\alpha=0.915$

由表 8-4 查长度因数：　　$K_L=0.99$

$$z\geqslant\frac{3.3}{(1.38+0.111)\times 0.915\times 0.99}=2.45$$

取 $z=3$。

(8)计算预拉力 F_0。

$$F_0=500\frac{P_{ca}}{vz}(2.5/K_\alpha-1)+qv^2$$

q 为胶带每米长的质量,kg/m,查表 8-2,取 $q=0.1$ kg/m。

(9)带传动作用在轴上的压力 F_Q。

$$F_0 = 500 \times \frac{3.3}{6.28 \times 3}\left(\frac{2.5}{0.915} - 1\right) + 0.1 \times 6.28^2 = 155.65\text{N}$$

$$F_Q \approx 2zF_0 \cdot \sin(\alpha_1/2)$$

$$F_Q \approx 2 \times 3 \times 155.65 \times \sin\left(\frac{154^\circ}{2}\right) = 910.5\text{N}$$

(10)选择带轮的结构并绘制带轮的零件图。略。

本 章 小 结

(1)概述:带传动是靠带与带轮接触面之间的摩擦力来传递运动和动力。其传动平稳,有过载保护作用,但效率低,不能准确保持传动比。

(2)带传动应力分析与强度条件:带在工作时有拉应力、离心应力 σ_c 和弯曲应力 σ_{b1} 三种。最大应力发生在带绕入小带轮处,其大小为三种应力之和。

带的疲劳强度条件是:带上的最大应力小于或等于带的许用应力。

(3)带传动的弹性滑动:带传动的弹性滑动和打滑是两个截然不同的概念。弹性滑动是由于带工作时紧边和松边存在拉力差,使带的两边弹性变形量不相等,从而引起带与轮之间局部而微小的相对滑动,是不可避免的。弹性滑动会降低传动效率,引起带的磨损。

打滑则是由于过载而引起的带在带轮上的全面滑动,使传动失效。

(4)带传动的主要失效形式是打滑和疲劳破坏。

(5)带传动的设计准则为:在保证带传动不打滑的条件下,具有一定的疲劳强度和寿命。

习 题

8-1 带传动有哪些应用?请举例说明。

8-2 与平带相比,普通 V 带传动有何优点?

8-3 带传动中的打滑与弹性滑动有何区别?它们对传动有何影响?

8-4 V 带传动的主要失效形式有哪些?

8-5 V 带传动张紧的目的是什么?常用的张紧方法有哪些?

8-6 带速超出推荐范围有何不好?并谈谈解决方法。

8-7 带轮及传动带是怎么安装的?要注意些什么?

8-8 带的根数太多有何不好?怎么解决?

8-9 包角过小有何不好?怎么解决?

8-10 自行车用带传动,会出现什么现象?

8-11 设计一带式输送机传动系统中的高速级普通 V 带传动。电动机额定功率 $P=4$kW,转速 $n_1=1\,440$r/min,带的传动比 $i=3$,工人双班制工作,工作机有轻微冲击。

8-12 试设计一普通 V 带传动,主动轮转速 $n_1=960$r/min,从动轮转速 $n_2=320$r/min,带为 B 型,电动机功率 $P=4$kW,两班制工作,载荷平稳。

8-13 已知一普通 V 带传动,主动轮基准直径 $d_{d1}=250$mm,从动轮基准直径 $d_{d2}=900$mm,

$n_1 = 1\ 440\text{r/min}$，V 带为 C 型，$L_d = 4\ 000\text{mm}$，原动机为空载启动，工作时载荷变动较小，三班制工作。试计算该 V 带传动所能传递的功率及作用在轴上的力。

实训任务

熟悉带传动的特点及应用，会根据实际场合设计带传动。

(1)通过观察带传动的视频和实物，了解带传动的种类、特点和应用。

(2)熟悉带传动的安装与维护。

(3)设计一带传动：带式输送机传动系统中的高速级普通 V 带传动。电动机额定功率 $P = 4\text{kW}$，转速 $n_1 = 1\ 440\text{r/min}$，带的传动比 $i = 3$，工人双班制工作，工作机有轻微冲击。

第9章 链 传 动

学习目标

知识目标：1. 理解链传动的特点及应用；

2. 了解链轮和链条的特点和选择；

3. 理解链传动的受力特点及链传动的布置、张紧；

4. 掌握链传动的设计方法。

能力目标：会根据具体场合设计链传动。

链传动和带传动一样，也是通过中间挠性件（带或链）传递运动和动力的，适用于两轴中心距较大的场合。在这种场合下，与应用广泛的齿轮传动相比，它们具有结构简单、成本低廉等优点。

9.1 链传动的特点和应用

链传动是由装在平行轴上的主、从动链轮和绕在链轮上的环形链条所组成（图9-1），以链作中间挠性件，靠链与链轮轮齿的啮合来传递动力。

与带传动相比，链传动没有弹性滑动和打滑，能保持准确的平均传动比；需要的张紧力小，作用在轴上的压力也小，可减少轴承的摩擦损失；结构紧凑；能在温度较高、有油污等恶劣环境条件下工作。与齿轮传动相比，链传动的制造和安装精度要求较低；中心距较大时其传动结构简单。链传动的主要缺点是：瞬时链速和瞬时传动比不是常数，因此传动平稳性较差，工作中有一定的冲击和噪声。

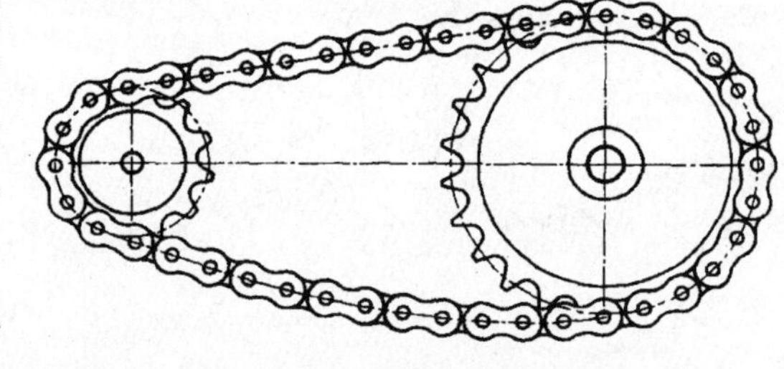

图9-1 链传动简图

目前，链传动广泛应用于矿山机械、农业机械、石油机械、机床及摩托车中。

通常，链传动的传动比 $i \leq 8$；中心距 $a \leq 5 \sim 6\text{m}$；传递功率 $P \leq 100\text{kW}$；圆周速度 $v \leq 15\text{m/s}$；传动效率约为 0.95 ~ 0.98。

9.2 链条和链轮

9.2.1 链条

传递动力用的链条，按结构的不同主要有滚子链和齿形链两种。

1）滚子链

滚子链是由内链板1、外链板2、销轴3、套筒4和滚子5所组成（图9-2），也称为套筒滚子链。其中，内链板紧压在套筒两端，销轴与外链板铆牢，分别称为内、外链节。这样，内外链节就构成一个铰链。滚子与套筒、套筒与销轴均为间隙配合。当链条啮入和啮出时，内外链节作相对转动；同时，滚子沿链轮轮齿滚动，可减少链条与轮齿的磨损。内外链板均制成"8"字形，以减轻质量并保持链板各横截面的强度大致相等。

链条的各零件由碳素钢或合金钢制成，并经热处理，以提高其强度和耐磨性。

滚子链上相邻两滚子中心的距离称为链的节距，以 p 表示，它是链条的主要参数。节距越大，链条各零件的尺寸越大，所能传递的功率也越大。

滚子链可制成单排链(图 9-2)和多排链，如双排链(图 9-3，图中 p_t 为排距)或三排链等。

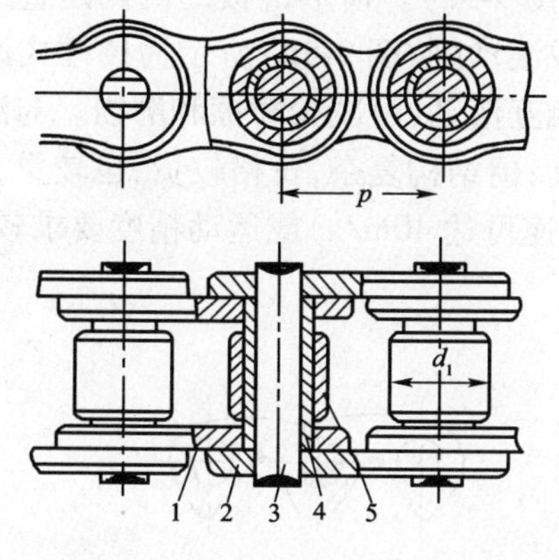

图 9-2　滚子链

1-内链板；2-外链板；3-销轴；4-套筒；5-滚子

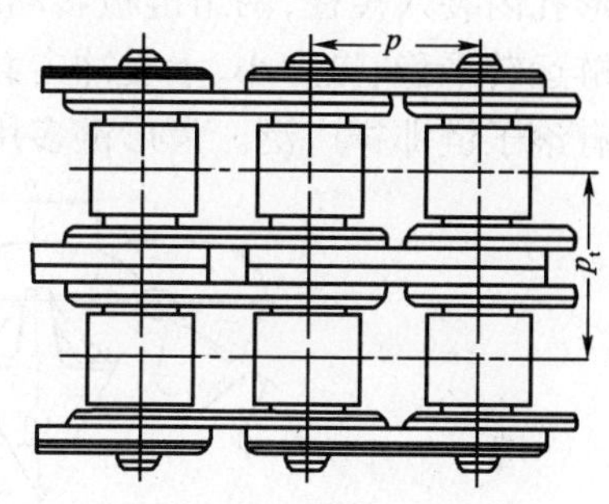

图 9-3　双排滚子链

滚子链已标准化，分为 A、B 两种系列，常用的是 A 系列。表 9-1 列出几种 A 系列滚子链的主要参数。

A 系列滚子链的主要参数　　表 9-1

链　号	节距 p (mm)	排距 p_t (mm)	滚子外径 d_1 (mm)	极限载荷 Q(单排) (N)	每米长质量 q(单排) (kg/m)
08A	12.70	14.38	7.95	13 800	0.60
10A	15.875	18.11	10.16	21 800	1.00
12A	19.05	22.78	11.91	31 100	1.50
16A	25.40	29.29	15.88	55 600	2.60
20A	31.75	35.76	19.05	86 700	3.80
24A	38.10	45.44	22.23	124 600	5.60
28A	44.45	48.87	25.40	169 000	7.50
32A	50.80	58.55	28.58	222 400	10.10
40A	63.50	71.55	39.68	347 000	16.10
48A	76.20	87.83	47.63	500 400	22.60

注：1. 摘自 GB 1243.1—83，表中链号与相应的国际标准链号一致，链号乘以 $\frac{25.4}{16}$ 即为节距值(mm)。后缀 A 表示 A 系列。

2. 使用过渡链节时，其极限载荷按表列数值 80% 计算。

链条长度以链节数来表示。链节数最好取为偶数，以便链条连成环形时正好是外链板与内链板相接，接头处可用开口销或弹簧夹锁紧，如图 9-4a)、b)所示。若链节数为奇数时，则需采用过渡链节(图 9-4c)。在链条受拉时,过渡链节还要承受附加的弯曲载荷,通常应避免采用。

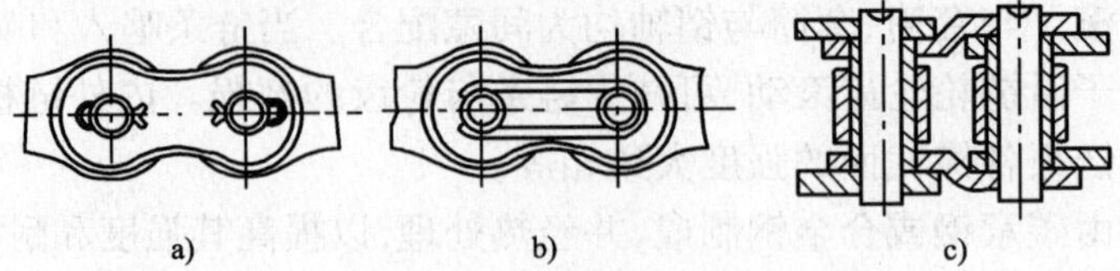

图 9-4　滚子链的接头形式

2)齿形链

齿形链是由许多齿形链板用铰链连接而成(图 9-5a)。齿形链板的两侧是直边,工作时链板侧边与链轮齿廓相啮合。铰链可做成滑动副或滚动副,图 9-5b)所示为棱柱式滚动副,链板的成形孔内装入棱柱,两组链板转动时,两棱柱相互滚动,可减少摩擦和磨损。与滚子链相比,齿形链运转平稳、噪声小、承受冲击载荷的能力高;但结构复杂,价格较贵、也较重,所以它的应用没有滚子链那样广泛。齿形链多用于高速(链速可达 40m/s)或运动精度要求较高的传动。

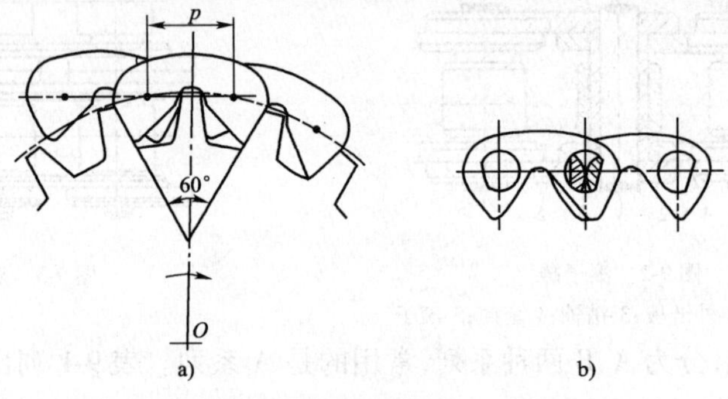

图 9-5　齿形链

9.2.2　链轮

国家标准仅规定了滚子链链轮齿槽的齿面圆弧半径 r_e、齿沟圆弧半径 r_i 和齿沟角 α(图 9-6a)的最大值和最小值。各种链轮的实际端面齿形均应在最大和最小齿槽形状之间。这样处理使链轮齿廓曲线设计有很大的灵活性。但齿形应保证链节能平稳自如地进入和退出啮合,并便于加工。符合上述要求的端面齿形曲线有多种,最常用的是"三圆弧一直线"齿形。

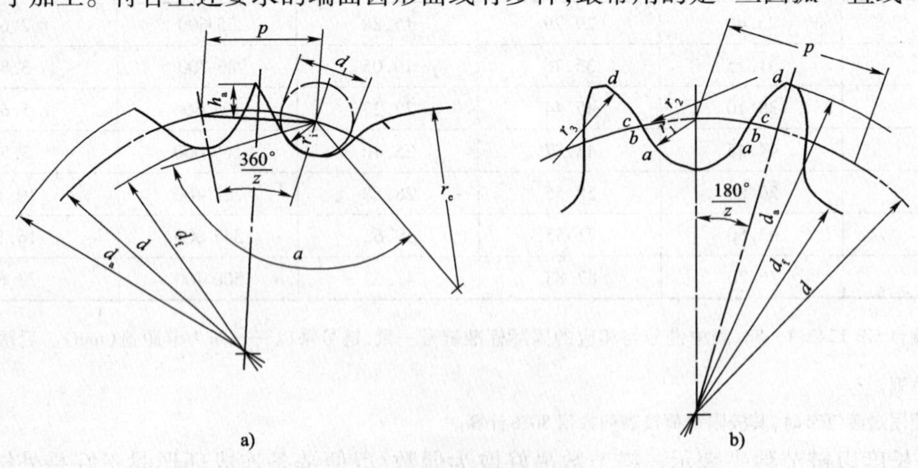

图 9-6　滚子链链轮端面齿形

链轮轴面齿形两侧呈圆弧状(图 9-7),以便于链节进入和退出啮合。

链轮上被链条节距等分的圆称为分度圆,其直径用 d 表示(图 9-6)。若已知节距 p 和齿数 z 时,链轮主要尺寸的计算式为:

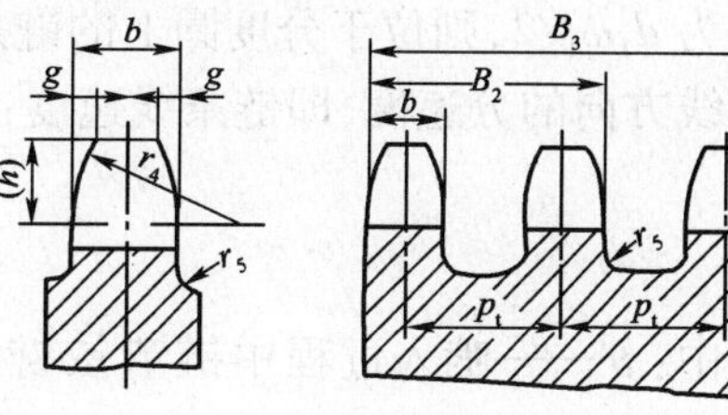

图 9-7　滚子链链轮轴面齿形

$$
\left.
\begin{aligned}
&\text{分度圆直径} \quad d = \frac{p}{\sin \dfrac{180^\circ}{z}} \\
&\text{齿顶圆直径} \quad d_{a\max} = d + 1.25p - d_1 \\
&\qquad\qquad\qquad d_{a\min} = d + \left(1 - \frac{1.6}{z}\right)p - d_1 \\
&\text{齿根圆直径} \quad d_f = d - d_1
\end{aligned}
\right\} \quad (9\text{-}1)
$$

式中:d_1 ——滚子直径。

如选用三圆弧—直线齿形,则:

$$d_a = p\left(0.54 + \cot \frac{180^\circ}{z}\right)$$

齿形用标准刀具加工时,在链轮工作图上不必绘制端面齿形,但须给出链轮轴面齿形,以便车削链轮毛坯。轴面齿形的具体尺寸见有关设计手册。

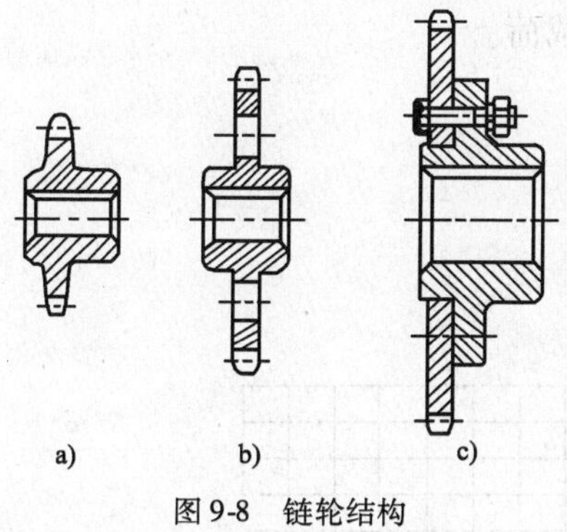

图 9-8　链轮结构

链轮齿应有足够的接触强度和耐磨性,故齿面多经热处理。小链轮的啮合次数比大链轮多,所受冲击力也大,故所用材料一般优于大链轮。常用的链轮材料有碳素钢(如 Q235、Q275、45、ZG310-570 等)、灰铸铁(如 HT200)等。重要的链轮可采用合金钢。

链轮的结构如图 9-8 所示。小直径链轮可制成实心式(图 9-8a);中等直径的链轮可制成孔板式(图 9-8b);直径较大的链轮可设计成组合式(图 9-8c),若轮齿因磨损而失效,可更换齿圈。链轮轮齿部分的尺寸可参考带轮。

9.3　链传动的运动分析和受力分析

9.3.1　链传动的运动分析

链条进入链轮后形成折线,因此链传动相当于一对多边形轮之间的传动。设 z_1、z_2 为两链轮的齿数,p 为节距(mm),n_1、n_2 为两链轮的转速(r/min),则链条线速度(简称链速)为:

$$v = \frac{z_1 p n_1}{60 \times 1\,000} = \frac{z_2 p n_2}{60 \times 1\,000} \quad (\text{m/s}) \tag{9-2}$$

传动比为:

$$i = \frac{n_1}{n_2} = \frac{z_2}{z_1} \tag{9-3}$$

以上两式求得的链速和传动比都是平均值。实际上,由于多边形效应,瞬时链速和瞬时传动比都是变化的。

现按图9-9分析链轮和链条的速度。当主动轮以角速度ω_1回转时，链轮分度圆的圆周速度为$d_1\omega_1/2$，则位于分度圆上的链条铰链的速度也是$d_1\omega_1/2$（如图中铰链A）。它在沿链节中心线方向的分速度，即链条线速度：

$$v = \frac{d_1\omega_1}{2}\cos\theta$$

式中：θ——啮入过程中链节铰链在主动轮上的相位角，θ的变化范围为$\left(-\frac{180°}{z_1}\right)\to 0 \to \left(+\frac{180°}{z_1}\right)$。

当$\theta = 0°$时，链速最大，$v_{max} = d_1\omega_1/2$；

当$\theta = \pm\frac{180°}{z_1}$时，链速最小，$v_{min} = \frac{d_1\omega_1}{2}\cos\frac{180°}{z_1}$。

即链轮每转过一齿，链速就时快时慢地变化一次。由此可知，当ω_1 = 常数时，瞬时链速和瞬时传动比都作周期性变化。

同理，链条在垂直于链节中心线方向的分速度$v' = \frac{d_1\omega_1}{2}\sin\theta$，也作周期性变化，从而使链条上下抖动。

由于链速是变化的，工作时不可避免地要产生振动和动载荷。

链条线速度的变化可用链条不均匀系数δ来表示：

$$\delta = \frac{v_{max} - v_{min}}{v_m}$$

式中：v_m——平均链速。

齿数不同时链速不均匀系数的变化如图9-10所示。

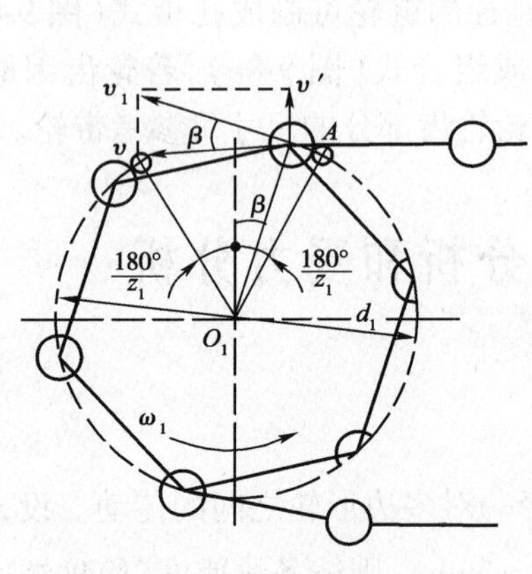

图9-9 链传动的速度分析

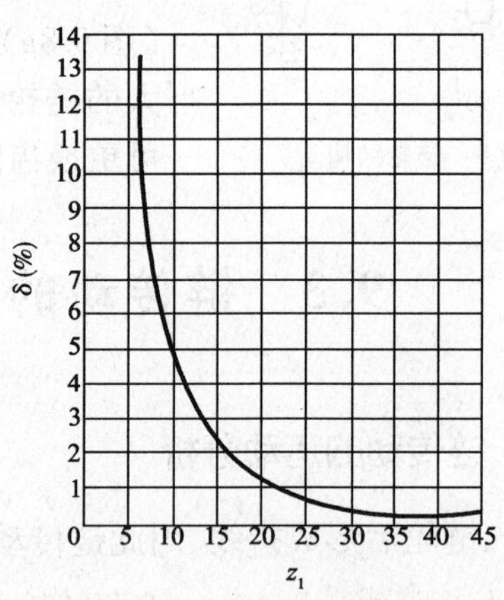

图9-10 链速不均匀系数变化曲线

9.3.2 链传动的受力分析

安装链传动时，只需不大的张紧力，主要是使链的松边的垂度不致过大，否则会产生显著振动、跳齿和脱链。若不考虑传动中的动载荷，作用在链上的力有：圆周力（即有效拉力）F，离心拉力F_c和悬垂拉力F_y。如图9-11所示，链的紧边拉力为：

$$F_2 = F_c + F_y \qquad (N)$$

松边拉力为：

$$F_1 = F + F_c + F_y \quad (\text{N})$$

围绕在链轮上的链节在运动中产生的离心拉力：

$$F_c = qv^2 \qquad (\text{N})$$

式中：q ——链的每米长质量，kg/m，见表 9-1；

v ——链速，m/s。

悬垂拉力可利用求悬索拉力的方法近似求得。

$$F_y = K_y qga \qquad (\text{N})$$

式中：a ——链传动的中心距，m；

g ——重力加速度，$g = 9.81\text{m/s}^2$；

K_y ——下垂量 $y = 0.02a$ 时的垂度系数，其值与中心线和水平线的夹角 β（图 9-11）有关。垂直布置时 $K_y = 1$；水平布置时 $K_y = 7$；倾斜布置时 $K_y = 2.5$（当 $\beta = 75°$ 时），$K_y = 4(\beta = 60°)$，$K_y = 6(\beta = 30°)$。

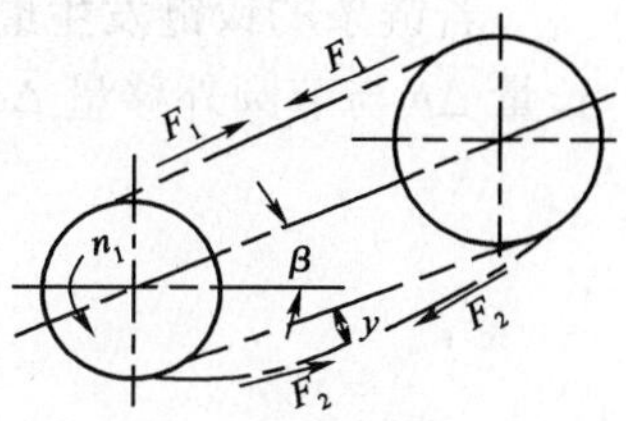

图 9-11　作用在链上的力

链作用在轴上的压力 F_Q 可近似取为：

$$F_Q = (1.2 \sim 1.3)F$$

有冲击和振动时取大值。

例 9-1　一单排滚子链传动，已知：链轮齿数 $z_1 = 17$，$z_2 = 25$，采用 08A 链条（节距 $p = 12.7$mm），中心距 $a = 40p$（m），水平布置；传递功率 $P = 1.5$kW，载荷平稳；小轮主动，其转速 $n_1 = 150$r/min。求：(1) 离心拉力 F_c；(2) 悬垂拉力 F_y；(3) 链的紧边拉力和松边拉力；(4) 链的静力强度安全系数。

解：(1) 离心拉力：

$$\text{链速}\ v = \frac{z_1 n_1 p}{60 \times 1\,000} = \frac{17 \times 150 \times 12.7}{60 \times 1\,000} = 0.54\text{m/s}$$

由表 9-1 查得 08A 链条每米长质量 $q = 0.60$kg/m，故离心拉力：

$$F_c = qv^2 = 0.60 \times 0.54^2 = 0.175\text{N}$$

因链速很低，F_c 值很小，可略去不计。

(2) 悬垂拉力。水平布置时垂度系数 $K_y = 7$。

$$F_y = K_y qga = 7 \times 0.6 \times 9.81 \times 40 \times \frac{12.7}{1\,000} = 21\text{N}$$

(3) 紧边拉力和松边拉力。

圆周力 $F = \dfrac{1\,000P}{v} = \dfrac{1\,000 \times 1.5}{0.54} = 2\,778\text{N}$

紧边拉力 $F_1 = F + F_y = 2\,778 + 21 = 2\,799\text{N}$（已略去 F_c）

松边拉力 $F_2 = F_y = 21\text{N}$（已略去 F_c）

(4) 静力强度安全系数。由表 9-1 查得 08A 链的极限拉伸载荷 $Q = 13\,800$N，故安全系数为：

$$s = \frac{Q}{F_1} = \frac{13\,800}{2\,799} = 4.93$$

9.4 链传动的主要参数及其选择

9.4.1 链轮齿数

由上节分析可知，为使链传动的运动平稳，小链轮齿数不宜过少。对于滚子链，可按链速由表9-2选取 z_1。然后，按传动比确定大链轮齿数，$z_2 = iz_1$。

小链轮齿数 z_1 表9-2

链速 v(m/s)	0.6～3	3～8	>8
z_1	≥17	≥21	≥25

若链条的铰链发生磨损，将使链条节距变长、链轮节圆 d' 向齿顶移动(图9-12)。节距增长量 Δp 与节圆外移量 $\Delta d'$ 的关系，可由式(9-1)导出：

$$\Delta d' = \frac{\Delta p}{\sin\dfrac{180°}{z_1}}$$

所以大链轮齿数不宜过多，一般应使 $z_2 \leqslant 120$。

一般链条节数为偶数，而链轮齿数最好选取奇数，这样可使磨损较均匀。

9.4.2 链的节距

链的节距越大，其承载能力越高。但应注意：当链节以一定的相对速度与链轮齿啮合的瞬间，将产生冲击和动载荷。如图9-13所示，根据相对运动原理，把链轮看做静止的，链节就以角速度 $-\omega$ 进入轮齿而产生冲击。根据分析，节距越大、链轮转速越高时，冲击也越大。因此，设计时，应尽可能选用小节距的链，高速重载时可选用小节距多排链。

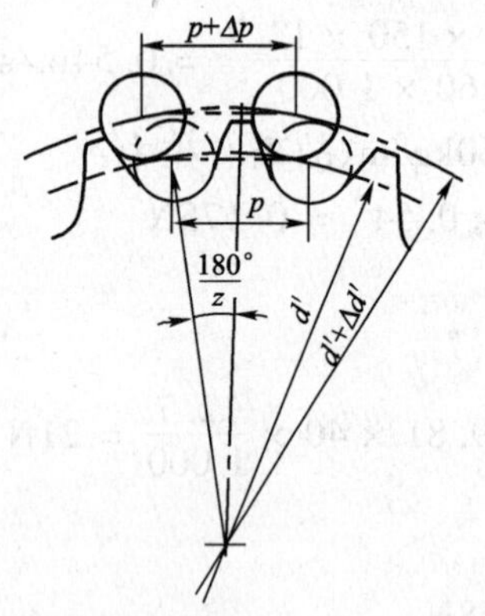

图9-12 节圆外移量与链节距增长量的关系

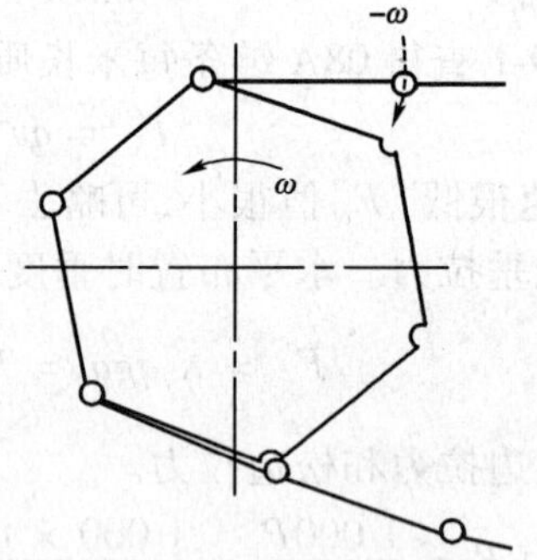

图9-13 啮合瞬间的冲击

9.4.3 中心距和链的节数

若链传动中心距过小，则小链轮上的包角也小，同时啮合的链轮齿数也减少；若中心距过大，则易使链条抖动。一般可取中心距 $a = (30 \sim 50)p$，最大中心距 $a_{max} \leqslant 80p$。

链条长度用链的节数 L_p 表示。按带传动求带长的公式可导出：

$$L_p = 2\frac{a_0}{p} + \frac{z_1 + z_2}{2} + \frac{p}{a_0}\left(\frac{z_2 - z_1}{2\pi}\right)^2 \qquad (9\text{-}4)$$

由此算出的链的节数,须圆整为整数,最好取为偶数。

运用上式可解得由节数 L_p 求中心距 a 的公式:

$$a = \frac{p}{4}\left[\left(L_p - \frac{z_1 + z_2}{2}\right) + \sqrt{\left(L_p - \frac{z_1 + z_2}{2}\right)^2 - 8\left(\frac{z_2 - z_1}{2\pi}\right)^2}\right] \qquad (9\text{-}5)$$

为了便于安装链条和调节链的张紧程度,一般中心距设计成可以调节的。若中心距不能调节,而又没有张紧装置时,应将计算的中心距减小 2 ~ 5 mm。这样可使链条有小的初垂度,以保持链传动的张紧。

9.5 滚子链传动的计算

9.5.1 失效形式

链传动的主要失效形式有以下几种:

(1)链板疲劳破坏。链在松边拉力和紧边拉力的反复作用下,经过一定的循环次数,链板会发生疲劳破坏。正常润滑条件下,疲劳强度是限定链传动承载能力的主要因素。

(2)滚子套筒的冲击疲劳破坏。链传动的啮入冲击首先由滚子和套筒承受。在反复多次的冲击下,经过一定的循环次数,滚子、套筒会发生冲击疲劳破坏。这种失效形式多发生于中、高速闭式链传动中。

(3)销轴与套筒的胶合。润滑不当或速度过高时,销轴和套筒的工作表面会发生胶合。胶合限定了链传动的极限转速。

(4)链条铰链磨损。铰链磨损后链节变长,容易引起跳齿或脱链。开式传动、环境条件恶劣或润滑密封不良时,极易引起铰链磨损,从而急剧降低链条的使用寿命。

(5)过载拉断。这种拉断常发生于低速重载或严重过载的传动中。

9.5.2 功率曲线图

链传动有多种失效形式。在一定的使用寿命下,从一种失效形式出发,可得出一个极限功率表达式。为了清楚,常用线图来表示。在图 9-14 所示的极限功率曲线中,1 是在正常润滑条件下,铰链磨损限定的极限功率;2 是链板疲劳强度限定的极限功率;3 是套筒、滚子冲击疲劳强度限定的极限功率;4 是铰链胶合限定的极限功率。图中阴影部分为实际使用的区域。若润滑密封不良及工况恶劣时,磨损将很严重,其极限功率大幅度下降,如图中虚线所示。

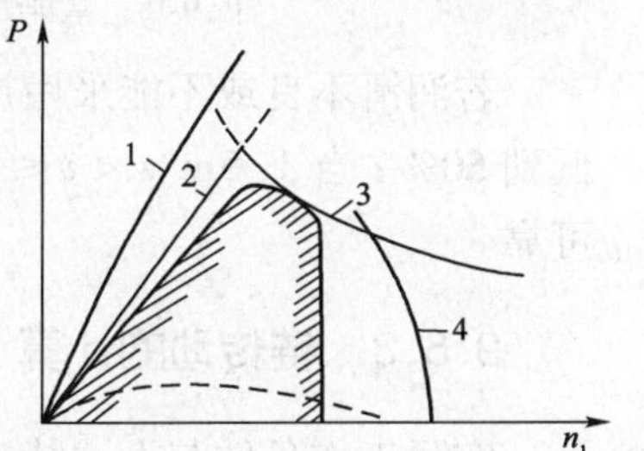

图 9-14　极限功率曲线

图 9-15 所示为 A 系列滚子链所能传递的功率。它是在特定条件下制定的,即:

(1)两轮共面;

(2)小轮齿数 $z_1 = 19$;

(3)链长 $L_p = 40$ 节;

(4)传动比 $i=3$；

(5)按推荐的方式润滑；

(6)工作寿命为 15 000h；

(7)载荷平稳；

(8)链条因磨损而引起的相对伸长量不超过 3%。

图 9-15 表明，当采用推荐的润滑方式时，链传动所能传递的功率 P_0、小轮转速 n_1 和链号三者之间的关系。

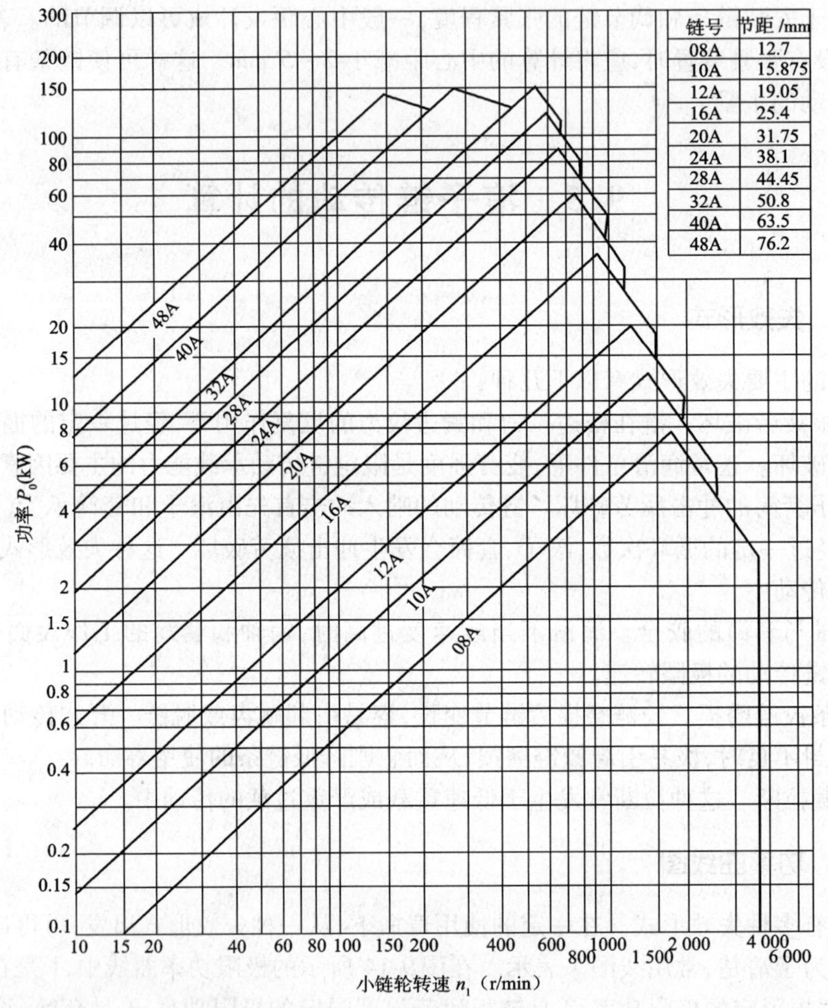

链号	节距/mm
08A	12.7
10A	15.875
12A	19.05
16A	25.4
20A	31.75
24A	38.1
28A	44.45
32A	50.8
40A	63.5
48A	76.2

图 9-15　单排 A 系列滚子链的功率曲线（小链轮齿数 $z_1=19$；链长 $L_p=40$ 节）

若润滑不良或不能采用推荐的润滑方式时，应将图中 P_0 值降低：当链速 $v\leqslant 1.5\text{m/s}$ 时，降低到 50%；当 $1.5\text{m/s}<v\leqslant 7\text{m/s}$ 时，降低到 25%；当 $v>7\text{m/s}$ 而又润滑不当时，传动不可靠。

9.5.3　链传动的计算

实际工作条件与上述特定条件不同时，应对 P_0 加以修正。故实际工作条件下，链条所能传递的功率，即许用功率 $[P_0]$ 可表示为：

$$[P_0] = P_0 K_z K_i K_L K_m \tag{9-6}$$

式中：K_z——小链轮齿数 $z_1 \neq 19$ 时的修正系数，见表 9-3；

K_i——传动比系数，见表 9-4；

K_L——链长 $L_p \neq 40$ 节时的修正系数，见表 9-5；

K_m——多排链系数，见表 9-6。

小齿轮齿数修正系数 K_z 表 9-3

z_1	9	11	13	15	17	19	21	23	25	27	29	31	33	35	37
K_z	0.446	0.555	0.667	0.775	0.893	1	1.12	1.23	1.35	1.46	1.58	1.70	1.81	1.94	2.12

传动比修正系数 K_i 表 9-4

i	1	2	3	5	≥7
K_i	0.82	0.925	1.00	1.09	1.15

链长修正系数 K_L 表 9-5

L_p	$20p$	$40p$	$80p$	$160p$
K_L	0.87	1.00	1.18	1.45

多 排 链 系 数 K_m 表 9-6

排　数	1	2	3	4	5	6
K_m	1.0	1.7	2.5	3.3	4.0	4.6

设计链传动时应使：

$$\left.\begin{aligned} P_c \leqslant [P_0] = P_0 K_z K_i K_L K_m \\ \text{或} \qquad \frac{P_c}{K_z K_i K_L K_m} \leqslant P_0 \end{aligned}\right\} \tag{9-7}$$

式中：P_c——计算功率，$P_c = K_A P$，此处 K_A 为工作情况系数，见表 9-7；

P——名义功率，kW。

当 $v \leqslant 0.6$m/s 时，主要失效形式为链条的过载拉断，设计时必须验算静力强度的安全系数。

$$\frac{Q}{K_A F_1} \geqslant S \tag{9-8}$$

式中：Q——链的极限载荷，见表 9-1；

F_1——紧边拉力；

S——安全系数，$S = 4 \sim 8$。

工作情况系数 K_A 表 9-7

载荷种类	原动机	
	电动机或汽轮机	内燃机
载荷平稳	1.0	1.2
中等冲击	1.3	1.4
较大冲击	1.5	1.7

9.6 链传动的润滑和布置

9.6.1 链传动的润滑

链传动的润滑至关重要。合宜的润滑能显著降低链条铰链的磨损,延长使用寿命。润滑方式可根据链速和链节距的大小由图 9-16 选取。

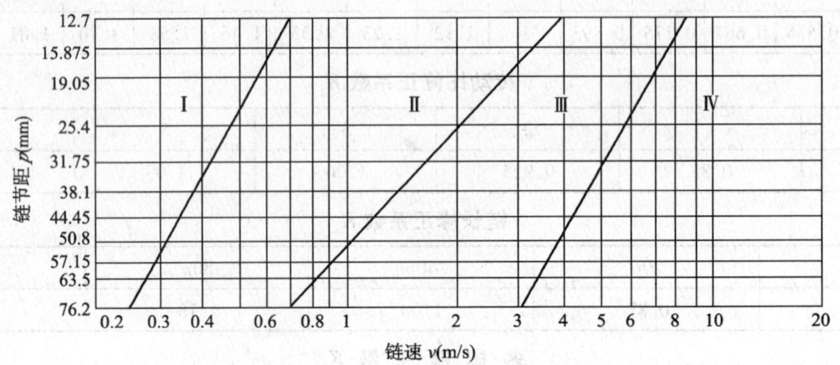

图 9-16　推荐的润滑方式

I-人工定期润滑;II-油浴或飞溅润滑;III-滴油润滑;IV-压力喷油润滑

链传动的润滑方式有 4 种:

(1)人工定期用油壶或油刷给油;

(2)用油杯通过油管向松边内外链板间隙处滴油(图 9-17a);

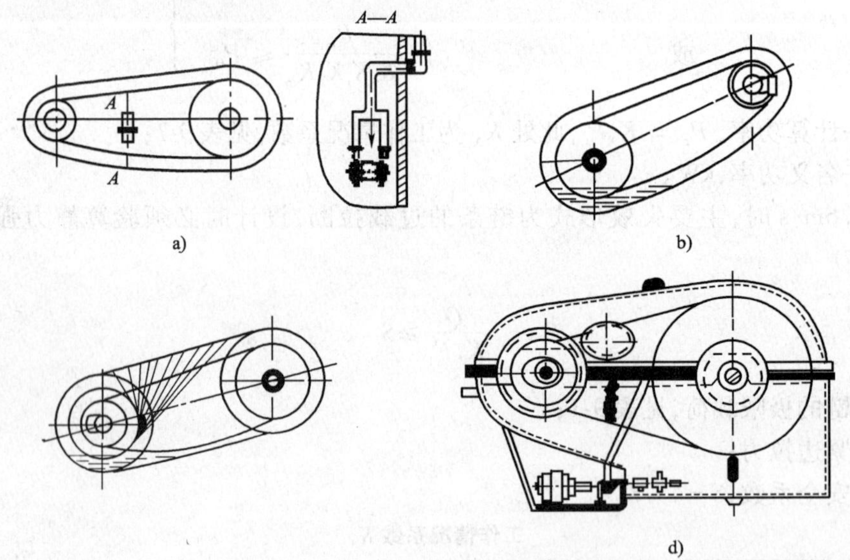

图 9-17　链传动的润滑

(3)油浴润滑(图 9-17b)或用甩油盘将油甩起,以进行飞溅润滑(图 9-17c);

(4)用油泵经油管向链条连续供油,循环油可起润滑和冷却的作用(图 9-17d)。

如图 9-17d)所示,封闭于壳体内的链传动,可以防尘、减轻噪声及保护人身安全。润滑油可选用 L-AN32、L-AN46、L-AN 68 全损耗系统用油,环境温度高或载荷大时宜取黏度高者;反之取黏度值低者。

9.6.2 链传动的布置

链传动的两轴应平行，两链轮应位于同一平面内；一般宜采用水平或接近水平的布置，并使松边在下边，参看表9-8。

链传动的布置　　表9-8

传动参数	正确布置	不正确布置	说明
$i>2$ $a=(30\sim50)p$	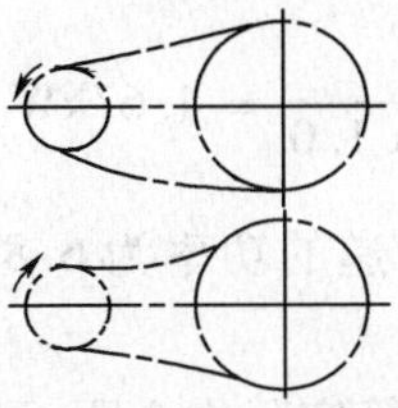		两轮轴线在同一水平面，紧边在上、在下均不影响工作
$i>2$ $a<30p$	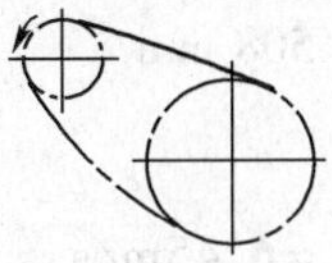	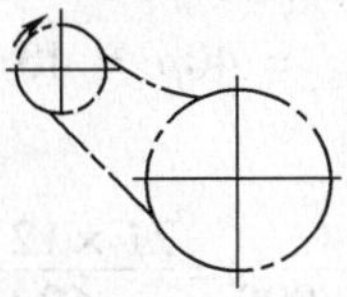	两轮轴线不在同一水平面，松边应在下面，否则松边下垂量增大后，链条易与链轮卡死
$i<1.5$ $a>60p$		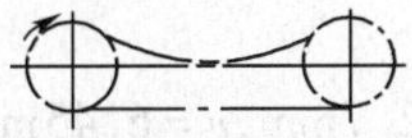	两轮轴线在同一水平面，松边应在下面，否则下垂量增大后，松边会与紧边相碰，需经常调整中心距
i,a 为任意值	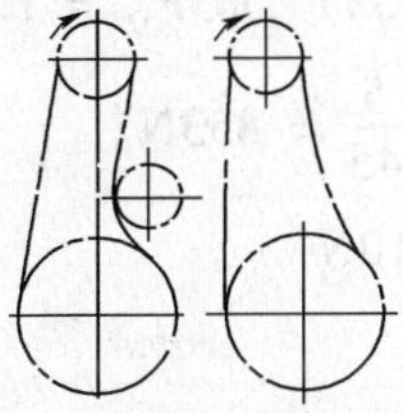	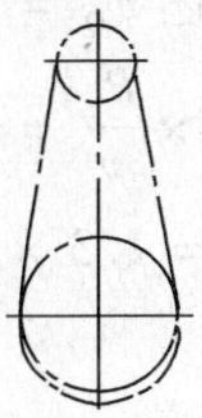	两轮轴线在同一铅垂面内，下垂量增大会减少下链轮有效啮合齿数，降低传动能力，为此应采用：a）中心距可调；b）设张紧装置；c）上下两轮错开，使两轮轴线不在同一铅垂面内

9.6.3 链传动的张紧

链传动需适当张紧，以免垂度过大而引起啮合不良。一般情况下，链传动设计成中心距可调整的形式，通过调整中心距来张紧链轮。也可采用张紧轮张紧，张紧轮应设在松边，靠近小链轮处。

例9-2　用 $P=5.5\text{kW}$，$n_1=1\ 450\text{r/min}$ 的电动机，通过链传动驱动一液体搅拌器，荷载平稳，传动比 $i=3.2$，试设计此链传动。

解：（1）链轮齿数。假定 $v=3\sim8\text{m/s}$，由表9-2选 $z_1=21$。

大链轮齿速　　$z_2=iz_1=3.2\times21=67.2$，取 $z_2=67$。

实际传动比　　$i=\dfrac{67}{21}=3.19$。

误差远小于 ±5%，故允许。

（2）链条节数。初定中心距 $a_0=40p$。由式(9-4)得：

$$L_p=2\frac{a_0}{p}+\frac{z_1+z_2}{2}+\frac{p}{a_0}\left(\frac{z_2-z_1}{2\pi}\right)^2$$

$$= 2 \times \frac{40p}{p} + \frac{21+67}{2} + \frac{p}{40p}\left(\frac{67-21}{2\pi}\right)^2 \approx 125 \text{ 节}$$

取链节数为偶数，故选取 $L_p = 126$。

(3)计算功率。由表 9-7 查得 $K_A = 1.0$，故：

$$P_c = K_A P = 1.0 \times 5.5 = 5.5\text{kW}$$

(4)链条节距。由表 9-3 得 $K_z = 1.12$，由表 9-4 得 $K_i = 1.01$，由表 9-5 得 $K_L = 1$，采用单排链，$K_m = 1.0$，故由式(9-7)得：

$$P_0 = \frac{P_c}{K_z K_i K_L K_m} = \frac{5.5}{1.12 \times 1.01 \times 1 \times 1.0} = 4.67\text{kW}$$

由图 9-14 查得，当 $n_1 = 1\,450$r/min 时，08A 链条能传递的功率为 6.8kW(>4.67kW)，故采用 08A 链条，节距 $p = 12.7$mm。

(5)实际中心距。将中心距设计成可调节的，不必计算实际中心距，可取：

$$a \approx a_0 = 40p = 40 \times 12.7 = 508 \text{ mm}$$

(6)验算链速。由式(9-2)得：

$$v = \frac{z_1 p n_1}{60 \times 1\,000} = \frac{21 \times 12.7 \times 1\,450}{60 \times 1\,000} = 6.45\text{m/s}$$

符合原来的假定。

(7)选择润滑方式。按 $p = 12.7$mm，$v = 6.45$m/s，由图 9-15 查得应采用油浴或飞溅润滑。

(8)作用在轴上的压力。如前所述 $F_Q = (1.2 \sim 1.3)F$，取 $F_Q = 1.3F$

$$F = 1\,000 \times \frac{P_c}{v} = 1\,000 \times \frac{5.5}{6.45} = 853\text{N}$$

$$F_Q = 1.3 \times 853 = 1\,110\text{N}$$

(9)链轮主要尺寸(略)。

本章小结

(1)与带传动相比，链传动没有弹性滑动和打滑，能保持准确的平均传动比，但由于链的传动存在多边形效应，瞬时传动比不准确。

(2)滚子链是由内链板 1、外链板 2、销轴 3、套筒 4 和滚子 5 所组成(图 9-2)，也称为套筒滚子链。

(3)滚子链上相邻两滚子中心的距离称为链的节距，以 p 表示，它是链条的主要参数。

(4)链条长度以链节数来表示。链节数最好取为偶数，以便链条连成环形时正好是外链板与内链板相接，接头处可用开口销或弹簧夹锁紧。若链节数为奇数时，则需采用过渡链节。过渡链节还要承受附加的弯曲载荷，通常应避免采用。

(5)链传动的布置一般宜采用水平或接近水平的布置，并使松边在下边。

习　题

9-1　链传动和带传动相比，有哪些优缺点？

9-2　影响链传动速度不均匀性的主要参数是什么？为什么？

9-3　链节距 p 的大小对链传动的动载荷有何影响？

9-4　链传动的主要失效形式有哪几种？

9-5　链传动的设计准则是什么？

9-6　设计链传动时，为减小速度不均匀性应从哪几方面考虑？如何合理选择参数？

9-7　链传动的合理布置有哪些要求？

9-8　链传动为何要适当张紧？常用的张紧方法有哪些？

9-9　如何确定链传动的润滑方式？常用的润滑装置和润滑油有哪些？

9-10　链传动与带传动的张紧目的有何区别？二者采用张紧轮张紧时张紧轮的位置有何不同？

9-11　试设计一链式输送机中的链传动。已知传递功率 $P=20\text{kW}$，主链轮的转速 $n_1=230\text{r/min}$，传动比 $i=2.5$，电动机驱动，三班制，有中等冲击，按推荐方式润滑。

9-12　已知一型号为16A的滚子链，主动轮齿数 $z_1=23$，转速 $n_1=960\text{r/min}$，传动比 $i=2.8$，中心距 $a=800\text{mm}$，油浴润滑，中等冲击，电动机为原动机，试求该链传动所能传递的功率。

实训任务

熟悉链传动的特点及应用，会根据实际场合设计链传动。

(1)通过观察链传动的视频和实物，了解带传动的种类、特点和应用。

(2)通过拆装自行车的传动机构，了解链传递的安装、布置和润滑。

(3)设计一链式输送机，用滚子链传动。已知传递功率 $P=7.5\text{kW}$，主链轮的转速 $n_1=970\text{r/min}$，传动比 $i=2.94$，电动机驱动，两班制，有中等冲击，按推荐方式润滑。

第 10 章　圆柱齿轮机构

学习目标

知识目标：1. 了解齿轮传动的特点和类型，理解齿廓啮合基本定律、渐开线及其性质；

2. 掌握渐开线直齿、斜齿圆柱齿轮几何尺寸的计算；

3. 理解齿轮正确啮合条件、标准安装、标准中心距和连续传动条件；

4. 了解齿轮的加工方法和根切现象；

5. 了解齿轮的失效形式和齿轮常用材料及计算准则；

6. 掌握直齿圆柱齿轮的受力分析、齿根弯曲强度计算、齿面接触强度计算、齿轮参数选择和设计方法；

7. 了解斜齿圆柱的啮合特点及强度计算，理解斜齿圆柱齿轮的受力分析；

8. 了解直齿圆锥齿轮传动的几何尺寸、受力分析和强度计算，了解机械的组成和分类。

能力目标：1. 掌握渐开线直齿圆柱齿轮几何尺寸的计算；

2. 掌握各种齿轮传动的特点，熟悉各自的应用场合。

10.1　齿轮机构的特点、类型及应用实例

齿轮机构用于传递两轴之间的运动和动力，是应用最广的传动机构。它是通过轮齿的啮合来实现传动要求的，因此同摩擦轮、皮带轮等机械传动相比较，其显著特点是：传动比稳定、工作可靠、效率高、寿命较长，适用的直径、圆周速度和功率范围广。

根据齿轮机构所传递运动两轴线的相对位置、运动形式及齿轮的几何形状，齿轮机构分为图 10-1 所示的几种基本类型。

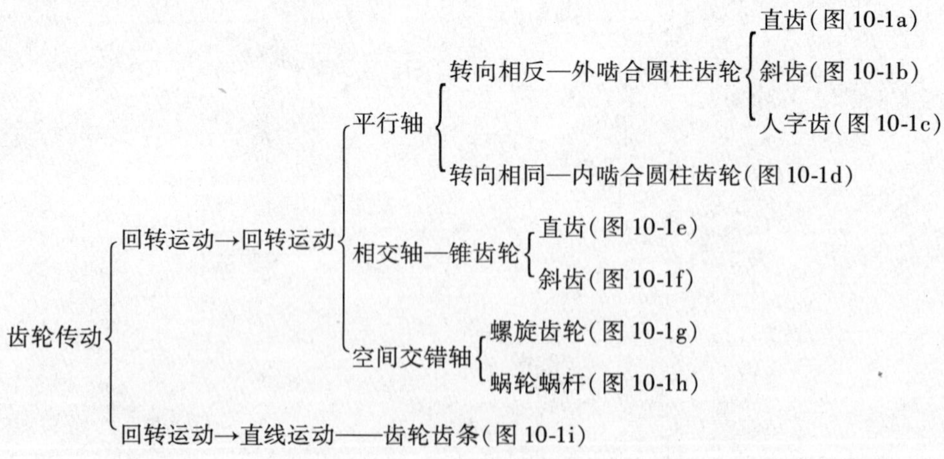

其中，最基本的形式是传递平行轴间运动的圆柱直齿轮机构和圆柱斜齿轮机构。

按齿轮齿廓曲线不同,又可分为渐开线齿轮、摆线齿轮和圆弧齿轮等,其中渐开线齿轮应用最广。

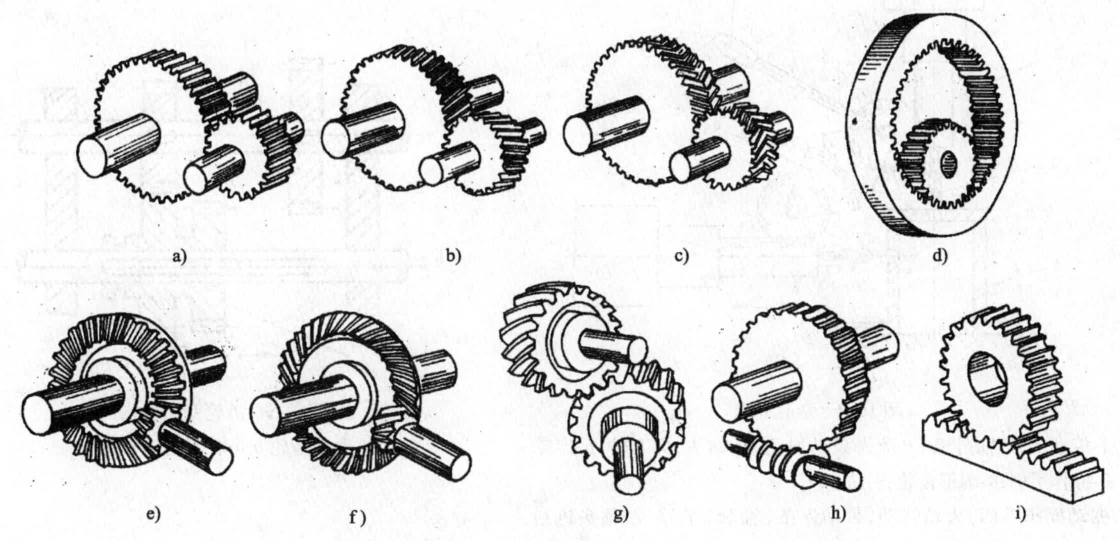

图 10-1 齿轮机构的基本类型

图 10-2 ~ 图 10-5 所示各类齿轮机构均是具有恒定传动比的机构,齿轮的基本几何形状均为圆形。与之相应的有能实现传动比按一定规律变化的非圆形齿轮机构,仅在少数特殊机械中使用。

本章以渐开线直齿圆柱齿轮为主要分析对象,在此基础上对斜齿圆柱齿轮作简要介绍。

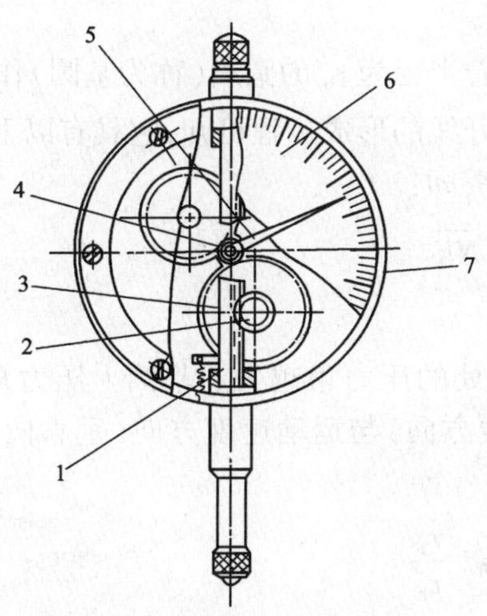

图 10-2 百分表

1-带齿的测量轴;2-小齿轮;3-大齿轮;4-中心轮;5-指针;6-表盘;7-支座

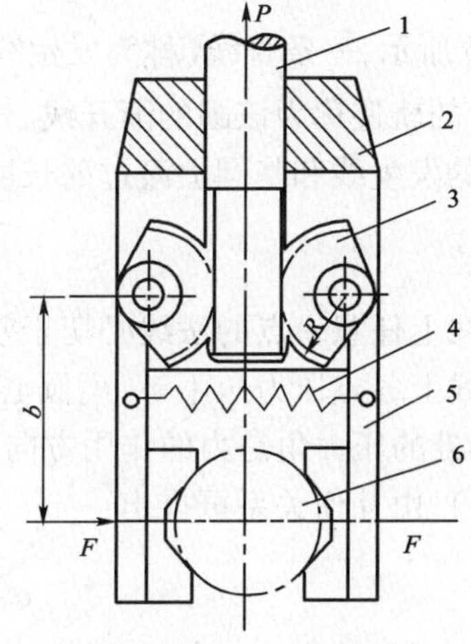

图 10-3 机械手手部机构

1-滑块;2-手腕;3-扇形齿轮;4-弹簧;5-手指;6-工件

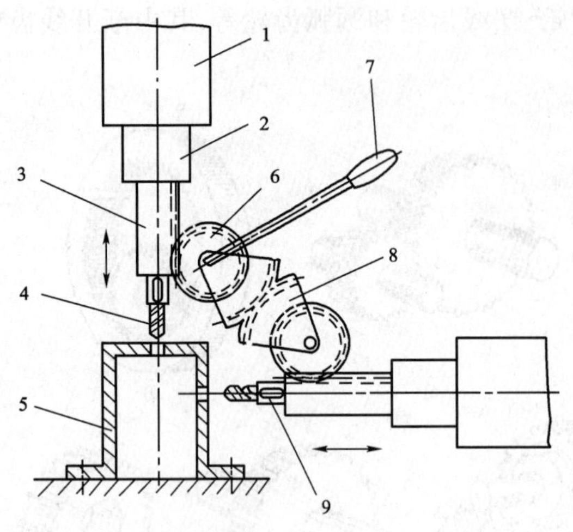

图 10-4　双孔钻具

1-传动头；2-轴外套；3-带齿条的轴套；4-钻头；5-工件；6-齿轮；7-操作手柄；8-扇形齿轮；9-钻夹

搬动操作手柄，齿轮转动，带动齿条（袖套）平移，使钻头进给。由于扇形齿轮的啮合作用，使另一套机构同时动作，故可同时钻出互成90°的双孔

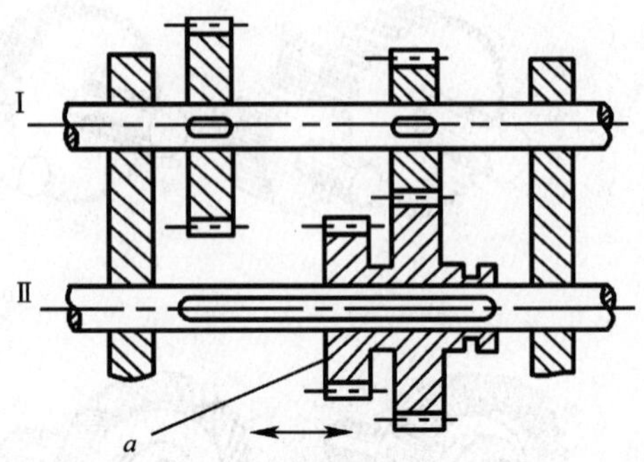

图 10-5　齿轮变速机构

滑动齿轮 a 可在滑键上移动

10.2　渐开线齿廓及其啮合特性

齿轮机构靠齿轮轮齿的齿廓相互推动来传递动力。在传递动力和运动时，如何保证瞬时传动比恒定以减小惯性力，得到平稳传动，其齿廓形状是关键因素。渐开线齿廓能满足瞬时传动比恒定，且制造方便，安装要求低，所以应用最普遍。

10.2.1　渐开线的形成原理及基本性质

如图 10-6 所示，一条直线（称为发生线）沿着半径为 r_b 的圆周（称为基圆）作纯滚动时，直线上任意点 K 的轨迹称为该圆的渐开线。由渐开线的形成过程可知，它具有以下特性：

(1) 相应的发生线和基圆上滚过的长度相等，即：

$$\overset{\frown}{NA} = \overline{NK}$$

(2) 渐开线上任意一点的法线必切于基圆。

(3) 渐开线上各点压力角不等，离圆心越远处的压力角越大。基圆上压力角为零。渐开线上任意点 K 处的压力角是力的作用方向（法线方向）与运动速度方向（垂直向径方向）的夹角 α_K（图 10-6），由几何关系可推出：

$$\alpha_K = \cos^{-1}\frac{r_b}{r_K} \tag{10-1}$$

式中：r_b——基圆半径；

r_K——K 点向径。

(4) 渐开线的形状取决于基圆半径的大小。基圆半径越大，渐开线越趋平直（图 10-7）。

(5) 基圆以内无渐开线。

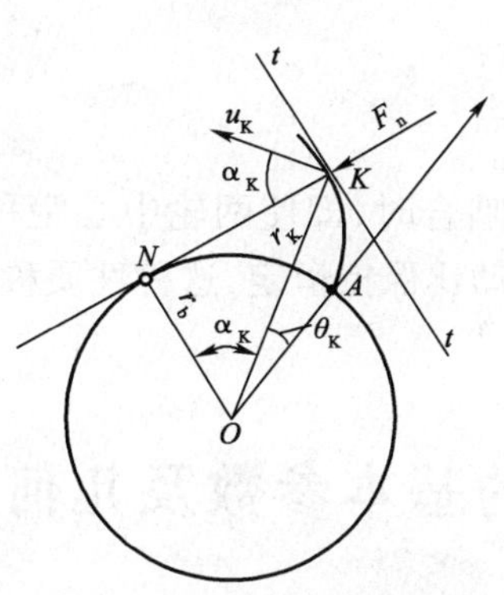

图 10-6　渐开线的形成及压力角

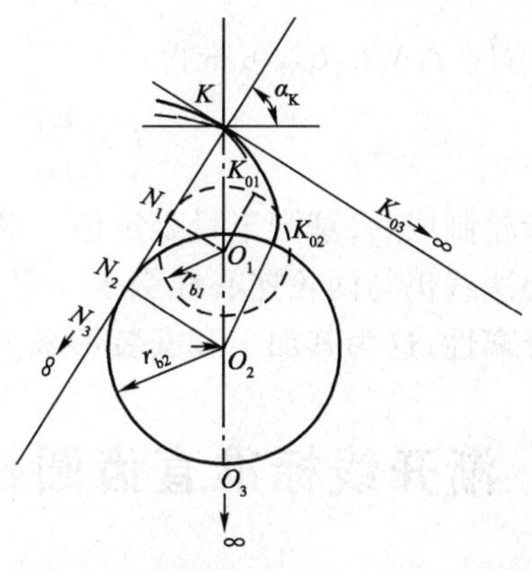

图 10-7　渐开线形状与基圆大小的关系

10.2.2　渐开线齿廓的啮合特性

1)齿廓啮合基本定理

两相互啮合的齿廓 E_1 和 E_2 在 K 点接触(图 10-8),过 K 点作两齿廓的公法线 nn,它与连心线 O_1O_2 的交点 C 称为节点。以 O_1、O_2 为圆心,以 $O_1C(r_1')$、$O_2C(r_2')$ 为半径所作的圆称为节圆,因两齿轮的节圆在 C 点处作相对纯滚动,由此可推得:

$$i=\frac{\omega_1}{\omega_2}=\frac{O_2C}{O_1C}=\frac{r'_2}{r'_1} \tag{10-2}$$

一对传动齿轮的瞬时角速度与其连心线被齿廓接触点的公法线所分割的两线段长度成反比,这个定律称为齿廓啮合基本定律。由此推论,欲使两齿轮瞬时传动比恒定不变,过接触点所作的公法线都必须与连心线交于一定点。

2)渐开线齿廓满足瞬时传动比恒定

一对齿轮传动,其渐开线齿廓在任意点 K 接触(图 10-9),可证明其瞬时传动比恒定。过 K 点作两齿廓的公法线 nn,它与连心线 O_1O_2 交于 C 点。由渐开线特性推知齿廓上各点法线切于基圆,齿廓公法线必为两基圆的内公切线 N_1N_2,N_1N_2 与连心线 O_1O_2 交于定点 C。

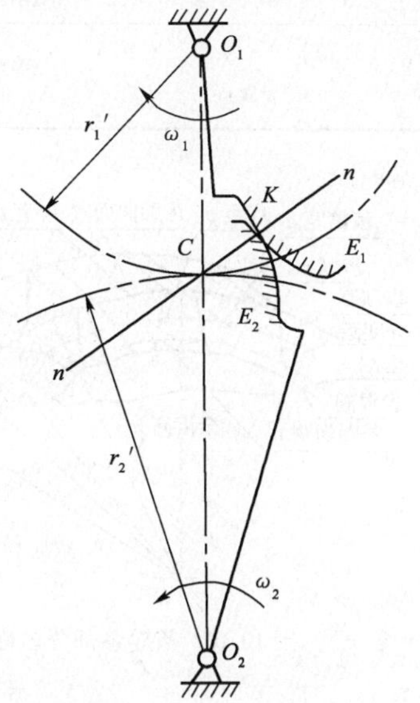

图 10-8　齿廓啮合基本定律

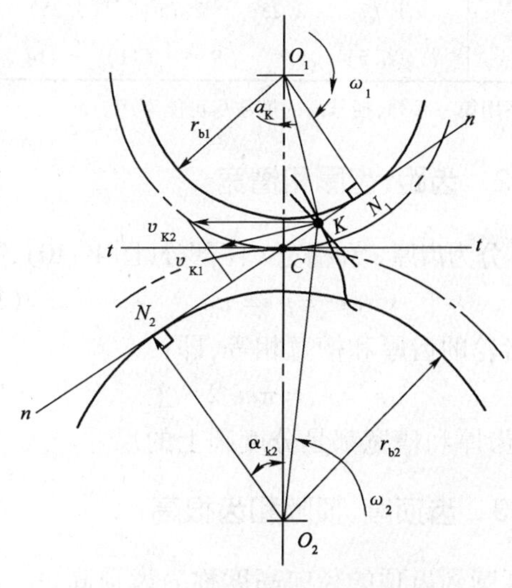

图 10-9　渐开线齿廓啮合

由$\triangle N_1O_1C \backsim \triangle N_2O_2C$，可推得：

$$i = \frac{\omega_1}{\omega_2} = \frac{O_2C}{O_1C} = \frac{r_{b2}}{r_{b1}} \tag{10-3}$$

渐开线齿轮制成后，基圆半径是定值。渐开线齿轮啮合时，即使两轮中心距稍有改变，过接触点齿廓公法线仍与两轮连心线交于一定点，瞬时传动比保持恒定，这种性质称为渐开线齿轮传动的可分离性，这为其加工和安装带来了方便。

10.3 渐开线标准直齿圆柱齿轮的基本参数及几何尺寸

决定渐开线齿轮尺寸的基本参数是齿数 z，模数 m，压力角 α，齿顶高系数 h_a^* 和顶隙系数 c^*。

10.3.1 分度圆、模数和压力角

齿轮上作为齿轮尺寸基准的圆称为分度圆，分度圆以 d 表示。相邻两齿同侧齿廓间的分度圆弧长称为齿距，以 p 表示，$p=\pi d/z$，z 为齿数。齿距 p 与 π 的比值 p/π 称为模数，以 m 表示。模数是齿轮的基本参数，有国家标准，见表 10-1。由此可知：

齿距
$$p = m\pi \tag{10-4}$$

分度圆直径
$$d = mz \tag{10-5}$$

渐开线齿廓上与分度圆交点处的压力角 α 称为分度圆压力角，简称压力角，国家规定标准压力角 $\alpha=20°$。

由式(10-1)和式(10-5)可推出基圆直径：

$$d_b = d\cos\alpha = mz\cos\alpha \tag{10-6}$$

上式说明渐开线齿廓形状决定于模数、齿数和压力角三个基本参数。

渐开线圆柱齿轮模数(摘自 GB 557—87)　　表 10-1

第一系列	1	1.25	1.5	2	2.5	3	4	5	6	8	12	16	20
第二系列	1.75	2.25	2.75	(3.25)	3.5	(3.75)	4.5	5.5					
	(6.5)	7	9	(11)	14	18							

注：优先采用第一系列，括号内的模数尽可能不用。

10.3.2 齿距、齿厚和槽宽

齿距 p 分为齿厚 s 和槽宽 e 两部分(图 10-10)，即：

$$s + e = p = \pi m \tag{10-7}$$

标准齿轮的齿厚和槽宽相等，即：

$$s = e = \pi m/2 \tag{10-8}$$

齿距、齿厚和槽宽都是分度圆上的尺寸。

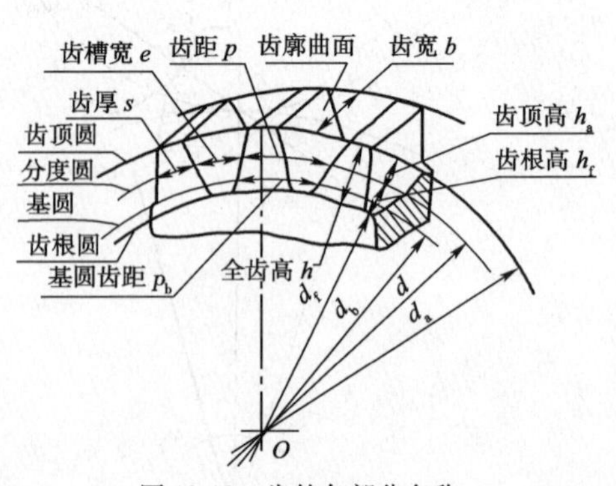

图 10-10　齿轮各部分名称

10.3.3 齿顶高、顶隙和齿根高

由分度圆到齿顶的径向高度称为齿顶高，用 h_a 表示：

$$h_a = h_a^* m \tag{10-9}$$

两齿轮装配后，两啮合齿沿径向留下的空隙距离称为顶隙，以 c 表示：

$$c = c^* m \tag{10-10}$$

由分度圆到齿根圆的径向高度称为齿根高，用 h_f 表示：

$$h_f = h_a + c = (h_a^* + c^*) m \tag{10-11}$$

式中：h_a^*、c^*——分别称为齿顶高系数和顶隙系数。

标准齿制规定：正常齿制 $h_a^* = 1$、$c^* = 0.25$，短齿制 $h_a^* = 0.8$、$c^* = 0.3$。

由齿顶圆到齿根圆的径向高度称为全齿高，用 h 表示：

$$h = h_a + h_f = (2h_a^* + c^*) m \tag{10-12}$$

齿顶高、齿根高、全齿高及顶隙都是齿轮的径向尺寸。

当齿轮的直径为无穷大时即得到齿条（图 10-11），各圆演变为相互平行的直线，渐开线齿廓演变为直线，同侧齿廓相互平行。因此齿条的特点是：所有平行直线上的齿距 p、压力角 α 相同，都是标准值。齿条的齿形角等于压力角。齿条各平行线上的齿厚、槽宽一般都不相等，标准齿条分度线上齿厚和槽宽相等，该分度线又称为中线。

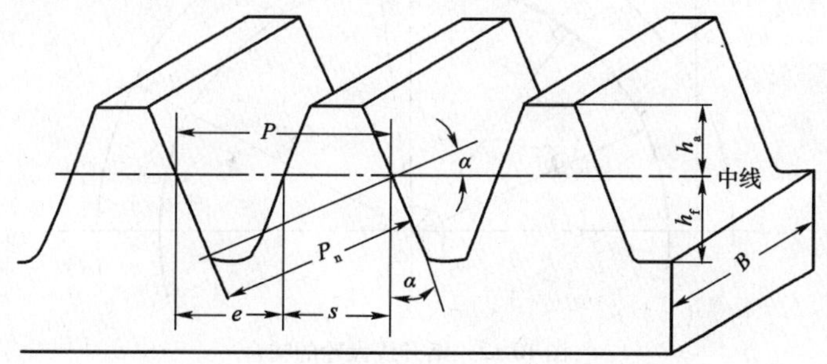

图 10-11 齿条

表 10-2 所列为渐开线标准直齿圆柱齿轮几何尺寸计算的常用公式。

渐开线标准直齿圆柱齿轮（外啮合）几何尺寸计算常用公式 表 10-2

名　称	符　号	计 算 公 式
齿距	p	$p = m\pi$
齿厚	s	$s = \pi m/2$
槽宽	e	$e = \pi m/2$
齿顶高	h_a	$h_a = h_a^* m$
齿根高	h_f	$h_f = h_a + c = (h_a^* + c^*) m$
全齿高	h	$h = h_a + h_f = (2h_a^* + c^*) m$
分度圆直径	d	$d = mz$
齿顶圆直径	d_a	$d_a = d + 2h_a = m(z + 2h_a^*)$
齿根圆直径	d_f	$d_f = d - 2h_f = m(z - 2h_a^* - 2c^*)$
基圆直径	d_b	$d_b = d\cos\alpha = mz\cos\alpha$
中心距	a	$a = m(z_1 + z_2)/2$

10.4 渐开线齿轮的啮合传动

一对渐开线齿轮传动时，齿面上各点依次啮合，啮合点都落在两齿轮基圆的内公切线 N_1N_2 上（图 10-12）。因为一对渐开线接触点的公法线是两基圆的内公切线，在一定中心距下，两基圆的内公切线 N_1N_2 是唯一的。N_1N_2 称为啮合线，也是轮齿间的传力方向线。节圆压力角称为啮合角。

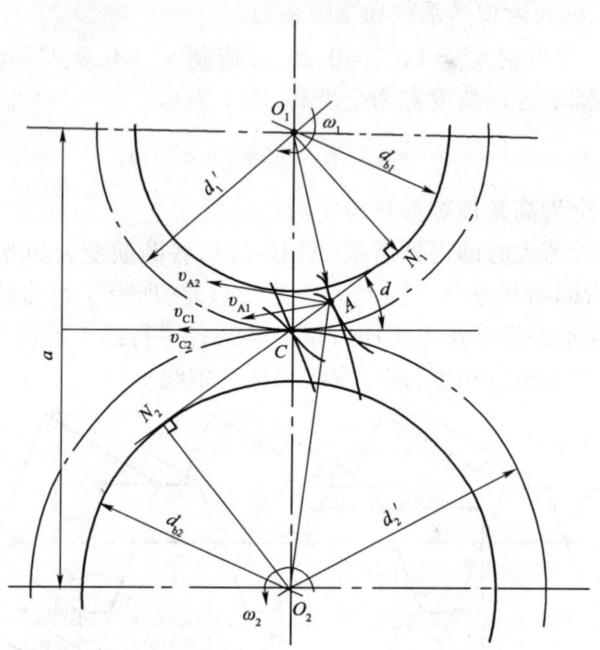

图 10-12 渐开线齿轮的啮合

由几何关系可知，齿轮的啮合中心距为两节圆半径之和。

$$a = \frac{1}{2}(d'_1 + d'_2)$$

渐开线齿廓在节点外各点啮合时，两轮两接触点的线速度不同，齿廓接触点公切线方向分速度不等，齿廓间有相对滑动，这将引起传动中摩擦损失和齿廓的磨损。

10.4.1 正确安装条件

正确安装的渐开线齿轮，理论上应为无齿侧间隙啮合，即一轮节圆上的齿槽宽与另一轮节圆齿厚相等。标准齿轮正确安装时，齿轮的分度圆与节圆重合，啮合角 $\alpha' = \alpha = 20°$。

中心距 $$a = \frac{1}{2}(d'_1 + d'_2) = \frac{1}{2}(d_1 + d_2) = \frac{m}{2}(z_1 + z_2) \tag{10-13}$$

由于渐开线齿廓具有可分离性，两轮中心距略大于正确安装中心距时仍能保持瞬时传动比恒定，但齿侧出现间隙，反转时会有冲击。

当两轮的安装中心距 a' 与标准中心距 a 不一致时，两轮的分度圆不再相切，这时节圆与分度圆不重合，根据渐开线参数方程可得实际中心距 a' 与标准中心距 a 的关系：

$$a'\cos\alpha' = a\cos\alpha \tag{10-14}$$

10.4.2 正确啮合条件

为保证齿轮传动时各齿对之间能平稳传递运动，在齿对交替过程中不发生冲击，必须符合正确啮合条件。

图 10-13 表示了一对渐开线齿轮的啮合情况。各对轮齿的啮合点都落在两基圆的内公切线上，设相邻两对齿分别在 K 和 K'点接触。若要保持正确啮合关系，使两对齿传动时，既不发生分离，又不出现干涉，在啮合线上必须保证同侧齿廓法向距离相等。结合渐开线的特性，可推出一对渐开线齿轮的正确啮合条件是两齿轮模数和压力角分别相等，即：

$$m_1 = m_2 \quad \alpha_1 = \alpha_2 \tag{10-15}$$

10.4.3 连续传动条件

一对渐开线齿轮若连续不间断地传动，要求前一对齿终止啮合前，后续的一对齿必须进入啮合。一对齿轮传动如图 10-14 所示。进入啮合时，主动轮 1 的齿根推动从动轮的齿顶，起始点是从动轮 2 齿顶圆与理论啮合线 N_1N_2 的交点 B_2，而这对轮齿退出啮合时的终止点是主动轮 1 齿顶圆与 N_1N_2 的交点 B_1，B_1B_2 为啮合点的实际轨迹，称为实际啮合线。

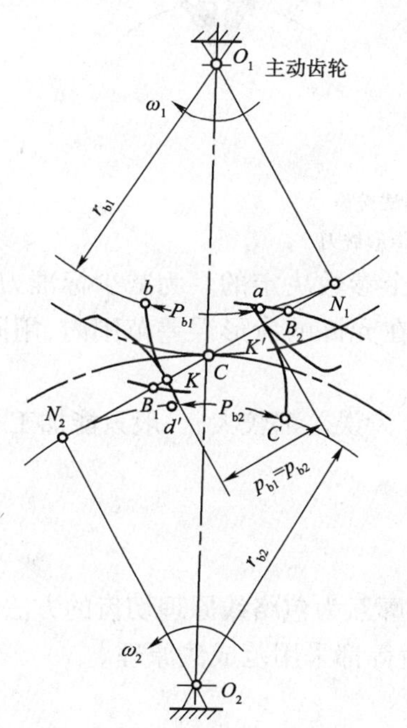

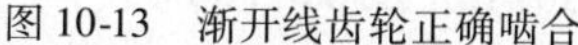
图 10-13 渐开线齿轮正确啮合

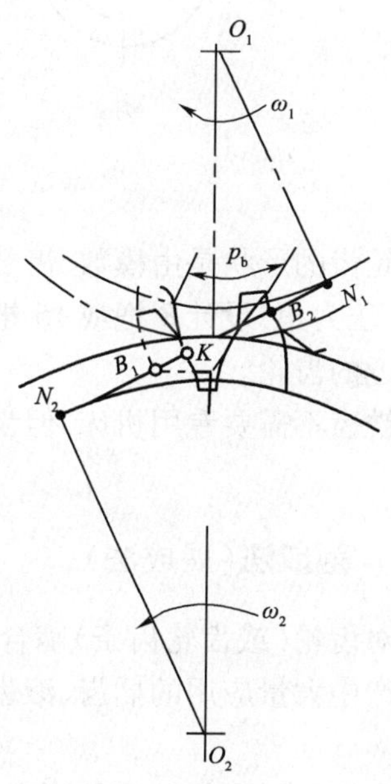

图 10-14 渐开线齿轮啮合的重合度

要保证连续传动，必须在前一对齿转到 B_1 前的 K 点（至少是 B_1 点）啮合时，后一对齿已达 B_2 点进入啮合，即 $B_1B_2 \geqslant B_2K$。由渐开线特性知，线段 B_2K 等于渐开线基圆齿距 p_b。

由此可得连续传动条件 $\qquad B_1B_2 \geqslant p_b$

定义重合度

$$\varepsilon = B_1B_2/p_b > 1 \tag{10-16}$$

由于制造安装的误差，为保证齿轮连续传动，重合度 ε 必须大于1。ε 大，表明同时参加啮合的齿对数多，传动平稳；且每对齿所受平均载荷小，从而能提高齿轮的承载能力。

10.5　渐开线直齿圆柱齿轮的轮齿加工方法

齿轮的齿廓加工方法有铸造、热轧、冲压、粉末冶金和切削加工等。最常用的是切削加工法，根据切齿原理的不同，可分为成形法和范成法（展成法）两种。

10.5.1　成形法

用渐开线齿槽形状的成形刀具直接切出齿形的方法称为成形法。

单件小批量生产中，加工精度要求不高的齿轮，常在万能铣床上用成形铣刀加工。成形铣刀分盘形铣刀和指形铣刀两种，如图 10-15 所示。这两种刀具的轴向剖面均做成渐开线齿轮齿槽的形状。加工时齿轮毛坯固定在铣床上，每切完一个齿槽，工件退出，分度头使齿坯转过 360°/z（z 为齿数）再进刀，依次切出各齿槽。

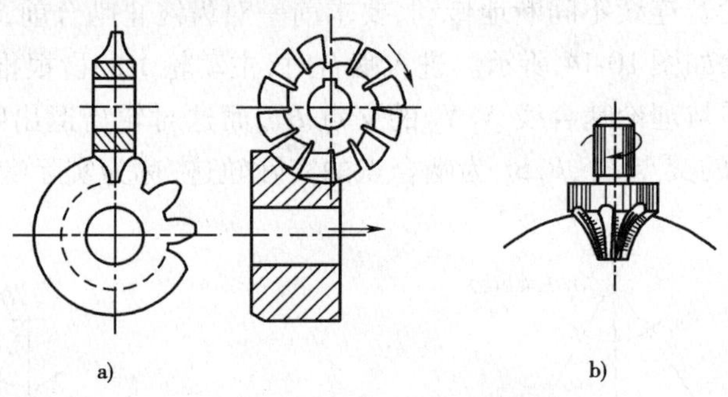

图 10-15　成形法铣齿

a）盘形铣刀；b）指形铣刀

渐开线轮齿的形状是由模数、齿数、压力角三个参数决定的。为减少标准刀具种类，相对每一种模数、压力角，设计 8 把或 15 把成形铣刀，在允许的齿形误差范围内，用同一把铣刀铣某个齿数相近的齿轮。

成形法铣齿不需要专用机床，但齿形误差及分齿误差都较大，一般只能加工 9 级以下精度的齿轮。

10.5.2　范成法（展成法）

利用一对齿轮（或齿轮齿条）啮合时其共轭齿廓互为包络线原理切齿的方法称为范成法。目前生产中大量应用的插齿、滚齿、剃齿、磨齿等都采用范成法原理。

1）插齿

插齿是利用一对齿轮啮合的原理进行范成加工的方法（图 10-16）。

插齿刀实质上是一个淬硬的齿轮，但齿部开出前、后角，具有刀刃，其模数和压力角与被加工齿轮相同。插齿时，插齿刀沿齿坯轴线作上下往复切削运动，同时强制性地使插齿刀的转速 $n_{刀具}$ 与齿坯的转速 $n_{工件}$ 保持一对渐开线齿轮啮合的运动关系，即：

$$\frac{n_{刀具}}{n_{工件}}=\frac{z_{工件}}{z_{刀具}}$$

式中：$z_{刀具}$——插齿刀齿数；

$z_{工件}$——被切齿轮齿数。

在这样对滚的过程中，就能加工出与插齿刀相同模数、压力角和具有定给齿数的渐开线齿轮。

2）滚齿

滚齿是利用齿轮齿条啮合的原理进行范成加工的方法。

齿条的齿廓是直线，可认为是基圆无限大的渐开线齿廓的一部分。如图 10-17 所示齿条与齿轮啮合传动，其运动关系是齿条的移动速度与齿轮分度圆的线速度相等。

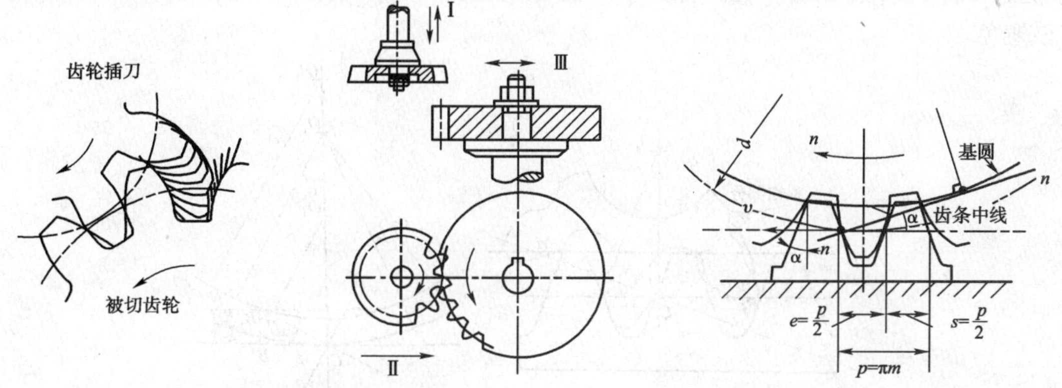

图 10-16　插齿加工　　　　图 10-17　齿轮齿条啮合

模数、压力角相等的渐开线齿轮与齿条啮合时，齿条齿廓上各点在啮合线 nn 上与齿轮齿廓上各点依次啮合，齿条牙形侧边在啮合过程中的运动轨迹正好包络出齿轮的渐开线齿形。由此可知，如将齿条做成刀具，让它有上下往复的切削运动，并强制齿条刀具的位移速度与齿轮分度圆线速度相等，即保持对滚运动，齿条刀具就能切出齿轮的渐开线齿形。

实际加工时，往往利用有切削刃的螺旋状滚刀代替齿条刀。滚刀的轴向剖面形同齿条（图 10-18），当其回转时，轴向相当于有一无穷长的齿条向前移动。滚刀每转一圈，齿条移动 $z_{刀具}$ 个齿（$z_{刀具}$ 为滚刀头数），此时齿坯被强迫转过相应的 $z_{刀具}$ 个齿。控制对滚关系，滚刀印在齿坯上包络切出渐开线齿形。滚刀除旋转外，还沿轮坯的轴向缓慢移动以切出全齿宽。滚刀的转速 $n_{刀具}$ 与工件转速 $n_{工件}$ 之间的关系应为：

$$\frac{n_{刀具}}{n_{工件}}=\frac{z_{工件}}{z_{刀具}} \tag{10-17}$$

滚齿连续加工，生产率高，可加工直齿圆柱齿轮和斜齿圆柱齿轮。

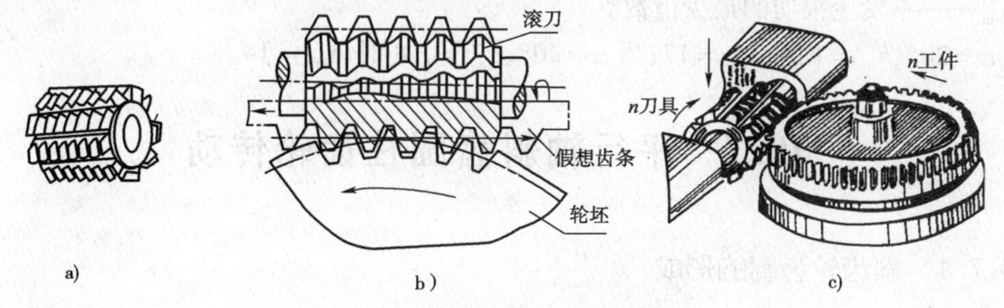

图 10-18　滚齿加工

a）滚刀；b）滚切原理；c）滚削加工

范成法利用一对齿轮（或齿轮齿条）啮合的原理加工，一把刀具可加工同模数、同压力角的各种齿数的齿轮，而齿轮的齿数是靠齿轮机床中的传动链严格保证刀具与工件间的相对运动关系来控制。滚齿和插齿可加工 7 ~ 8 级精度的齿轮，是目前齿形加工的主要方法。

10.6 渐开线齿轮的根切现象

用范成法加工齿轮时，若齿轮齿数过少，刀具将与渐开线齿廓发生干涉，把轮齿根部渐开线切去一部分，产生“根切”现象(图 10-19)。根切使轮齿齿根削弱，重合度减小，传动不平稳，应该避免。

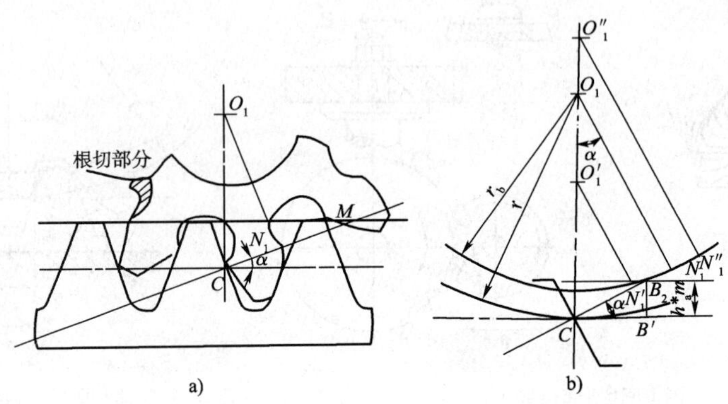

图 10-19 根切现象与切齿干涉的参数关系

10.6.1 根切产生的原因

研究表明，在展成加工时，刀具的齿顶线超过了啮合线与被切齿轮基圆的切点 N_1 是产生根切现象的根本原因(图 10-19)。

10.6.2 最少齿数 z_{min}

从上面讨论的根切的原因可知，要避免根切，就必须使刀具的顶线不超过 N_1 点。如图 10-19b)所示，当用标准齿条刀具切制标准齿轮时，刀具的分度线应与被切齿轮的分度圆相切。为避免根切，应满足：$N_1C \geqslant h_a^* m$，由几何关系不难推得：

$$z_{min} = \frac{2h_a^*}{\sin^2\alpha} \tag{10-18}$$

式中：z_{min}——不发生根切的最少齿数。

当 $\alpha = 20°$、$h_a^* = 1$ 时，$z_{min} = 17$；当 $\alpha = 20°$、$h_a^* = 0.8$ 时，$z_{min} = 14$。

10.7 平行轴斜齿圆柱齿轮传动

10.7.1 斜齿轮齿廓的形成

如图 10-20a)所示，直齿圆柱齿轮的齿廓实际上是由与基圆柱相切作纯滚动的发生面 S 上一条与基圆柱轴线平行的任意直线 KK 展成的渐开线曲面。

当一对直齿圆柱齿轮啮合时，轮齿的接触线是与轴线平行的直线，如图 10-20b)所示，轮齿沿整个齿宽突然同时进入啮合和退出啮合，所以易引起冲击、振动和噪声，传动平稳性差。

斜齿轮齿面形成的原理和直齿轮类似，所不同的是形成渐开线齿面的直线 KK 与基圆轴线偏斜了一角度 β_b（图 10-21a），KK 线展成斜齿轮的齿廓曲面，称为渐开线螺旋面。该曲面与任意一个以轮轴为轴线的圆柱面的交线都是螺旋线。由斜齿轮齿面的形成原理可知，在端平面上，斜齿轮与直齿轮一样具有准确的渐开线齿形。

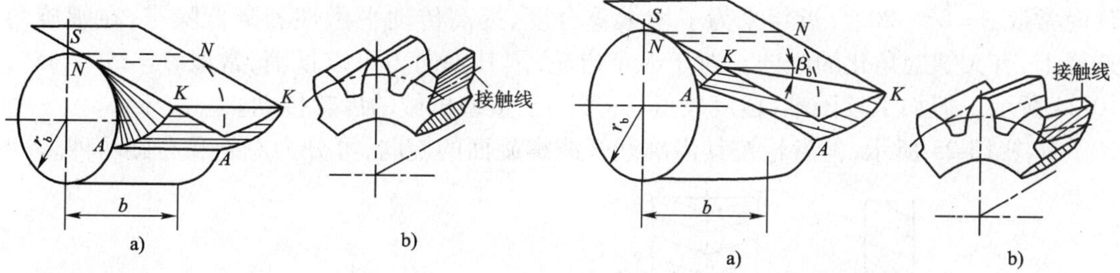

图 10-20 直齿轮齿面形成及接触线　　图 10-21 斜齿轮齿面形成及接触线

如图 10-21b）所示，斜齿轮啮合传动时，齿面接触线的长度随啮合位置而变化，开始时接触线长度由短变长，然后由长变短，直至脱离啮合，因此提高了啮合的平稳性。

10.7.2 斜齿圆柱齿轮的主要参数和几何尺寸

斜齿轮与直齿轮的主要区别是：斜齿轮的齿向倾斜，如图 10-22 所示，虽然端面（垂直于齿轮轴线的平面）齿形与直齿轮齿形相同，但斜齿轮切制时刀具是沿螺旋线方向切齿的，其法向（垂直于轮齿齿线的方向）齿形是与刀具标准齿形相一致的渐开线标准齿形。

因此对斜齿轮来说，存在端面参数和法向参数两种表征齿形的参数，两者之间因为螺旋角 β（分度圆上的螺旋角）而存在确定的几何关系。

1）法向参数与端面参数间的关系

（1）法向齿距 p_n 与端面齿距 p_t　　$p_n = p_t\cos\beta$

（2）法向模数 m_n 与端面模数 m_t　　$m_n = m_t\cos\beta$　　（10-19）

（3）法向压力角 α_n 与端面压力角 α_t（图 10-23）　　$\tan\alpha_n = \tan\alpha_t\cos\beta$

由于切齿刀具齿形为标准齿形，所以斜齿轮的法向基本参数也为标准值，设计、加工和测量斜齿轮时均以法向为基准。规定：m_n 为标准值，$\alpha_n = \alpha = 20°$；正常齿制，取 $h_{an}^* = 1, c_n^* = 0.25$，短齿制，取 $h_{an}^* = 0.8, c_n^* = 0.3$。

2）斜齿轮的螺旋角 β

如图 10-22 所示，由于斜齿轮各个圆柱面上的螺旋线的导程 p_z 相同，因此斜齿轮分度圆柱面上的螺旋角 β 与基圆柱面上的螺旋角 β_b 的计算公式为：

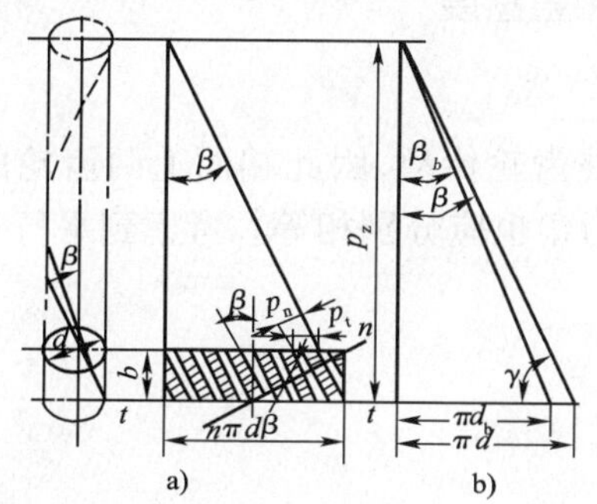

图 10-22 斜齿圆柱齿轮分度圆柱面展开图

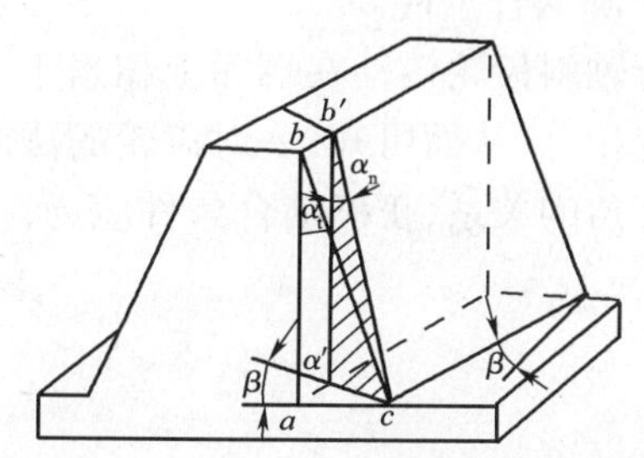

图 10-23 端面压力角和法向压力角

$$\tan\beta = \pi d / p_z \tag{10-20}$$

$$\tan\beta_b = \pi d_b / p_z \tag{10-21}$$

从上式可知，$\beta_b < \beta$，因此可推知，各圆柱面上直径越大，其螺旋角也越大，基圆柱螺旋角最小，但不等于零。螺旋角 β 越大，轮齿越倾斜，则传动的平稳性越好，但轴向力也越大。一般设计时常取 $\beta = 8° \sim 20°$。近年来为了增大重合度、提高传动平稳性和降低噪声，在螺旋角参数选择上，有大螺旋角化的倾向。对于人字齿轮，因其轴向力可以抵消，常取 $\beta = 25° \sim 45°$，如图 10-24 所示。但加工较困难，精度较低，一般用于重型机械的齿轮传动。

如图 10-25 所示，斜齿轮按其齿廓渐开线螺旋面的旋向，可分为左旋和右旋两种。

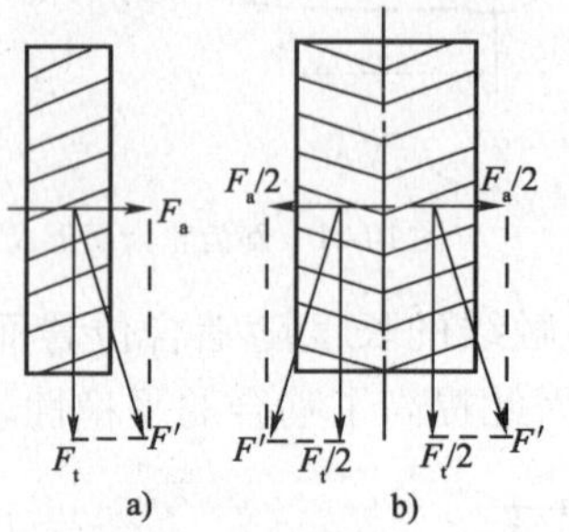

图 10-24　斜齿轮的轴向力

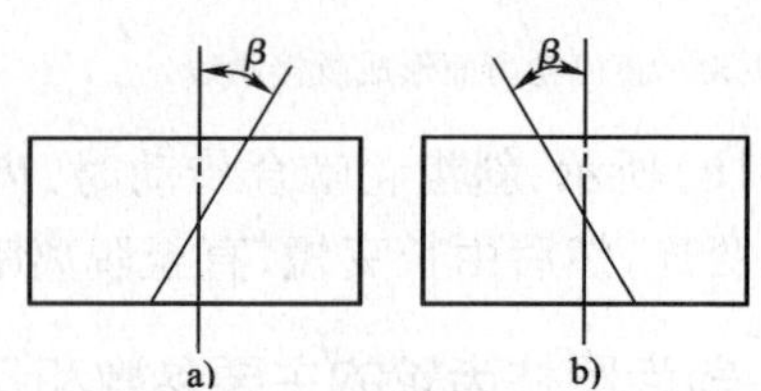

图 10-25　斜齿轮的旋向

标准斜齿轮尺寸计算公式见表 10-3。

标准斜齿轮尺寸计算公式　　表 10-3

名　称	符　号	计 算 公 式
齿顶高	h_a	$h_a = h_{an}^* m_n$
齿根高	h_f	$h_f = (h_{an}^* + c_n^*) m_n$
全齿高	h	$h = (2h_{an}^* + c_n^*) m_n$
分度圆直径	d	$d = m_t z = (m_n / \cos\beta) z$
齿顶圆直径	d_a	$d_a = d + 2h_a = m_n (z/\cos\beta + 2h_{an}^*)$
齿根圆直径	d_f	$d_f = d - 2h_f = m_n (z/\cos\beta - 2h_{an}^* - 2c_n^*)$
基圆直径	d_b	$d_b = d\cos\alpha_t$
中心距	a	$a = m_n (z_1 + z_2) / 2\cos\beta$

从表中可知，斜齿轮传动的中心距与螺旋角 β 有关，当一对齿轮的模数、齿数一定时，可以通过改变螺旋角 β 的方法来配凑中心距。

10.7.3　平行轴斜齿轮传动的正确啮合条件和重合度

1）正确啮合条件

平行轴斜齿轮传动在端面上相当于一对直齿圆柱齿轮传动，因此端面上两齿轮的模数和压力角应相等，从而可知，一对齿轮的法向模数和压力角也应分别相等。考虑到平行轴斜齿轮传动螺旋角的关系，正确啮合条件应为：

$$\left.\begin{aligned} m_{n1} &= m_{n2} \\ \alpha_{n1} &= \alpha_{n2} \\ \beta_1 &= \pm\beta_2 \end{aligned}\right\} \tag{10-22}$$

上式表明，平行轴斜齿轮传动螺旋角相等，外啮合时旋向相反，取“－”号，内啮合时旋向相同,取“+”号。

2)重合度

由平行轴斜齿轮一对齿啮合过程的特点可知,在计算斜齿轮重合度时,还必须考虑螺旋角 β 的影响。图 10-26 所示为两个端面参数(齿数、模数、压力角、齿顶高系数及顶隙系数)完全相同的标准直齿轮和标准斜齿轮的分度圆柱面(即节圆柱面)展开图。由于直齿轮接触线为与齿宽相当的直线,从 B 点开始啮入,从 B' 点啮出,工作区长度为 BB';斜齿轮接触线,由点 A 啮入,接触线逐渐增大,至 A' 啮出,比直齿轮多转过一个弧 $f = b\tan\beta$,因此平行轴斜齿轮传动的重合度为端面重合度和纵向重合度之和。平行轴斜齿轮的重合度随螺旋角 β 和齿宽 b 的增大而增大,其值可以达到很大。工程设计中常根据齿数和 $z_1 + z_2$ 以及螺旋角 β 查表求取重合度。

10.7.4 斜齿轮的当量齿数

用仿形法加工斜齿轮时,盘状铣刀是沿螺旋线方向切齿的。因此,刀具需按斜齿轮的法向齿形来选择。如图 10-27 所示,用法截面截斜齿轮的分度圆柱得一椭圆,椭圆短半轴顶点 C 处被切齿槽两侧为与标准刀具一致的标准渐开线齿形。工程中为计算方便,特引入当量齿轮的概念。当量齿轮是指按 C 处曲率半径 ρ_c 为分度圆半径 r_v,以 m_n、α_n 为标准齿形的假想直齿轮。当量齿数 Z_v 由下式求得:

$$Z_v = \frac{Z}{\cos^3\beta} \tag{10-23}$$

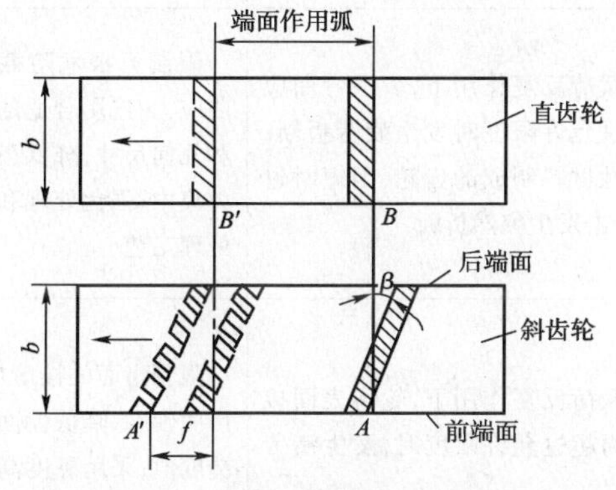

图 10-26 斜齿圆柱齿轮的重合度

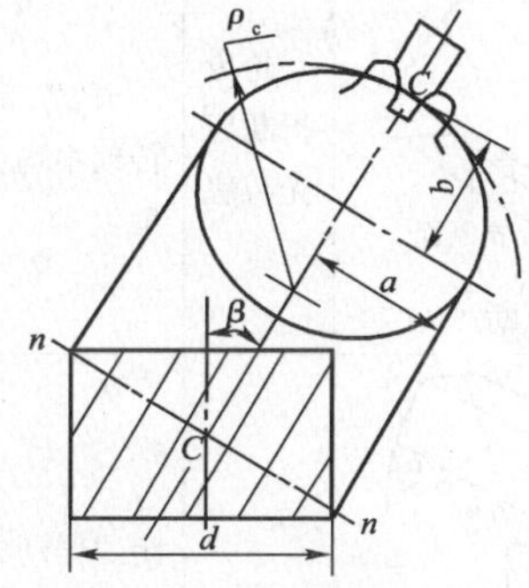

图 10-27 斜齿轮的当量齿数

用仿形法加工时,应按当量齿数选择铣刀号码;强度计算时,可按一对当量直齿轮传动近似计算一对斜齿轮传动;在计算标准斜齿轮不发生根切的齿数时,可按下式求得:

$$Z_{min} = Z_{vmin}\cos^3\beta = 17\cos^3\beta \tag{10-24}$$

10.7.5 平行轴斜齿轮传动的优缺点

与直齿圆柱齿轮传动相比,平行轴斜齿轮传动具有以下优点:

(1)平行轴斜齿轮传动中齿廓接触线是斜直线,轮齿是逐渐进入和脱离啮合的,故工作平稳,冲击和噪声小,适用于高速传动。

(2)重合度较大,有利于提高承载能力和传动的平稳性。

(3)最少齿数小于直齿轮的最小齿数 Z_{min}。

主要缺点是,传动中存在轴向力,为克服此缺点,可采用人字齿轮。

10.8 齿轮传动的失效形式与设计准则

10.8.1 齿轮传动的失效形式

齿轮传动的失效一般指轮齿的失效。常见的失效形式有轮齿折断、齿面点蚀、齿面磨损、齿面胶合以及塑性变形等几种形式。

轮齿失效形式与传动工作情况相关。

按工作情况,齿轮传动可分为开式传动和闭式传动两种。开式传动是指传动裸露或只有简单的遮盖,工作时环境中粉尘、杂物易侵入啮合齿间,润滑条件较差的情况。闭式传动是指被封闭在箱体内,且润滑良好(常用浸油润滑)的齿轮传动。开式传动失效以磨损及磨损后的折齿为主,闭式传动失效则以疲劳点蚀或胶合为主。

轮齿失效还与受载、工作转速和齿面硬度有关。

硬齿面(硬度 >350HBS)、重载时易发生轮齿折断,高速、中小载荷时易发生疲劳点蚀;软齿面(硬度≤350HBS)、重载、高速时易发生胶合,低速时则产生塑性变形。

常见的轮齿失效形式及产生的原因和预防方法见表 10-4。

常见轮齿失效形式及产生原因和防止措施　　表 10-4

失效形式	后果	工作环境	产生失效的原因	防止失效的措施
折断面 轮齿折断	轮齿折断后无法工作	开式、闭式传动中均可能发生	在载荷反复作用下,齿根弯曲应力超过允许限度时发生疲劳折断;用脆性材料制成的齿轮,因短时过载、冲击发生突然折断	限制齿根危险截面上的弯曲应力;选用合适的齿轮参数和几何尺寸;降低齿根处的应力集中;强化处理和良好的热处理工艺
出现麻坑、剥落 齿面点蚀	齿廓失去准确形状,传动不平稳,噪声、冲击增大或无法工作	闭式传动	在载荷反复作用下,轮齿表面接触应力超过允许限度时,发生疲劳点蚀	限制齿面的接触应力;提高齿面硬度、降低齿面的表面粗糙度值;采用黏度高的润滑油及适宜的添加剂
磨损部分 齿面磨损		主要发生在开式传动中,润滑油不洁的闭式传动中也可能发生	灰尘、金属屑等杂物进入啮合区	注意润滑油的清洁;提高润滑油黏度,加入适宜的添加剂;选用合适的齿轮参数及几何尺寸、材质、精度和表面粗糙度;开式传动选用适当防护装置
齿面出现沟痕 齿面胶合		高速、重载或润滑不良的低速、重载传动中	齿面局部温升过高,润滑失效;润滑不良	进行抗胶合能力计算,限制齿面温度;保证良好润滑,采用适宜的添加剂;降低齿面的表面粗糙度值

10.8.2 齿轮传动设计准则

轮齿的失效形式很多,它们不大可能同时发生,却又相互联系,相互影响。例如轮齿表面产生点蚀后,实际接触面积减少将导致磨损的加剧,而过大的磨损又会导致轮齿的折断。可是在一定条件下,必有一种为主要失效形式。

在进行齿轮传动的设计计算时,应分析具体的工作条件,判断可能发生的主要失效形式,以确定相应的设计准则。

对于软齿面的闭式齿轮传动,由于齿面抗点蚀能力差,润滑条件良好,齿面点蚀将是主要的失效形式。在设计计算时,通常按齿面接触疲劳强度设计,再作齿根弯曲疲劳强度校核。

对于硬齿面的闭式齿轮传动,齿面抗点蚀能力强,但易发生齿根折断,齿根疲劳折断将是主要失效形式。在设计计算时,通常按齿根弯曲疲劳强度设计,再作齿面接触疲劳强度校核。

当一对齿轮均为铸铁制造时,一般只需作轮齿弯曲疲劳强度设计计算。

对于汽车、拖拉机的齿轮传动,过载或冲击引起的轮齿折断是其主要失效形式,宜先作轮齿过载折断设计计算,再作齿面接触疲劳强度校核。

对于开式传动,其主要失效形式将是齿面磨损。但由于磨损的机理比较复杂,到目前为止尚无成熟的设计计算方法,通常只能按齿根弯曲疲劳强度设计,再考虑磨损,将所求得的模数增大 10% ~20% 。

10.8.3 常用齿轮材料及热处理

为了保证齿轮工作的可靠性,提高其使用寿命,齿轮的材料及其热处理应根据工作条件和材料的特点来选取。

对齿轮材料的基本要求是:应使齿面具有足够的硬度和耐磨性,齿芯具有足够的韧性,以防止齿面的各种失效,同时应具有良好的冷、热加工的工艺性,以达到齿轮的各种技术要求。

常用的齿轮材料为各种牌号的优质碳素结构钢、合金结构钢、铸钢、铸铁和非金属材料等。一般多采用锻件或轧制钢材。当齿轮结构尺寸较大,轮坯不易锻造时,可采用铸钢。开式低速传动时,可采用灰铸铁或球墨铸铁。低速重载的齿轮易产生齿面塑性变形,轮齿也易折断,宜选用综合性能较好的钢材。高速齿轮易产生齿面点蚀,宜选用齿面硬度高的材料。受冲击载荷的齿轮,宜选用韧性好的材料。对高速、轻载而又要求低噪声的齿轮传动,也可采用非金属材料、如夹布胶木、尼龙等。常用的齿轮材料及其力学性能列于表 10-5。

钢制齿轮的热处理方法主要有以下几种:

(1)表面淬火。常用于中碳钢和中碳合金钢,如 45、40Cr 钢等。表面淬火后,齿面硬度一般为 40 ~55HRC。特点是抗疲劳点蚀、抗胶合能力高,耐磨性好。由于齿心部末淬硬,齿轮仍有足够的韧性,能承受不大的冲击载荷。

(2)渗碳淬火。常用于低碳钢和低碳合金钢,如 20、20Cr 钢等。渗碳淬火后,齿面硬度可达 56 ~62HRC,而齿心部仍保持较高的韧性,轮齿的折弯强度和齿面接触强度高,耐磨性较好,常用于受冲击载荷的重要齿轮传动。齿轮经渗碳淬火后,轮齿变形较大,应进行磨齿。

(3)渗氮。渗氮是一种表面化学热处理。渗氮后不需要进行其他热处理,齿面硬度可达 700 ~900HV。由于渗氮处理后的齿轮硬度高,工艺温度低,变形小,故适用于内齿轮和难以磨削的齿轮,常用于含铬、铜、铅等合金元素的渗氮钢,如 38CrMoAlA。

(4)调质。调质一般用于中碳钢和中碳合金钢,如 45、40Cr、35SiMn 钢等。调质处理后,齿面硬度一般为 220 ~ 280HBS。因硬度不高,轮齿精加工可在热处理后进行。

(5)正火。正火能消除内应力,细化晶粒,改善力学性能和切削性能。机械强度要求不高的齿轮可采用中碳钢正火处理,大直径的齿轮可采用铸钢正火处理。

一般要求的齿轮传动可采用软齿面齿轮。为了减小胶合的可能性,并使配对的大小齿轮寿命相当,通常使小齿轮齿面硬度比大齿轮齿面硬度高出 30 ~ 50HBS。对于高速、重载或重要的齿轮传动,可采用硬齿面齿轮组合,齿面硬度可大致相同。

常用齿轮材料及其力学性能 表 10-5

类别	材料牌号	热处理方法	抗拉强度 σ_b(MPa)	屈服点 σ_s(MPa)	硬度(HBS 或 HRC)
优质碳素钢	35	正火	500	270	150 ~ 180HBS
		调质	550	294	190 ~ 230 HBS
	45	正火	588	294	169 ~ 217 HBS
		调质	647	373	229 ~ 286 HBS
		表面淬火			40 ~ 50 HRC
	50	正火	628	373	180 ~ 220 HBS
合金结构钢	40Cr	调质	700	500	240 ~ 258 HBS
		表面淬火			48 ~ 55 HRC
	35SiMn	调质	750	450	217 ~ 269 HBS
		表面淬火			45 ~ 55 HRC
	40MnB	调质	735	490	241 ~ 286 HBS
		表面淬火			45 ~ 55 HRC
	20Cr	渗碳淬火后回火	637	392	56 ~ 62 HRC
	20CrMnTi		1 079	834	56 ~ 62HRC
	38CrMnAlA	渗氮	980	834	850HV
铸钢	ZG45	正火	580	320	156 ~ 217 HBS
	ZG55		650	350	169 ~ 229 HBS
灰铸铁	HT300	—	300		185 ~ 278 HBS
	HT350		350		202 ~ 304 HBS
球墨铸铁	QT600-3	—	600	370	190 ~ 270 HBS
	QT700-2		700	420	225 ~ 305 HBS
非金属	夹布胶木	—	100		25 ~ 35 HBSv

10.9 齿轮轮齿受力分析

为计算齿轮强度、设计轴、轴承等轴系零件,需要分析轮齿上的作用力和工作载荷。

10.9.1 渐开线直齿圆柱齿轮受力分析

一对渐开线齿轮啮合,若忽略摩擦力,则轮齿间相互作用的法向压力 F_n 的方向,始终沿啮合线且大小不变。对于渐开线标准齿轮啮合,按在节点 C 接触时进行力分析。

法向力 F_n 可分解为圆周力 F_t 和径向力 F_r,如图 10-28 所示,则:

$$F_n = \frac{F_t}{\cos\alpha} \qquad F_t = \frac{2T_1}{d_1} \qquad F_r = F_t\tan\alpha \tag{10-25}$$

$$T_1 = 9.55 \times 10^6 P/n_1$$

式中：T_1——小齿轮转矩，N·mm；

P——齿轮传递功率，kW；

n_1——小齿轮转速，r/min；

d_1——小齿轮分度圆直径，mm；

α——压力角。

主、从动轮上各对应的力，大小相等、方向相反。径向力方向由作用点指向各自圆心，F_{t1}与节点C的速度方向相反，F_{t2}与节点C的速度方向相同。

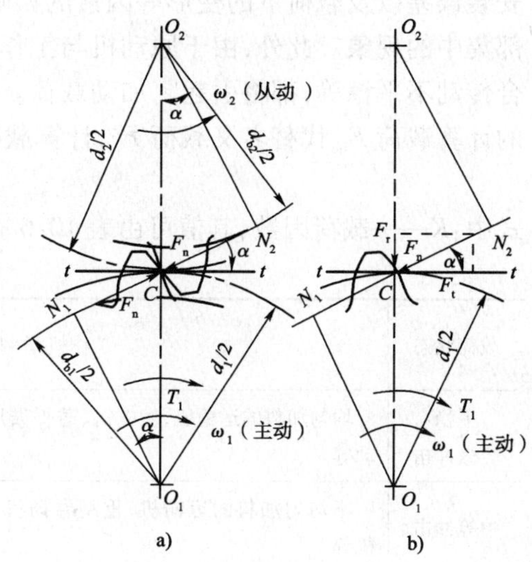

图 10-28　直齿圆柱齿轮受力分析

10.9.2　渐开线斜齿圆柱齿轮受力分析

斜齿圆柱齿轮受力情况如图 10-29 所示，轮齿所受法向力F_n可分解为圆周力F_t、径向力F_r和轴向力F_a。

$$F_n = \frac{F_t}{\cos\beta\cos\alpha_n}, F_t = \frac{2T_1}{d_1}, F_r = \frac{F_t\tan\alpha_n}{\cos\beta}, F_a = F_t\tan\beta \tag{10-26}$$

式中：α——法向压力角；

β——螺旋角。

圆周力的方向，在主动轮上与转动方向相反，在从动轮上与转向相同。径向力的方向均指向各自的轮心。轴向力的方向取决于齿轮的回转方向和轮齿的螺旋方向，可按“主动轮左、右手螺旋定则”来判断。

轴向力的方向，主动轮为右旋时，右手按转动方向握轴，以四指弯曲方向表示主动轴的回转方向，伸直大拇指，其指向即为主动轮上轴向力的方向；主动轮为左旋时，则应以左手用同样的方法来判断，如图 10-30 所示。主动轮上轴向力的方向确定后，从动轮上的轴向力则与主动轮上的轴向力大小相等、方向相反。

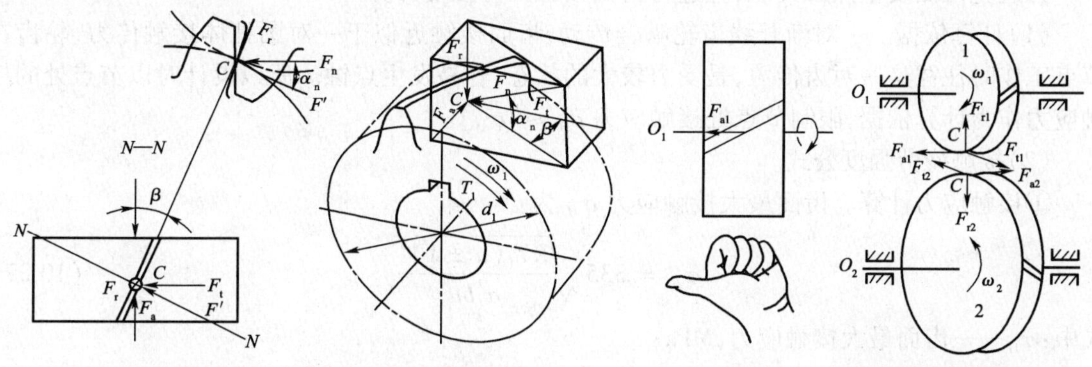

图 10-29　渐开线斜齿圆柱齿轮受力分析

图 10-30　主动齿轮轴向力方向判断

10.9.3 计算载荷

上述求得的法向力 F_n 为理想状况下的名义载荷。实际上，由于齿轮、轴、支承等的制造、安装误差以及载荷下的变形等因素的影响，轮齿沿齿宽的作用力并非均匀分布，存在着载荷局部集中的现象。此外，由于原动机与工作机的载荷变化，以及齿轮制造误差和变形所造成的啮合传动不平稳等，都将引起附加动载荷。因此，齿轮强度计算时，通常用考虑了各种影响因素的计算载荷 F_{nc} 代替名义载荷 F_n，计算载荷按下式确定：

$$F_{nc} = KF_n$$

式中：K——载荷因数，其值可由表 10-6 查得。

载荷因数 K 表 10-6

载荷状态	工作机举例	原动机		
		电动机	多缸内燃机	单缸内燃机
平稳 轻微冲击	均匀加料的运输机、发电机、透平鼓风机和压缩机、机床辅助传动等	1~1.2	1.2~1.6	1.6~1.8
中等冲击	不均匀加料的运输机、重型卷扬机、球磨机、多缸往复式压缩机等	1.2~1.6	1.6~1.8	1.8~2.0
较大冲击	冲床、剪床、钻机、轧机、挖掘机、重型给水泵、破碎机、单缸往复式压缩机等	1.6~1.8	1.9~2.1	2.2~2.4

注：斜齿、圆周速度低、传动精度高、齿宽系数小时，取小值；直齿、圆周速度高、传动精度低时，取大值；齿轮在轴承间不对称布置时取大值。

10.10 齿轮轮齿强度计算

为保证齿轮的承载能力，避免失效，一般需通过强度计算确定其主要参数，如模数、中心距、齿宽等。

10.10.1 渐开线直齿圆柱齿轮强度计算

1）齿面接触疲劳强度计算

为避免齿面发生点蚀失效，应进行齿面接触疲劳强度计算。

（1）计算依据。一对渐开线齿轮啮合传动，齿面接触近似于一对圆柱体接触传力，轮齿在节点工作时往往是一对齿传力，是受力较大的状态，容易发生点蚀。所以设计时以节点处的接触应力作为计算依据，限制节点处接触应力 $\sigma_H \leqslant [\sigma_H]$。

（2）接触疲劳强度公式。

①接触应力计算。齿面最大接触应力 σ_H 为：

$$\sigma_H = 335\sqrt{\frac{KT_1(u \pm 1)^3}{a^2bu}} \tag{10-27}$$

式中：σ_H——齿面最大接触应力，MPa；

a——齿轮中心距，mm；

K——载荷因数；

T_1——小齿轮传递的转矩,N·mm;

b——齿宽,mm;

u——大轮与小轮的齿数比。

“+”、“-”符号分别表示外啮合和内啮合。

②接触疲劳许用应力$[\sigma_H]$:

$$[\sigma_H] = \frac{\sigma_{Hlim}}{S_H} \tag{10-28}$$

式中:σ_{Hlim}——试验齿轮的接触疲劳极限,MPa,与材料及硬度有关,图 10-31 所示之数据为可靠度 99% 的试验值;

S_H——齿面接触疲劳安全系数,由表 10-7 查取。

齿轮强度的安全系数 S_H 和 S_F　　表 10-7

安全系数	软齿面	硬齿面	重要的传动、渗碳淬火齿轮或铸造齿轮
S_H	1.0~1.1	1.1~1.2	1.3
S_F	1.3~1.4	1.4~1.6	1.6~2.2

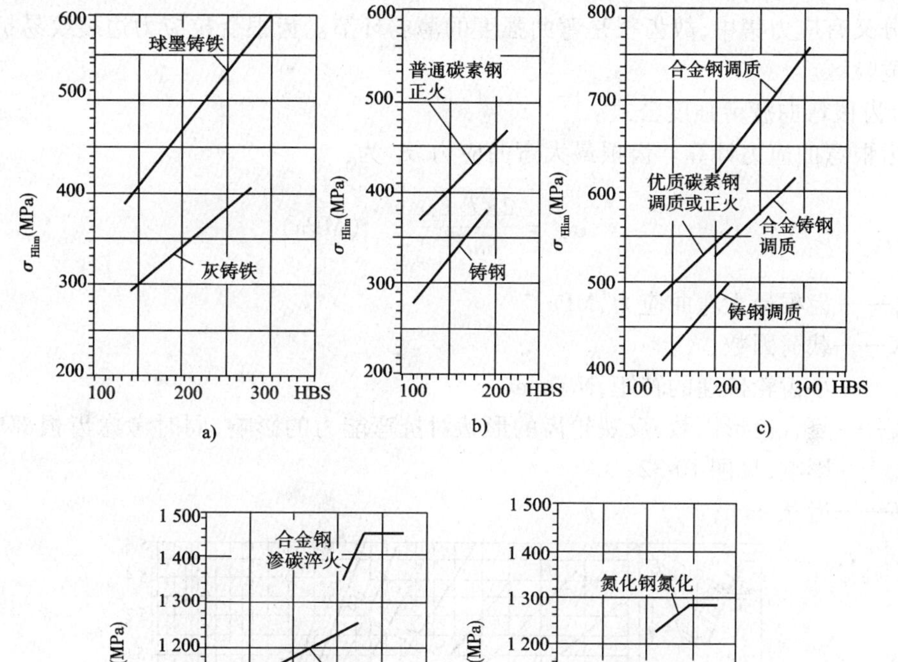

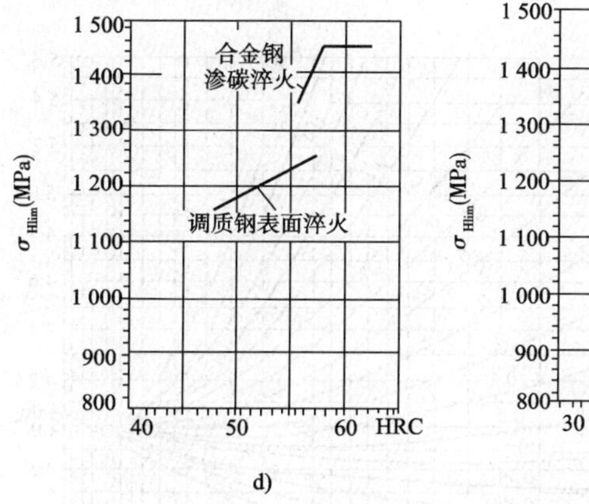

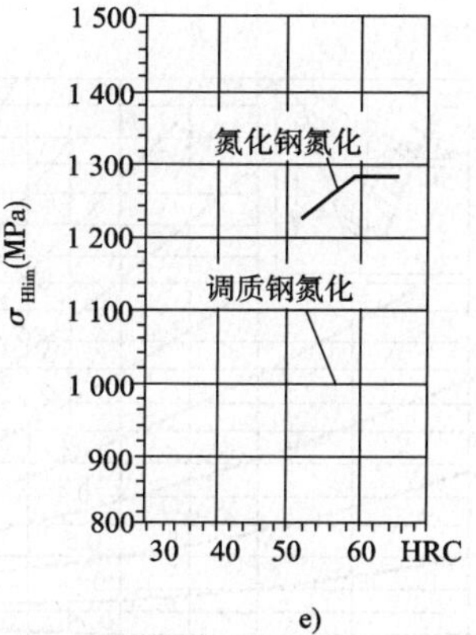

图 10-31　齿轮的接触疲劳极限 σ_{Hlim}

③接触疲劳强度公式:

校核公式

$$\sigma_H = 335\sqrt{\frac{KT_1(u \pm 1)^3}{a^2bu}} \leqslant [\sigma_H] \quad (\text{MPa}) \tag{10-29}$$

引入齿宽系数 $\varphi_a = b/a$，代入上式消去 b 可得：

设计公式 $$a \geqslant (u \pm 1)^3 \sqrt{\left(\frac{335}{[\sigma_H]}\right)^2 \frac{KT_1}{\varphi_a u}} \quad (\text{mm}) \tag{10-30}$$

上式只适用于一对钢制齿轮，若为钢对铸铁或一对铸铁齿轮，系数 335 应分别改为 285 和 250。

一对齿轮啮合，两齿面接触应力相等，但两轮的许用接触应力 $[\sigma_H]$ 可能不同，计算时应代入 $[\sigma_H]_1$ 与 $[\sigma_H]_2$ 中之较小值。

影响齿面接触疲劳的主要参数是中心距 a 和齿宽 b，a 的效果更明显些。决定 $[\sigma_H]$ 的因素主要是材料及齿面硬度。所以提高齿轮齿面接触疲劳强度的途径是加大中心距，增大齿宽或选强度较高的材料，提高轮齿表面硬度。

2）齿根弯曲疲劳强度计算

进行齿根弯曲疲劳强度计算的目的，是防止轮齿疲劳折断。

（1）计算依据。根据一对轮齿啮合时，力作用于齿顶的条件，限制齿根危险截面拉应力边的弯曲应力 $\sigma_F \leqslant [\sigma_F]$。轮齿受弯时其力学模型如悬臂梁，受力后齿根产生最大弯曲应力，而圆角部分又有应力集中，故齿根是弯曲强度的薄弱环节。齿根受拉应力边裂纹易扩展，是弯曲疲劳的危险区。

（2）齿根弯曲疲劳强度公式。

①齿根弯曲应力计算。齿根最大弯曲应力 σ_F 为：

$$\sigma_F = \frac{2KT_1 Y_{FS}}{bm^2 z_1} \quad (\text{MPa}) \tag{10-31}$$

式中：σ_F——齿根最大弯曲应力，MPa；

K——载荷因数；

T_1——小齿轮传递的转矩，N · mm；

Y_{FS}——复合齿形因数，反映轮齿的形状对抗弯能力的影响，同时考虑齿根部应力集中的影响，见图 10-32；

b——齿宽，mm；

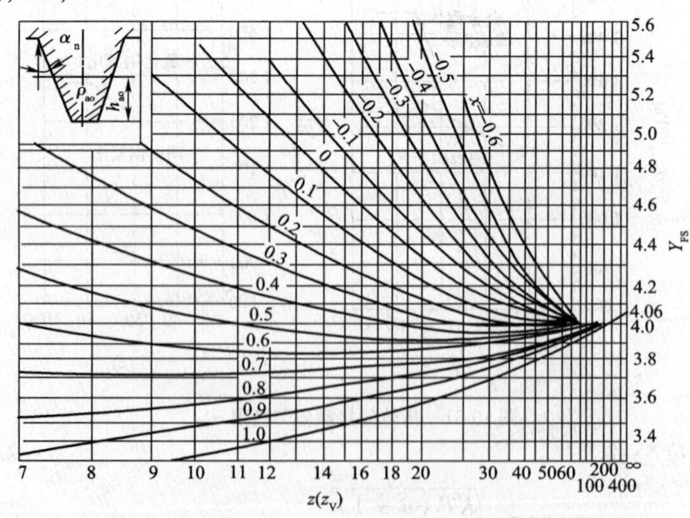

图 10-32 外齿轮的复合齿形因数 Y_{FS}

m——模数,mm;

z_1——小轮齿数。

②弯曲疲劳许用应力$[\sigma_F]$:

$$[\sigma_F] = \frac{\sigma_{Flim}}{S_F} \quad (\text{MPa}) \tag{10-32}$$

式中:σ_{Flim}——试验齿轮的弯曲疲劳极限(图 10-33),MPa,对于双侧工作的齿轮传动,齿根承受对称循环弯曲应力,应将图中数据乘以 0.7;

S_H——齿轮弯曲疲劳强度安全系数,由表 10-7 查取。

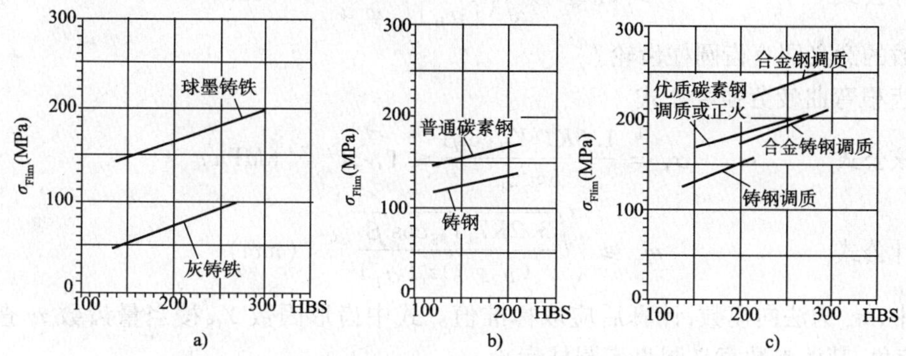

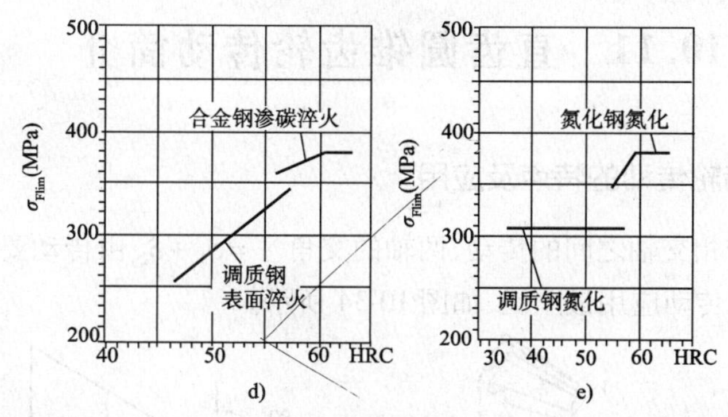

图 10-33 齿轮的弯曲疲劳极限 σ_{Flim}

③弯曲疲劳强度公式:

校核公式
$$\sigma_F = \frac{2KT_1Y_{FS}}{bm^2z_1} \leqslant [\sigma_F] \quad (\text{MPa}) \tag{10-33}$$

引入齿宽系数 $\varphi_a = b/a$,代入上式消去 b,可得:

设计公式
$$m \geqslant \sqrt[3]{\frac{4KT_1Y_{FS}}{\varphi_a(u \pm 1)z_1^2[\sigma_F]}} \quad (\text{mm}) \tag{10-34}$$

m 计算后应取标准值。

通常两齿轮的复合齿形因数 Y_{FS1} 和 Y_{FS2} 不相同,材料许用弯曲应力$[\sigma_F]_1$ 和 $[\sigma_F]_2$ 也不等,$Y_{FS1}/[\sigma_F]_1$ 和 $Y_{FS2}/[\sigma_F]_2$ 比值大者强度较弱,应作为计算时的代入值。

由式(10-33)可知,影响齿根弯曲强度的主要参数有模数 m、齿宽 b 和齿数 z_1 等,而加大模数对降低齿根弯曲应力效果最显著。

10.10.2 渐开线斜齿圆柱齿轮强度计算

斜齿轮的啮合力作用于齿的法向平面,法向齿形和齿厚反映其强度,可利用法向平面上的当量齿轮进行强度分析和计算。

1)齿面接触疲劳强度公式(钢制标准齿轮)

校核公式 $$\sigma_{\mathrm{H}} = 305\sqrt{\frac{KT_1(u \pm 1)^3}{a^2bu}} \leqslant [\sigma_{\mathrm{H}}] \quad (\mathrm{MPa}) \tag{10-35}$$

设计公式 $$a \geqslant (u \pm 1)\sqrt[3]{\left(\frac{305}{[\sigma_{\mathrm{H}}]}\right)^2\frac{KT_1}{\varphi_{\mathrm{a}}u}} \quad (\mathrm{mm}) \tag{10-36}$$

式中参数的意义同直齿圆柱齿轮。

2)齿根弯曲疲劳强度公式

校核公式 $$\sigma_{\mathrm{F}} = \frac{1.6KT_1Y_{\mathrm{FS}}\cos\beta}{bm_{\mathrm{n}}^2z_1} \leqslant [\sigma_{\mathrm{F}}] \quad (\mathrm{MPa}) \tag{10-37}$$

设计公式 $$m_{\mathrm{n}} \geqslant \sqrt[3]{\frac{3.2KT_1Y_{\mathrm{FS}}\cos^2\beta}{\varphi_{\mathrm{a}}(u \pm 1)z_1^2[\sigma_{\mathrm{F}}]}} \quad (\mathrm{mm}) \tag{10-38}$$

式中,m_{n} 为法向模数,计算后应取标准值。式中齿形因数 Y_{FS} 按当量齿数 z_{v} 查图 10-32,β 为螺旋角,其他参数意义同直齿圆柱齿轮。

10.11 直齿圆锥齿轮传动简介

10.11.1 圆锥齿轮传动的特点及应用

圆锥齿轮机构用于相交轴之间的传动,两轴的交角 $\Sigma = \delta_1 + \delta_2$ 由传动要求确定,可为任意值,$\Sigma = 90°$ 的圆锥齿轮传动应用最广泛,如图 10-34 所示。

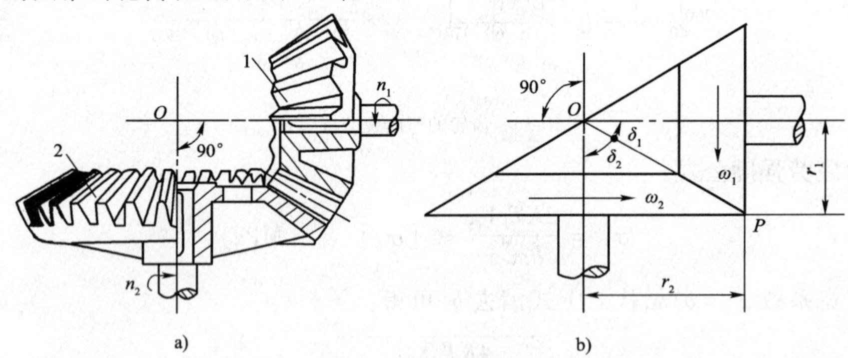

图 10-34 圆锥齿轮传动

由于圆锥齿轮的轮齿分布在圆锥面上,所以齿形从大端到小端逐渐缩小。一对圆锥齿轮传动时,两个节圆锥作纯滚动,与圆柱齿轮相似,圆锥齿轮也有基圆锥、分度圆锥、齿顶圆锥、齿根圆锥。正确安装的标准圆锥齿轮传动,其节圆锥与分度圆锥重合。

圆锥齿轮的轮齿有直齿、斜齿和曲齿等类型,直齿圆锥齿轮因加工相对简单,应用较多,适用于低速、轻载的场合;曲齿圆锥齿轮设计制造较复杂,但因传动平稳,承载能力强,常用于高速、重载的场合；斜齿圆锥齿轮目前已很少使用。本节只讨论直齿圆锥轮传动。

设 δ_1、δ_2 为两轮的锥顶半角，$\delta_1+\delta_2=90°$，大端分度圆锥直径 r_1、r_2，齿数分别为 z_1、z_2。两齿轮的传动比为：

$$i=\frac{\omega_1}{\omega_2}=\frac{n_1}{n_2}=\frac{z_2}{z_1}=\frac{r_2}{r_1}$$
$$=\cot\delta_1=\tan\delta_2 \qquad (10\text{-}39)$$

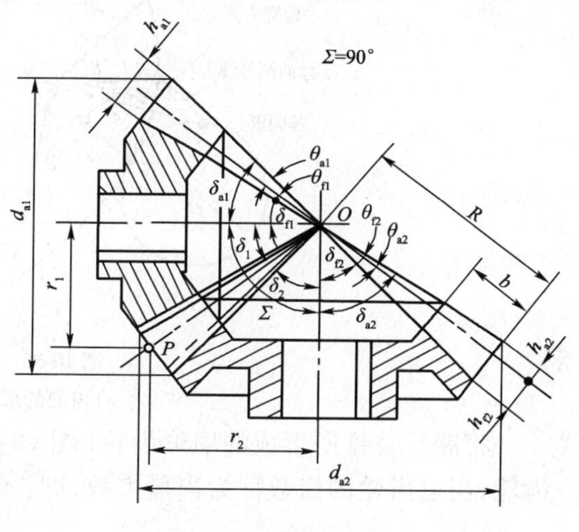

图 10-35 锥齿轮的几何尺寸

10.11.2 几何尺寸计算

为了便于计算和测量，圆锥齿轮的参数和几何尺寸均以大端为准，取大端模数 m 为标准值，大端压力角为 $\alpha=20°$，齿顶高系数 $h_a^*=1$，顶隙系数 $c^*=0.2$。标准直齿圆锥齿轮各部分名称如图 10-35 所示，几何尺寸计算公式见表 10-8。

标准锥齿轮几何尺寸计算公式（$\sum=90°$） 表 10-8

名　称	符　号	计 算 公 式
分度圆锥角	δ	$\delta_2=\arctan(z_2/z_1)$，$\delta_1=90°-\delta_2$
分度圆直径	D	$d=mz$
锥距	R	$R=\dfrac{mz}{2\sin\delta}=\dfrac{m}{2}\sqrt{z_1^2+z_2^2}$
齿宽	B	$b\leqslant R/3$
齿顶圆直径	d_a	$d_a=d+2h_a\cos\delta=m(z+2h_a{}^*\cos\delta)$
齿根圆直径	d_f	$d_a=d-2h_f\cos\delta=m[z-(2h_a{}^*+c^*)\cos\delta]$
顶圆锥角	δ_a	$\delta_a=\delta+\theta_a=\delta+\arctan(h_a{}^*m/R)$
根圆锥角	δ_f	$\delta_f=\delta-\theta_f=\delta-\arctan[(h_a^*+c^*)m/R]$

直齿圆锥齿轮的正确啮合条件由当量圆柱齿轮的正确啮合条件得到，即两齿轮的大端模数和压力角分别相等，即 $m_1=m_2=m$；$\alpha_1=\alpha_2=\alpha$ 。

10.11.3 当量齿轮与当量齿数

直齿圆锥齿轮齿廓曲线是一条空间球面渐开线，其形成过程与圆柱齿轮类似。不同的是，圆锥齿轮的齿面是发生面在基圆锥上作纯滚动时，其上直线 KK' 所展开的渐开线曲面 $AA'K'K$，如图 10-36 所示。因直线上任一点在空间所形成的渐开线距锥顶的距离不变，故称为球面渐开线。

由于球面无法展开成平面，使得圆锥齿轮设计和制造存在很大的困难，所以，实际上的圆锥齿轮是采用近似的方法来进行设计和制造的。

图 10-37 所示为一具有球面渐开线齿廓的直齿圆锥齿轮，过分度圆锥上的点 A 作球面的切线 AO_1，与分度圆锥的轴线交于 O_1 点。以 OO_1 为轴，O_1A 为母线作一圆锥体，此圆锥面称为背锥。背锥母线与分度圆锥上的切线的交点 a'、b' 与球面渐开线上的 a、b 点非常接近，即背锥上的齿廓曲线和齿轮的球面渐开线很接近。由于背锥可展成平面，其上面的平面渐开线齿廓可代替直齿圆锥齿轮的球面渐开线。

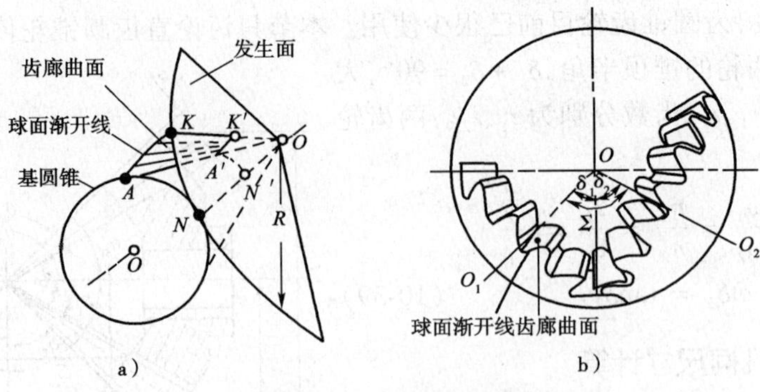

图 10-36　锥齿轮的渐开线曲面

a)齿面的形成;b)球面渐开线齿廓

将展开背锥所形成的扇形齿轮(图 10-38)补足成完整的齿轮,即为直齿圆锥齿轮的当量齿轮,当量齿轮的齿数称为当量齿数,即:

$$\left.\begin{aligned} z_{v1} &= \frac{z_1}{\cos\delta_1} \\ z_{v2} &= \frac{z_2}{\cos\delta_2} \end{aligned}\right\} \tag{10-40}$$

式中:z_1、z_2——两直齿圆锥齿轮的实际齿数;

δ_1、δ_2——两齿轮的分锥角。

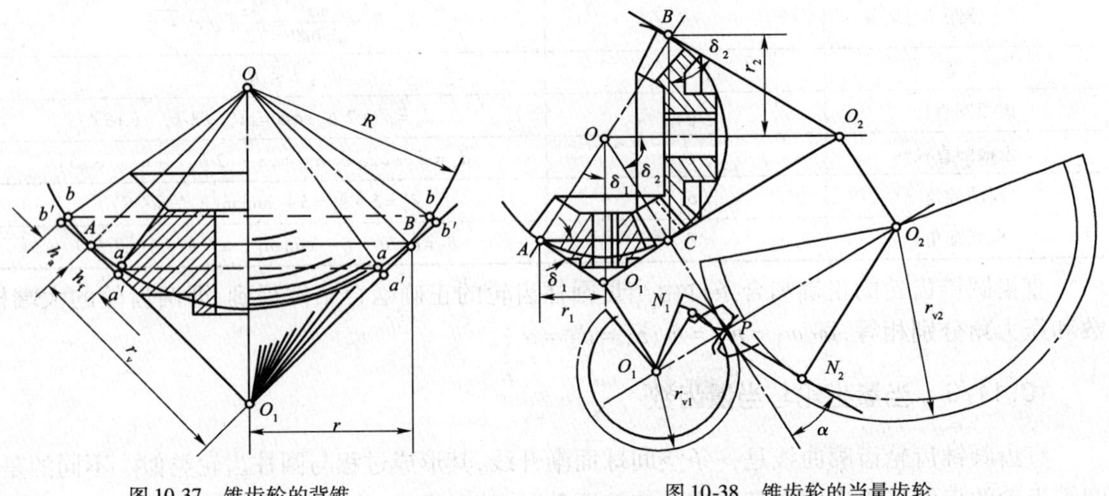

图 10-37　锥齿轮的背锥

图 10-38　锥齿轮的当量齿轮

选择齿轮铣刀的刀号、轮齿弯曲强度计算及确定不产生根切的最少齿数时,都是以 z_v 为依据的。

10.11.4　直齿圆锥齿轮的受力分析

现对图 10-39 所示的圆锥齿轮传动中的主动轮进行受力分析。作用在直齿圆锥齿轮齿面上的法向力 F_n 可视为集中作用在齿宽中点分度圆直径上,即作用在齿宽中点的法向截面 N—N 内。法向力沿圆周方法、径向和轴向可分解为三个互成直角的分力,即圆周力、径向力和轴向力。

轮齿上的三个分力的大小,由图 10-39 分析得:

$$F_t = \frac{2T}{d_{m1}} \tag{10-41}$$

$$F_r = F'\cos\delta = F_t\tan\alpha\cos\delta \tag{10-42}$$

$$F_a = F'\sin\delta = F_t\tan\alpha\sin\delta \tag{10-43}$$

式中：d_{m1}——小齿轮齿宽中点分度圆直径。

$$d_{m1} = d_1 - b\sin\delta_1 \tag{10-44}$$

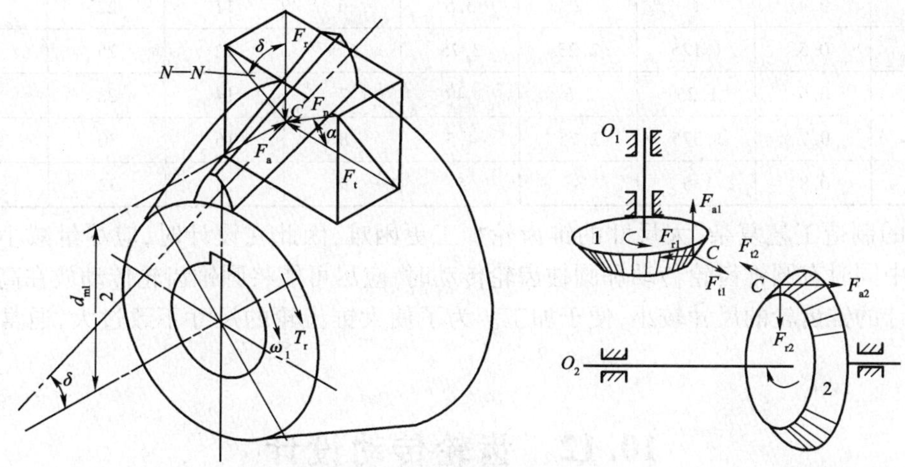

图 10-39　锥齿轮的受力分析

圆周力和径向力方向的确定方法与直齿轮相同，两齿轮的轴向力方向都是沿各自的轴线指向大端。两轮的受力可根据作用与反作用原理确定：$F_{t1} = -F_{t2}$，$F_{r1} = -F_{a2}$，$F_{a1} = -F_{r2}$，负号表示二力的方向相反。

10.11.5　强度计算

锥齿轮传动的强度按齿宽中点的一对当量直齿轮的传动作近似计算，当两轴交角 $\sum = 90°$ 时，计算如下。

1）齿面接触疲劳强度计算公式

校核公式
$$\sigma_H = \frac{334}{R - 0.5b}\sqrt{\frac{(u^2+1)^3 KT_1}{ub}} \leqslant [\sigma_H] \tag{10-45}$$

设计公式
$$R \geqslant \sqrt{u^2+1}\sqrt[3]{\left[\frac{334}{(1-0.5\varphi_R)[\sigma_H]}\right]^2 \frac{KT_1}{\varphi_R u}} \tag{10-46}$$

式中：φ_R——齿宽系数，$\varphi_R = b/R$，一般 $\varphi_R = 0.25 \sim 0.3$；

其余各项符号的意义与直齿轮相同。

对所求得的锥距，需满足表中的几何关系，即：

$$R = \frac{m}{2}\sqrt{z_1^2 + z_2^2} \tag{10-47}$$

注意：所得锥距不可圆整。

2）齿根弯曲疲劳强度计算公式

校核公式
$$\sigma_F = \frac{2KT_1Y_F}{bm^2z_1(1-0.5\varphi_R)^2} \leqslant [\sigma_F] \tag{10-48}$$

设计公式
$$m \geqslant \sqrt[3]{\frac{4KT_1Y_F}{\varphi_R(1-0.5\varphi_R)^2z_1^2[\sigma_F]\sqrt{u^2+1}}} \tag{10-49}$$

计算所得模数应按表 10-9 圆整为标准值。

圆锥齿轮模数系列(GB 12368—90)　　表 10-9

0.1	0.35	0.9	1.75	3.25	5.5	10	20	36
0.12	0.4	1	2	3.5	6	11	22	40
0.15	0.5	1.125	2.25	3.75	6.5	12	25	45
0.2	0.6	1.25	2.5	4	7	14	28	50
0.25	0.7	1.375	2.75	4.5	8	16	30	—
0.3	0.8	1.5	3	5	9	18	32	—

齿轮的制造工艺复杂,大尺寸的锥齿轮加工更困难,因此在设计时,应尽量减小其尺寸。如在传动中同时有圆锥齿轮传动和圆柱齿轮传动时,应尽可能将圆锥齿轮传动放在高速级,这样可使设计的锥齿轮的尺寸较小,便于加工。为了使大锥齿轮的尺寸不致过大,通常,齿数比取 $u<5$。

10.12　齿轮传动设计

10.12.1　齿轮传动参数的选择

1)齿数

大小轮齿数选择应符合传动比 i 的要求。齿数取整可能会影响传动比数值,误差一般控制在 5% 以内。

为避免根切,标准直齿圆柱齿轮最小齿数 $z_{min}=17$,斜齿圆柱齿轮 $z_{min}=17\cos\beta$。

大轮齿数为小轮的倍数,跑合性能好。而对于重要的传动或重载高速传动,大小轮齿互为质数,这样轮齿磨损均匀,有利于提高寿命。

中心距一定时,增加齿数能使重合度增大,提高传动平稳性;同时,齿数增多,相应模数减小,对相同分度圆的齿轮,齿顶圆直径小,可以节约材料,减轻重量,并能节省轮齿加工的切削量。所以,在满足弯曲强度的前提下,应适当减小模数,增大齿数。高速齿轮或对噪声有严格要求的齿轮传动建议取 $z_1 \geqslant 25$。

2)模数

传递动力的齿轮,其模数不宜小于 1.5mm。模数过小,加工检验不便。普通减速器、机床及汽车变速器中的齿轮模数一般在 2 ~ 8mm 之间。

齿轮模数必须取标准值。为加工测量方便,一个传动系统中,齿轮模数的种类应尽量少。

3)齿宽

齿宽取大些,可提高齿轮承载能力,并相应减小径向尺寸,使结构紧凑;但齿宽越大,沿齿宽方向载荷分布越不均匀,使轮齿接触不良。

设计中常用齿宽系数 $\varphi_a = b/a$ 对齿宽作必要的限制。一般减速器斜齿轮常取 $\varphi_a = 0.4$;

机床或汽车变速器齿轮往往为硬齿面，不利于跑合，由于一根轴上有多个滑动齿轮，为减小轴承跨距，齿宽宜小些，常取 $\varphi_a = 0.1 \sim 0.2$（滑动齿轮取小值）。开式齿轮径向尺寸一般不受限制，且安装精度差，取较小齿宽 $\varphi_a = 0.1 \sim 0.3$。

为保证接触齿宽，圆柱齿轮的小齿轮齿宽 b_1 比大齿轮齿宽 b_2 略大，$b_1 = b_2 + (3 \sim 5)$mm。

4）螺旋角 β

一般斜齿圆柱齿轮螺旋角在 $8° \sim 25°$ 之间，β 过小，显不出斜齿轮传动平稳、重合度大等优势。但 β 过大，会使轴向力增大，影响轴承寿命。对于人字齿轮或两对左右对称配置的斜齿轮，由于轴向力抵消，可取 $\beta = 25° \sim 40°$。

设计中，常在模数 m_n 和齿数 z_1、z_2 确定后，为圆整中心距或配凑标准中心距而需根据以下几何关系计算螺旋角 β：

$$\beta = \arccos \frac{m_n(z_1 + z_2)}{2a} \tag{10-50}$$

10.12.2 齿轮传动设计步骤

（1）明确设计要求，列出已知条件（如功率 P、转速 n、传动比 i 等）。

（2）分析失效形式，判定设计准则。

闭式齿轮主要失效为齿面点蚀和齿根弯曲疲劳破坏，设计时应控制齿面接触疲劳应力和齿根弯曲疲劳应力。

开式齿轮主要失效为齿面磨损和齿根弯曲疲劳破坏。设计时要选耐磨材料，进行齿根弯曲疲劳强度计算，并用将计算所得模数加大 10% ~20% 的办法考虑磨损的影响。

各类齿轮要采取相应的润滑和密封措施。

（3）选材料，计算许用应力。

（4）确定参数。

①强度计算。

设计计算：初定齿数 z_1、z_2，螺旋角 β，齿宽系数 φ_a 等。

进行齿面接触疲劳强度和齿根弯曲疲劳强度设计计算，求出满足强度要求的参数计算值；计算模数 m_c，计算齿宽 b_c，计算中心距 a_c 等。

核验计算：初定齿数 z_1、z_2，模数 m，螺旋角 β，齿宽 b 等。

进行齿面接触疲劳强度和齿根弯曲疲劳强度核验，使 $\sigma \leqslant [\sigma]$。

②确定参数。

考虑运动关系：$z_2/z_1 = i$（相对误差 <5%）。

满足强度关系 m（取标准值）$\geqslant m_c$，$a \geqslant a_c$，$b \geqslant b_c$。

符合几何关系：

$$a = \frac{m_n}{2\cos\beta}(z_1 + z_2)$$

（5）齿轮结构设计。齿轮的结构由轮缘、轮毂和轮辐三部分组成，根据齿轮毛坯制造的工艺方法，齿轮可分为锻造齿轮和铸造齿轮两种。圆柱齿轮的结构及其尺寸参看表 10-10。

（6）绘制齿轮工作图，示例见图 10-40。

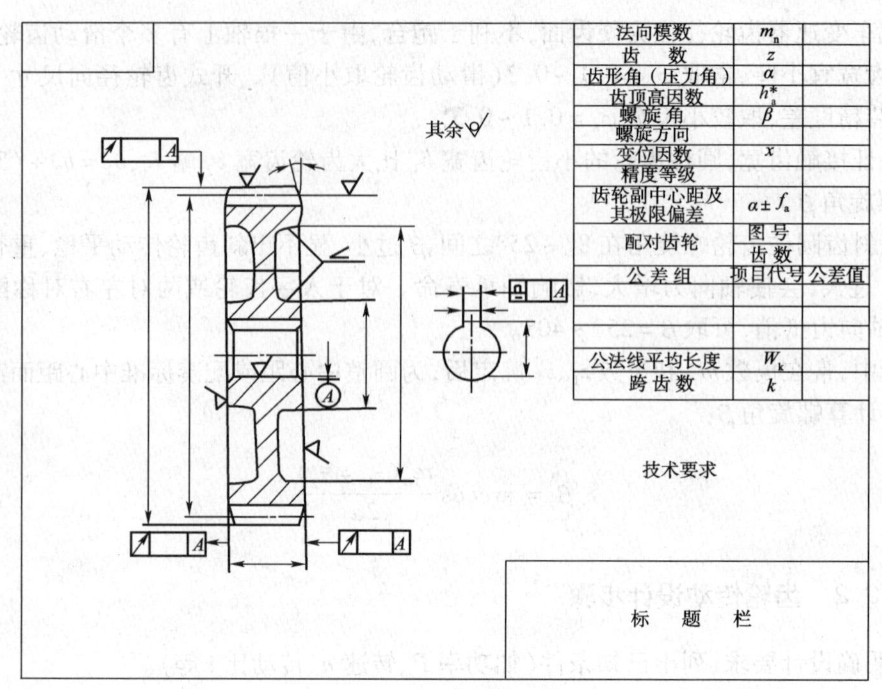

图 10-40　圆柱齿轮工作图

圆柱齿轮的结构　　　　表 10-10

名称	结构形式	结构尺寸
齿轮轴		$d_a < 2d$ 或 $\delta < (2 \sim 2.5)m_t$ 时，轴与齿轮做成一体
实心式	$d_a \leqslant 200$	$d_1 = kd$，k 值见下表 $(1.2 \sim 1.5)d \geqslant l \geqslant b$ $\delta_0 = 2.5m_t$，但不小于 8mm $D_0 = 0.5(d_1 + d_2)$ 当 $d_0 < 10$mm 时不钻孔 $n = 0.5m_t$ d (mm): <20 / 20~32 / >32~50 / >50~80 / >80~120 / >120~200 k: 2.0 / 1.9 / 1.8 / 1.7 / 1.6 / 1.5
腹板式	锻造 $d_a \leqslant 500$	$d_1 = 1.6d$ $1.5d > l \geqslant b$ $\delta_0 = (3 \sim 4)m_t$，但不小于 8mm $D_0 = 0.5(d_1 + d_2)$ $d_0 = 15 \sim 25$mm $c = 0.2b$（模锻）、$c = 0.3b$（自由锻），但不小于 8mm $n = 0.5m_t$ $r \approx 0.5c$

名称	结构形式	结构尺寸
腹板式	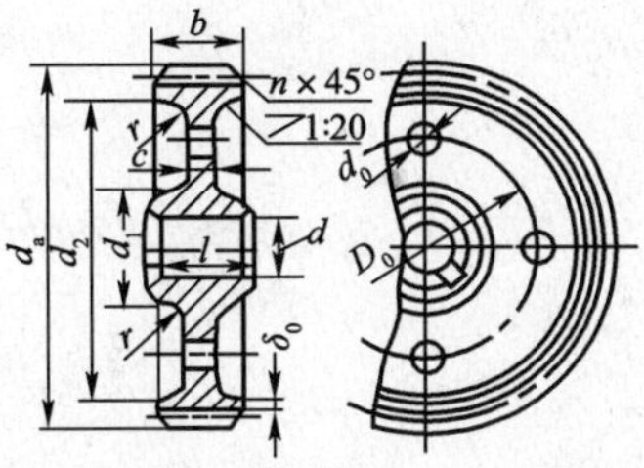 铸造 $d_a<500$	$d_1=1.6d$（铸钢）、$d_1=1.8d$（铸铁） $1.5d_1>l\geqslant b$ $\delta_0=(3\sim4)m_t$，但不小于8mm $D_0=0.5(d_1+d_2)$ $d_0=(0.25\sim0.35)(d_2-d_1)$ $c=0.2b$，但不小于10mm $n=0.5m_t$ $r\approx0.5c$
轮辐式	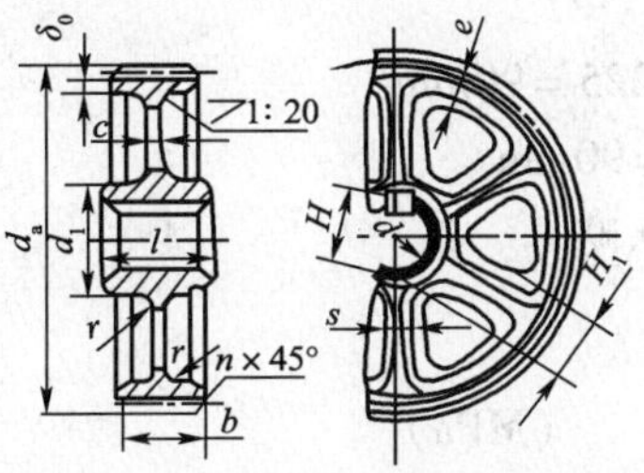 铸造 $d_a>400, b<240$	$d_1=1.6d$（铸钢）、$d_1=1.8d$（铸铁） $1.5d>l\geqslant b$ $\delta_0=(3\sim4)m_t$，但不小于8mm $H=0.8d$（铸钢）、$H=0.9d$（铸铁） $H_1=0.8H$ $c=(1\sim1.3)\delta_0$、$s=0.8c$ $e=(1\sim1.2)\delta_0$ $n=0.5m_t$ $r\approx0.5c$

例 10-1 试设计两级减速器中的低速级直齿轮传动。已知：用电动机驱动，载荷有中等冲击，齿轮相对于支承位置不对称，单向运转，传递功率 $P=10$ kW，低速级主动轮转速 $n_1=400$r/min，传动比 $i=3.5$。

解：（1）选择材料，确定许用应力

由表10-5，小轮选用45钢，调质，硬度为220 HBS，大轮选用45钢，正火，硬度为190 HBS。由图10-31c）和图10-33c）分别查得：

$$\sigma_{\mathrm{Hlim1}}=555\mathrm{MPa} \qquad \sigma_{\mathrm{Hlim2}}=530\mathrm{MPa}$$

$$\sigma_{\mathrm{Flim1}}=190\mathrm{MPa} \qquad \sigma_{\mathrm{Flim2}}=180\mathrm{MPa}$$

由表10-7查得 $S_H=1.1$，$S_F=1.4$，故：

$$[\sigma_H]_1=\frac{\sigma_{\mathrm{Hlim1}}}{S_H}=\frac{555}{1.1}=504.5\mathrm{MPa},\quad [\sigma_H]_2=\frac{\sigma_{\mathrm{Hlim2}}}{S_H}=\frac{530}{1.1}=481.8\mathrm{MPa}$$

$$[\sigma_F]_1=\frac{\sigma_{\mathrm{Flim1}}}{S_F}=\frac{190}{1.4}=135.7\mathrm{MPa},\quad [\sigma_F]_2=\frac{\sigma_{\mathrm{Flim2}}}{S_F}=\frac{180}{1.4}=128.5\mathrm{MPa}$$

因硬度小于350 HBS，属软齿面，按接触强度设计，再校核弯曲强度。

（2）按接触强度设计

计算中心距：

$$a\geqslant(u\pm1)\sqrt[3]{\left(\frac{335}{[\sigma_H]}\right)^2\frac{KT_1}{\varphi_a u}}\quad(\mathrm{mm})$$

①取 $[\sigma_H]=[\sigma_H]_2=481\mathrm{MPa}$。

②小轮转矩：

$$T_1=9.55\times10^6\times\frac{10}{400}=2.38\times10^5\mathrm{N\cdot mm}$$

③取齿宽系数 $\varphi_a = 0.4, i = u = 3.5$。

由于原动机为电动机,中等冲击,支承不对称布置,故选 8 级精度。由表 10-6 选 $K = 1.5$。将以上数据代入,得初算中心距 $a_c = 223.7\text{mm}$。

(3)确定基本参数,计算主要尺寸

①选择齿数:

取 $z_1 = 20$,则 $z_2 = u, z_1 = 3.5 \times 20 = 70$

②确定模数:

由公式 $a = m(z_1 + z_2)/2$ 可得:$m = 4.98$

由表 10-1 查得标准模数,取 $m = 5$。

③确定中心距:

$$a = m(z_1 + z_2)/2 = 5 \times (20 + 70)/2 = 225\text{mm}$$

④计算齿宽:

$$b = \varphi_a a = 0.4 \times 225 = 90\text{mm}$$

为补偿两轮轴向尺寸误差,取 $b_1 = 95\text{mm}, b_2 = 90\text{mm}$。

⑤计算齿轮几何尺寸(按表 10-2 计算,此处从略)。

(4)校核弯曲强度

$$\sigma_{F1} = \frac{2KT_1 Y_{FS1}}{bm^2 z_1} \quad (\text{MPa})$$

$$\sigma_{F2} = \frac{2KT_1 Y_{FS2}}{bm^2 z_1} = \sigma_{F1} \frac{Y_{FS2}}{Y_{FS1}} \quad (\text{MPa})$$

按 $z_1 = 20, z_2 = 70$ 由图 10-32 查得 $Y_{FS1} = 4.34$、$Y_{FS2} = 3.9$,代入上式得:

$$\sigma_{F1} = 68.8\text{MPa} < [\sigma_F]_1,\text{安全}$$

$$\sigma_{F2} = 61.8\text{MPa} < [\sigma_F]_2,\text{安全}$$

(5)设计齿轮结构,绘制齿轮工作图(略)

例 10-2 设计一对闭式斜齿圆柱齿轮传动。已知:用单缸内燃机驱动,载荷平稳,双向传动,齿轮相对于支承位置对称,要求结构紧凑。传递功率 $P = 12$ kW,低速级主动轮转速 $n_1 = 350$ r/min,传动比 $i = 3$。

解:(1)选择材料,确定许用应力

由表 10-5,两轮均选用 20CrMnTi,渗碳淬火,小轮硬度为 59 HRC,大轮 56 HRC。

由图 10-31d)和图 10-33d)分别查得:

$$\sigma_{Hlim1} = 1\,440\text{MPa} \qquad \sigma_{Hlim2} = 1\,360\text{MPa}$$

$$\sigma_{Flim1} = 370\text{MPa} \qquad \sigma_{Flim2} = 360\text{MPa}$$

由表 10-7 查得 $S_H = 1.3, S_F = 1.6$,故:

$$[\sigma_H]_1 = \frac{\sigma_{Hlim1}}{S_H} = \frac{1\,440}{1.3} = 1\,108\text{MPa}$$

$$[\sigma_H]_2 = \frac{\sigma_{Hlim2}}{S_H} = \frac{1\,360}{1.3} = 1\,046\text{MPa}$$

$$[\sigma_F]_1 = \frac{0.7\sigma_{Flim1}}{S_F} = \frac{0.7 \times 370}{1.6} = 162\text{MPa}$$

$$[\sigma_F]_2 = \frac{0.7\sigma_{Flim2}}{S_F} = \frac{0.7 \times 360}{1.6} = 158\text{MPa}$$

因硬度大于350HBS,属硬齿面,按弯曲强度设计,再校核接触强度。

(2)按弯曲强度设计

计算法向模数:

$$m_n \geqslant \sqrt[3]{\frac{3.2KT_1Y_{FS}\cos^2\beta}{\varphi_a(u\pm1)z_1^2[\sigma_F]}} \quad (\text{mm})$$

①由于原动机为单缸内燃机,载荷平稳,支承对称布置,故选8级精度。由表10-6选$K=1.6$。

②小轮转矩:

$$T_1 = 9.55\times10^6\times\frac{12}{350} = 3.27\times10^5\text{N}\cdot\text{mm}$$

③取齿宽系数$\varphi_a=0.4$。

④初选螺旋角$\beta=15°$。

⑤取$z_1=20, i=u=3, z_2=uz_1=3\times20=60$。当量齿数:

$$Z_v = \frac{Z}{\cos^3\beta}$$

$$z_{v1}=22.19 \quad z_{v2}=66.57$$

由图10-32查得$Y_{FS1}=4.3$、$Y_{FS2}=4$。

比较$Y_{FS}/[\sigma_F]$

$$Y_{FS1}/[\sigma_F]_1=4.3/162=0.026\,5$$

$$Y_{FS2}/[\sigma_F]_2=4/158=0.025\,3$$

$Y_{FS1}/[\sigma_F]_1$的数值大,将该值与上述各值代入式中,得:

$$m_n \geqslant \sqrt[3]{\frac{3.2KT_1Y_{FS}\cos^2\beta}{\varphi_a(u\pm1)z_1^2[\sigma_F]}} = \sqrt[3]{\frac{3.2\times1.6\times3.27\times10^5\times4.3\times\cos^2 15°}{0.4\times(3+1)\times20^2\times162}} = 4\text{mm}$$

由表10-1查得标准模数,取$m_n=4$mm。

(3)确定基本参数,计算主要尺寸

①试算中心距,由表10-3中公式$a=m_n(z_1+z_2)/2\cos\beta$得:

$a_c=165.6$mm,圆整取$a=168$mm。

②修正螺旋角:

$$\beta = \arccos\frac{m_n(z_1+z_2)}{2a} = \arccos\frac{4\times(20+60)}{2\times168} = 17.75°$$

螺旋角在8~25°之间,可用。

③计算齿宽:

$$b=\varphi_a a=0.4\times168=68\text{mm}$$

为补偿两轮轴向尺寸误差,取$b_1=72$mm,$b_2=68$mm。

④计算齿轮几何尺寸(按表10-3计算,此处从略)。

(4)校核接触强度

$$\sigma_H = 305\sqrt{\frac{KT_1(u\pm1)^3}{a^2bu}} = 305\sqrt{\frac{1.6\times3.27\times10^5\times(3+1)^3}{168^2\times68\times3}}$$

$$= 735.53\text{MPa} \leqslant [\sigma_H]_2, \text{安全}$$

(5)设计齿轮结构,绘制齿轮工作图(略)

本章小结

(1)渐开线的5个性质。

(2)一对齿轮正确啮合的条件:

直齿圆柱齿轮 $m_1 = m_2 \quad \alpha_1 = \alpha_2$

斜齿圆柱齿轮 $\left.\begin{array}{l} m_{n1} = m_{n2} \\ \alpha_{n1} = \alpha_{n2} \\ \beta_1 = \pm\beta_2 \end{array}\right\}$

(3)齿轮连续传动的条件:

$$\varepsilon = B_1B_2/p_b \geqslant 1$$

(4)基本参数:模数、压力角、齿数、当量齿数、齿顶高系数、顶隙系数。

(5)基本尺寸:分度圆直径、齿顶圆直径、齿根圆直径、中心距。

(6)标准齿轮不产生要根切的最少齿数:

$$z_{\min} = \frac{2h_a^*}{\sin^2\alpha}$$

当 $\alpha = 20°$、$h_a^* = 1$ 时,$z_{\min} = 17$;当 $\alpha = 20°$、$h_a^* = 0.8$ 时,$z_{\min} = 14$。

(7)齿轮传动的失效形式:轮齿折断、齿面点蚀、齿面磨损、齿面胶合和齿面塑性变形。

(8)齿轮传动的设计准则:

闭式传动:
- 软齿面(硬度≤350HBS) 主要失效形式为疲劳点蚀,应按齿面接触强度进行设计,校核弯曲疲劳强度。
- 硬齿面(硬度>350HBS) 主要失效形式为轮齿折断,应按齿根弯曲强度进行设计,校核齿面接触强度。

开式传动 主要失效形式为齿面磨损和轮齿疲劳折断,应按齿根弯曲疲劳强度计算,用加大模数的办法来考虑磨损的影响。

(9)齿轮传动主要参数的选择原则:

①齿数和模数。

a. 为避免根切,齿数应大于最小齿数。两轮齿数最好互为质数,保证磨损均匀。

b. 对软齿面闭式传动,在满足弯曲疲劳强度的条件下,宜选用较小模数、较多齿数,一般$z_1 = 20 \sim 40$。

c. 对硬齿面闭式传动和开式传动,应取较大模数,以提高齿根弯曲强度,一般 $z_1 = 17 \sim 20$。

d. 对动力齿轮传动,一般模数 $m > 1.5$mm。

②齿宽系数。

a. 加大齿宽可减小齿轮直径和中心距,从而降低圆周速度。但齿宽越大,载荷分布越不均匀,应合理选择,一般减速器 $\varphi_a = 0.4$。

b. 为保证接触宽度,小齿轮宽度应比大齿轮宽 3~5mm。

③螺旋角。螺旋角大,可使轴向重合度增大,提高传动的平稳性和承载能力,但考虑轴向力因素,一般取 $\beta = 8 \sim 15°$。

习　题

10-1　什么是分度圆？标准齿轮的分度圆在什么位置上？

10-2　一渐开线，其基圆半径 $r_b = 40\text{mm}$，试求此渐开线压力角 $\alpha = 20°$ 处的半径 r 和曲率半径 ρ 的大小。

10-3　有一个标准渐开线直齿圆柱齿轮，测量其齿顶圆直径 $d_a = 106.40\text{mm}$，齿数 $z = 25$，问是哪一种齿制的齿轮，基本参数是多少？

10-4　两个标准直齿圆柱齿轮，已测得齿数 $z_1 = 22$、$z_2 = 98$，小齿轮齿顶圆直径 $d_{a1} = 240\text{mm}$，大齿轮全齿高 $h = 22.5\text{mm}$，试判断这两个齿轮能否正确啮合传动。

10-5　有一对正常齿制渐开线标准直齿圆柱齿轮，它们的齿数为 $z_1 = 19$、$z_2 = 81$，模数 $m = 5\text{mm}$，压力角 $\alpha = 20°$。若将其安装成 $a' = 250\text{mm}$ 的齿轮传动，问能否实现无侧隙啮合？为什么？此时的顶隙（径向间隙）c 是多少？

10-6　已知 C6150 车床主轴箱内一对外啮合标准直齿圆柱齿轮，其齿数 $z_1 = 21$、$z_2 = 66$，模数 $m = 3.5\text{mm}$，压力角 $\alpha = 20°$，正常齿。试确定这对齿轮的传动比、分度圆直径、齿顶圆直径、全齿高、中心距、分度圆齿厚和分度圆齿槽宽。

10-7　已知一标准渐开线直齿圆柱齿轮，其齿顶圆直径 $d_{a1} = 77.5\text{mm}$，齿数 $z_1 = 29$。现要求设计一个大齿轮与其相啮合，传动的安装中心距 $a = 145\text{mm}$，试计算这对齿轮的主要参数及大齿轮的主要尺寸。

10-8　某标准直齿圆柱齿轮，已知齿距 $p = 12.566\text{mm}$，齿数 $z = 25$，正常齿制。求该齿轮的分度圆直径、齿顶圆直径、齿根圆直径、基圆直径、齿高以及齿厚。

10-9　当用滚刀或齿条插刀加工标准齿轮时，其不产生根切的最少齿数怎样确定？当被加工标准齿轮的压力角 $\alpha = 20°$、齿顶高因数 $h_a^* = 0.8$ 时，不产生根切的最少齿数为多少？

10-10　变位齿轮的模数、压力角、分度圆直径、齿数、基圆直径与标准齿轮是否一样？

10-11　设计用于螺旋输送机的减速器中的一对直齿圆柱齿轮。已知传递的功率 $P = 10\text{kW}$，小齿轮由电动机驱动，其转速 $n_1 = 960\text{r/min}$，$n_2 = 240\text{r/min}$。单向传动，载荷比较平稳。

10-12　单级直齿圆柱齿轮减速器中，两齿轮的齿数 $z_1 = 35$、$z_2 = 97$，模数 $m = 3\text{mm}$，压力 $\alpha = 20°$，齿宽 $b_1 = 110\text{mm}$、$b_2 = 105\text{mm}$，转速 $n_1 = 720\text{r/min}$，单向传动，载荷中等冲击。减速器由电动机驱动。两齿轮均用 45 号钢，小齿轮调质处理，齿面硬度为 220～250HBS，大齿轮正火处理，齿面硬度 180～200HBS。试确定这对齿轮允许传递的功率。

10-13　已知一对正常齿标准斜齿圆柱齿轮的模数 $m = 3\text{mm}$，齿数 $z_1 = 23$、$z_2 = 76$，分度圆螺旋角 $\beta = 8°6'34''$。试求其中心距、端面压力角、当量齿数、分度圆直径、齿顶圆直径和齿根圆直径。

10-14　题图 10-14 所示为斜齿圆柱齿轮减速器。

（1）已知主动轮 1 的螺旋角旋向及转向，为了使轮 2 和轮 3 的中间轴的轴向力最小，试确定轮 2、3、4 的螺旋角旋向和各轮产生的轴向力方向。

（2）已知 $m_{n2} = 3\text{mm}$，$z_2 = 57$，$\beta_2 = 18°$，$m_{n3} = 4\text{mm}$，$z_3 = 20$，β_3 应为多少时，才能使中间轴上两齿轮产生的轴向力互相抵消？

10-15　如题图 10-15 所示的传动简图中，采用斜齿圆柱齿轮与圆锥齿轮传动，当要求中间轴的轴向力最小时，斜齿轮的旋向应如何？

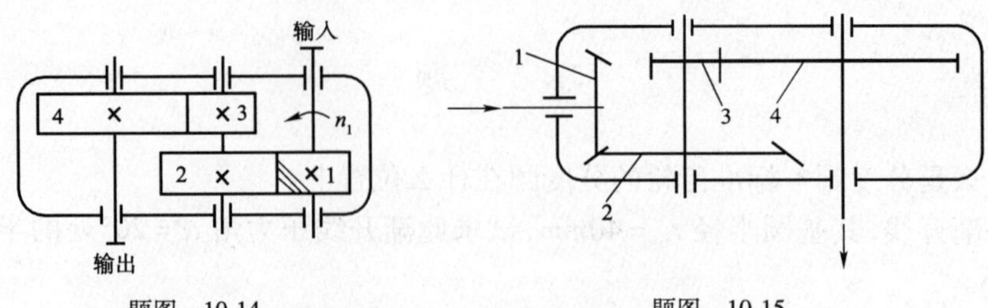

题图 10-14　　　　题图 10-15

10-16　一直齿锥—斜齿圆柱齿轮减速器，主动轴1的转向如题图10-16所示，已知锥齿轮 $m=5\text{mm}, z_1=20, z_2=60, b=50\text{mm}$。斜齿轮 $m_n=6\text{mm}, z_3=20, z_4=80$ 试问：

(1)当斜齿轮的螺旋角为何旋向及多少度时才能使中间轴上的轴向力为零？

(2)图b)表示中间轴，试在两个齿轮的力作用点上分别画出三个分力。

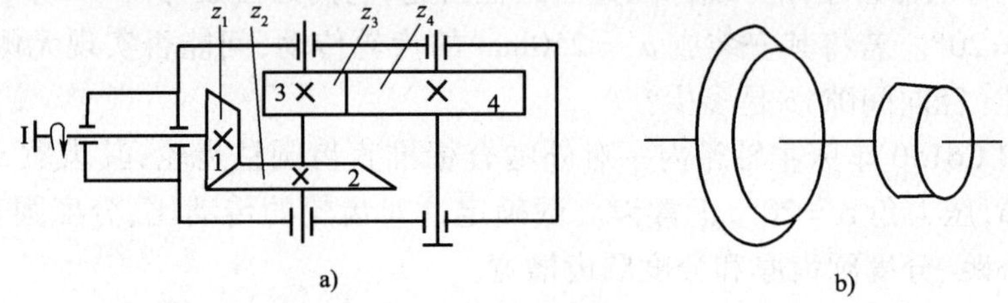

题图 10-16

10-17　在一般传动中，如果同时有圆锥齿轮传动和圆柱齿轮传动，圆锥齿轮传动应放在高速级还是低速级？为什么？

10-18　试设计斜齿圆柱齿轮减速器中的一对斜齿轮。已知两齿轮的转速 $n_1=720\text{r/min}$，$n_2=200\text{r/min}$，传递的功率 $P=10\text{kW}$，单向传动，载荷有中等冲击，由电动机驱动。

实 训 任 务

1)直齿圆柱齿轮参数的测定

(1)通过观察直齿圆柱齿轮的实物、视频、动画，熟悉直齿圆柱齿轮的主要参数和啮合传动的特点；

(2)熟悉直齿圆柱齿轮的加工方法和根切现象；

(3)用测量工具测量直齿圆柱齿轮的主要参数，完成下表。

齿轮齿数 Z							
跨测齿数 K							
公法线长度测量值		W'_k	W'_{k+1}	W'_k	W'_{k+1}	W'_k	W'_{k+1}
测量次数	1						
	2						
	3						
公法线长度平均值							
基节 $p_b=W'_{k+1}-W'_k$							
$m=\dfrac{p_b}{\pi\cos\alpha}$	$\alpha=20°$						
	$\alpha=15°$						

续上表

与标准比较后取值	m						
	α						
公法线长度计算值 W_k							
变位系数 $X=\dfrac{W'_k-W_k}{2m\sin\alpha}$							
判断齿轮	属标准齿轮						
	属变位齿轮						
齿轮的其他参数		测量值	计算值	测量值	计算值	测量值	计算值
分度圆直径 d							
顶圆直径 d_0							
根圆直径 d_f							
分度圆弦齿厚 S							
分度圆弦齿高 h_0							

2)各种齿轮传动特点的比较

(1)通过观察直齿轮、斜齿轮、锥齿轮传动的视频和实物,了解各种齿轮传动的特点和应用。

(2)通过拆装汽车变速机构,了解齿轮传动和齿轮系的构造。

3)齿轮传动的设计计算

(1)设计一单级直齿圆柱齿轮减速器中的齿轮传动。已知:传递功率 $P=10\text{kW}$,电动机驱动,小齿轮转速 $n_1=955\text{r/min}$,传动比 $i=4$,单向运转,载荷平稳。使用寿命10年,单班制工作。

(2)设计一斜齿圆柱齿轮减速器。该减速器用于重型机械上,由电动机驱动。已知传递功率 $P=70\text{kW}$,小齿轮转速 $n_1=960\text{r/min}$,传动比 $i=3$,载荷有中等冲击,单向运转,齿轮相对于轴承为对称布置,工作寿命10年,单班制工作。

第11章　蜗 杆 传 动

学习目标

知识目标：1.了解蜗杆传动的特点及分类；

2.理解蜗杆传动的几何参数及尺寸计算；

3.理解蜗杆传动的受力分析；

4.了解蜗杆传动的强度及热平衡计算。

能力目标：熟悉蜗杆传动的特点及应用。

在运动转换中，常需要进行空间交错轴之间的运动转换，在要求大传动比的同时，又希望传动机构的结构紧凑，采用蜗杆传动机构则可以满足上述要求。

图11-1需要在小空间内实现上层 X 轴到下层 Y 轴的大传动比传动，所选择的就是蜗杆传动。蜗杆传动广泛应用于机床、汽车、仪器、起重运输机械、冶金机械以及其他机械制造工业中，其最大传动功率可达750kW，但通常用在50kW以下。

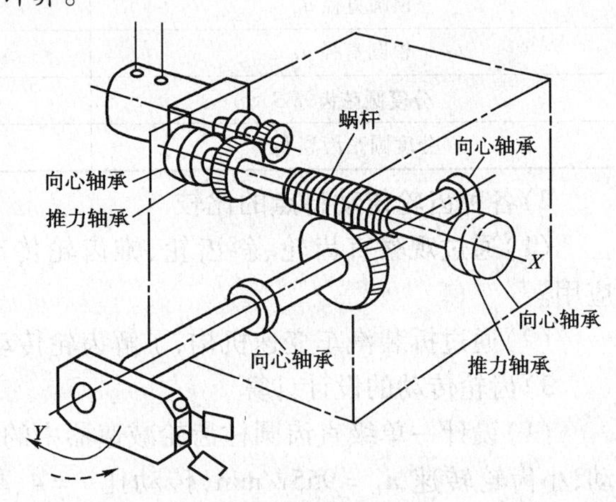

图11-1　蜗杆传动应用

11.1　蜗杆传动机构概述

11.1.1　蜗杆传动的组成

蜗杆传动主要由蜗杆和蜗轮组成，如图11-2所示，主要用于传递空间交错的两轴之间的运动和动力，通常轴间交角为90°。一般情况下，蜗杆为主动件，蜗轮为从动件。

图11-2　蜗杆传动组成

11.1.2　蜗杆传动特点

(1)传动平稳。因蜗杆的齿是一条连续的螺旋线，传动连续，因此它的传动平稳，噪声小。

(2)传动比大。单级蜗杆传动在传递动力时，传动比 $i=5\sim80$，常用的为 $i=15\sim50$。分度传动时 i 可达1 000，与齿轮传动相比则结构紧凑。

(3)具有自锁性。当蜗杆的导程角小于轮齿间的当量摩擦角时，可实现自锁。即蜗杆能带动蜗轮旋转，而蜗轮不能带动蜗杆旋转。

(4)传动效率低。蜗杆传动由于齿面间相对滑动速度大,齿面摩擦严重,故在制造精度和传动比相同的条件下,蜗杆传动的效率比齿轮传动低,一般只有0.7~0.8。具有自锁功能的蜗杆机构,效率则一般不大于0.5。

(5)制造成本高。为了降低摩擦,减小磨损,提高齿面抗胶合能力,蜗轮齿圈常用贵重的铜合金制造,成本较高。

11.1.3 蜗杆传动的类型

蜗杆传动按照蜗杆的形状不同,可分为圆柱蜗杆传动(图11-3a)、环面蜗杆传动(图11-3b)。圆柱蜗杆传动除与图11-3a)相同的普通蜗杆传动外,还有圆弧齿蜗杆传动(图11-3c)。

圆柱蜗杆机构又可按螺旋面的形状,分为阿基米得蜗杆机构和渐开线蜗杆机构等。圆柱蜗杆机构加工方便,环面蜗杆机构承载能力较高。

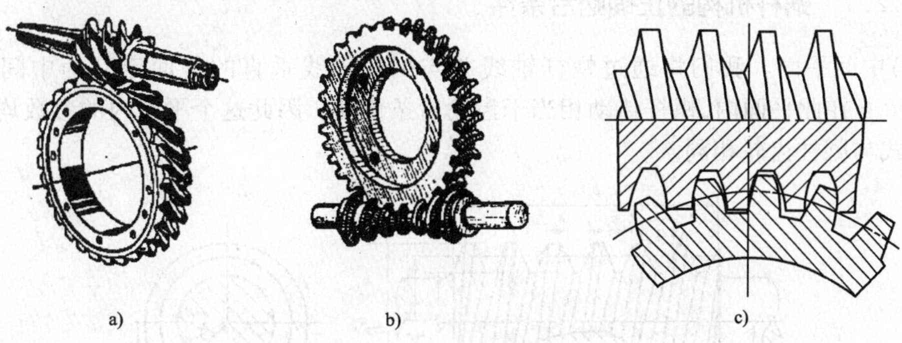

图11-3 蜗杆传动类型

11.1.4 蜗杆传动的失效形式及设计准则

由于蜗杆传动中的蜗杆表面硬度比蜗轮高,所以蜗杆的接触强度、弯曲强度都比蜗轮高;而蜗轮齿的根部是圆环面,弯曲强度也高、很少折断。

蜗杆传动的主要失效形式有胶合、疲劳点蚀和磨损。

由于蜗杆传动在齿面间有较大的滑动速度,发热量大,若散热不及时,油温升高、黏度下降,油膜破裂,更易发生胶合。开式传动中,蜗轮轮齿磨损严重,所以蜗杆传动中,要考虑润滑与散热问题。

蜗杆轴细长,弯曲变形大,会使啮合区接触不良,需要考虑其刚度问题。

蜗杆传动的设计要求:(1)计算蜗轮接触强度;(2)计算蜗杆传动热平衡,限制工作温度;(3)必要时验算蜗杆轴的刚度。

11.1.5 蜗杆、蜗轮的材料选择

基于蜗杆传动的失效特点,选择蜗杆和蜗轮材料组合时,不但要求有足够的强度,而且要有良好的减摩、耐磨和抗胶合的能力。实践表明,较理想的蜗杆副材料是:青铜蜗轮齿圈匹配淬硬磨削的钢制蜗杆。

1)蜗杆材料

对高速重载的传动,蜗杆常用低碳合金钢(如20Cr、20CrMnTi)经渗碳后,表面淬火使硬度

达 56～62HRC,再经磨削。对中速中载传动,蜗杆常用 45 钢、40Cr、35SiMn 等,表面经高频淬火使硬度达 45～55HRC,再磨削。对一般蜗杆可采用 45、40 等碳钢调质处理(硬度为 210～230HBS)。

2)蜗轮材料

常用的蜗轮材料为铸造锡青铜(ZCuSnl0Pl,ZCuSn6Zn6Pb3)、铸造铝铁青铜(ZCuAl10Fe3)及灰铸铁 HT150、HT200 等。锡青铜的抗胶合、减摩及耐磨性能最好,但价格较高,常用于 $v_s \geqslant 3m/s$ 的重要传动;铝铁青铜具有足够的强度,并耐冲击,价格便宜,但抗胶合及耐磨性能不如锡青铜,一般用于 $v_s \leqslant 6m/s$ 的传动;灰铸铁用于 $v_s \leqslant 2m/s$ 的不重要场合。

11.2 蜗杆传动机构的基本参数和尺寸

11.2.1 蜗杆机构的正确啮合条件

(1)中间平面。我们将通过蜗杆轴线并与蜗轮轴线垂直的平面定义为中间平面,如图 11-4所示。在此平面内,蜗杆传动相当于齿轮齿条传动。因此这个平面内的参数均是标准值,计算公式与圆柱齿轮相同。

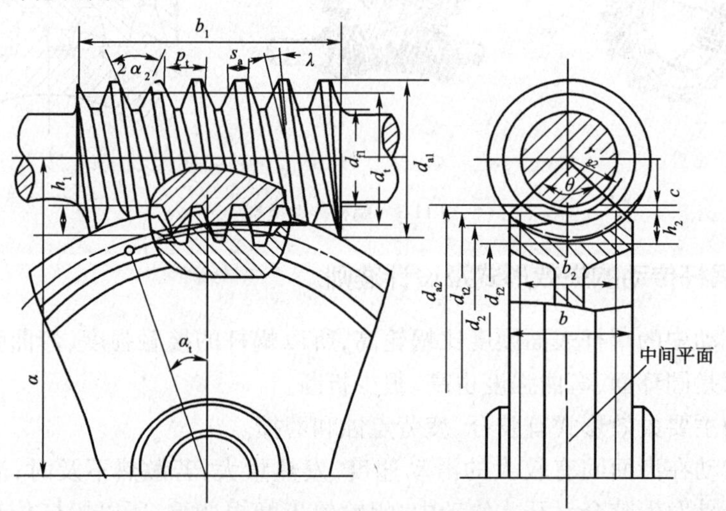

图 11-4 蜗杆传动的主要参数和几何尺寸

(2)正确啮合条件。根据齿轮齿条正确啮合条件,蜗杆轴平面上的轴面模数 m_{x1} 等于蜗轮的端面模数 m_{t2};蜗杆轴平面上的轴面压力角 α_{x1} 等于蜗轮的端面压力角 α_{t2};蜗杆导程角 γ 等于蜗轮螺旋角 β,且旋向相同,即:

$$\left.\begin{aligned} m_{x1} &= m_{t2} = m \\ \alpha_{x1} &= \alpha_{t2} = \alpha \\ \gamma &= \beta \end{aligned}\right\} \tag{11-1}$$

11.2.2 基本参数

1)蜗杆头数 z_1,蜗轮齿数 z_2

蜗杆头数 z_1 一般取 1、2、4。头数 z_1 增大,可以提高传动效率,但加工制造难度增加。

蜗轮齿数一般取 $z_2=28\sim80$。若 $z_2<28$，传动的平稳性会下降，且易产生根切；若 z_2 过大，蜗轮的直径 d_2 增大，与之相应的蜗杆长度增加、刚度降低，从而影响啮合的精度。

2）传动比

$$i=\frac{n_1}{n_2}=\frac{z_2}{z_1} \tag{11-2}$$

3）蜗杆分度圆直径 d_1 和蜗杆直径系数 q

加工蜗轮时，用的是与蜗杆具有相同尺寸的滚刀，因此加工不同尺寸的蜗轮，就需要不同的滚刀。为限制滚刀的数量，并使滚刀标准化，对每一标准模数，规定了一定数量的蜗杆分度圆直径 d_1。

蜗杆分度圆直径与模数的比值称为蜗杆直径系数，用 q 表示，即：

$$q=\frac{d_1}{m} \tag{11-3}$$

模数一定时，q 值增大，则蜗杆的直径 d_1 增大、刚度提高。因此，为保证蜗杆有足够的刚度，小模数蜗杆的 q 值一般较大。

4）蜗杆导程角 γ

$$\tan\gamma=\frac{L}{\pi d_1}=\frac{z_1\pi m}{\pi d_1}=\frac{z_1 m}{d_1}=\frac{z_1}{q} \tag{11-4}$$

式中：L——螺旋线的导程，$L=z_1p_{x1}=z_1\pi m$，其中 p_{x1} 为轴向齿距。

通常螺旋线的导程角 $\gamma=3.5°\sim27°$，导程角在 $3.5°\sim4.5°$ 范围内的蜗杆可实现自锁，升角大时传动效率高，但蜗杆加工难度大。

蜗杆基本参数见表 11-1。

11.2.3 蜗杆传动的基本尺寸计算

标准圆柱蜗杆传动的几何尺寸计算公式见表 11-2。

11.2.4 蜗杆传动的结构

（1）蜗杆的结构如图 11-5 所示，一般将蜗杆和轴做成一体，称为蜗杆轴。

（2）蜗轮的结构如图 11-6 所示，一般为组合式结构，齿圈用青铜，轮芯用铸铁或钢。

图 11-6a）为组合式过盈连接，这种结构常由青铜齿圈与铸铁轮芯组成，多用于尺寸不大或工作温度变化较小的地方。

图 11-6b）为组合式螺栓连接，这种结构装拆方便，多用于尺寸较大或易磨损的场合。

图 11-6c）为整体式，主要用于铸铁蜗轮或尺寸很小的青铜蜗轮。

图 11-6d）为拼铸式，将青铜齿圈浇铸在铸铁轮芯上，常用于成批生产的蜗轮。

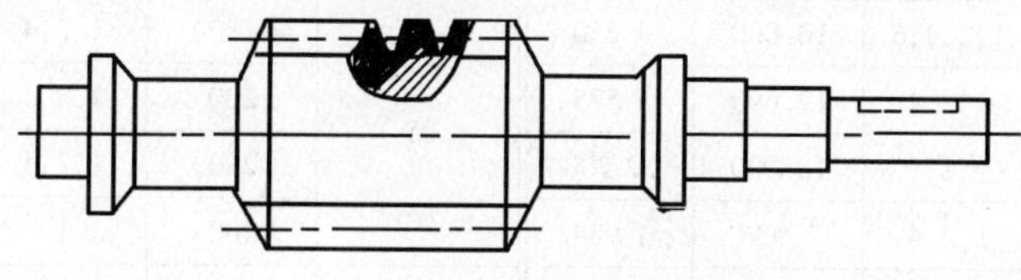

图 11-5　蜗杆轴

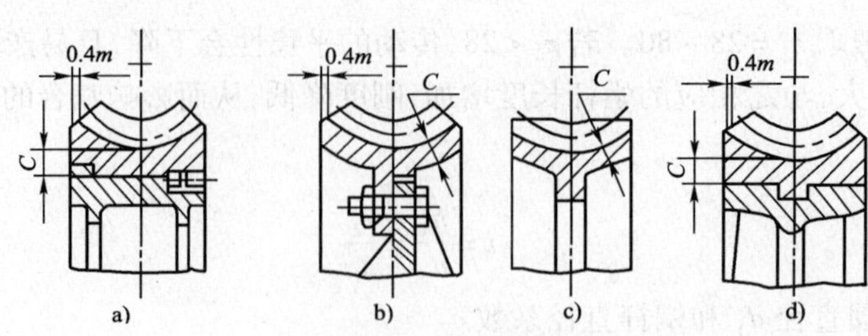

图 11-6　蜗轮的结构

a）过盈连接；b）螺栓连接；c）整体式；d）拼铸式

蜗杆基本参数配置表　　表 11-1

模数 m（mm）	分度圆直径 d_1（mm）	蜗杆头数 z_1	直径系数 q	m^3q	模数 m（mm）	分度圆直径 d_1（mm）	蜗杆头数 z_1	直径系数 q	m^3q
1	**18**	1	18.000	18	6.3	（80）	1,2,4	12.698	3 175
1.25	20	1	16.000	31		**112**	1	17.798	4 445
	22.4	1	17.920	35		（63）	1,2,4	7.875	4 032
1.6	20	1,2,4	12.500	51	8	80	1,2,4,6	10.000	5 120
	28	1	17.500	72		（100）	1,2,4	12.500	6 400
2	18	1,2,4	9.000	72	10	**60**	1	17.500	8 960
	22.4	1,2,4,6	11.200	90		71	1,2,4	7.100	7 100
	（28）	1,2,4	6.000	112		90	1,2,4,6	9.000	9 000
	35.5	1	17.750	62		（112）	1	11.200	11 200
2.5	（22.4）	1,2,4	8.960	60		160	1	16.000	16 000
	28	1,2,4,6	11.200	175	12.5	（90）	1,2,4	7.200	6 062
	（35.5）	1,2,4	6.200	222		112	1,2,4	8.960	17 500
	45	1	18.000	281		（60）	1,2,4	11.200	21 875
3.15	（28）	1,2,4	8.889	278		200	1	16.000	31 250
	35.5	1,2,4,6	11.270	352	16	（112）	1,2,4	7.000	28 672
	（45）	1,2,4	6.286	447		60	1,2,4	8.750	35 840
	56	1	17.778	556		（180）	1,2,4	11.250	46 080
4	（31.5）	1,2,4	7.875	504		250	1	15.625	64 000
	40	1,2,4,6	10.000	640	20	（60）	1,2,4	7.000	56 000
	（50）	1,2,4	12.500	800		160	1,2,4	8.000	64 000
	71	1	17.750	1 136		（224）	1,2,4	11.200	89 600
5	（40）	1,2,4	8.000	1 000		315	1	15.750	126 000
	50	1,2,4,6	10.000	1 250	25	（180）	1,2,4	7.200	112 500
	（63）	1,2,4	12.600	1 575		200	1,2,4	8.000	125 000
	90	1	18.000	22 500		（280）	1,2,4	11.200	175 000
6.3	（50）	1,2,4	7.936	1 984		400	1	16.000	250 000
	63	1,2,4,6	10.000	2 500					

注：表中分度圆直径 d_1 的数字，带（　）的尽量不用；黑体的为 $\gamma < 3°30'$ 的自锁蜗杆。

标准普通圆柱蜗杆传动几何尺寸计算公式 表 11-2

名　称	计算公式	
	蜗　杆	蜗　轮
齿顶高	$h_a = m$	$h_a = m$
齿根高	$h_f = 1.2m$	$h_f = 1.2m$
分度圆直径	$d_1 = mq$	$d_2 = mz_2$
齿顶圆直径	$d_{a1} = m(q+2)$	$d_{a2} = m(z_2+2)$
齿根圆直径	$d_{f1} = m(q-2.4)$	$d_{f2} = m(z_2-2.4)$
顶隙	$c = 0.2m$	
蜗杆轴向齿距 蜗轮端面齿距	$p = m\pi$	
蜗杆分度圆柱的导程角	$\tan\gamma = \frac{z_1}{q}$	
蜗轮分度圆上轮齿的螺旋角		$\beta = \lambda$
中心距	$a = m(q+z_2)/2$	
蜗杆螺纹部分长度	$z_1 = 1、2, b_1 \geqslant (11+0.06z_2)m$ $z_1 = 4, b_1 \geqslant (12.5+0.09z_2)m$	
蜗轮咽喉母圆半径		$r_{g2} = a - d_{a2}/2$
蜗轮最大外圆直径		$z_1 = 1、d_{e2} \leqslant d_{a2} + 2m$ $z_1 = 2、d_{e2} \leqslant d_{a2} + 1.5m$ $z_1 = 4、d_{e2} \leqslant d_{a2} + m$
蜗轮轮缘宽度		$z_1 = 1、2, b_2 \leqslant 0.75d_{a1}$ $z_1 = 4, b_2 \leqslant 0.67d_{a1}$
蜗轮轮齿包角		$\theta = 2\arcsin(b_2/d_1)$ 一般动力传动 $\theta = 70° \sim 90°$ 高速动力传动 $\theta = 90° \sim 130°$ 分度传动 $\theta = 45° \sim 60°$

11.2.5　蜗杆传动的受力分析

蜗杆传动的受力分析与斜齿圆柱齿轮的受力分析相似，齿面上的法向力 F_n 分解为三个相互垂直的分力：圆周力 F_t、轴向力 F_a、径向力 F_r，如图 11-7 所示。

蜗杆受力方向：轴向力 F_{a1} 的方向由左、右手定则确定，图 11-7为右旋蜗杆，则用右手握住蜗杆，四指所指方向为蜗杆转向，拇指所指方向为轴向力 F_{a1} 的方向；圆周力 F_{t1}，与主动蜗杆转向相反；径向力 F_{r1}，指向蜗杆中心。

蜗轮受力方向：因为 F_{a1} 与 F_{t2}、F_{t1} 与 F_{a2}、F_{r1} 与 F_{r2} 是作用力与反作用力关系，所以蜗轮上的三个分力方向如图 11-7 所示。

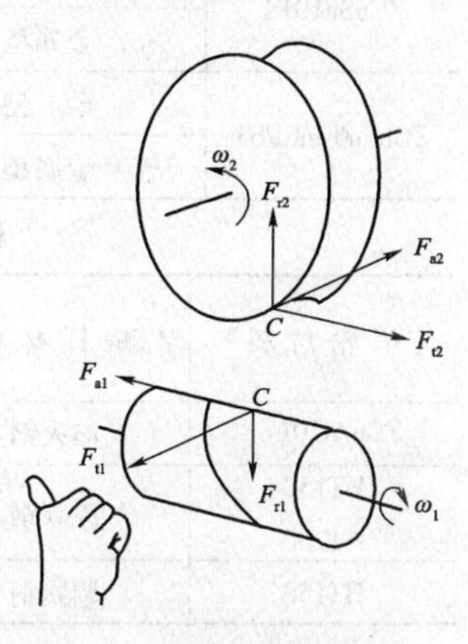

图 11-7　蜗杆传动的受力分析

F_{a1}的反作用力 F_{t2}是驱使蜗轮转动的力，所以通过蜗轮蜗杆的受力分析也可判断它们的转向。

径向力 F_{r2}指向轮心，圆周力 F_{t2}驱动蜗轮转动，轴向力 F_{a2}与轮轴平行。

力的大小可按下式计算：

$$\left.\begin{aligned} F_{t1} &= F_{a2} = \frac{2T_1}{d_1} \\ F_{a1} &= F_{t2} = \frac{2T_2}{d_2} \\ F_{r1} &= F_{r2} = F_{t2} \cdot \tan\alpha \\ T_2 &= T_1 \cdot i \cdot \eta \end{aligned}\right\} \tag{11-5}$$

式中：$\alpha = 20°$。

11.3 蜗杆传动的设计

11.3.1 蜗杆传动的强度计算方法

在中间平面内，蜗杆与蜗轮的啮合相当于齿条与斜齿轮啮合，因此蜗杆传动的强度计算方法与齿轮传动相似。

对于钢制的蜗杆，与青铜或铸铁制的蜗轮配对，其蜗轮齿面接触强度设计公式为：

$$qm^3 \geqslant KT_2\left(\frac{500}{z_2[\sigma_H]}\right)^2 \quad (mm^3) \tag{11-6}$$

式中：K——载荷系数，引入是为了考虑工作时载荷性质、载荷沿齿向分布情况以及动载荷影响，一般取 $K=1.1 \sim 1.3$；

T_2——蜗轮上的转矩，N·mm；

z_2——蜗轮齿数；

$[\sigma_H]$——蜗轮许用接触应力，可查表 11-3、表 11-4 获得。

锡青铜蜗轮的许用接触应力$[\sigma_H]$(MPa) 表 11-3

蜗轮材料	铸造方法	适用的滑动速度 v_s(m/s)	蜗杆齿面硬度	
			≤350HBS	>45HRC
ZCuSn10P1	砂　型	≤12	180	200
	金属型	≤25	200	220
ZCuSn6Zn6Pb3	砂　型	≤10	110	125
	金属型	≤12	135	150

铝铁青铜及铸铁蜗轮的许用接触应力$[\sigma_H]$(MPa) 表 11-4

蜗轮材料	蜗杆材料	滑动速度 v_s(m/s)						
		0.5	1	2	3	4	6	8
ZCuAl10Fe$_3$	淬火钢	250	230	210	180	160	120	90
HT150 HT200	渗碳钢	130	115	90	—	—	—	—
HT150	调质钢	110	90	70	—	—	—	—

注：蜗杆未经淬火时，需将表中许用接触应力值降低 20%。

11.3.2 蜗杆传动的热平衡计算

1)蜗杆传动时的滑动速度

蜗杆和蜗轮啮合时,齿面间有较大的相对滑动,相对滑动速度的大小对齿面的润滑情况、齿面失效形式及传动效率有很大影响。相对滑动速度越大,齿面间越容易形成油膜,则齿面间摩擦系数越小,当量摩擦角也越小;但另一方面,由于啮合处的相对滑动,加剧了接触面的磨损,因而应选用恰当的蜗轮蜗杆的配对材料,并注意蜗杆传动的润滑条件。

滑动速度计算公式为:

$$v_s = \frac{\pi d_1 n_1}{60 \times 1\,000\cos\gamma} \quad (\mathrm{m/s}) \tag{11-7}$$

式中:γ——普通圆柱蜗杆分度圆上的导程角;

n_1——蜗杆转速,r/min;

d_1——普通圆柱蜗杆分度圆上的直径。

2)蜗杆传动的效率

闭式蜗杆传动的功率损失包括:啮合摩擦损失、轴承摩擦损失和润滑油被搅动的油阻损失。因此总效率为啮合效率 η_1、轴承效率 η_2、油的搅动和飞溅损耗效率 η_3 的乘积,其中啮合效率 η_1 是主要的。总效率为:

$$\eta = \eta_1 \eta_2 \eta_3 \tag{11-8}$$

当蜗杆主动时,啮合效率 η_1 为:

$$\eta_1 = \frac{\tan\gamma}{\tan(\gamma + \rho_v)}$$

式中:γ——普通圆柱蜗杆分度圆上的导程角;

ρ_v——当量摩擦角,可按蜗杆传动的材料及滑动速度查表 11-5 得出。

由于轴承效率 η_2、油的搅动和飞溅损耗时的效率 η_3 不大,一般取 $\eta_2\eta_3 = 0.95 \sim 0.96$。

在开始设计时,为了近似地求出蜗轮轴上的转矩 T_2,则总效率 η 常按以下数值估取:

当蜗杆齿数 $z_1 = 1$ 时,总效率估取 $\eta = 0.7$;

当蜗杆齿数 $z_1 = 2$ 时,总效率估取 $\eta = 0.8$;

当蜗杆齿数 $z_1 = 4$ 时,总效率估取 $\eta = 0.9$。

当量摩擦系数 f_v 当量摩擦角 ρ_v 表 11-5

蜗轮材料	锡青铜				无锡青铜	
蜗杆齿面硬度	>45HRC		≤350HBS		>45HRC	
滑动速度 v_s(m/s)	f_v	ρ_v	f_v	ρ_v	f_v	ρ_v
1.00	0.045	2°35′	0.055	3°09′	0.07	4°00′
2.00	0.035	2°00′	0.045	2°35′	0.055	3°09′
3.00	0.028	1°36′	0.035	2°00′	0.045	2°35′
4.00	0.024	1°22′	0.031	1°47′	0.04	2°17′
5.00	0.022	1°16′	0.029	1°40′	0.035	2°00′
8.00	0.018	1°02′	0.026	1°29′	0.03	1°43′

注:1. 蜗杆齿面粗糙度 $R_a = 0.8 \sim 0.2$。

2. 蜗轮材料为灰铸铁时,可按无锡青铜查取 f_v、ρ_v。

3)蜗杆传动的热平衡计算

由于蜗杆传动的效率低,因而发热量大。在闭式传动中,如果不及时散热,将使润滑油温度升高,黏度降低,油被挤出,加剧齿面磨损,甚至引起胶合。因此,对闭式蜗杆传动要进行热平衡计算,以便在油的工作温度超过许可值时,采取有效的散热方法。

由摩擦损耗的功率变为热能,借助箱体外壁散热,当发热速度与散热速度相等时,就达到了热平衡。通过热平衡方程,可求出达到热平衡时,润滑油的温度。该温度一般限制在 60 ~ 70℃,最高不超过 80℃。

热平衡方程为:

$$1\ 000(1-\eta)P_1=\alpha_t A(t_1-t_0)$$

式中:P_1——蜗杆传递的功率,kW;

η——传动总效率;

A——散热面积,可按长方体表面积估算,但需除去不和空气接触的面积,凸缘和散热片面积按 50% 计算;

t_0——周围空气温度,常温情况下可取 20℃;

t_1——润滑油的工作温度,一般限制在 60 ~ 70℃,最高不超过 80℃;

α_t——箱体表面传热系数,其数值表示单位面积、单位时间、温差 1℃所能散发的热量,根据箱体周围的通风条件一般取 $\alpha_t=10\sim17\text{W/(m}^2\text{℃)}$,通风条件好时取大值。

由热平衡方程得出润滑油的工作温度 t_1 为:

$$t_1=\frac{1\ 000P_1(1-\eta)}{\alpha_t A}+t_0 \qquad (11\text{-}9)$$

也可以由热平衡方程得出该传动装置所必需的最小散热面积 $A_{\min}$

$$A_{\min}=\frac{1\ 000(1-\eta)P_1}{\alpha_t(t_1-t_0)}$$

如果实际散热面积小于最小散热面积 $A_{\min}$,或润滑油的工作温度超过 80℃,则需采取强制散热措施。

11.3.3 蜗杆传动机构的散热

蜗杆传动机构的散热目的是保证油的温度在安全范围内,以提高传动能力。常用下面几种散热措施:

(1)在箱体外壁加散热片以增大散热面积。

(2)在蜗杆轴上装置风扇(图 11-8a)。

(3)采用上述方法后,如散热能力还不够,可在箱体油池内铺设冷却水管,用循环水冷却

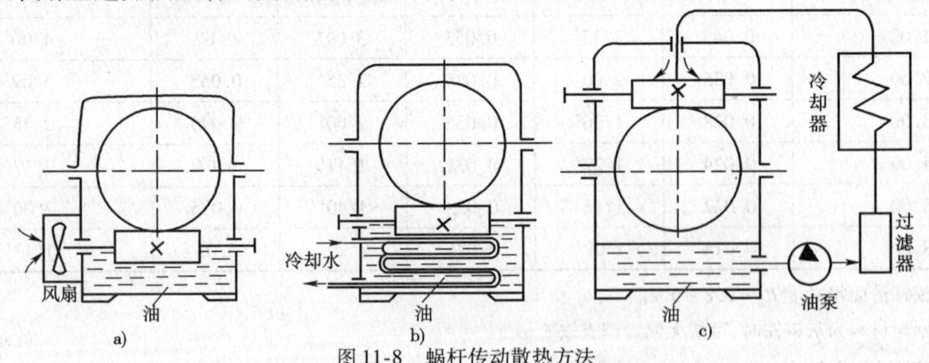

图 11-8 蜗杆传动散热方法

a)风扇冷却;b)冷却水管冷却;c)压力喷油润滑

(图 11-8b)。

(4)采用压力喷油循环润滑。油泵将高温的润滑油抽到箱体外,经过滤器、冷却器冷却后,喷射到传动的啮合部位(图 11-8c)。

11.3.4 普通圆柱蜗杆和蜗轮设计计算

设计时,通常给出传递的功率 P_1、传动比 i 和蜗杆转速 n_1 及工作情况等条件。

设计步骤:

(1)合理选择蜗杆及蜗轮的材料,并查表确定许用应力值。

(2)按蜗轮齿面接触强度公式计算 m^3q,并查表确定模数 m 及蜗杆直径系数 q 值。

①选择蜗杆齿数,计算蜗轮齿数,并取整数。

②根据蜗杆齿数,估计总效率值,并计算蜗轮转矩。

③计算 m^3q,并查表确定模数 m 及蜗杆直径系数 q 值。

(3)确定传动的基本参数并计算蜗杆传动尺寸。

(4)按热平衡方程计算,给出适当的散热措施建议。

(5)选择蜗杆蜗轮的结构,并画出工作图。

例 11-1 试设计一混料机的闭式蜗杆传动。已知:蜗杆输入的传递功率 $P_1=3\text{kW}$,转速 $n_1=1\ 430\text{r/min}$,传动比 $i=26$,载荷稳定。

解:(1)合理选择蜗杆及蜗轮的材料,并查表确定许用应力值。

由于转速较高,传递功率不大,所以蜗杆可采用 45 号钢,表面淬火,硬度为 45 ~50HRC。传动比大,则蜗轮也大,为节省有色金属,蜗轮齿圈用锡青铜 ZCuSn6Zn6Pb3,砂型铸造,轮芯用铸铁 HT200。

估计滑动速度 $v_s<10\text{m/s}$,由表 11-3 可查出蜗轮的许用接触应力 $[\sigma_H]=125\ \text{MPa}$。

(2)按蜗轮齿面接触强度公式计算 m^3q,并查表 11-1 确定模数 m 及蜗杆直径系数 q 值。

$$qm^3 \geqslant KT_2\left(\frac{500}{z_2[\sigma_H]}\right)^2 (\text{mm}^3)$$

①选择蜗杆齿数,计算蜗轮齿数,并取整数。

选择蜗杆齿数 $z_1=2$,根据传动比,计算蜗轮齿数 $z_2=2\times26=52$。

②根据蜗杆齿数,估计总效率值,并计算蜗轮转矩。

估计总效率值 $\eta=0.8$,计算蜗轮转矩得:

$$T_2=\frac{9.55\times10^6P_1\eta}{n_1/i}=\frac{9.55\times10^6\times3\times0.8}{1\ 430/26}=4.1\times10^5\text{N}\cdot\text{mm}$$

③计算 m^3q,并查表确定模数 m 及蜗杆直径系数 q 值。

取载荷系数 $K=1.2$。

$$m^3q\geqslant KT_2\left(\frac{500}{z_2[\sigma_H]}\right)^2=1.2\times4.1\times10^5\times\left(\frac{500}{52\times125}\right)^2=2\ 911\text{mm}^3$$

由上式所得数据查表 11-1,取 $m^3q=3\ 175\text{mm}^3$,则模数 $m=6.3\text{mm}$、蜗杆直径系数 $q=12.698$、蜗杆分度圆直径 $=80\text{mm}$。

(3)确定传动的基本参数并计算蜗杆传动尺寸。

导程角:

$$\gamma=\arctan(mz_1/d_1)=\arctan(6.3\times2/80)=8°57'2''$$

其他尺寸计算参考表11-2(略)。

(4)按热平衡方程计算,给出适当的散热措施建议。

滑动速度计算公式为:

$$v_s=\frac{\pi d_1 n_1}{60\times 1\ 000\cos\gamma}=\frac{3.14\times 80\times 1\ 430}{60\times 1\ 000\times\cos\gamma}=6.06\text{m/s}$$

式中:γ——普通圆柱蜗杆分度圆上的导程角;

n_1——蜗杆转速,r/min。

由滑动速度的数值可查表11-5,取当量摩擦角 $\rho_v=1°\ 11'$。

计算啮合效率:

$$\eta_1=\frac{\tan\gamma}{\tan(\gamma+\rho_v)}=0.88$$

轴承效率 z_2、油的搅动和飞溅损耗时的效率 η_3,一般取 $\eta_2\cdot\eta_3=0.96$,则总效率 $\eta=0.84$。

由热平衡方程得出该传动装置所必需的最小散热面积 $A_{\min}$:

$$A_{\min}=\frac{1\ 000(1-\eta)P_1}{\alpha_t(t_1-t_0)}=0.57\text{m}^2$$

式中:t_0——周围空气温度,常温情况下可取20℃;

t_1——润滑油的工作温度,一般限制在60~70℃,最高不超过80℃,取80℃代入计算;

α_t——箱体表面传热系数,其数值表示单位面积、单位时间、温差1℃所能散发的热量,根据箱体周围的通风条件一般取 $\alpha_t=10\sim17\text{W/(m}^2℃)$,通风条件好时取大值,取 $\alpha_t=6\text{W/(m}^2℃)$

如果实际散热面积小于最小散热面积 $A_{\min}$,或润滑油的工作温度超过80℃,则需采取散热措施。

(5)选择蜗杆蜗轮的结构,并画出工作图(略)。

本章小结

1)概述

蜗杆传动通常用于传递空间交错成90°的两轴之间的运动和动力,具有传动比大、结构紧凑、传动平稳、可实现自锁、传动效率较低等特点。

2)普通圆柱蜗杆传动的主要参数

(1)中间平面的模数和压力角是标准的。

(2)蜗杆头数 z_1 一般取1、2、4,蜗轮齿数一般取 $z_2=28\sim80$。

(3)蜗杆分度圆直径要按表中数值取标准值。蜗杆分度圆直径与模数的比值称为蜗杆直径系数。

(4)蜗轮分度圆螺旋角恒等于蜗杆分度圆导程角,且蜗轮、蜗杆螺旋方向相同。

3)蜗杆传动正确啮合的条件

$$\left.\begin{aligned}m_{x1}=m_{t2}=m\\ \alpha_{x1}=\alpha_{t2}=\alpha\\ \gamma=\beta\end{aligned}\right\}$$

4)蜗杆传动的失效形式

蜗杆传动的主要失效形式有胶合、疲劳点蚀和磨损。

5）蜗杆传动中蜗轮转动方向的判断

先用左、右手定则判断蜗杆轴向力 F_{a1} 的方向，则其反方向即为蜗轮的转动方向。

6）蜗杆传动的设计要求

（1）计算蜗轮接触强度。

（2）计算蜗杆传动热平衡，限制工作温度。

（3）必要时验算蜗杆轴的刚度。

习　　题

11-1　蜗杆传动的主要失效形式有哪几种？选择蜗杆和蜗轮材料组合时，较理想的蜗杆副材料是什么？

11-2　蜗杆传动有哪些特点？

11-3　普通蜗杆传动的哪一个平面称为中间平面？

11-4　蜗杆传动有哪些应用？

11-5　蜗杆传动为什么要考虑散热问题？有哪些散热方法？

11-6　观察生活中，有哪些机器中应用了蜗杆传动机构？铣床中有吗？

11-7　试分析题图 11-7 蜗杆传动的中蜗轮的转动方向及蜗杆、蜗轮所受各分力的方向。

11-8　设计一混料机的闭式蜗杆传动。已知：蜗杆输入的传递功率 $P_1 = 7.5\text{kW}$，转速 $n_1 = 650\text{r/min}$，传动比 $i = 20$，载荷稳定。

11-9　测得一双头蜗杆的轴向模数是 2mm，$d_{a1} = 28\text{mm}$，求蜗杆的直径系数、导程角和分度圆直径。

11-10　有一标准圆柱蜗杆传动，已知模数 $m = 8\text{mm}$，传动比 $i = 20$，蜗杆分度圆直径 $d = 80\text{mm}$，蜗杆头数 $z = 2$。试计算该蜗杆传动的主要几何尺寸。

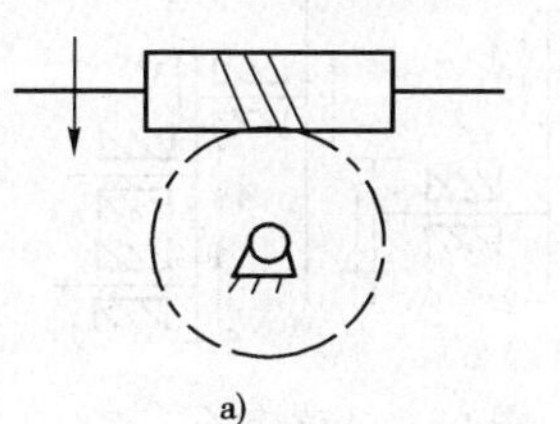

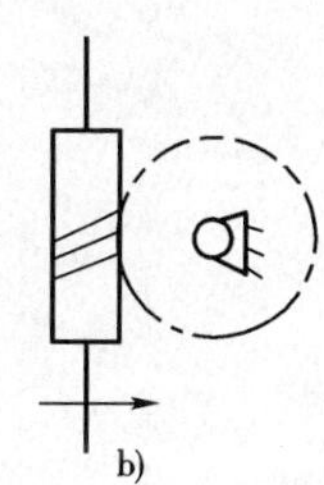

题图　11-7

实 训 任 务

蜗杆传动的设计计算：

（1）通过观察蜗杆传动的实物、视频、动画，熟悉蜗杆传动的类型、传动特点及应用。

（2）设计一运输机的闭式蜗杆传动，已知蜗杆输入功率 $P_1 = 5.5\text{kW}$，蜗杆转速 $n_1 = 960\text{r/min}$，传动比 $i = 25$，载荷平稳，单向运转，预计使用寿命 15 000h，通风良好。

第12章　齿　轮　系

学习目标

知识目标:1.理解轮系的功用及分类;

2.熟练掌握定轴轮系、周转轮系的传动比计算。

能力目标:懂得各种齿轮系的特点及其在机构中的应用。

由单对齿轮组成的齿轮机构功能单一,不能满足工程上的复杂要求,故常采用若干对齿轮,组成轮系来完成传动要求。

按轮系运动时轴线是否固定,将其分为两大类。

(1)定轴轮系。轮系运动时,所有齿轮轴线都固定的轮系,称为定轴轮系,如图12-1所示。

(2)行星轮系。轮系运动时,至少有一个齿轮的轴线可以绕另一根齿轮的轴线转动,这样的轮系称为行星轮系。轴线可动的齿轮称为行星轮,如图12-2中轮2,它既绕本身的轴线自转,又绕 O_1 或 O_H 公转。轮1与轮3的轴线固定不动,称为太阳轮。

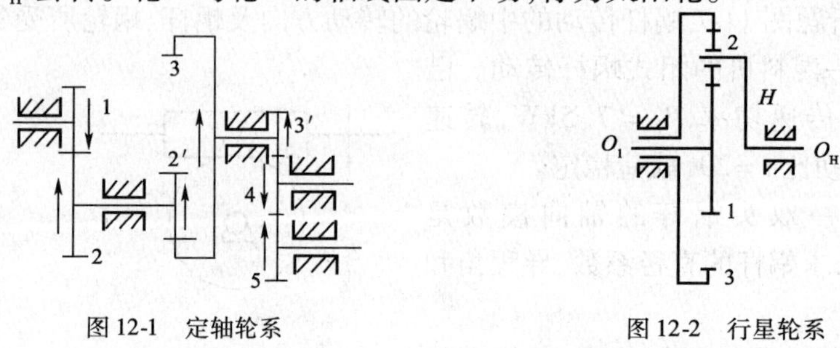

图12-1　定轴轮系　　图12-2　行星轮系

12.1　定轴轮系

定轴轮系分为两大类:一类是所有齿轮的轴线都相互平行,称为平行轴定轴轮系(亦称平面定轴轮系);另一类轮系中有相交或交错的轴线,称为非平行轴定轴轮系(亦称空间定轴轮系)。

轮系中,输入轴与输出轴的角速度或转速之比,称为轮系传动比。

计算传动比时,不仅要计算其数值大小,还要确定输入轴与输出轴的转向关系。对于平行轴定轴轮系,其转向关系用正、负号表示:转向相同用正号,相反用负号。对于非平行轴定轴轮系,各轮转动方向用箭头表示。

12.1.1　平行轴定轴轮系

图12-1所示为各轴线平行的定轴轮系,输入轴与主动首轮1固联,输出轴与从动末轮5固联,所以该轮系传动比,就是输入轴与输出轴的转速比,其传动比 i 求法如下。

(1)由图12-1所示轮系机构运动简图可知,齿轮动力传递线为:

$$(1—2)=(2'—3)=(3'—4)=(4—5)$$

上式括号内是一对啮合齿轮，其中轮 1、2′、3′、4 为主动轮，2、3、4、5 为从动轮；以"—"所联两轮表示啮合，以"＝"所联两轮同轴运转，它们的转速相等。

(2)传动比 i 的大小：

$$i=\frac{n_1}{n_5}=\frac{n_1}{n_2}\cdot\frac{n_{2'}}{n_3}\cdot\frac{n_{3'}}{n_4}\cdot\frac{n_4}{n_5}=(-1)^3\frac{z_2}{z_1}\cdot\frac{z_3}{z'_2}\cdot\frac{z_4}{z'_3}\cdot\frac{z_5}{z_4}=i_{12}\cdot i_{2'3}\cdot i_{3'4}\cdot i_{45}$$

上式表明，该定轴齿轮系的传动比等于各对啮合齿轮传动比的连乘积，也等于各对啮合齿轮中各从动轮齿数的连乘积与各主动轮齿数的连乘积之比，其正负号取决于轮系中外啮合齿轮的对数。

当外啮合齿轮为偶数对时，传动比为正号，表示轮系的首轮与末轮的转向相同。外啮合齿轮为奇数对时，传动比为负号，表示首轮与末轮的转向相反。式中等号右边的指数 3 为该齿轮系中外啮合齿轮的对数，传动比 i 为负值，表示轮 1 与轮 5 的转向相反。

齿轮系首轮与末轮的相对转向，也可用画箭头的方法来确定和验证，如图 12-1 所示。由图可以看出，轮 1 和轮 5 的转向相反。

从式中还可看出，式中分子、分母均有齿轮 4 的齿数 z_4，这是因为齿轮 4 在与齿轮 3′啮合时是从动轮，但在与齿轮 5 啮合时又为主动轮，因此可在等式右边分子分母中互消去 z_4。

这说明齿轮 4 的齿数不影响轮系传动比的大小。但齿轮 4 的加入，改变了传动比的正负号，即改变了齿轮系的从动轮转向，这种齿轮称为惰轮。

总结：在平行轴定轴齿轮系中，当首轮轮 1 的转速为 n_1，末轮轮 k 的转速为 n_k，则此齿轮系的传动比为：

$$i_{1k}=\frac{n_1}{n_k}=(-1)^m\frac{\text{从 1 轮到 }k\text{ 轮之间所有从动轮齿数的连乘积}}{\text{从 1 轮到 }k\text{ 轮之间所有主动轮齿数的连乘积}} \tag{12-1}$$

式中：m——齿轮系中从轮 1 到轮 k 间，外啮合齿轮的对数。

以下举例说明平行轴定轴齿轮系的传动比计算。

例 12-1　在图 12-1 所示的齿轮系中，已知 $z_1=20$，$z_2=40$，$z_2'=30$，$z_3=60$，$z_3'=25$，$z_4=30$，$z_5=50$，均为标准齿轮传动。若已知轮 1 的转速 $n_1=1\,440$ r/min，试求轮 5 的转速。

解：此定轴齿轮系各轮轴线相互平行，且齿轮 4 为惰轮，齿轮系中有三对外啮合齿轮，由式(12-1)得

$$i=\frac{n_1}{n_5}=(-1)^3\frac{z_2}{z_1}\cdot\frac{z_3}{z'_2}\cdot\frac{z_4}{z'_3}\cdot\frac{z_5}{z_4}=(-1)^3\frac{40\times60\times30\times50}{20\times30\times25\times30}=-8$$

$$n_5=n_1/i=1\,440/(-8)=-180\text{r/min}$$

负号，表示轮 1 和轮 5 的转向相反。

12.1.2　非平行轴定轴轮系

图 12-3 所示的非平行轴定轴齿轮系，其传动比的大小仍可用平行轴定轴齿轮系的传动比计算公式计算，但因各轴线并不全部相互平行，故不能用$(-1)^m$来确定主动轮与从动轮的转向，必须用画箭头的方式在图上标注出各轮的转向。

一对互相啮合的圆锥齿轮传动时，在其节点处的圆周速度是相同的，所以标志两者转向的箭头不是同时指向啮合点，就是同时背离啮合点。图 12-3 轮系中圆锥齿轮的转向即可按此法判断。

至于蜗杆机构的转向判定，可用蜗杆传动一章所述方法确定。

以下举例说明非平行轴定轴轮系的传动比计算。

例 12-2 图 12-3 所示的轮系中，设已知 $z_1=16, z_2=32, z_2'=20, z_3=40, z_3'=2, z_4=40$，均为标准齿轮传动。已知轮 1 的转速 $n_1=1\ 000$ r/min，试求轮 4 的转速及转动方向。

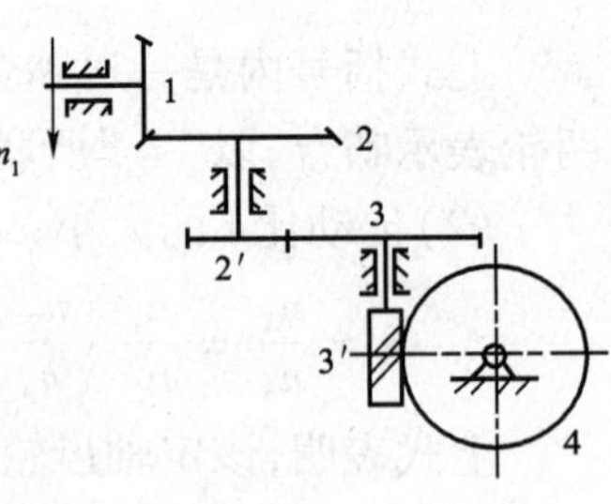

图 12-3 非平行轴定轴轮系

解：由式(12-1)得：

$$i=\frac{n_1}{n_4}=\frac{z_2}{z_1}\cdot\frac{z_3}{z'_2}\cdot\frac{z_4}{z'_3}=\frac{32\times40\times40}{16\times20\times2}=80$$

$$n_4=n_1/i=1\ 000/80=12.5\ \text{r/min}$$

轮 4 的转向如图所示应该逆时针转动。

12.2 行 星 轮 系

在图 12-4a）所示行星齿轮系中，行星轮 z_2 既绕本身的轴线自转，又绕 O_1 或 O_H 公转，因此不能直接用定轴轮系传动比计算公式求解行星轮系的传动比，而通常采用反转法来间接求解其传动比。

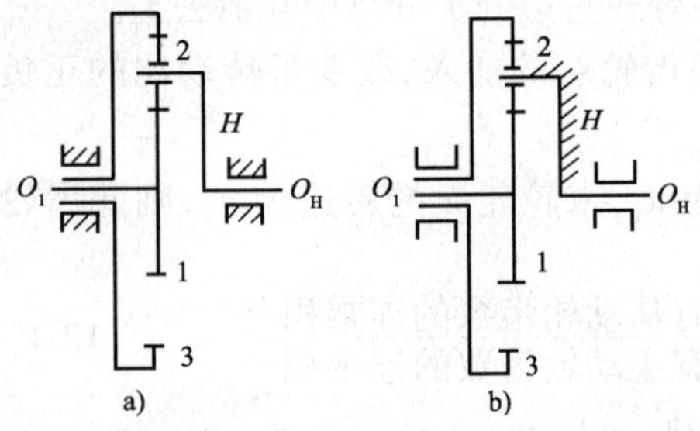

图 12-4 行星齿轮系

假定行星齿轮系各齿轮和行星架 H 的转速分别为：n_1、n_2、n_3、n_H。现在整个行星齿轮系上加上一个与行星架转速大小相等、方向相反的公共转速（$-n_H$）将行星齿轮系转化成一假想的定轴齿轮系，如图 12-4b）。再用定轴齿轮系的传动比计算公式，求解行星齿轮系传动比。

由相对运动原理可知，对整个行星齿轮系加上一个公共转速（$-n_H$）以后，该齿轮系中各构件之间的相对运动规律并不改变，但转速发生了变化，其变化结果如下：

齿轮 1 的转速 $n_1 \xrightarrow{\text{变成}} (n_1-n_H) \xrightarrow{\text{记作}} n_1^H$

齿轮 2 的转速 $n_2 \longrightarrow (n_2-n_H) \longrightarrow n_2^H$

齿轮 3 的转速 $n_3 \longrightarrow (n_3-n_H) \longrightarrow n_3^H$

行星架 H 的转速 $n_H \longrightarrow (n_H-n_H) \longrightarrow 0$

既然该齿轮系的反转机构是定轴齿轮系，则在图 12-4b）所示反转机构中，轮 1 和 3 间的传动比可表达为：

$$i_{13}^H=\frac{n_1^H}{n_3^H}=\frac{n_1-n_H}{n_3-n_H}=(-1)^1\frac{z_2z_3}{z_1z_2}=-\frac{z_3}{z_1}$$

式中，i_{13}^H 表示反转机构中轮 1 与轮 3 相对于行星架 H 的传动比。其中“$(-1)^1$”号表示在反转机构中有一对外啮合齿轮传动，传动比为负说明轮 1 与轮 3 在反转机构中的转向相反。

一般情况下，若某单级行星齿轮系由多个齿轮构成，则传动比求法如下。

（1）求传动比大小：

$$i_{1k}^H=\frac{n_1^H}{n_k^H}=\frac{n_1-n_H}{n_k-n_H}=\frac{\text{从 1 轮到 } k \text{ 轮之间所有从动轮齿数的连乘积}}{\text{从 1 轮到 } k \text{ 轮之间所有主动轮齿数的连乘积}} \quad (12\text{-}2)$$

（2）再确定传动比符号。标出反转机构中各个齿轮的转向，来确定传动比符号。当轮 1

与轮 k 的转向相同,取"+"号,反之取"-"号。

以下举例说明行星齿轮系的传动比计算。

例 12-3 图 12-5 所示的轮系中,已知 $z_1=100, z_2=101, z_2'=100, z_3=99$,均为标准齿轮传动。试求 i_{H1}。

解:由式(12-2)得:

$$i_{13}^{H}=\frac{n_1^{H}}{n_3^{H}}=\frac{n_1-n_H}{n_3-n_H}=\frac{z_2z_3}{z_1z'_2}$$

因 $n_3=0$

故有

$$\frac{n_1-n_H}{0-n_H}=\frac{z_2z_3}{z_1z'_2}$$

所以

$$i_{1H}=\frac{n_1}{n_H}=1-\frac{z_2z_3}{z_1z'_2}=1-\frac{101\times 99}{100\times 100}=\frac{1}{10\ 000}$$

$$i_{H1}=\frac{n_H}{n_1}=\frac{1}{i_{1H}}=10\ 000$$

例 12-4 图 12-6 所示的轮系中,已知 $z_1=40, z_2=40, z_3=40$,均为标准齿轮传动。试求 i_{13}^{H}。

解:由式(12-2)得:

$$i_{13}^{H}=\frac{n_1^{H}}{n_3^{H}}=\frac{n_1-n_H}{n_3-n_H}=-\frac{z_2z_3}{z_1z_2}=-\frac{z_3}{z_1}=-1$$

其"-"号表示轮 1 与轮 3 在反转机构中的转向相反。

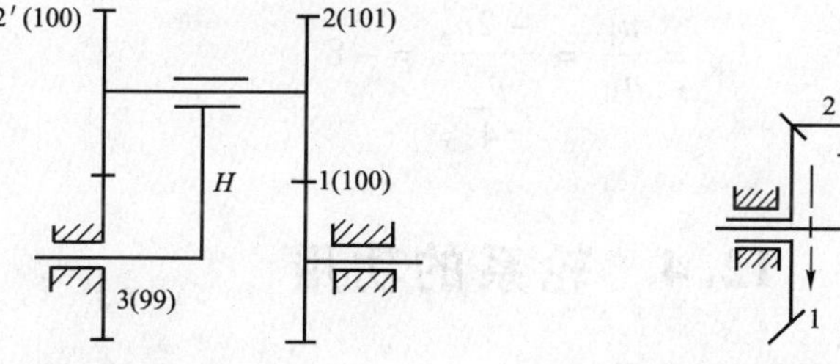

图 12-5 行星减速器中的齿轮系　　图 12-6 空间行星齿轮系

12.3 复合轮系

定轴轮系和行星轮系组合成的轮系称为复合轮系,如图 12-7 所示。

因为复合轮系是由运动性质不同的轮系组成,所以计算其传动比时,必须先将轮系分解成行星轮系和定轴轮系,然后分别按反转轮系传动比和定轴轮系传动比列计算公式,最后联立求解。

复合轮系分解方法是,先找出各行星轮系,余下的便是定轴轮系。图 12-7 所示的复合轮系,按行星轮轴线可转的特征,找到由行星架 H 支承的行星轮 3,以行星轮 3 为核心,与其相啮合的有太阳轮 2′和 4。

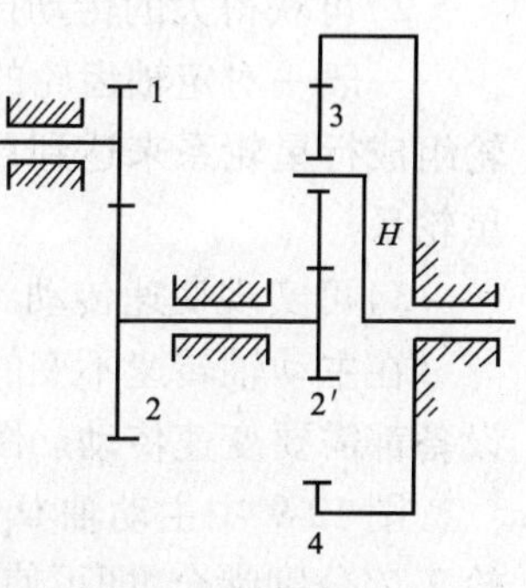

图 12-7 复合轮系

例 12-5 在图 12-7 所示的齿轮系中,已知 $z_1=20$,$z_2=40$,$z_2'=20$,$z_3=30$,$z_4=60$,均为标准齿轮传动。试求 i_{1H}。

解:(1)分析轮系。由图可知该轮系为一平行轴定轴轮系与简单行星轮系组成的复合轮系,其中:

行星轮系 2′—3—4—H

定轴轮系 1—2

(2)分析轮系中各轮之间的内在关系。由图中可知:

$$n_4=0,n_2=n_2'$$

(3)分别计算各轮系传动比。

①定轴齿轮系。由式(12-1)得:

$$i_{12}=\frac{n_1}{n_2}=(-1)^1\frac{z_2}{z_1}=-\frac{40}{20}=-2$$

$$n_1=-2n_2$$

②行星齿轮系。由式(12-2)得:

$$i_{2'4}^{H}=\frac{n_{2'}^{H}}{n_4^{H}}=\frac{n_{2'}-n_H}{n_4-n_H}=-\frac{z_4z_3}{z_3z_{2'}}=-\frac{60}{20}=-3$$

③联立求解。联立式①、式②,代入 $n_4=0$, $n_2=n_2'$得:

$$\frac{n_2-n_H}{0-n_H}=-3$$

$$n_1=-2n_2$$

所以

$$i_{1H}=\frac{n_1}{n_H}=\frac{-2n_2}{\frac{n_2}{4}}=-8$$

12.4 轮系的功用

由上述可知,轮系广泛用于各种机械设备中,其功用如下。

1)传递相距较远的两轴间的运动和动力

当两轴间的距离较大时,用轮系传动,则减少齿轮尺寸,节约材料,且制造安装都方便,如图 12-8 所示。

2)可获得大的传动比

一般一对定轴齿轮的传动比宜为 5 ~7。为此,当需要获得较大的传动比时,可用几个齿轮组成行星轮系来达到目的。不仅外廓尺寸小,且小齿轮不易损坏,如例 12-3 所述的简单行星轮系。

3)可实现变速传动

在主动轴转速不变的条件下,从动轴可获得多种转速。汽车、机床、起重设备等多种机器设备都需要变速传动。图 12-9 为最简单的变速传动。

图 12-9 中主动轴 O_1 转速不变,移动双联齿轮 1—1′,使之与从动轴上两个齿数不同的齿轮 2、2′分别啮合,即可使从动轴 O_2 获得两种不同的转速,达到变速的目的。

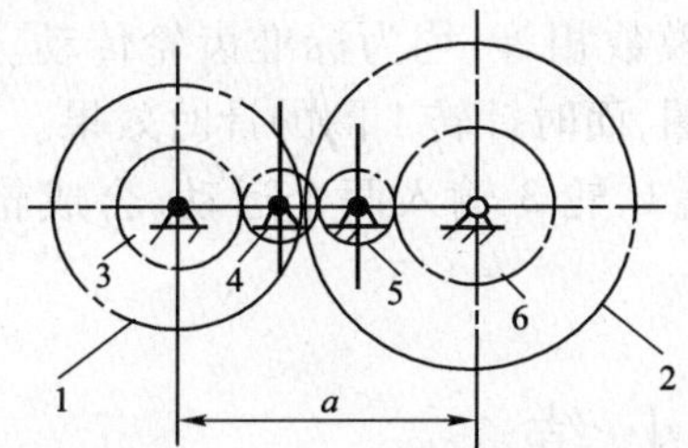

图 12-8 可实现远距离传动的齿轮系

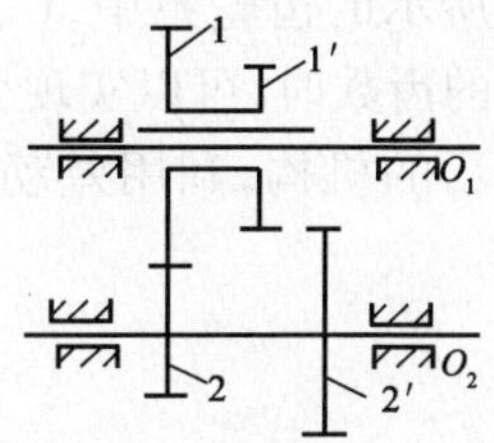

图 12-9 可实现变速的齿轮系

4）变向传动

当主动轴转向不变时，可利用轮系中的惰轮来改变从动轴的转向。如图 12-1 中的轮 4，通过改变外啮合的次数，达到使从动轮 5 变向的目的。

5）运动合成、分解

如例 12-4 所示：

$$i_{13}^{H}=\frac{n_1^{H}}{n_3^{H}}=\frac{n_1-n_H}{n_3-n_H}=-\frac{z_2z_3}{z_1z_2}=-\frac{z_3}{z_1}=-1$$

$$2n_H=n_1+n_3$$

上式表明，1、3 两构件的运动可以合成为 H 构件的运动；也可以在 H 构件输入一个运动，分解为 1、3 两构件的运动。这类轮系称为差速器。

图 12-10 为船用航向指示器传动装置，它是运动合成的实例。

太阳轮 1 的传动由右舷发动机通过定轴轮系 4—1′传过来；太阳轮 3 的传动由左舷发动机通过定轴轮系 5—3′传过来。当两发动机转速相同，航向指针不变，船舶直线行驶。当两发动机的转速不同时，船舶航向发生变化，转速差越大，指针 M 偏转越大，即航向转角越大，航向变化越大。

图 12-11 所示汽车差速器是运动分解的实例。当汽车直线行驶时，左、右两轮转速相同，行星轮不发生自转，齿轮 1、2、3 作为一个整体，随齿轮 4 一起转动，此时 $n_1=n_3=n_4$。

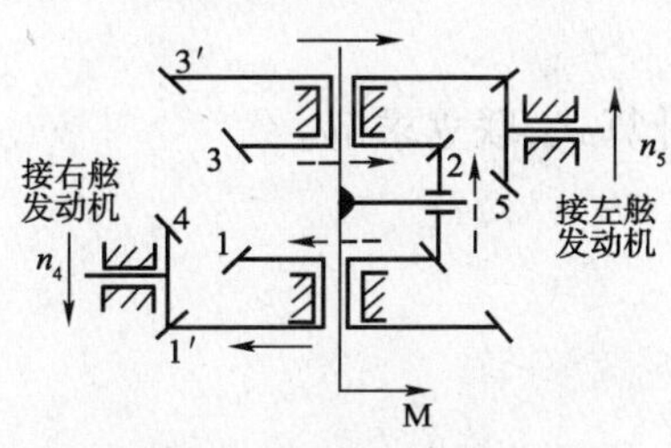

图 12-10 使运动合成的齿轮系

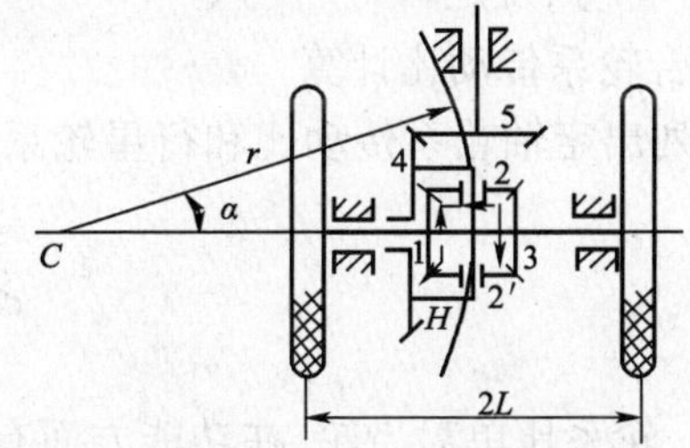

图 12-11 汽车后桥差速器

当汽车拐弯时，为了保证两车轮与地面作纯滚动，显然左、右两车轮行走的距离应不相同，即要求左、右轮的转速也不相同。此时，可通过差速器 1、2、3 轮和 1、2′、3 轮将发动机传到齿轮 5 的转速分配给后面的左、右轮，实现运动分解。

其他应用：

（1）图 12-12 所示为时钟系统轮系。

（2）图 12-13 所示为机械式运算机构。

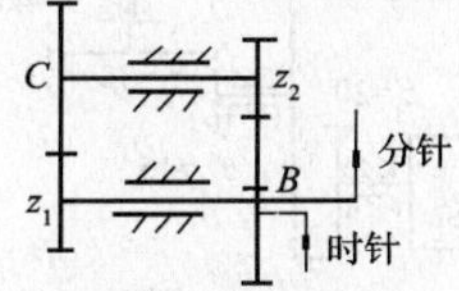

图 12-12 时钟系统轮系

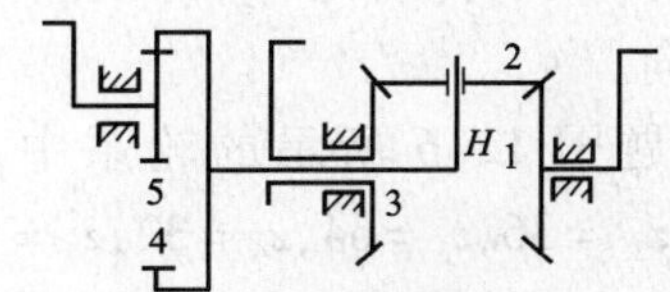

图 12-13 机械式运算机构

在图 12-12 所示的齿轮系中，C、B 两轮的模数相等，均为标准齿轮传动。当给出适当的 z_1、z_2，C、B 各轮的齿数时，可以实现分针转 12 圈，而时针转 1 圈的计时效果。

图 12-13 所示的机构，利用差动轮系，由轮 1、轮 3 输入两个运动，合成轮 5 的一个运动输出。

本章小结

本章的重点和难点是：轮系传动比的计算，行星轮系和复合轮系的传动比计算。

1）定轴轮系的传动比

（1）平行轴定轴轮系的传动比。在平行轴定轴齿轮系中，当首轮轮 1 的转速为 n_1，末轮轮 k 转速为 n_k，则此齿轮系的传动比为：

$$i_{1k}=\frac{n_1}{n_k}=(-1)^m\frac{\text{从 1 轮到 }k\text{ 轮之间所有从动轮齿数的连乘积}}{\text{从 1 轮到 }k\text{ 轮之间所有主动轮齿数的连乘积}}$$

式中：m——齿轮系中从轮 1 到轮 k 间，外啮合齿轮的对数。

（2）非平行轴定轴轮系的传动比。其传动比的大小仍可用平行轴定轴齿轮系的传动比计算公式计算，但因各轴线并不全部相互平行，故不能用 $(-1)^m$ 来确定主动轮与从动轮的转向，必须用画箭头的方法在图上标注出各轮的转向。

2）行星轮系的传动比

传动比大小：

$$i_{1k}^{H}=\frac{n_1^H}{n_k^H}=\frac{n_1-n_H}{n_k-n_H}=\frac{\text{从 1 轮到 }k\text{ 轮之间所有从动轮齿数的连乘积}}{\text{从 1 轮到 }k\text{ 轮之间所有主动轮齿数的连乘积}}$$

传动比符号：标出反转机构中各个齿轮的转向，来确定传动比符号。当轮 1 与轮 k 的转向相同，取“+”号，反之取“-”号。

3）复合轮系传动比计算

分别列出定轴轮系传动比和行星轮系传动比的计算式，联立求解。

习　题

12-1　轮系比单对齿轮，在功能方面有哪些扩展？

12-2　定轴轮系传动比的正、负号代表什么意思？什么情况下可用正、负号，什么情况下不可用正、负号？

12-3　定轴轮系的齿轮转向和反转轮系的转向有什么区别？定轴轮系传动比和反转轮系传动比有什么区别？

12-4　i_{13} 与 i_{13}^{H} 有什么不同？

12-5　题图 12-5 所示为一电动提升装置，其中各轮齿数均为已知，试求传动比 i_{15}，并画出当提升重物时电动机的转向。

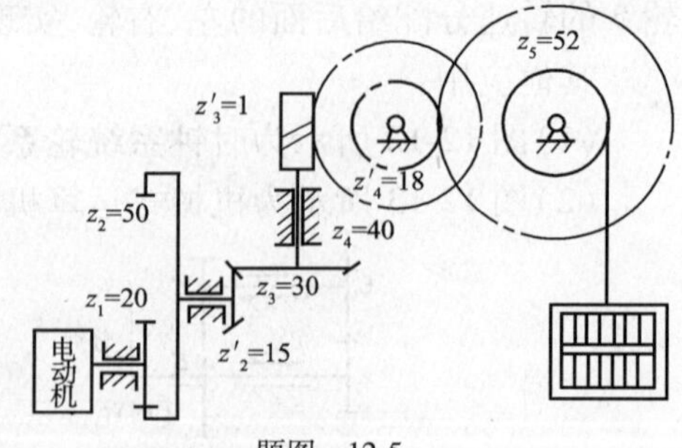

题图　12-5

12-6　在题图 12-6 所示的轮系中，各轮齿数 $z_1=32$，$z_2=34$，$z_2'=36$，$z_3=64$，$z_4=32$，$z_5=17$，$z_6=24$，均为标准齿轮传动。轴 1 按图示方向以 1 250r/min 的

转速回转，而轴Ⅵ按图示方向以 600 r/min 的转速回转。求轮 3 的转速 n_3。

12-7　如题图 12-7 所示为驱动输送带的行星减速器，动力由电动机输给轮 1，由轮 4 输出。已知 $z_1=18$、$z_2=36$、$z_2'=33$、$z_3=90$、$z_4=87$，求传动比 i_{14}。

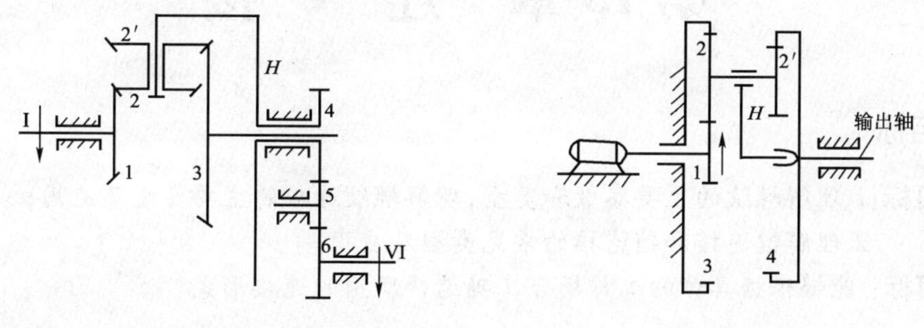

题图　12-6　　　　题图　12-7

12-8　在图 12-12 所示的齿轮系中，设已知 $z_1=7$，$z_2=12$，C、B 两轮的模数相等，均为标准齿轮传动。试求 C、B 两轮的齿数。

12-9　在图 12-13 所示的机构，利用差动轮系，由轮 1、轮 3 输入两个运动，合成轮 5 的一个运动输出。已知 $z_1=z_3$、$z_4=2z_5$，试求转速 n_1、n_3、n_5 的关系式。

实训任务

拆装汽车变速器，观察齿轮系的实物及传动演示，熟悉齿轮系的类型及应用，并计算出该齿轮系的传动比。

第13章 连　　接

学习目标

知识目标: 1.理解螺纹的主要参数和类型,理解螺纹连接的主要类型及应用;

2.理解键连接和销连接的常见类型及应用。

能力目标: 能够根据具体的工作场合正确选择所用的连接形式。

机器一般是由若干不同的零部件组成,零件与零件之间需要彼此固定和传递运动,因此需要把它们连接起来。用于零件之间的连接方式很多,常见的连接方式有键连接、花键连接、螺纹连接、销连接、铆接、焊接和黏接。

按被连接零件之间在工作时是否有相对运动,连接可分为动连接和静连接两大类。导向平键连接和导向花键连接都属于动连接。而电动机端盖与其外壳之间所用的螺栓连接,蜗轮齿圈与其轮芯之间所用的过盈配合连接,则属于静连接。

按拆开连接时是否会损坏连接中的零件,连接又可分为不可拆连接和可拆连接。铆接、焊接和黏接等属于不可拆连接。而螺纹连接、键连接和销连接等则属于可拆连接。过盈连接则按需要设计成可拆或不可拆。

铆接(图13-1)是利用铆钉将两个或两个以上的被铆接件铆接在一起的一种连接。如钢板、型钢等金属结构的铆接,锅炉和飞机制造中材料的铆接。近年来,由于焊接和黏接技术的发展,铆接的应用已逐渐减少。

焊接(图13-2)是把被连接的金属材料,经过局部加热再冷却的方法,将两个或两个以上的金属零件熔接在一起的一种连接方式。由于焊接结构具有质量轻、施工简便、生产率高和成本低等优点,所以获得广泛的应用。

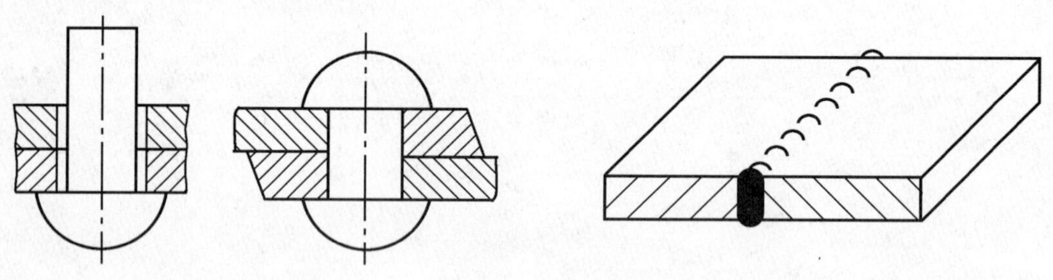

图13-1　铆接

图13-2　焊接

黏接是利用黏接剂将被连接件胶接起来的一种连接。黏接常用于木材和橡胶中的连接,但应用在金属零件的连接上则还是近几十年才发展起来的。黏接的优点是:疲劳强度高,密封性能好,能防止电化学腐蚀,质量轻,外表光整,能连接不同材料的零件和较薄零件。所以黏接是一种值得推广使用的连接形式。

设计连接时,应考虑强度、经济性、使用要求和其他工作条件,如满足紧密性、牢固性、刚度和对中等方面的要求。连接的强度由其中最薄弱的部分决定。

13.1 螺纹连接

我们日常生活中常说这样的话:把盖子旋上、把螺钉拧上等。其实它就涉及螺纹连接问题。瓶体与瓶盖的连接,就是螺纹连接。再如风扇叶片的安装,用的是螺纹连接中的螺栓连接。因此螺纹连接在日常生活中的应用非常普遍。

13.1.1 螺纹的特点、类型和应用

螺纹连接是利用螺纹零件构成的一种可拆连接,它具有结构简单、装拆方便、工作可靠和类型多样等优点。同时,还因绝大多数螺纹紧固件已标准化,并由专业工厂大批量生产,故其质量可靠、价格低廉、供应充足。螺纹连接是机械制造和工程结构中应用最广泛的一种连接。

常见的螺纹类型有三角形螺纹、管螺纹、梯形螺纹、矩形螺纹及锯齿形螺纹等。

三角形螺纹的牙型角为60°,其当量摩擦系数大,自锁性能好,螺纹牙根部的强度较高,广泛应用于零件连接。同一公称直径的三角形螺纹,按螺距大小分粗牙和细牙两类,一般连接多用粗牙;细牙螺纹的螺距小,升角也小,小径较大,故自锁性能好,对螺杆的强度削弱较少,适用于薄壁零件及微调装置。

圆柱管螺纹牙型角为55°的英制细牙三角形螺纹,公称直径(以英寸为单位)以管子的孔径表示,螺距以每英寸的螺纹牙数表示,常用于低压条件下工作的管道连接。高压条件下工作的管道连接应采用圆锥管螺纹,它与圆柱管螺纹相似,但牙型角为60°,螺纹分布在锥度为1:16的圆锥管壁上。

梯形螺纹的效率虽较矩形螺纹低,但加工方便,对中性好,牙根强度高,故广泛用于传动。

矩形螺纹的效率高,多用于传动。但对中性差,牙根强度低,精确制造困难。矩形螺纹未标准化,已逐步被梯形螺纹所替代。

锯齿形螺纹兼有矩形螺纹效率高和梯形螺纹牙根强度高的优点,但只能用于承受单向载荷的传动。

在上述各种螺纹中,除矩形螺纹无标准外,其他几种螺纹都有国家标准。

13.1.2 螺纹连接的主要类型和预紧、防松

1)螺纹连接的主要类型

(1)螺栓连接。螺栓连接分为普通螺栓连接和铰制孔用螺栓连接两种,如图13-3所示。普通螺栓连接(图13-3a)的结构特点是被连接件上的通孔和螺栓杆间留有间隙,故孔的加工精度要求低,结构简单,装拆方便,适用于被连接件不太厚和两边都有足够装配空间的场合。

铰制孔用螺栓连接(图13-3b)的孔和螺栓杆多采用基孔制过渡配合,故孔的加工精度要求高,适用于利用螺杆承受横向载荷或需精确固定被连接件相对位置的场合。

螺栓连接常用的连接件有螺栓、螺母、垫圈。装配时先把螺栓插入被连接件的孔内,在穿出的螺栓尾部放上垫圈,再旋上螺母。

(2)双头螺柱连接。双头螺柱连接如图13-3c)所示,它是将双头螺柱的一端旋紧在一被连接件的螺纹孔中,另一端则穿过另一被连接件的孔,再放上垫圈,拧上螺母。双头螺柱连接

适用于被连接零件之一太厚，不便制成通孔，或材料比较软且需经常拆装的场合。

(3)螺钉连接。螺钉连接如图 13-3d)所示，它是将螺钉穿过一被连接件的孔，并旋入另一被连接件的螺纹孔中。螺钉连接适用于被连接零件之一太厚而又不需经常拆装的场合。

(4)紧定螺钉连接。紧定螺钉连接如图 13-3e)所示，它利用拧入零件螺纹孔中的螺钉末端顶住另一零件的表面或顶入该零件的凹坑中，以固定两零件的相互位置，并可传递不大的载荷。

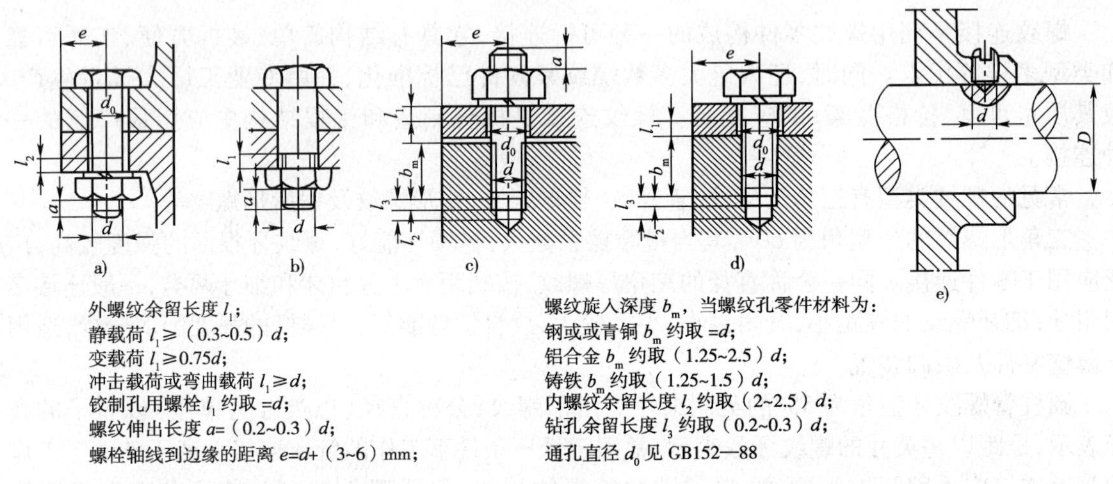

图 13-3 螺纹连接类型

a)普通螺栓连接；b)铰制孔用螺栓连接；c)双头螺柱连接；d)螺钉连接紧定螺钉连接；e)紧固螺钉连接

2)螺纹连接的预紧和防松

(1)拧紧、预紧力和扳手力矩。绝大多数螺纹连接在装配时都必须拧紧，使螺栓受到拉伸、被连接件受到压缩，这种在承受工作载荷之前就受到的力称为预紧力。预紧的目的是为了提高连接的可靠性、紧密性和防松能力。对于承受轴向工作拉力的螺栓连接，还能提高螺栓的疲劳强度。对于承受横向载荷的普通螺栓连接，有利于增大连接中的摩擦力。但过大的预紧力需要增大螺栓直径，也会使螺栓在装配或偶然过载时拉断，故螺栓的预紧力应适当。

(2)螺纹连接的防松。连接螺纹都能满足自锁条件，且螺母和螺栓头部支承面处的摩擦也能起防松作用，故在静载荷下，螺纹连接不会自动松脱。但在冲击、振动或变载荷的作用下，或当温度变化很大时，螺纹副间的摩擦力可能减小或瞬间消失，影响连接的安全性，甚至会引起严重事故。所以在重要场合，必须采取有效的防松措施。

防松的目的是阻止螺母和螺栓的相对转动。防松的方法很多，按其工作原理，可分为摩擦防松、直接锁住和破坏螺纹副等三种。常用的防松方法见表 13-1。

13.1.3 螺纹连接件的材料

螺纹连接件有螺栓、螺母、螺钉、双头螺柱、垫片等，适合制造螺纹连接件的材料很多，常用的有 Q215、Q235、10、35、45 和 40Cr 等。国家标准规定螺纹连接件按其力学性能进行分级，同一材料通过工艺措施可制成不同等级的螺栓和螺母；规定性能等级的螺栓、螺母在图纸中只标出性能等级，不标出材料牌号。

螺纹防松方法　　　　表 13-1

<table>
<tr><td rowspan="2">摩擦力防松</td><td>弹簧垫圈</td><td>对顶螺母</td><td>尼龙圈锁紧螺母</td></tr>
<tr><td>弹簧垫圈材料为弹簧钢，装配后垫圈被压平，其反弹力能使螺纹间保持压紧力和摩擦力</td><td>利用两螺母的对顶作用使螺栓始终受到附加的拉力和附加的摩擦力。结构简单，可用于低速重载场合</td><td>螺母中嵌有尼龙圈，拧上后尼龙圈内孔被胀大，箍紧螺栓</td></tr>
<tr><td rowspan="2">机械防松</td><td>六角开槽螺母和开口销</td><td>圆螺母用止动垫圈</td><td>带舌止动垫圈</td></tr>
<tr><td>六角开槽螺母拧紧后，用开口销穿过螺栓尾部小孔和螺母的槽，也可以用普通螺母拧紧后再配钻开口销孔</td><td>使垫圈内翅嵌入螺栓(轴)的槽内，拧紧螺母后将垫圈外翅之一褶嵌于螺母的一个槽内</td><td>将垫圈褶边以固定螺母和被连接件的相对位置</td></tr>
<tr><td>其他方法防松</td><td>冲点 (1~1.5)P</td><td>冲点法防松
用冲头冲 2 ~ 3 点</td><td>涂黏合剂
黏合法防松
用黏合剂涂于螺纹旋合表面，拧紧螺母后黏合剂自行固化，防松效果良好</td></tr>
</table>

13.1.4　螺栓组连接的设计

大多数情况下的螺栓连接都是成组使用的。设计螺栓组连接时，通常先选定螺栓的数目及布置形式，然后再确定螺栓的直径。

螺栓组连接结构设计就是确定连接接合面的几何形状和螺栓的布置形式，使各螺栓和连接接合面的受力均匀，便于加工和装配。为了获得合理的螺栓组连接结构，应注意以下几个问题：

(1)为了装拆的方便，应留有装拆紧固件的空间，如螺栓与箱体、螺栓与螺栓的扳手活动空间，如图 13-4 所示。

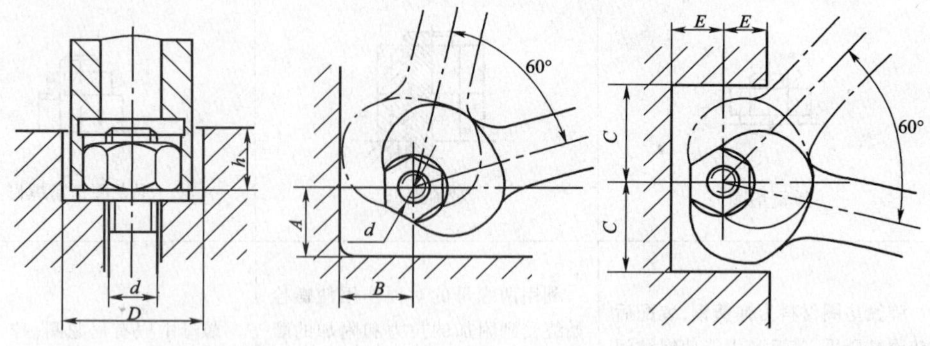

图 13-4　扳手空间尺寸

(2)为了连接可靠，避免产生附加载荷，螺栓头、螺母与被连接件的接触表面均应平整，并保证螺栓轴线与接触面垂直。在铸、锻件等粗糙表面上安装螺栓时，应制成凸台或沉头座，当支承面为倾斜表面时，应采用斜面垫圈等。

(3)在连接的结合面上，合理地布置螺栓(图 13-5)。

①螺栓在接合面上应对称布置，以使接合面受力均匀。

②为便于画线钻孔，螺栓应布置在同一圆周上，并取易于等分圆周的螺栓数，如 3、4、6、8、12 等。

③沿外力作用方向不宜成排地布置 8 个以上的螺栓，以防止螺栓受载严重不均。

④为了减少螺栓承受的载荷，对承受弯矩或转矩作用的螺栓组连接，应尽可能将螺栓布置在靠近接合面的边缘。

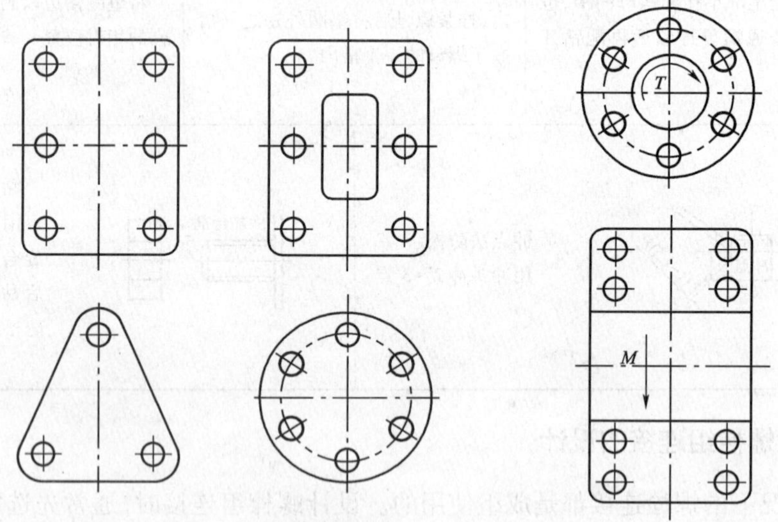

图 13-5　螺栓组连接接合面的形状

(4)为了便于制造和装配，同一组螺栓不论其受力大小，一般应采用同样材料和尺寸。

(5)根据连接的重要程度，对螺栓连接采用必要的防松装置。

(6)对承受横向载荷较大的螺栓组，可采用减载装置承受部分横向载荷。

13.2 键 连 接

轴上零件与轴之间不仅需要轴向固定，而且需要周向固定(轴毂连接)，以传递转矩。常用的轴毂连接有键连接、过盈配合连接、销连接等，键连接应用最广。

13.2.1 键连接的常见类型和应用

1)平键连接

平键是矩形截面的连接件，置于轴和轴上零件毂孔的键槽内，以侧面为工作面，工作时靠键和键槽的互相挤压传递转矩。按工作情况平键可分为普通平键和导向平键。

普通平键(图13-6)两端可制成圆头(A型)、平头(B型)或半圆头(C型)。

导向平键(图13-7)两端可制成圆头(A型)、平头(B型)。导向平键除实现周向固定外，还允许轴上零件有轴向移动，构成动连接。

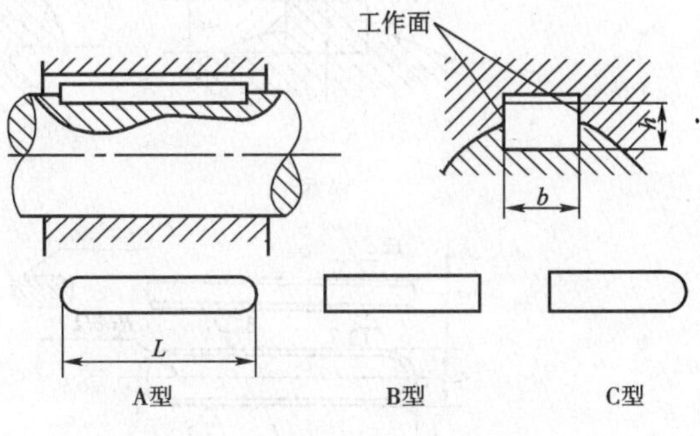

图13-6 普通平键连接

圆头键连接时，轴上键槽用端铣刀加工；采用方头键连接，轴上键槽用盘铣刀加工；半圆头键常用于轴端。这种平键用于轴上零件与轴之间没有相对运动的静连接。

2)半圆键连接

半圆键用于静连接，也以侧面作工作面(图13-8)。这种连接的优点是工艺性较好，缺点是轴上键槽较深，对轴的强度削弱较大，主要用于轻载或位于轴端零件的连接。

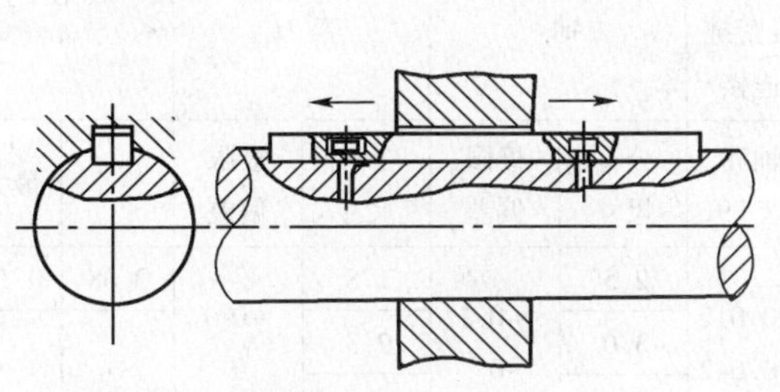

图13-7 导向平键连接

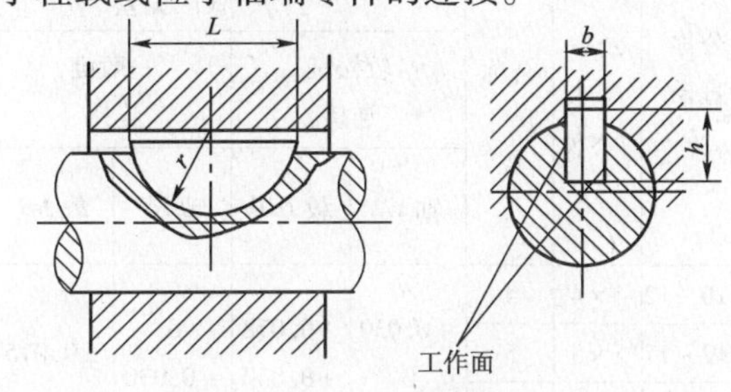

图13-8 半圆键连接

3)花键连接

轴上周向均布的凸齿和轮毂孔中相应凹槽构成的连接称为花键连接，可用于静连接或动连接。

根据齿形的不同，花键分为矩形花键(图13-9a)，渐开线花键(图13-9b)和三角形花键(图13-9c)三种。花键连接以齿的侧面作工作面。由于是多齿传递载荷，所以承载能力高，连接定心精度也高，导向性好，故应用较广。

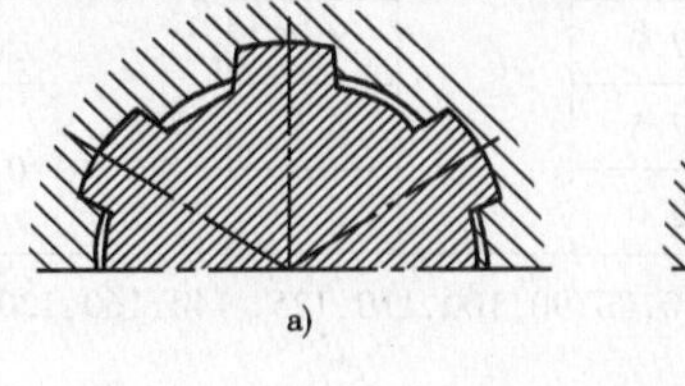

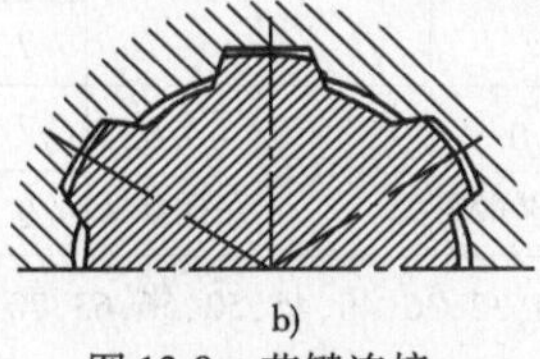

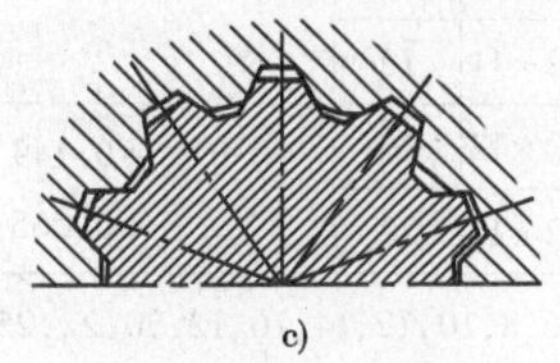

图13-9 花键连接

a)矩形花键；b)渐开线花键；c)三角形花键

13.2.2 普通平键的选择

在已知轴径和相配轮毂宽度的情况下，可以通过查表13-2，来确定键的尺寸和相应的公差值。一般键的失效是：轮毂、轴和键三者中材料最弱的一方被压溃，所以一般对弱的一方进行挤压强度校核。挤压强度校核相关内容请参看前面相关章节或查阅有关手册。

普通平键和键槽尺寸 表13-2

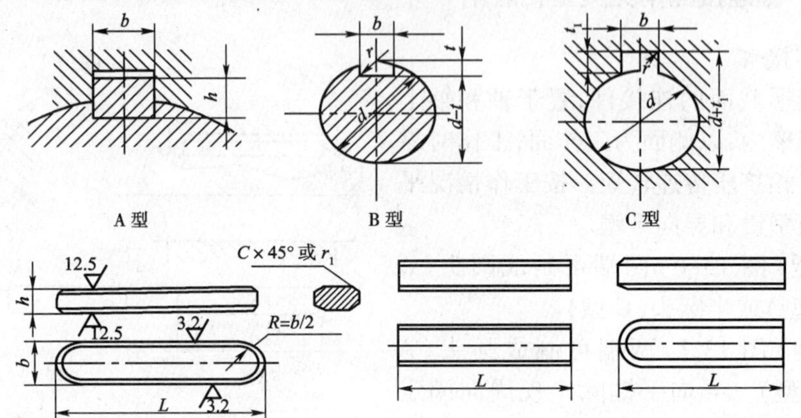

标记示例：圆头普通平键（A型），b=16，h=10，L=100的标记为：键16×100 GB 1096—79

平头普通平键（B型），b=16，h=10，L=100的标记为：键B16×100 GB 1096—79

单圆头普通平键（C型），b=16，h=10，L=100的标记为：键C16×100 GB 1096—79

轴	键	键槽											
公称直径 d	公称尺寸 b×h	宽度 b						深度				半径 r	
		公称尺寸 b	极限偏差					轴 t		毂 t_1			
			较松键连接		一般键连接		较紧键连接						
			轴 H9	毂 D10	轴 N9	毂 Js9	轴和毂 P9	公称尺寸	极限偏差	公称尺寸	极限偏差	最小	最大
>10~12	4×4	4	+0.030 0	+0.078 +0.030	0 -0.030	±0.015	-0.012 -0.042	2.5	+0.1 0	1.8	+0.1 0	0.08	0.16
>12~17	5×5	5						3.0		2.3		0.16	0.25
>17~22	6×6	6						3.5		2.8			
>22~30	8×7	8	+0.036 0	+0.098 +0.040	0 -0.036	±0.012	-0.015 -0.051	4.0	+0.2 0	3.3	+0.2 0		
>30~38	10×8	10						5.0		3.3		0.25	0.40
>38~44	12×8	12	+0.043 0	+0.120 +0.050	0 -0.043	±0.0215	-0.012 -0.061	5.0		3.3			
>44~50	14×9	14						5.5		3.8			
>50~58	16×10	16						6.0		4.3			
>58~65	12×11	12						7.0		4.4			
>65~75	20×12	20	+0.05 2	+0.149 +0.065	0 -0.052	±0.026	-0.022 -0.074	7.5		4.9		0.40	0.60
>75~85	22×14	22						9.0		5.4			
键的长度系列	6,8,10,12,14,16,12,20,22,25,28,32,36,40,45,50,56,63,70,80,90,100,110,125, 140,160,120,200,220,250,280,320,360												

13.3 销连接简介

销连接通常用于固定零件之间的相对位置(图 13-10),也可用于轴毂或其他零件的连接(图 13-11),可以传递不大的载荷;还可作为安全装置中的过载剪断元件(图 13-12)。

按销形状的不同,可分为圆柱销、圆锥销和开口销等。销的材料多为 35 号、45 号钢。

圆柱销(图 13-13)靠微量的过盈固定在孔中,它不宜经常拆装,否则会降低定位精度和连接的紧固性。

圆锥销(图 13-14)具有 1∶50 的锥度,小头直径为标准值。圆锥销安装方便,且多次装拆对定位精度的影响也不大,应用较广。为确保销安装后不致松脱,圆锥销的尾端可制成开口的,如图 13-14b)所示的开尾圆锥销。为便于销的拆卸,圆锥销的上端也可做成带内、外螺纹的,如图 13-14c)所示的内螺纹圆锥销和图 13-14d)所示的螺尾圆锥销。

开口销常用低碳钢丝制成,是一种防松零件。

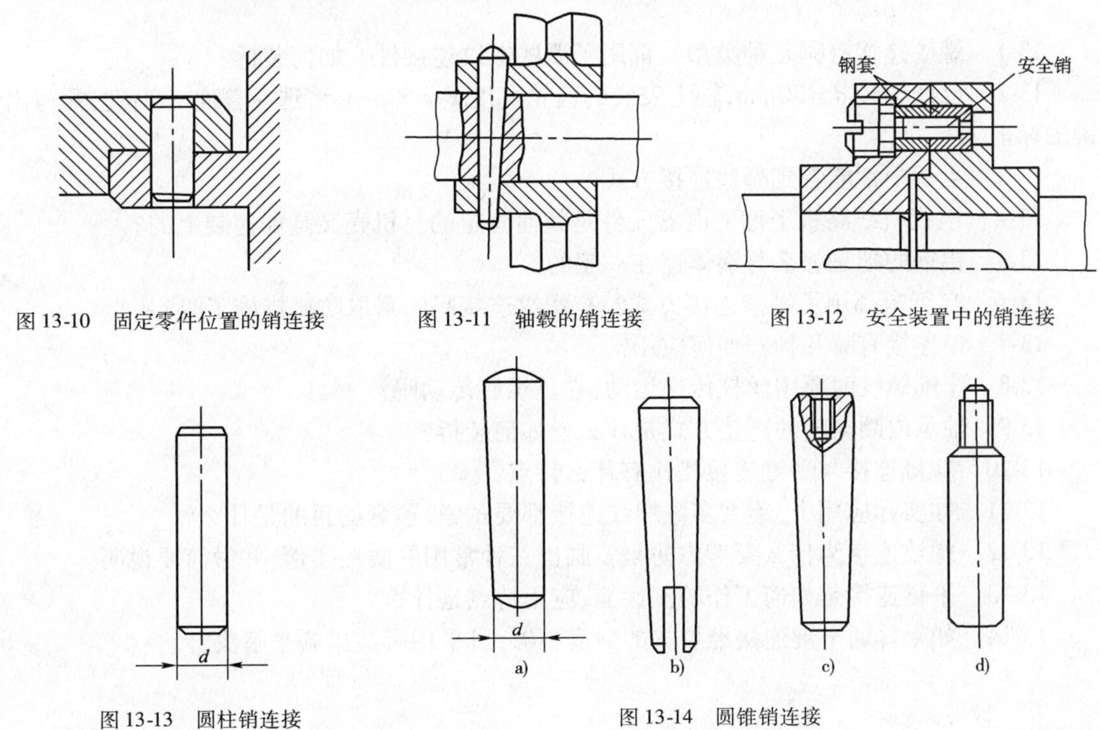

图 13-10　固定零件位置的销连接

图 13-11　轴毂的销连接

图 13-12　安全装置中的销连接

图 13-13　圆柱销连接

图 13-14　圆锥销连接

本 章 小 结

1)连接的概念

连接一般是指使被连接件相对位置固定不动的静连接,按拆卸时是否损坏被连接件,可分为可拆连接和不可拆连接。

2)螺纹连接的四种基本形式

(1)螺栓连接;

(2)双头螺柱连接;

(3)螺钉连接；

(4)紧定螺钉连接。

3)螺纹连接组设计应注意的几个问题：

(1)考虑装拆方便，应留有扳手空间；

(2)连接面要平整，防止附加动载荷；

(3)布置合理，使螺栓组各螺栓受力均匀；

(4)同组螺栓材料及尺寸应相同。

4)平键连接的选用

常用的平键有普通平键和导向平键两种。

普通平键和键槽的尺寸均已标准化，设计键连接时，应先根据要求选择键的类型，然后根据装键处轴径从标准中查取键的宽度和高度，参照轮毂长度从标准中选取键的长度。

习　题

13-1　螺纹连接有哪几种类型？都用了哪些螺纹连接件？如何装拆？

13-2　已知轴径 $d = 30$mm，轴上安装的齿轮宽度 $B = 60$mm，请选一普通 A 型键，并写出该键的标记。

13-3　生活中常能看到哪些连接方式？

13-4　电视机线路板上面的电器元件是如何固定的？机壳又是如何装上的？

13-5　铝锅的把是怎么与锅体连在一起的？

13-6　自行车都用了哪些连接方式？有螺纹连接吗？采取防松措施了吗？

13-7　销连接有哪几种？如何应用？

13-8　车削螺纹时要用丝杠传递运动，它是螺旋传动吗？

13-9　轴承内圈与轴的连接方式是什么？如何装拆？

13-10　花键连接与平键连接相比有什么特点？

13-11　在实际应用中，绝大多数螺纹连接都要预紧，预紧的目的是什么？

13-12　螺纹连接为什么要考虑防松？画出三种常用的防松实例，并做简要说明。

13-13　平键连接是如何工作的？性能、应用特点是什么？

13-14　如果普通平键连接经校核的强度不够，可采用哪些措施来解决？

第14章　轴

学习目标

知识目标：1.了解轴的功用及分类、轴的材料，理解轴的结构设计；

2.掌握轴的强度计算方法。

能力目标：掌握轴的设计和强度计算。

14.1　轴的类型和功用

14.1.1　轴的功用和分类

轴是组成机器的重要零件之一，其主要功用是用来支承回转零件（如齿轮、带轮等）、传递运动和转矩。

根据轴在工作中承受载荷的特点，轴可分为转轴、心轴和传动轴。

(1)转轴。既承受弯矩又承受转矩的轴称为转轴，如图14-1所示齿轮轴。

(2)心轴。只承受弯矩的轴称为心轴。按其是否与轴上零件一起转动，又可分为转动心轴（图14-2）和固定心轴（图14-3）。

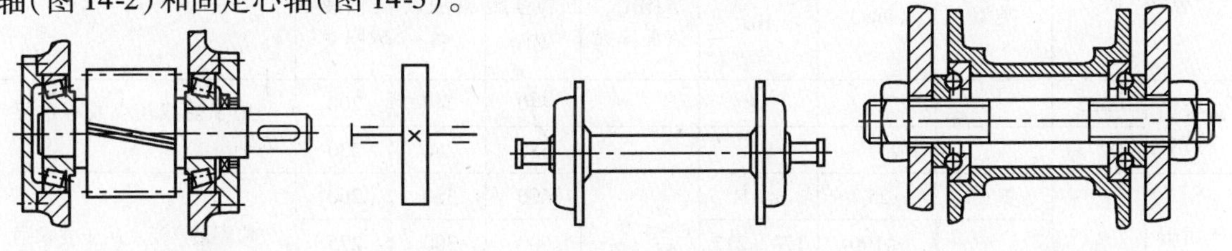

图14-1　转轴　　图14-2　转动心轴　　图14-3　固定心轴

(3)传动轴。只承受转矩而不承受弯矩的轴称为传动轴。如图14-4所示汽车变速器与后桥间的轴即为传动轴。

在机器上不计其受载能力而只利用其滚动形式的轴叫辊轴，也叫滚轴，或叫辊。

根据轴的结构形状，轴可分为以下类型。

轴
- 直轴
  - 光轴
  - 阶梯轴
- 曲轴（图14-5）
- 挠性轴（图14-6）

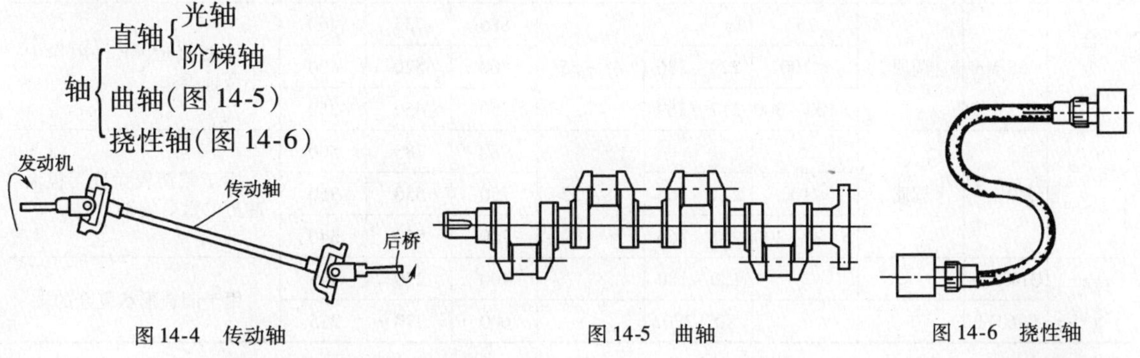

图14-4　传动轴　　图14-5　曲轴　　图14-6　挠性轴

14.1.2 轴的材料

轴工作时主要承受弯矩和转矩，且多为交变应力作用，轴的失效形式主要是疲劳破坏。轴的材料应满足强度、刚度、耐磨性、耐腐蚀性等方面的要求，并且对应力集中的敏感性小。另外，还应考虑易于加工和经济性。

轴的材料主要采用碳素钢和合金钢。

碳素钢对应力集中的敏感性较低且价格相对低廉，经热处理后可改善其综合力学性能，因此应用广泛。常用的优质碳素钢有 35 号、40 号、45 号钢等，尤以 45 号钢最多。一般应经过调质或正火处理，以改善其力学性能。受载较小或不重要的轴，也可采用 Q235、Q275 等碳素结构钢制造。

合金钢具有更高的力学性能和良好的热处理性能，但对应力集中比较敏感，价格较贵，因此承受重载荷或较重载荷且尺寸、重量受到一定限制，要求提高轴颈耐磨性以及高温、低温条件下工作的轴，宜采用合金钢制造。由于在常温下合金钢和碳素钢的弹性模量相差很小，用合金钢代替碳素钢不能提高轴的刚度。

球墨铸铁吸振性好、对应力集中不敏感，且价格低廉，适用于制造形状复杂的轴，如凸轮轴、曲轴等。

轴的毛坯一般采用轧制的圆钢或锻件。

轴的常用材料及其力学性能见表 14-1。

轴的常用材料及其力学性能 表 14-1

材料	牌号	热处理类型	毛坯直径（mm）	硬度		力学性能 MPa			备注
				HB	HRC 表面淬火	抗拉强度 σ_b	屈服点 σ_s	弯曲疲劳极限 σ_{-1}	
碳素结构钢	Q235					440	240	200	用于受载较小或不重要的轴
	Q275					580	280	230	
优质碳素结构钢	45	正火	25	≤241	55～61	600	360	260	应用最广泛。用于要求强度较高，韧性中等的轴，通常在调质或正火状态使用
		正火回火	≤100	170～217		600	300	275	
			>100～300	162～217		580	290	270	
		调质	≤200	217～255		650	360	300	
合金钢	20Cr	渗碳淬火回火	15		表面 56～62	835	540	375	用于要求强度和韧性均较高的轴
			≤60			650	400	280	
	20CrMnTi		15		表面 56～62	1 080	835	525	
	35SiMn	调质	25		45～55	885	735	460	性能接近 40Cr，用作中小型轴类
			≤100	229～286		800	520	400	
			>100～300	217～269		750	450	350	
	40Cr	调质	25		48～55	980	785	500	用于载荷较大且无很大冲击的重要的轴
			≤100	241～266		750	550	350	
			>100～300	241～266		700	550	340	
球墨铸铁	QT400-18			130～180		400	250	145	用于制造形状复杂的轴
	QT600-3			80～270		600	370	215	

14.1.3　轴设计的基本要求

轴设计的基本要求是：

(1)具有足够的承载能力。即轴必须具有足够的强度和刚度，以保证轴能正常工作。

(2)具有合理的结构形状。应使轴上零件能定位正确、固定可靠且易于装拆，同时应使轴加工方便，成本低廉。

14.2　轴的结构设计

轴的结构设计包括确定轴的合理外形和全部结构尺寸。轴作为机器中重要的支承零件，除了与齿轮、带轮等旋转零件连接外，还要与轴承组合并通过轴承与机座相连，图 14-7 所示为单级圆柱齿轮减速器中的低速轴。因此在确定轴的结构、尺寸时必须注意：

(1)轴及轴上零件应准确定位，固定可靠，不允许零件沿轴向及周向有相对运动。

(2)应具有良好的加工工艺性及装配工艺性，即轴应便于加工，轴上零件应装拆方便。

(3)尽量减小应力集中。

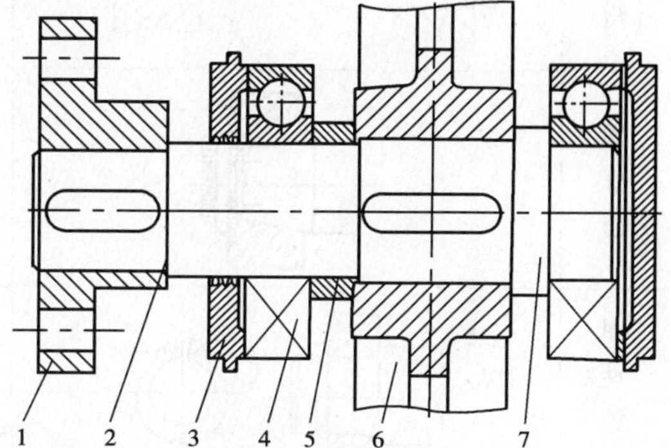

图 14-7　轴的结构示例

1-联轴器；2-轴肩；3-轴承盖；4-轴承；5-套筒；6-齿轮；7-轴环

14.2.1　轴上零件的轴向定位和固定

零件轴向定位的方式常取决于其承受轴向力的大小，常用的轴向定位和固定方式有轴肩、轴环、套筒、圆锥面、轴端挡圈、弹性挡圈、圆螺母和止动挡圈等，详见表 14-2。

常用轴上零件的轴向定位和固定方式　　表 14-2

轴向定位和固定方式		特点和应用
轴肩和轴环	轴肩　轴环 h>R>r　h>C>r	能承受较大的轴向力，加工方便，定位可靠，应用最广泛； 为使零件端面与轴肩（轴环）贴合，轴肩（轴环）的高度 h，零件孔端的圆角 R（或倒角 C）与轴肩（轴环）的圆角 r 应满足左图的关系。与滚动轴承相配时 h 值按轴承标准中的安装尺寸获得。h、R、C 可参阅有关手册； 轴环的宽度 b 一般取 $b\approx1.4h$
套筒	套筒	定位可靠，加工方便，可简化轴结构。用于轴上间距不大的两零件间的轴向定位和固定； 与滚动轴承组合时，套筒的厚度不应超过轴承内圈的厚度

续上表

轴向定位和固定方式		特点和应用
圆螺母和止动挡圈	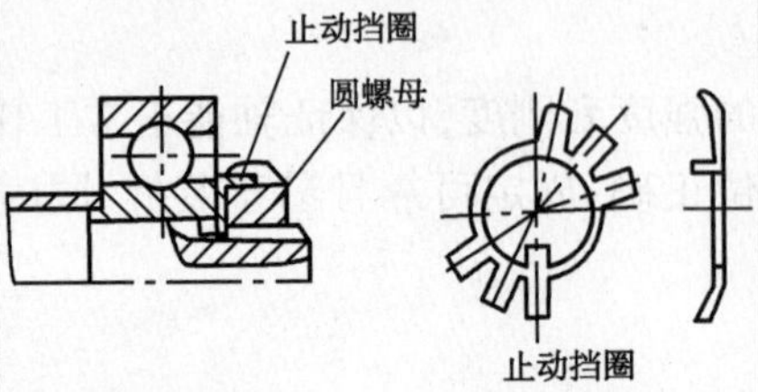 止动挡圈 圆螺母 止动挡圈	固定可靠,能承受较大的轴向力
轴端挡圈	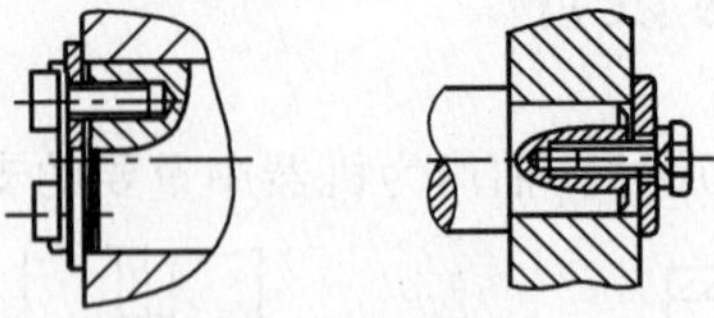	能承受较大的轴向力及冲击载荷,需采用防松措施。常用于轴端零件的固定
圆锥面	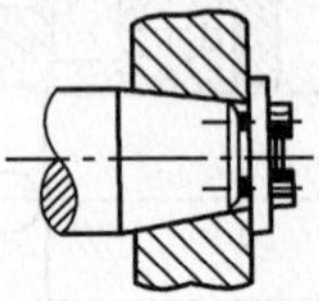	能承受冲击载荷,装拆方便,常用于轴端零件的定位和固定。但配合面加工比较困难
弹性挡圈	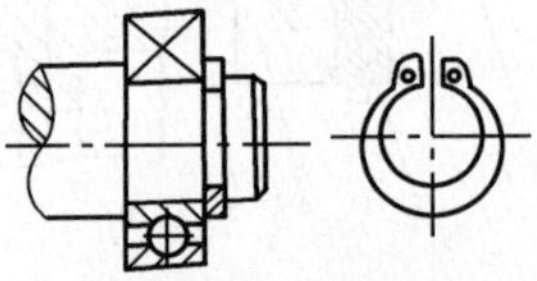	能承受较小的轴向力,结构简单,装拆方便,但可靠性差;常用于固定滚动轴承和滑移齿轮的限位

14.2.2 轴上零件的周向固定

轴上零件的周向固定是为了防止零件与轴之间的相对转动。常用的固定方式有键连接、花键连接和过盈配合等。对于传递转矩不大的场合,也可采用紧定螺钉或圆锥销同时作为轴向固定和周向固定,详见表 14-3。

轴上零件的周向固定方式 表 14-3

周向固定方式		特点及应用
过盈配合	过盈配合	对中性好,承载能力高。适用于不常拆卸的部位。可与平键联合使用,能承受较大的交变载荷
键	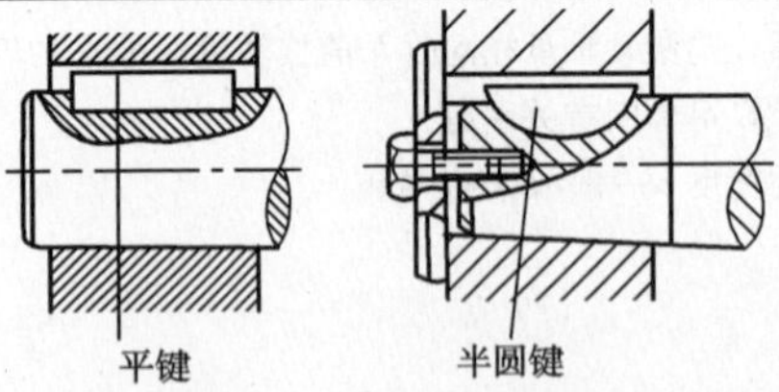 平键 半圆键	平键对中性好,可用于较高精度、高转速及受冲击或交变载荷作用的场合; 半圆键装配方便,特别适合锥形轴端的连接,但轴的削弱较大,只适于轻载
花键	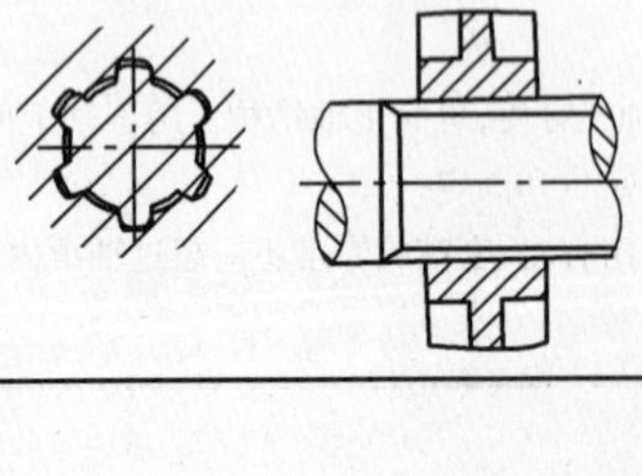	承载能力强,定心精度高,导向性好,但制造成本较高

续上表

周向固定方式		特点及应用
紧定螺钉		只能承受较小的周向力,结构简单,可兼作轴向固定。在有冲击和振动的场合应有防松措施
圆锥销		用于受力不大的场合,可做安全销使用

14.2.3　轴结构的工艺要求

(1)一般将轴设计成阶梯轴,目的是提供定位和固定的轴肩、轴环,区别不同的尺寸精度和表面粗糙度以及配合的要求,同时也便于零件的装拆和固定,如图14-7所示,可将齿轮、套筒、轴承、轴承盖等零件依次装入,既保证零件有可靠的定位,又不易划伤配合表面。轴的两端和各阶梯端面应有倒角,易于相配零件导入,且不易划伤人手及相配合零件。

(2)轴上要求磨削的表面,如与滚动轴承配合处,需在轴肩处留出砂轮越程槽,如图14-8所示,以使砂轮边缘可磨削到轴肩部,保证轴肩的垂直度。对于轴上需车削螺纹的部分,应具有退刀槽,以保证车削时能退刀,如图14-9所示。对于轴上有多于一个的键槽时,为加工方便,应使键槽在同一侧母线上,另外键槽尺寸应按标准设计。

轴的两端可采用中心孔作为加工和测量基准。

关于砂轮越程槽、螺纹退刀槽、键槽、中心孔的尺寸可参阅有关手册。

轴段长度应小于相配合零件的宽度,可保证定位和固定可靠。如图14-10所示齿轮宽度应大于相配轴段长度。另外,应考虑旋转零件与箱体或支架等固定件之间应留有适当距离,以免旋转时相碰。

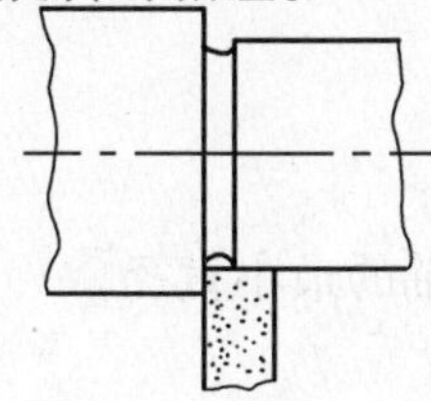

图14-8　砂轮越程槽

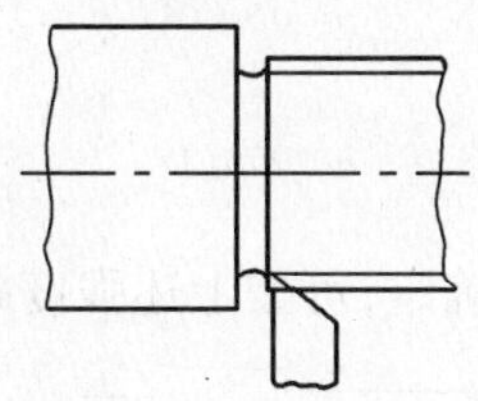

图14-9　螺纹退刀槽

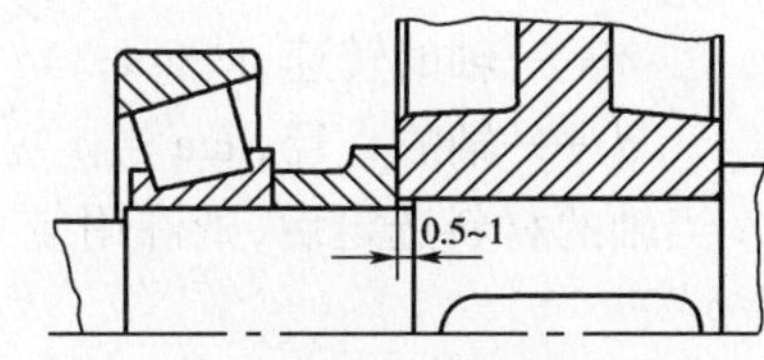

图14-10　轴段长度选取

轴的直径除了应满足强度和刚度的要求外,还应注意应尽量采用标准直径(表14-4),另外与滚动轴承配合处,必须符合滚动轴承内径的标准系列;螺纹处的直径应符合螺纹标准系列;安装联轴器处的轴径应按联轴器孔径设计。

标准直径(摘自GB 2822—81)(mm)　　表14-4

10	11	12	14	16	18	20	22	25	28	30	32	36
40	45	50	56	60	63	71	75	80	85	90	95	100

(3)减小应力集中的措施。为了减小轴径突变处的应力集中,阶梯轴截面尺寸变化处应采用圆角过渡,圆角半径不宜过小。如圆角半径过大影响轴上零件定位时,也可采用凹切圆角

或中间环来增大圆角半径，缓和应力集中，如图 14-11 所示。

轴上开槽、切口会产生应力集中，设计时应尽量避免。如为必需的结构，设计时应考虑避免尺寸突然变化而引起应力集中，例如可用渐开线花键代替矩形花键。

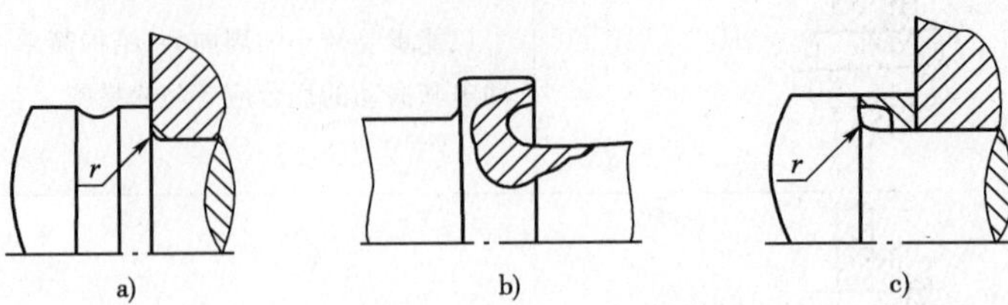

图 14-11 减载结构

a）减载槽；b）凹切圆角；c）中间环

此外，轴的表面质量对疲劳强度影响很大，可采取降低轴表面粗糙度值，采用滚压、喷丸等表面强化措施来提高轴的疲劳强度。

14.3 轴的强度计算

14.3.1 按扭转强度计算

对于圆截面的传动轴，其扭转强度条件为：

$$\tau_{max}=\frac{T}{W_T}\leqslant[\tau] \tag{14-1}$$

式中，τ_{max}——轴的最大扭转切应力，MPa；

$[\tau]$——许用扭转切应力，MPa；

T——轴传递的转矩，N · mm，$T=9.55\times10^6P/n$；

W_T——抗扭截面系数，mm^3，对于圆截面轴 $W_T=0.2d^3$；

P——轴传递的功率，kW；

n——轴的转速，r/min；

d——轴的直径，mm。

当轴的材料选定后，则许用应力$[\tau]$已确定，可按上述强度条件估算轴的最小直径。

$$d\geqslant\sqrt[3]{\frac{9.55\times10^6P}{0.2[\tau]n}}=C\sqrt[3]{\frac{P}{n}} \tag{14-2}$$

式中：$C=\sqrt[3]{9.55\times10^6/(0.2[\tau])}$。

系数 C 由轴的材料和承载情况确定，见表 14-5。

轴常用材料的$[\tau]$值和 C 值　　表 14-5

轴的材料	Q235、20	35	45	40CR、35SiMn、2Cr13
$[\tau]$（MPa）	12 ~ 20	20 ~ 30	30 ~ 40	40 ~ 52
C	160 ~ 135	135 ~ 118	118 ~ 106	106 ~ 97

注：当作用在轴上的弯矩比转矩小或只受转矩作用时，$[\tau]$取较大值，C 取较小值；反之，则$[\tau]$取较小值，C 取较大值。

对于转轴，也可按式(14-2)初步估算轴的直径，但考虑到弯矩对轴强度的影响，必须将轴的许用切应力[τ]适当降低。

按式(14-2)求出 d 值后，需按表 14-4 圆整成标准直径。当轴截面上开有键槽时，会削弱轴的强度，则计算得到的直径应适当加大，一般轴截面上有一个键槽时，轴径加大 3% 左右；有两个键槽时，轴径加大 7% 左右，然后再进行圆整。

14.3.2 按弯扭组合强度计算

对于转轴，可按弯扭组合强度计算危险截面上的轴径。设计转轴过程中，一般按扭转强度估算轴的最小直径，在进行轴系结构设计后，支点位置及轴上所受载荷的大小、方向、作用点已确定，须再按弯扭组合强度进行校核。

轴的结构初步确定后，应首先画出轴的受力简图，确定轴的受力情况，然后再作出水平面弯矩图、垂直面弯矩图、合成弯矩图、转矩图和当量弯矩图，再按弯扭组合强度校核轴的强度。

对于一般钢制的轴，可按第三强度理论进行强度计算，强度条件为：

$$\sigma_e = \frac{M_e}{W} = \frac{\sqrt{M^2 + (\alpha T)^2}}{0.1d^3} \leqslant [\sigma_{-1}]_b \tag{14-3}$$

其中 $M_e = \sqrt{M^2 + (\alpha T)^2}, M = \sqrt{M_H^2 + M_V^2}$

式中：σ_e——当量应力，MPa；

M_e——当量弯矩，N · mm；

M——合成弯矩，N · mm；

M_H——水平面的弯矩，N · mm；

M_V——垂直面的弯矩，N · mm；

T——轴传递的转矩，N · mm；

W——轴危险截面的抗弯截面系数，mm^3，$W = 0.1d^3$；

α——根据转矩性质而定的折合系数。

大多数转轴的弯曲应力为对称循环变化，而有时扭转切应力随所受转矩性质不同常常并非是对称循环变化的应力(如频繁地起动、停车时应力为脉动循环变化)。

对于不变的转矩，取 $\alpha = \frac{[\sigma_{-1}]_b}{[\sigma_{+1}]_b} \approx 0.3$

对于脉动循环的转矩，取 $\alpha = \frac{[\sigma_{-1}]_b}{[\sigma_0]_b} \approx 0.6$

对于对称循环的转矩，取 $\alpha = \frac{[\sigma_{-1}]_b}{[\sigma_{-1}]_b} = 1$

式中$[\sigma_{+1}]_b$、$[\sigma_0]_b$、$[\sigma_{-1}]_b$ 分别为材料在静应力、脉动循环应力和对称循环应力下的许用弯曲应力，见表 14-6。

计算轴径时可将式(14-3)写成

$$d \geqslant \sqrt[3]{\frac{M_e}{0.1[\sigma_{-1}]_b}} \tag{14-4}$$

同样，若计算的截面处开有键槽，应将求得的轴径加大 3% ~7%。计算出的轴径还应与结构设计中初步确定的轴径进行比较，若小于或等于原定的轴径，说明原定结构强度足够；反之，表示轴的强度不够，需要重新设计轴段尺寸。

轴的许用弯曲应力(MPa)　　表 14-6

材　料	σ_b	$[\sigma_{+1}]_b$	$[\sigma_0]_b$	$[\sigma_{-1}]_b$
碳钢	400	130	70	40
	500	170	75	45
	600	200	95	55
	700	230	110	65
合金钢	800	270	130	75
	900	300	140	80
	1 000	330	150	90
	1 200	400	180	110

例 14-1　设计如图 14-12 所示的单级斜齿圆柱齿轮减速器的低速轴，轴输入端与联轴器相接。已知：该轴传递功率为 $P=4kW$，转速 $n=130$ r/min，轴上齿轮分度圆直径 $d=300$mm，齿宽 $b=90$mm，螺旋角 $\beta=12°$，法面压力角 $\alpha_n=20°$。载荷基本平稳，工作时单向运转。

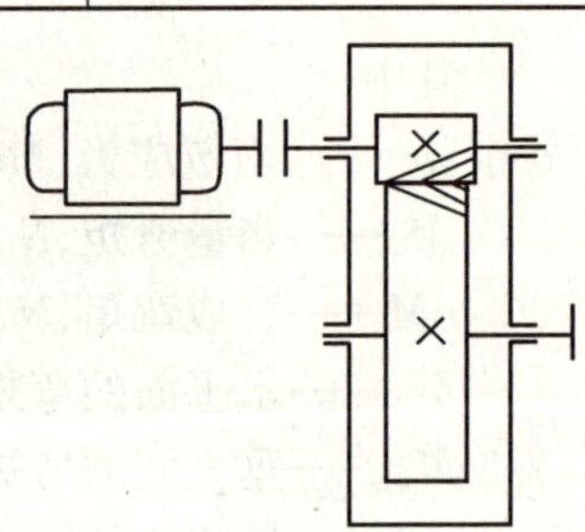

图　14-12

解：计算及说明如下。

计算及说明	主要结果
一、选择轴的材料，确定许用应力 选用轴的材料为 45 号钢，调质处理，查表 14-1 可知 $\sigma_b=650$ MPa，$\sigma_s=360$ MPa，查表 14-6 可知 $[\sigma_{+1}]_b=215$ MPa、$[\sigma_0]_b=102$ MPa、$[\sigma_{-1}]_b=60$ MPa	$\sigma_b=650$ MPa $[\sigma_{-1}]_b=60$ MPa
二、按扭转强度估算轴的最小直径 单级齿轮减速器的低速轴为转轴，输出端与联轴器相接，从结构要求考虑，输出端轴径应最小。最小直径为： $$d \geqslant C\sqrt[3]{P/n}$$ 查表 14-5 可得，45 号钢取 $C=118$，则： $$d \geqslant 118 \times \sqrt[3]{4/130}\text{mm}=36.78\text{mm}$$ 考虑键槽的影响以及联轴器孔径系列标准，取 $d=38$ mm。	$d=38$mm
三、齿轮上作用力计算 齿轮所受的转矩为 $T=9.55\times10^6P/n=9.55\times10^6\times4/130\text{N}\cdot\text{mm}$	

计算及说明	主要结果
齿轮作用力： 圆周力　$F_t = 2T/d = 2 \times 294 \times 10^3 / 300\text{N}$ 径向力　$F_r = F_t \tan\alpha_n / \cos\beta = 860\tan 20° / \cos 12°\text{N}$ 轴向力　$F_a = F_t \tan\beta = 860\tan 12°\text{N}$	$T = 294 \times 10^3\text{N} \cdot \text{mm}$ $F_t = 860\ \text{N}$ $F_r = 729\ \text{N}$ $F_a = 417\ \text{N}$
四、轴的结构设计 轴结构设计时，需同时考虑轴系中相配零件的尺寸以及轴上零件的固定方式，按比例绘制轴系结构草图。 1）联轴器的选取 可采用弹性柱销联轴器，查设计手册可得规格为： HL3 联轴器　38×82　GB 508—85	联轴器规格： HL3 联轴器 38×82 GB 508—85
2）确定轴上零件的位置及固定方式 单级齿轮减速器，将齿轮布置在箱体内壁的中央，轴承对称布置在齿轮两边，轴外伸端安装联轴器。 齿轮靠轴环和套筒实现轴向定位和固定，靠平键和过盈配合实现周向固定；两端轴承靠套筒实现轴向定位，靠过盈配合实现周向固定；轴通过两端轴承盖实现轴向定位；联轴器靠轴肩、平键和过盈配合分别实现轴向定位和周向固定。	
3）确定各段轴的直径 将估算轴径 $d = 38\text{mm}$ 作为外伸端直径 d_1，与联轴器相配，如图14-13所示，考虑联轴器用轴肩实现轴向定位，取第二段直径为 $d_2 = 45\text{mm}$，齿轮和左端轴承有左侧装入，考虑装拆方便及零件固定的要求，装轴承处轴径 d_3 应大于 d_2，考虑滚动轴承直径系列，取 $d_3 = 50\text{mm}$。为便于齿轮装拆，与齿轮配合处轴径 d_4 应大于 d_3。取 $d_4 = 52\text{mm}$，齿轮左端用套筒固定，右端用轴环定位，轴环直径 d_5 满足齿轮定位的同时，还应满足右侧轴承的安装要求，根据选定轴承型号确定。右端轴承型号与左端轴承相同，取 $d_6 = 50\text{mm}$。	$d_1 = 38\ \text{mm}$ $d_2 = 45\ \text{mm}$ $d_3 = 50\ \text{mm}$ $d_4 = 52\ \text{mm}$
4）选取轴承型号 初选轴承型号为深沟球轴承，代号6310。查手册可得： 轴承宽度 $B = 27\text{mm}$，安装尺寸 $D_1 = 60\text{mm}$，故轴环直径 $d_5 = 60\text{mm}$。	$d_6 = 50\ \text{mm}$ 轴承6310 $d_5 = 60\ \text{mm}$
5）确定各段轴的长度 综合考虑轴上零件的尺寸及与减速器箱体尺寸的关系，确定各段轴的长度。 6）画出轴的结构草图（图14-13） 五、校核轴的强度 1）画出轴的计算简图、计算支反力和弯矩 由轴的结构简图，可确定轴承支点跨距，由此可画出轴的受力简图，如图14-13所示。	

计算及说明	主要结果
水平面支反力 $R_{Bx}=R_{Dx}=(1/2)F_t=(1/2)\times860$ N 水平面弯矩 $M_{CH}=R_{Bx}\times73.5=980\times73.5$ N·mm 垂直面支反力由静力学平衡方程可求得： $R_{Az}=790$N,$R_{Dz}=61$N(方向向下) 垂直面弯矩： $M_{CV}^{-}=R_{Bz}\times73.5=790\times73.5$ $M_{CV}^{+}=-R_{Dz}\times73.5=-61\times73.5$ 合成弯矩 $M_{\bar{C}}=\sqrt{M_{CH}^2+(M_{\bar{C}V})^2}$ $=\sqrt{72\ 030^2+58\ 065^2}$ N·mm $=95\ 520$N·mm $M_C^+=\sqrt{M_{CH}^2+(M_{CV}^+)^2}$ $=\sqrt{72\ 030^2+4\ 485^2}$ N·mm $=72\ 169$N·mm 画出各平面弯矩图和转矩图,见图 14-13。 2)计算当量弯矩 M_e 转矩按脉动循环考虑,应力折合系数为： $\alpha=\frac{[\sigma_{-1}]_b}{[\sigma_0]_b}=\frac{60}{102}\approx0.59$ C 剖面最大当量弯矩为： $M_{Ce}=\sqrt{(M_{\bar{C}})^2+(\alpha T)^2}$ $=\sqrt{92\ 520^2+(0.59\times294\ 000)^2}$N·mm $=196\ 592$N·mm 画出当量弯矩图,见图 14-13。 3)校核轴径 由当量弯矩图可知,C 剖面上当量弯矩最大,为危险截面,校核该截面直径 $d_C=\sqrt[3]{M_{\bar{C}e}/(0.1[\sigma_{-1}]_b)}=\sqrt[3]{196\ 592/(0.1\times60)}=32$mm 考虑该截面上键槽影响,直径增加 3%。 $d_C=1.03\times32$mm $=33$mm 结构设计确定的直径为 52 mm,强度足够。 六、绘制轴的零件工作图 见图 14-14。	$R_{Bx}=R_{Dx}=980$ N $M_{CH}=72\ 030$ N·mm $R_{Az}=790$ N $R_{Dz}=61$ N(方向向下) $M_{\bar{C}V}=58\ 065$ N·mm $M_{CV}^+=4\ 485$ N·mm $M_C^-=92\ 520$ N·mm $M_C^+=72\ 169$ N·mm $\alpha=0.59$ $T=294\ 000$ N·mm $M_{\bar{C}e}=86\ 592$ N·mm $d_C=33$ mm

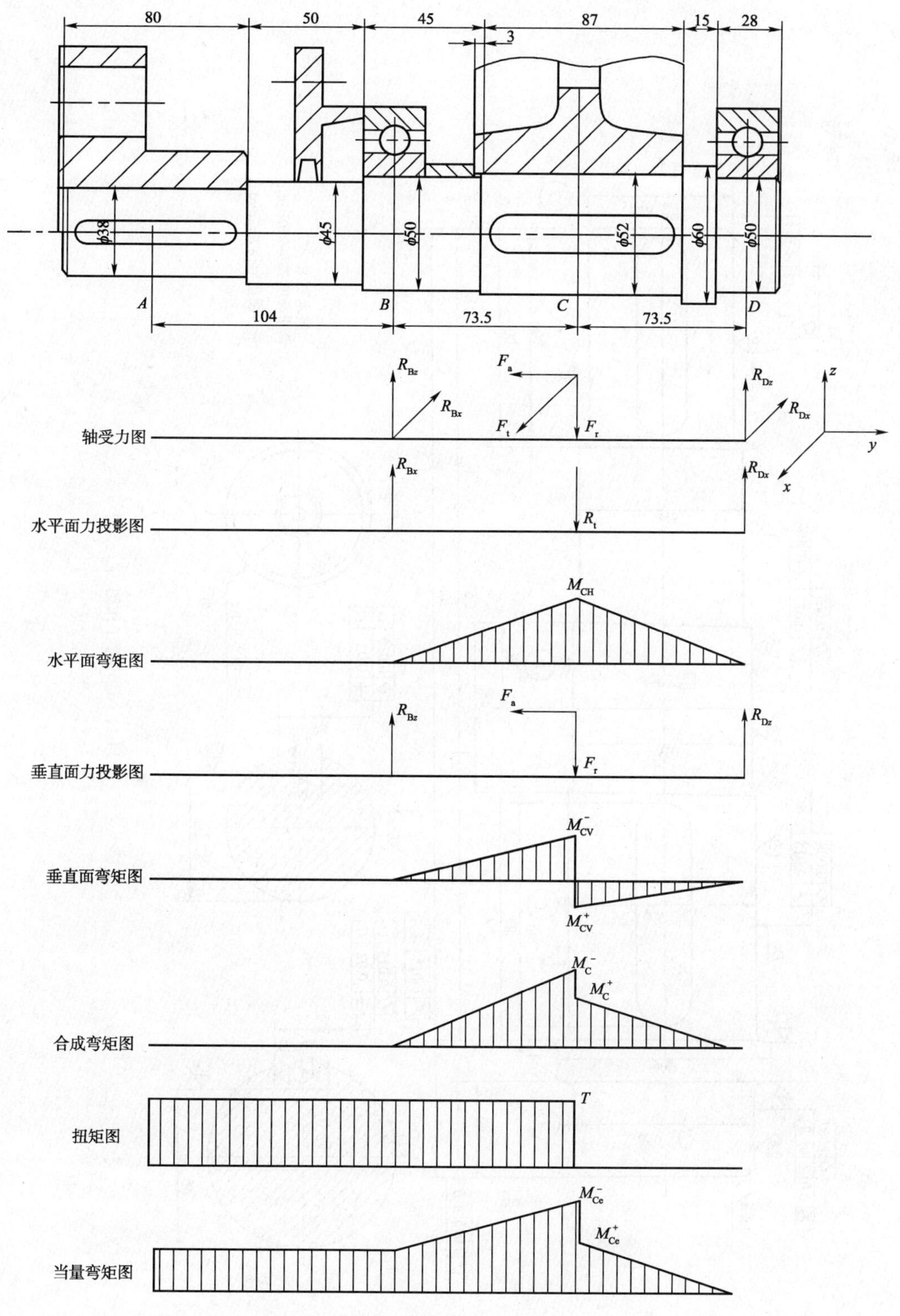

图 14-13 轴的设计示例图

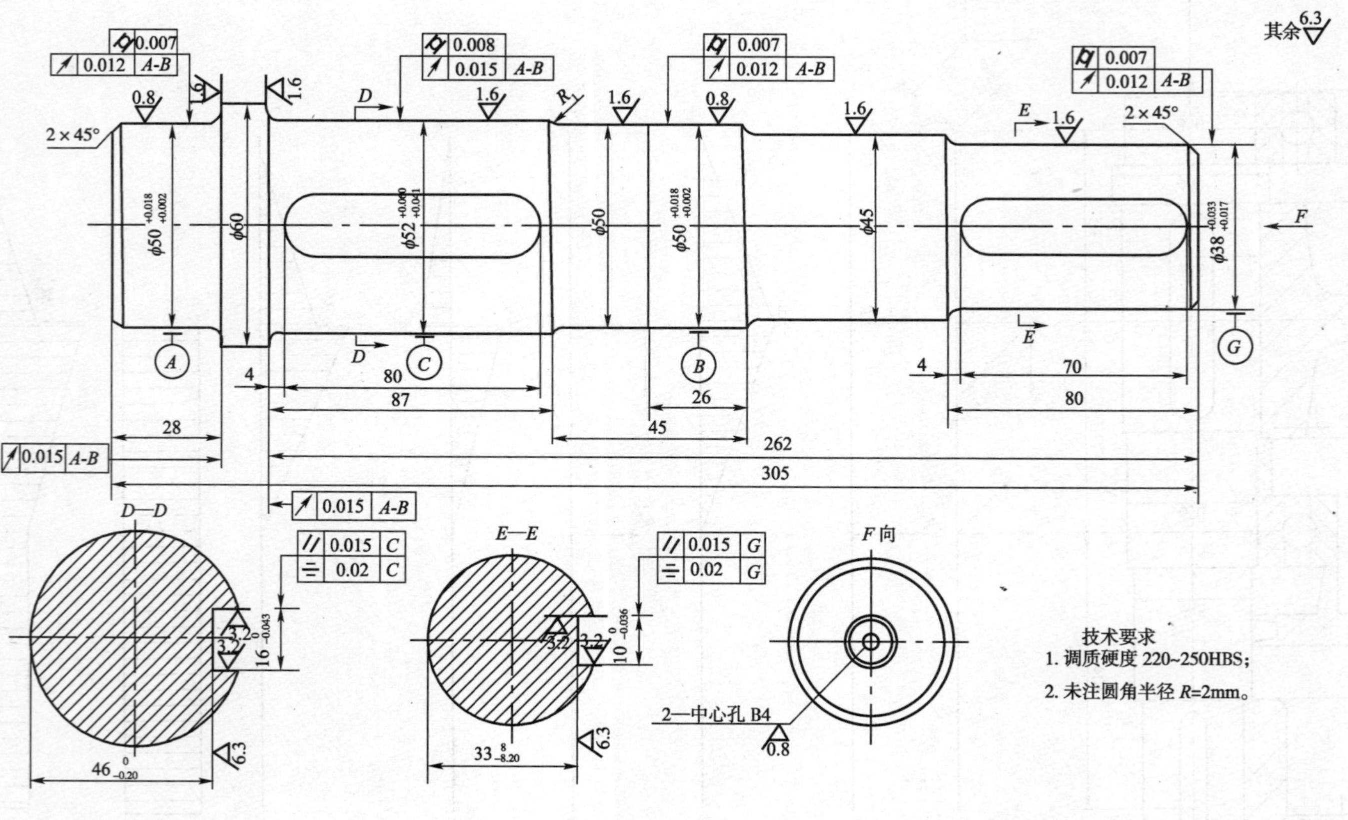

图 14-14　轴零件工作图

本章小结

(1)轴是组成机器的重要零件之一,其主要功用是用来支承回转零件(如齿轮、带轮等)以及传递运动和转矩。

(2)根据轴在工作中承受载荷的特点,轴可分为转轴、心轴和传动轴。根据轴的结构形状不同,可分为直轴、曲轴和挠性轴;直轴又可分为光轴和阶梯轴。

(3)轴的材料中优质碳素钢成本低,性能好,应用最广泛;合金结构钢用于高强度、结构要求紧凑的场合。

(4)在轴的结构设计中,重点要满足安装、制造工艺性要求,定位、固定要求,与标准零件的配合尺寸要求及疲劳强度要求等。

(5)对于轴的工作能力计算,在结构设计以前,按抗扭强度条件估算直径作为转轴的最小直径;在结构设计之后,按抗弯扭合成强度条件验算轴的强度或验算轴的危险截面的直径。

习　题

14-1　自行车的前轴、中轴、后轴各是心轴还是转轴?

14-2　如题图 14-2 所示为起重机绞车从动齿轮 1 和卷筒 2 与轴 3 相连接的三种形式。图 a)为齿轮与卷筒分别用键固定在轴上,轴两端支架在机座轴承中;图 b)为齿轮与卷筒用螺栓连接成一体,空套在轴上,轴两端用键与机座连接;图 c)为齿轮与卷筒用螺栓连接成一体,用键固定在轴上,轴两端支架在机座轴承中。以上三种形式中的轴分别是心轴、转轴还是传动轴?

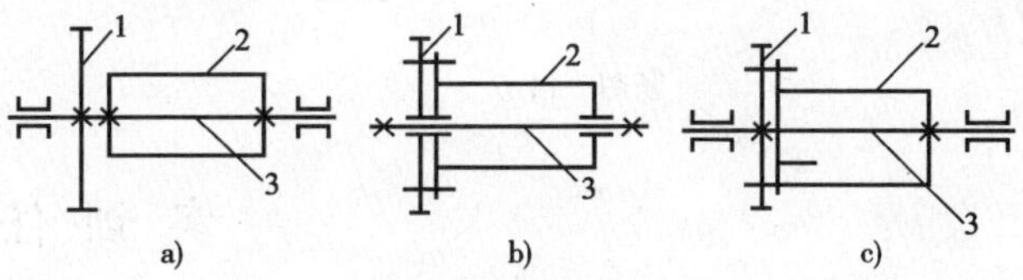

题图　14-2
1-从动齿轮;2-卷筒;3-轴

14-3　如题图 14-3 所示为轴上零件的两种布置方案,功率由齿轮 A 输入,齿轮 1 输出转矩 T_1,齿轮 2 输出转矩 T_2,且 $T_1 > T_2$。试比较两种布置方案中各段轴所受转矩的大小。

14-4　已知题图 14-4 中轴系传递的功率 $P = 2.2\text{kW}$,转速 $n = 95\text{r/min}$,标准直齿圆柱齿轮的齿数 $z = 79$,模数 $m = 2\text{mm}$。试设计轴的结构并进行强度校核(电动机驱动,载荷平稳)。

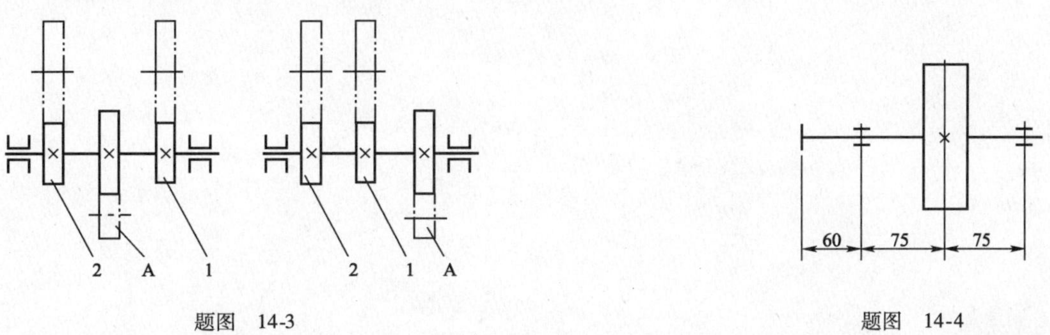

题图　14-3　　题图　14-4

14-5　已知一转轴在直径 $d = 55\text{mm}$ 处,受不变的转矩 $T = 1\ 540\text{N} \cdot \text{m}$ 和弯矩 $M = 710\text{N} \cdot \text{m}$

作用，轴材料为 45 号钢，经调质处理。问该轴能否满足强度要求？

14-6　计算题图 14-6 所示二级斜齿圆柱齿轮减速器的中间轴Ⅱ。已知中间轴Ⅱ输入功率 $P=40\mathrm{kW}$，转速 $n_2=200\mathrm{r/min}$；齿轮 2 的分度圆直径 $d_2=688\ \mathrm{mm}$，螺旋角 $\beta_2=12°51'$；齿轮 3 的分度圆直径 $d_3=170\ \mathrm{mm}$，螺旋角 $\beta_3=10°29'$。

14-7　指出题图 14-7 中轴的结构有哪些不合理的地方？并画出改正后的轴结构图。

14-8　为了改进轴的结构，减少应力集中，提高轴的疲劳强度，在下列情况下应采取什么结构措施，并绘图说明。

(1)设计轴肩时，如与轴相配的零件必须采用很小的圆角半径，可采用哪些结构形式。

(2)如轴上有直角凹槽、键槽、花键等，可采用哪些结构形式。

(3)如轴与轴上零件为过盈配合时，可采用哪些结构形式。

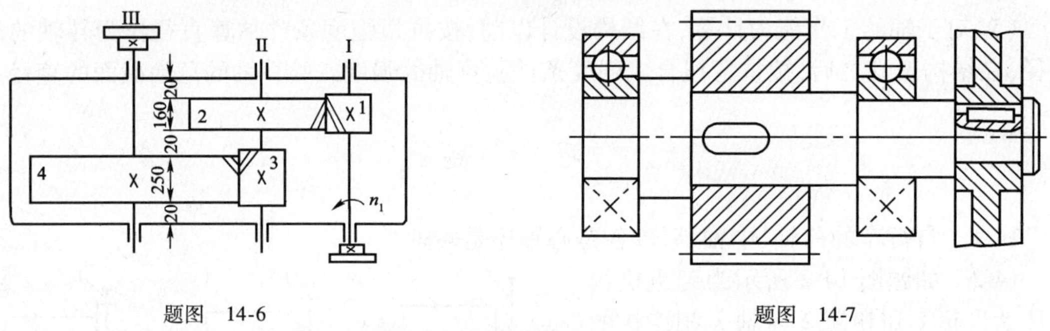

题图　14-6　　　　题图　14-7

实训任务

(1)参观汽车中各种轴的应用实例，了解轴的种类、特点及应用。

(2)拆装减速器，熟悉轴的安装和定位。

(3)设计如下图所示的单级斜齿圆柱齿轮减速器的从动轴(Ⅱ轴)。已知：该轴传递功率为 $P=8\mathrm{kW}$，从动齿轮的转速 $n=280\mathrm{r/min}$，分度圆直径 $d=265\mathrm{mm}$，圆周力 $F_1=2\ 059\mathrm{N}$，径向力 $F_r=763.8\mathrm{N}$，轴向力 $F_a=405.7\mathrm{N}$。齿轮轮毂宽度为 60mm，工作时单向运转，轴承采用深沟球轴承。

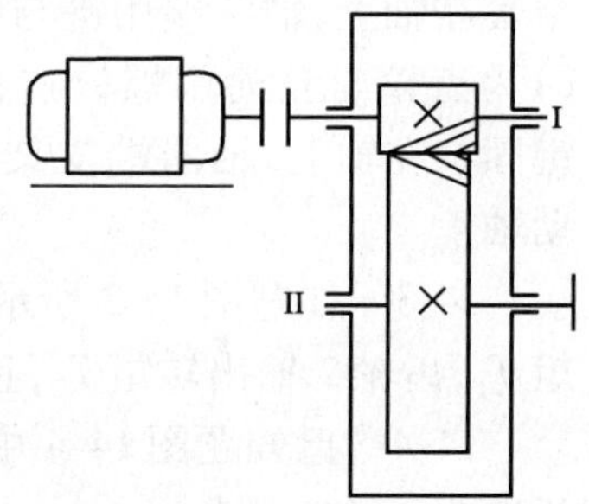

第15章 轴 承

学习目标

知识目标:1.理解滚动轴承的组成、主要类型、代号及类型选择;

2.理解滚动轴承的组合设计;

3.了解滑动轴承的结构、材料及分类。

能力目标:会根据具体的应用场合和轴承的选用方法正确选择滚动轴承。

15.1 概 述

轴承的功能是支持作旋转运动的轴(包括轴上的零件),保持轴的旋转精度,减小轴与支承件的摩擦和磨损。

按轴与轴承间的摩擦形式,轴承可分两大类:滑动轴承和滚动轴承。

15.1.1 滑动轴承

滑动轴承工作时,轴与轴承间存在着滑动摩擦。为减小摩擦与磨损,在轴承内常加有润滑剂。图 15-1a)所示为滑动轴承的结构原理图。

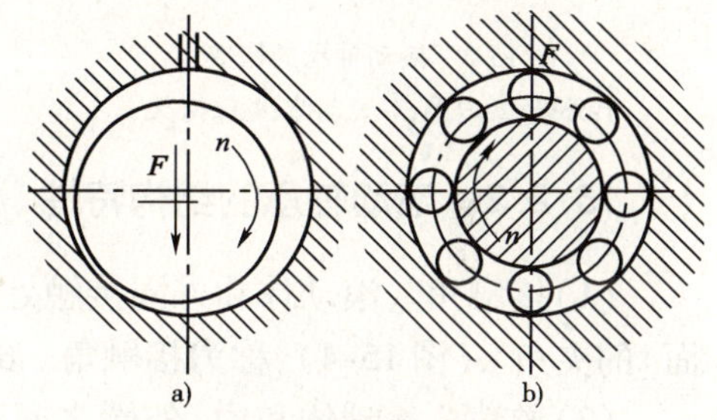

图 15-1 轴承的结构原理
a)滑动轴承;b)滚动轴承

滑动轴承结构简单、径向尺寸小、易于制造、便于安装,且具有工作平稳、无噪声、耐冲击和承载能力强等优点。但润滑不良时,会使滑动轴承迅速失效,并且轴向尺寸较大。

滑动轴承适用于要求不高或有特殊要求的场合,如:(1)转速特高;(2)承载特重;(3)回转精度特高;(4)承受巨大冲击和振动;(5)轴承结构需要剖分;(6)径向尺寸特小等场合。

15.1.2 滚动轴承

滚动轴承内有滚动体,运行时轴承内存在着滚动摩擦,与滑动摩擦相比,滚动轴承的摩擦系数与磨损都较小。图 15-1b)所示为滚动轴承的结构原理图。滚动轴承的摩擦阻力小,载荷、转速及工作温度的适用范围广,且为标准件,有专门厂家大批量生产,质量可靠,供应充足,润滑、维修方便,但径向尺寸较大,有振动和噪声。

由于滚动轴承的机械效率较高,对轴承的维护要求较低,因此在中、低转速以及精度要求较高的场合得到广泛应用。

本章主要介绍滚动轴承的选用和结构设计。

15.2 滚动轴承的结构、类型、代号及选用

15.2.1 滚动轴承的构造

如图15-2所示,滚动轴承由外圈1、内圈2、滚动体3和保持架4组成。通常内圈固定在轴上随轴转动,外围装在轴承座孔内不动;但亦有外圈转动、内圈不动的使用情况。滚动体在内、外圈的滚道中滚动。保持架将滚动体均匀隔开,使其沿圆周均匀分布,减小滚动体之间的摩擦和磨损。滚动轴承的构造中,有的无外圈或内圈,有的无保持架,但不能没有滚动体。

滚动体的形状有球形、圆柱形、圆锥形、鼓形、滚针形等多种(图15-3)。滚动轴承的外圈、内圈、滚动体均采用强度高、耐磨性好的铬锰高碳钢制造。保持架多用低碳钢或铜合金制造,也可采用工程塑料及其他材料。

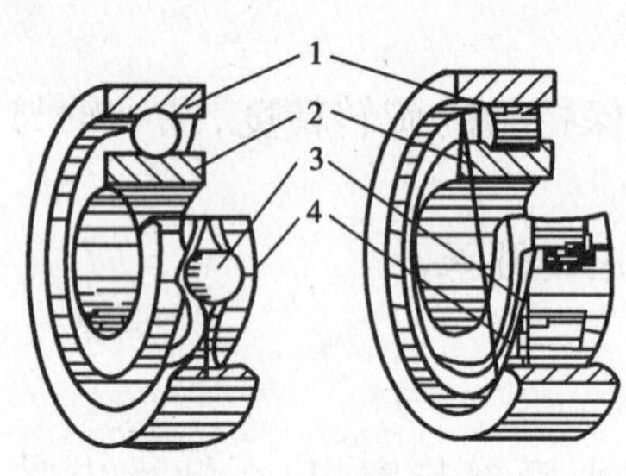

图15-2 滚动轴承的构造

1-外圈;2-内圈;3-滚动体;4-保持架

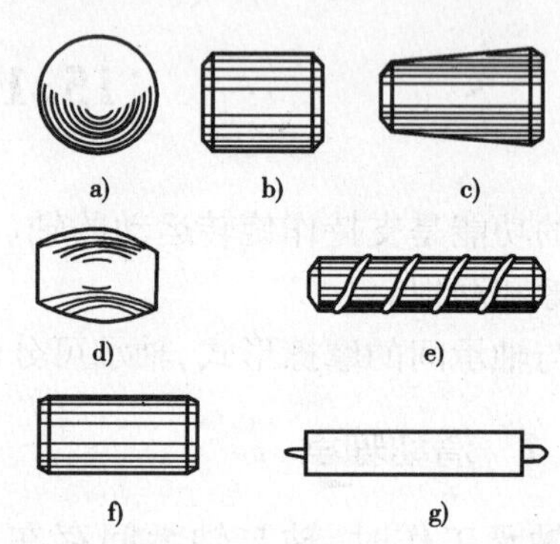

图15-3 滚动体形状

a)球形;b)短圆柱形;c)圆锥形;d)鼓形;e)空心螺旋形;f)长圆柱形;g)滚针形

15.2.2 滚动轴承的结构特性

(1)接触角。滚动体和外圈接触处的法线 nn 与轴承的径向平面(垂直于轴承轴心线的平面)的夹角 α(图15-4),称为接触角。α 越大,轴承承受轴向载荷的能力越大。

(2)游隙。滚动体和内、外圈之间存在一定的间隙,因此,内、外圈之间可以产生相对位移。其最大位移量称为游隙,分为轴向游隙和径向游隙(图15-5)。游隙的大小对轴承寿命、噪声、温升等有很大影响,应按使用要求进行游隙的选择或调整。

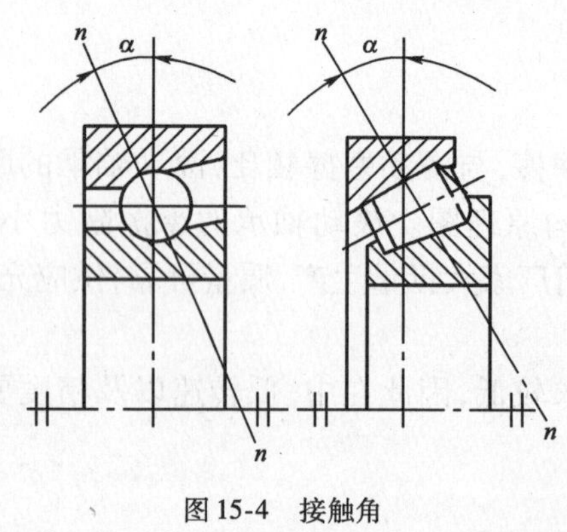

图15-4 接触角

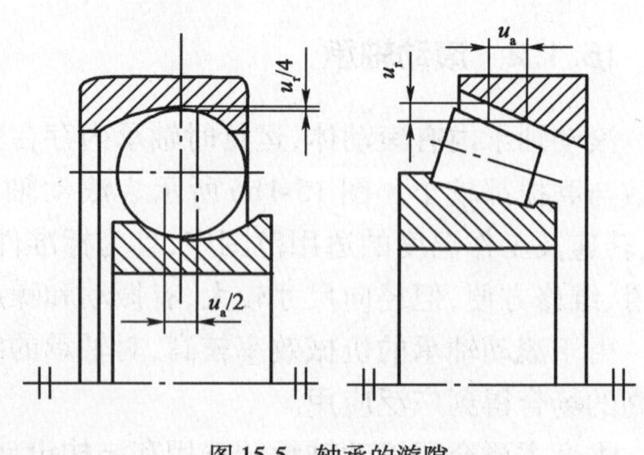

图15-5 轴承的游隙

(3)偏移角。轴承内、外圈轴线相对倾斜时所夹锐角，称为偏移角。能自动适应角偏移的轴承，称为调心轴承。

15.2.3 滚动轴承的主要类型及选择

按轴承所能承受的外载荷不同，可将轴承分为向心轴承、推力轴承和角接触轴承三大类。公称接触角 $\alpha=0°$ 为向心轴承，主要承受径向载荷。公称接触角 $\alpha=90°$ 为推力轴承，只能承受轴向载荷。公称接触角 $0°<\alpha<90°$ 为角接触轴承，可同时承受径向载荷和轴向载荷。

按滚动体形状的不同，又可将轴承分为球轴承和滚子轴承。在外廓尺寸相同的条件下，滚子轴承比球轴承承载能力高。

轴承按游隙能否调整分为：可调游隙轴承（如角接触球轴承、圆锥滚子轴承），不可调游隙轴承（如深沟球轴承、圆柱滚子轴承）。

滚动轴承是标准件，类型很多，选用时主要根据载荷的大小、方向和性质；转速的高低及使用要求来选择，同时也必须考虑价格及经济性。

常用滚动轴承种类和特点见表 15-1。

常用滚动轴承类型及特点 表 15-1

类型及代号	结构简图	特　点	极限转速	允许偏移角
深沟球轴承(6)		1. 最典型的滚动轴承，用途广 2. 可以承受径向及两个方向的轴向载荷 3. 摩擦阻力小，适用于高速和有低噪声低振动的场合	高	2′~10′
角接触球轴承(7)	α	1. 可以承受径向及单方向的轴向载荷 2. 一般将两个轴承面对面安装，用于承受两个方向的轴向载荷	较高	2′~10′
圆锥滚子轴承(3)		1. 内外圈可分离 2. 可以承受径向及单方向的轴向载荷，承载能力大 3. 成对安装，可以承受两个方向的轴向载荷	中等	2′
圆柱滚子轴承(N)		1. 承载能力大 2. 可以承受径向载荷，刚性好 3. 内外圈可分离	高	2′~4′

续上表

类型及代号	结构简图	特　点	极限转速	允许偏移角
推力球轴承(5)		1. 可以承受单方向的轴向载荷 2. 高速时离心力大	低	不允许
调心球轴承(1)		1. 具有调心能力 2. 可以承受径向及两个方向的轴向载荷	中等	2°~3°
调心滚子轴承(2)		1. 具有调心能力 2. 可以承受径向及两个方向的轴向载荷，径向承载能力强	低	1°~2.5°

滚动轴承类型选择示例如下。

例 15-1　吊车滑轮轴及吊钩(图 15-6a)，起重量 $Q=5\times10^4$N。试选择滚动轴承类型。

解：滑轮轴轴承承受较大的径向载荷，转速低，考虑结构选用一对深沟球轴承(6 类)。

吊钩轴承承受较大的单向轴向载荷，摆动，选用一套推力球轴承(5 类)。

例 15-2　起重机卷筒轴(图 15-6b)，起重量 $Q=3\times10^5$ N，转速 $n=30$ r/min，动力由直齿圆柱齿轮输入。试选择滚动轴承类型。

解：起重机卷筒轴承受较大的径向载荷，转速低，支点跨距大；轴承座分别安装，对中性较差，轴承内、外圈间可能产生较大的角偏斜，选用一对调心滚子轴承(2 类)。

例 15-3　高速内圆磨磨头(图 15-6c)，转速 $n=18\ 000$ r/min。试选择滚动轴承类型。

解：该磨头轴同时承受较小的径向和轴向载荷，转速高，要求回转精度高，选用一对公差等级为 P5 的角接触球轴承。

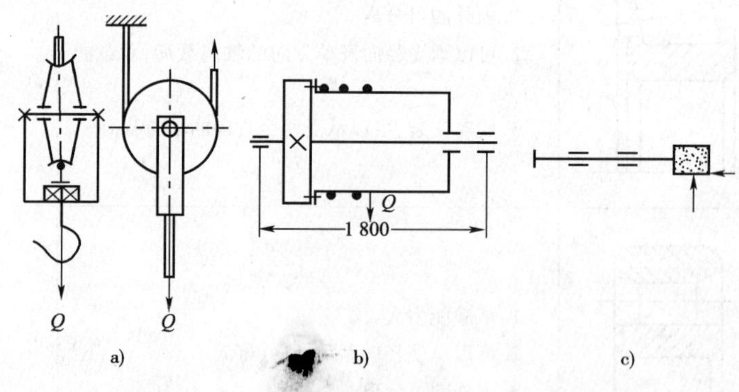

图 15-6　轴承类型选择示例

a)吊车滑轮轴及吊钩；b)起重机卷筒轴；c)高速磨头

15.2.4 滚动轴承的代号

滚动轴承代号是表示其结构、尺寸、公差等级和技术性能等特征的产品符号，由字母和数字组成。按 GB/T 272—93 的规定，轴承代号由基本代号、前置代号和后置代号构成，其排列见表 15-2。

轴承代号的构成　　表 15-2

前置代号	基本代号			后置代号
字母	字母和数字			字母和数字
成套轴承分部件	×××	××	××	内部结构 密封、防尘与外部形状变化 保持架结构、材料改变 轴承材料 公差等级和游隙 其他
	类型代号	宽度系列代号　直径系列代号	内径代号	

基本代号表示轴承的基本类型、结构和尺寸，是轴承代号的基础。其中类型代号用数字或字母表示，其余用数字表示，最多有 7 位数字或字母。

内径代号：表示轴承的内径尺寸。当轴承内径分别为 10、12、15、17 时，分别用代号 00、01、02、03 表示，当轴承内径在 20 ~ 480mm 范围内时，轴承公称内径除以 5 即为内径代号；对于内径不在此范围的轴承，内径表示方法另有规定，可参看轴承手册。

直径系列代号：表示内径相同的同类轴承有几种不同的外径。

宽度系列代号：表示内、外径相同的同类轴承宽度的变化。

类型代号：表示轴承的基本类型，其对应的轴承类型参见表 15-1，其中 0 类可省去不写。

在后置代号中用字母和数字表示轴承的公差等级。按精度高低排列分为 2 级、4 级、5 级、6x 级、6 级和 0 级，分别用/P2，/P4，/P5，/P6x，P6 和/P0 表示，其中 2 级精度最高，0 级为普通级，在代号中省略。

有关前置代号和后置代号的其他内容可参阅有关轴承标准及专业资料。

代号举例：

71908/P5　其代号意义为：7—轴承类型为角接触球轴承，1—宽度系列代号，9—直径系列代号，08—内径为 40mm，P5—公差等级为 5 级。

6204　其代号意义为：6—轴承类型为深沟球轴承，宽度系列代号为 0（省略），2—直径系列代号，04—内径为 9mm，公差等级为 0 级（公差等级代号/P0 省略）。

15.3 轴承的组合设计

为了保证轴承的正常工作，除了合理选择轴承的类型和尺寸之外，还必须进行轴承的组合设计，妥善解决滚动轴承的固定，轴系的固定，轴承组合结构的调整，轴承的配合、装拆、润滑和密封等问题。

15.3.1 滚动轴承内、外圈的轴向固定

为了防止轴承在承受轴向载荷时，相对于轴或座孔产生轴向移动，轴承内圈与轴、外圈与

座孔必须进行轴向固定，滚动轴承常用的内、外圈轴向固定方式见表15-3。

滚动轴承常用内、外圈轴向固定方式 表15-3

轴承内圈的轴向固定方式		轴承示意图	轴承外圈的轴向固定方式	
名称	特点与应用		名称	特点与应用
轴肩	结构简单，外廓尺寸小，可承受大的轴向负荷	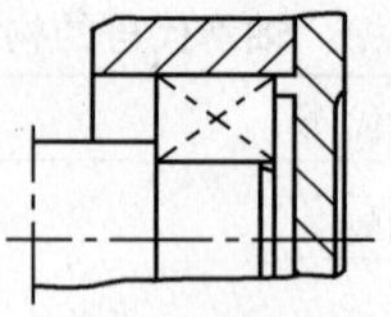	端盖	端盖可为通孔，以通过轴的伸出端，适于高速及轴向负荷较大的场合
弹性挡圈	由轴肩和弹性挡圈实现轴向固定，弹性挡圈可承受不大的轴向负荷，结构尺寸小	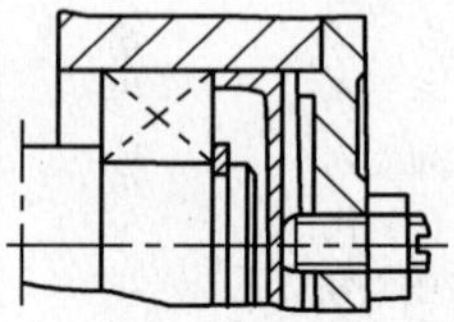	螺钉压盖	类似于端盖式，但便于在箱体外调节轴承的轴向游隙，螺母为防松措施
轴端挡板	由轴肩和轴端挡板实现轴向固定，销和弹簧垫圈为防松措施，适于轴端不宜切制螺纹或空间受限制的场合	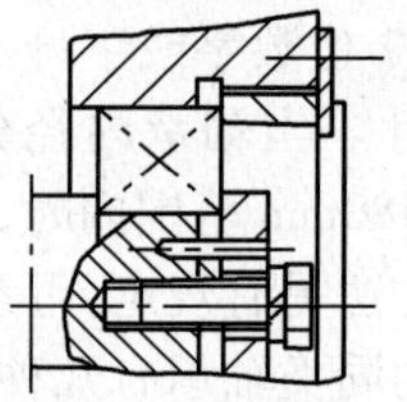	螺纹环	便于调节轴承的轴向游隙，应有防松措施，适于高转速，较大轴向负荷的场合
锁紧螺母	由轴肩和锁紧螺母实现轴向固定，有止动垫圈防松，安全可靠，适于高速重载	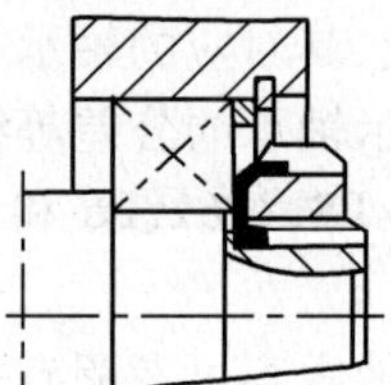	弹性挡圈	结构简单，拆装方便，轴向尺寸小，适于转速不高，轴向负荷不大的场合，弹性挡圈与轴承间的调整环可调整轴承的轴向游隙

15.3.2 轴系的固定

轴系固定的目的是防止轴工作时发生轴向窜动，保证轴上零件有确定的工作位置。常用的固定方式有以下两种。

1）两端单向固定

如图15-7所示，两端的轴承都靠轴肩和轴承盖作单向固定，两个轴承的联合作用就能限制轴的双向移动。为了补偿轴的受热伸长，对于深沟球轴承，可在轴承外圈与轴承端盖之间留有补偿间隙 C，一般 $C=0.25\sim0.4$mm；对于向心角接触轴承，应在安装时将间隙留在轴承内部。间隙的大小可通过调整垫片组的厚度实现。这种固定方式结构简单、便于安装、调整容易，适用于工作温度变化不大的短轴。

2）一端固定、一端游动支承

如图15-8a）所示，一端轴承的内、外圈均作双向固定，限制了轴的双向移动；另一端轴承外圈两侧都不固定。当轴伸长或缩短时，外圈可在座孔内作轴向游动。一般将载荷小的一端做成游动,游动支承与轴承盖之间应留用足够大的间隙,$C=3\sim8\text{mm}$。对角接触球轴承和圆锥滚子轴承,不可能留有很大的内部间隙,应将两个同类轴承装在一端作双向固定,另一端采用深沟球轴承或圆柱滚子轴承做游动支承(图 15-8b)。这种结构比较复杂,但工作稳定性好,适用于工作温度变化较大的长轴。

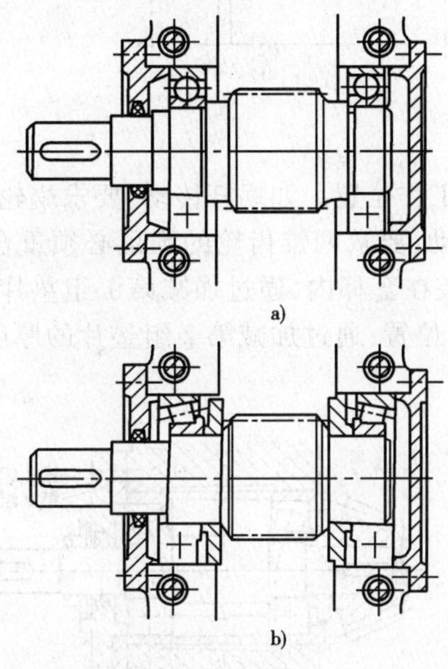

图 15-7　两端单向固定支承

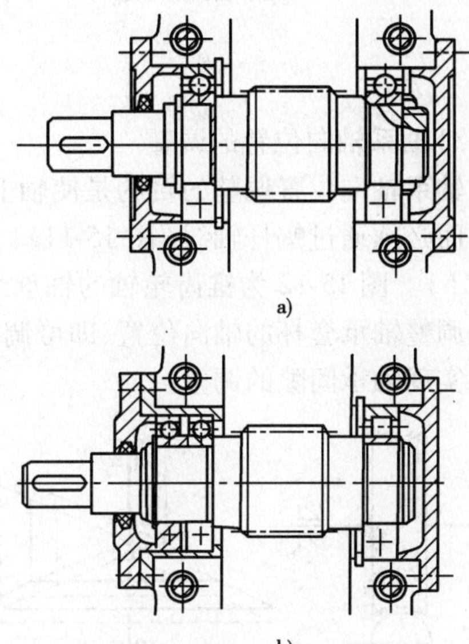

图 15-8　一端固定、一端游动

15.3.3　滚动轴承组合结构的调整

滚动轴承组合结构的调整包括轴承间隙的调整和轴系轴向位置的调整。

1)轴承间隙的调整

轴承间隙的大小将影响轴承的旋转精度、轴承寿命和传动零件工作的平稳性。轴承间隙调整的方法有:

(1)如图 15-9a)所示,靠加减轴承端盖与箱体间垫片的厚度进行调整。

(2)如图 15-9b)所示,利用调整环进行调整,调整环的厚度在装配时确定。

(3)如图 15-9c)所示,利用调整螺钉推动压盖移动滚动轴承外圈进行调整,调整后用螺母锁紧。

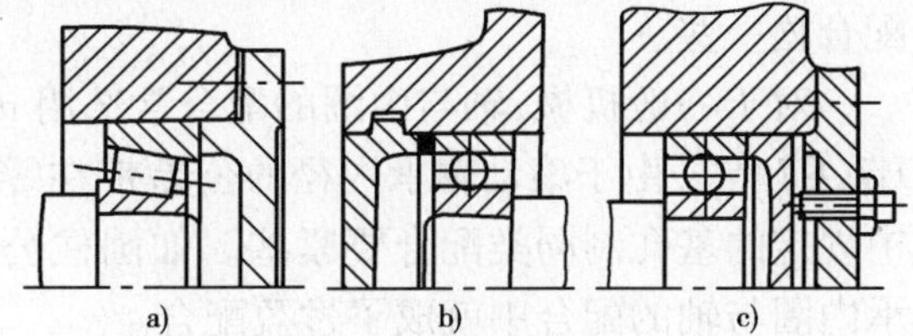

图 15-9　轴承间隙的调整

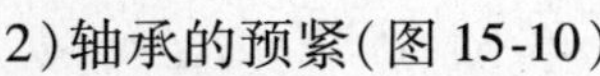

2)轴承的预紧(图 15-10)

轴承预紧的目的是为了提高轴承的精度和刚度,以满足机器的要求。在安装轴承时要加一定的轴向预紧力,消除轴承内部的原始游隙,并使套圈与滚动体产生预变形,在承受外载后,仍不出现游隙,这种方法称为轴承的预紧。预紧的方法有:

(1)在一对轴承内圈之间加金属垫片(图 15-10a);

(2)磨窄外圈(图 15-10b),所加预紧力的传递路线参阅图 15-10a)、b),图 15-10c)为其结构图。

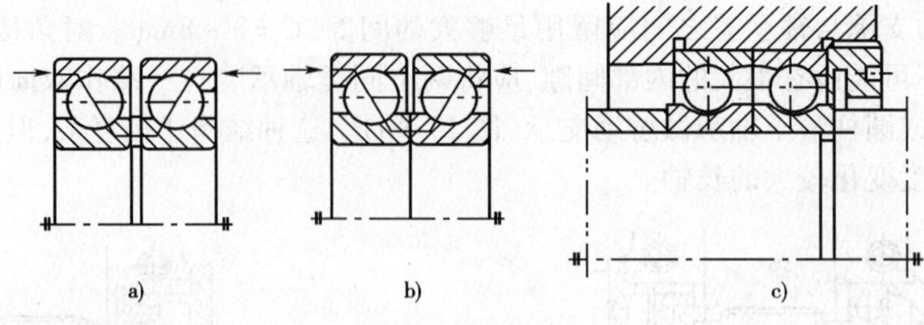

图 15-10　轴承的预紧

3)轴系轴向位置的调整

轴系轴向位置调整的目的是使轴上零件有准确的工作位置。如蜗杆传动,要求蜗轮的中间平面必须通过蜗杆轴线(图 15-11a);直齿锥齿轮传动,要求两锥齿轮的锥顶必须重合(图 15-11b)。图 15-12 为锥齿轮轴的轴承组合结构,轴承装在套杯内,通过加减第 1 组垫片的厚度来调整轴承套杯的轴向位置,即可调整锥齿轮的轴向位置;通过加减第 2 组垫片的厚度,则可以实现轴承间隙的调整。

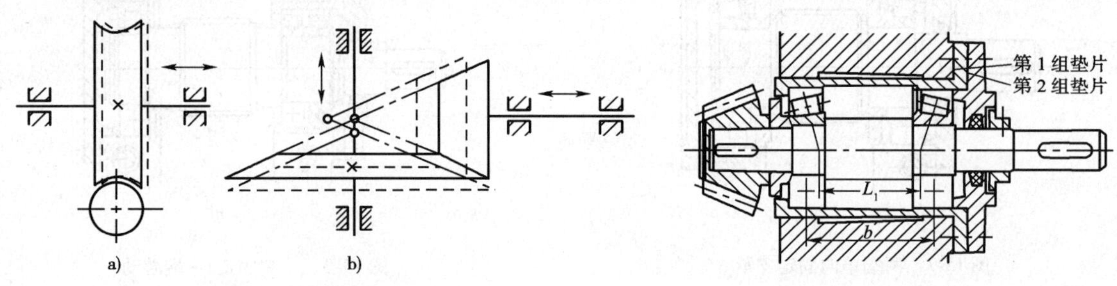

图 15-11　轴向位置要求

图 15-12　锥齿轮轴系位置调整

15.3.4　滚动轴承的配合

滚动轴承的配合是指轴承内圈与轴颈、轴承外圈与轴承座孔的配合。由于滚动轴承是标准件,故内圈与轴颈的配合采用基孔制,外圈与轴承座孔的配合采用基轴制。配合的松紧程度根据轴承工作载荷的大小、性质、转速高低等确定。转速高、载荷大、冲击振动比较严重时应选用较紧的配合,旋转精度要求高的轴承配合也要紧一些;游动支承和需经常拆卸的轴承,则应配合松一些。

对于一般机械,轴与内圈的配合常选用 m6、k6、js6 等,外圈与轴承座孔的配合常选用 J7、H7、G7 等。由于滚动轴承内径的公差带在零线以下,因此,内圈与轴的配合比圆柱公差标准中规定的基孔制同类配合要紧些。如圆柱公差标准中 H7/k6、H7/m6 均为过渡配合,而在轴承内圈与轴的配合中就成了过盈配合。

15.3.5　滚动轴承的装拆

安装和拆卸轴承的力应直接加在紧配合的套圈端面,不能通过滚动体传递。由于内圈与轴的配合较紧,在安装轴承时:

(1)对中、小型轴承,可在内圈端面加垫后,用手锤轻轻打入(图 15-13)。

(2)对尺寸较大的轴承,可在压力机上压入或把轴承放在油里加热至 80 ~ 100℃,然后取出套装在轴颈上。

(3)同时安装轴承的内、外圈时,须用特制的安装工具(图 15-14)。

轴承的拆卸可根据实际情况按图 15-15 实施。为使拆卸工具的钩头钩住内圈，应限制轴肩高度。轴肩高度可查设计手册。

内、外圈可分离的轴承，其外圈的拆卸可用压力机、套筒或螺钉顶出，也可以用专用设备拉出。为了便于拆卸，座孔的结构一般采用图 15-16 的形式。

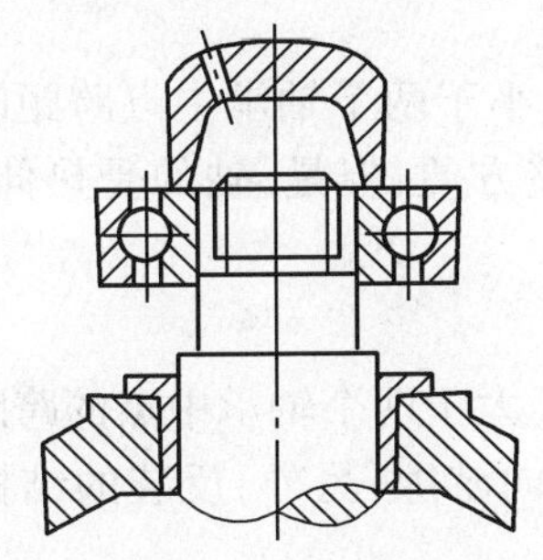

图 15-13　安装轴承内圈

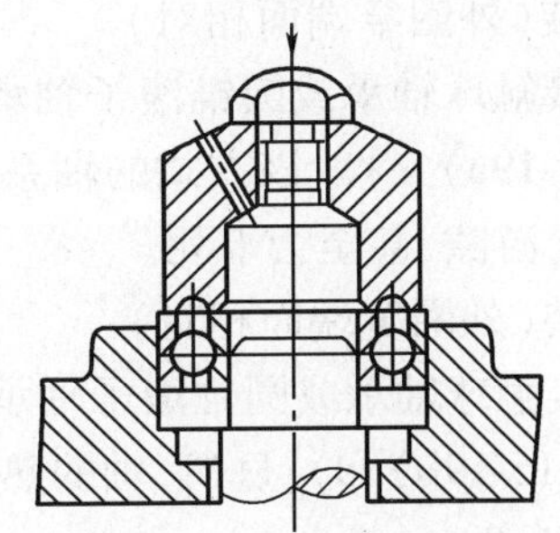

图 15-14　同时安装轴承的内、外圈

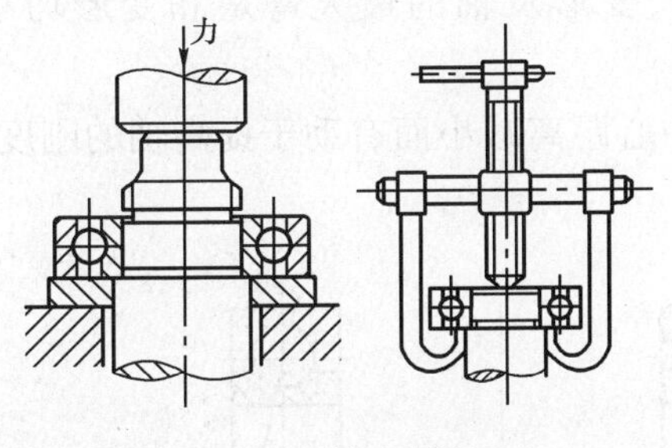

图 15-15　轴承的拆卸

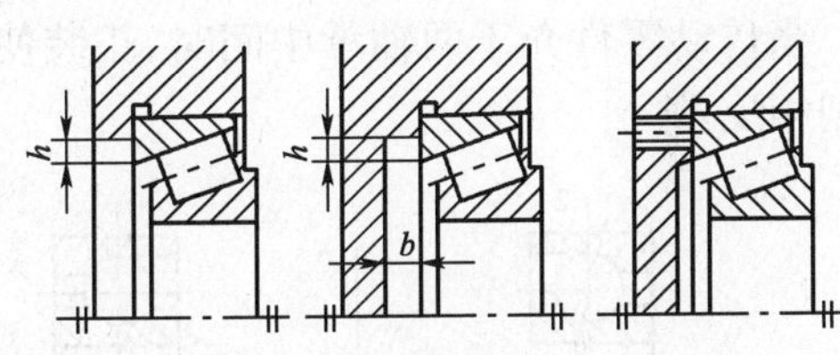

图 15-16　便于外圈拆卸的座孔结构

15.3.6　支承部位的刚度和同轴度

为保证支承部分的刚度，轴承座孔壁应有足够的厚度，并设置加强肋以增强刚度（图 15-17）。为保证支承部分的同轴度，同一轴上两端的轴承座孔必须保持同心。为此，两端轴承座孔的尺寸应尽量相同，以便加工时一次镗出，减少同轴度误差。若轴上装有不同外径尺寸的轴承时，可采用套杯结构（图 15-18）。

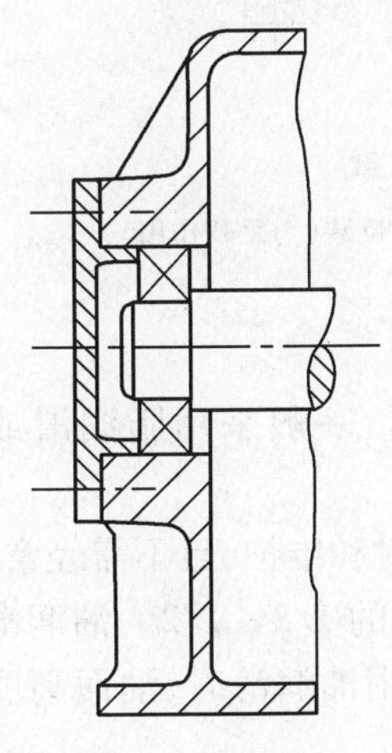

图 15-17　支承部位刚度

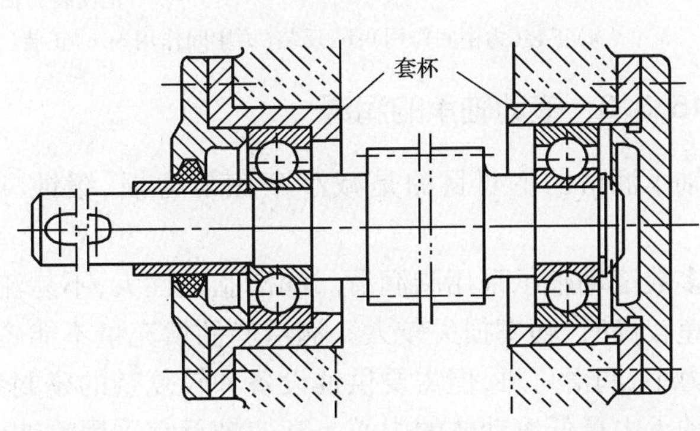

图 15-18　轴承座孔的同轴度

15.3.7 角接触球轴承和圆锥滚子轴承的排列方式

角接触球轴承和圆锥滚子轴承一般成对使用，根据调整、安装以及使用场合的不同，有如下两种排列方式。

1）正装（外圈窄端面相对）

两角接触球轴承或圆锥滚子轴承的压力中心距离$\overline{O_1O_2}$小于两个轴承中点跨距时，称为正装，见图15-19a）、c）。该方式的轴系，结构简单，装拆、调整方便，但是，轴的受热伸长会减小轴承的轴向游隙，甚至会卡死。

2）反装（外圈宽端面相对）

两角接触球轴承或圆锥滚子轴承的压力中心距离 $\overline{O_1O_2}$ 大于两个轴承中点的跨距时，称为反装，见图15-19b）、d），显然，轴的热膨胀会增大轴承的轴向游隙；另外，反装的结构较复杂，装拆、调整不便。

正、反装的刚度分析：当传动零件悬臂安装时，反装的轴系刚度比正装的轴系高，这是因为反装的轴承压力中心距离较大，使轴承的反力、变形及轴的最大弯矩和变形均小于正装。

当传动零件介于两轴承中间时，正装使轴承压力中心距离减小而有助于提高轴的刚度，反装则相反。

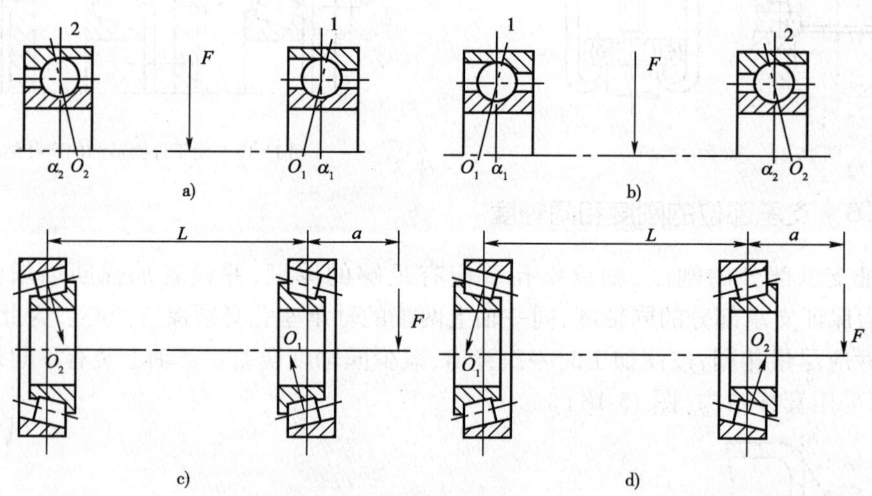

图15-19 正反装的轴系

a）正装（力中间作用）；b）反装（力中间作用）；c）正装（力悬臂作用）；d）反装（力悬臂作用）

15.3.8 滚动轴承的润滑

轴承润滑的主要目的是减小摩擦与磨损、缓蚀、吸振和散热。一般采用脂润滑或者油润滑。

多数滚动轴承采用脂润滑。润滑脂黏性大，不易流失，便于密封和维护，且不需经常添加；但转速较高时，功率损失较大。润滑脂的填充量不能超过轴承空间的1/3～1/2。油润滑的摩擦阻力小，润滑可靠，但需要供油设备和较复杂的密封装置。当采用油润滑时，油面高度不能超出轴承中最低滚动体的中心。高速轴承宜采用喷油或油雾润滑。

轴承内径与转速的乘积 dn 值可作为选择润滑方式的依据。

15.3.9 滚动轴承的密封

密封的目的是为了防止外部的灰尘、水分及其他杂物进入轴承，并阻止轴承内润滑剂的流失。

密封分接触式密封和非接触式密封。

1）接触式密封

接触式密封是在轴承盖内放毡圈、皮碗，使其直接与轴接触，起到密封作用。由于工作时，轴与毛毡等相互摩擦，故这种密封适用于低速，且要求接触处轴的表面硬度大于 40HRC，粗糙度 $R_a<0.8\mu m$。

（1）毡圈密封（图 15-20a）。矩形毡圈压在梯形槽中与轴接触，适用于脂润滑、环境清洁、轴颈圆周速度 $v<4\sim5m/s$、工作温度 $<90℃$ 的场合。

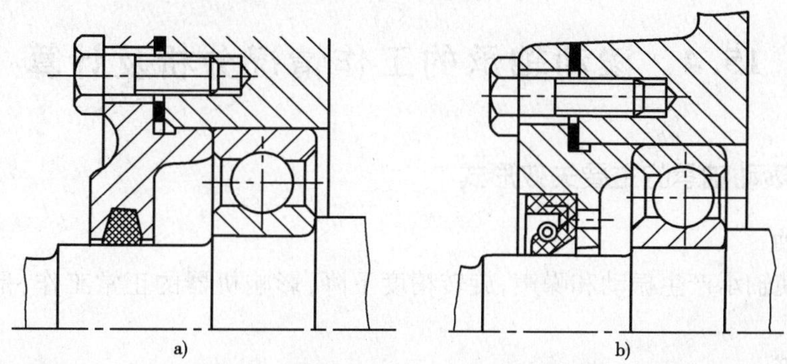

图 15-20 接触式密封

（2）密封圈密封（图 15-20b）。密封圈由皮革或橡胶制成，有或无骨架，利用环形螺旋弹簧，将密封圈的唇部压在轴上，图中唇部向外，可防止尘土入内；如唇部向内，可防止油泄漏。密封圈密封适用于油润滑或脂润滑、轴颈圆周速度 $v<7m/s$、工作温度在 $-40\sim100℃$ 的场合，密封圈为标准件。

2）非接触式密封

非接触式密封是利用狭小和曲折的间隙密封，不直接与轴接触，故可用在高速场合。

（1）间隙密封（图 15-21a）。在轴与轴承盖间，留有细小的环形间隙，半径间隙为 0.1～0.3mm，中间填以润滑脂。它用于工作环境清洁、干燥的场合。

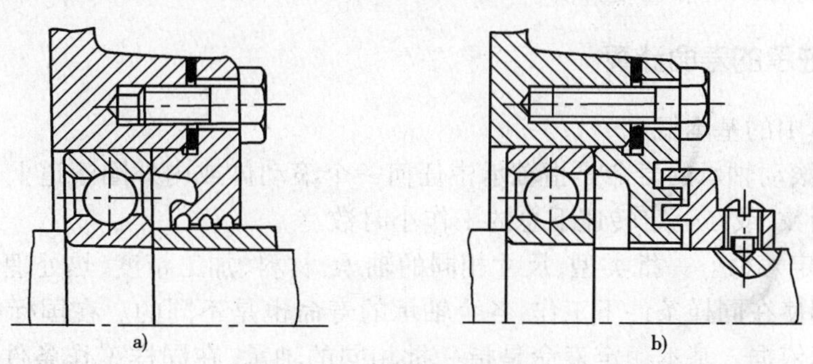

图 15-21 非接触式密封

（2）迷宫密封（图 15-21 b）。在轴与轴承盖间有曲折的间隙，纵向间隙要求 1.5～2mm，以防轴受热膨胀。迷宫密封适用于脂润滑或油润滑，工作环境要求不高、密封可靠的场合。

也可将毡圈和迷宫组合使用，其密封效果更好。

15.3.10　轴承的维护

轴承的维护工作，除保证良好的润滑、完善的密封外，还要注意观察和检查轴承的工作情况，防患于未然。

设备运行时，若出现：(1)工作条件未变，轴承突然温度升高，且超过允许范围；(2)工作条件未变，轴承运转不灵活，有沉重感，转速严重滞后；(3)设备工作精度显著下降，达不到标准；(4)滚动轴承产生噪声或振动等异常状态，应停机检查。

检查时，首先检查润滑情况，检查供油是否正常，油路是否畅通；再检查装配是否正确，有无游隙过紧、过松情况；然后检查零件有无损坏，尤其要仔细察看轴与轴承表面状态，从油迹、伤痕可以判别损坏原因。针对故障原因，提出办法，加以解决。

15.4　滚动轴承的工作情况分析及计算

15.4.1　滚动轴承的主要失效形式

1)疲劳点蚀

疲劳点蚀使轴承产生振动和噪声，旋转精度下降，影响机器的正常工作，是一般滚动轴承的主要失效形式。

2)塑性变形

当轴承转速很低($n \leqslant 10r/min$)或间歇摆动时，一般不会发生疲劳点蚀，此时轴承往往因受过大的静载荷或冲击载荷而产生塑性变形，使轴承失效。

磨损、润滑不良、杂质和灰尘的侵入都会引起磨损，使轴承丧失旋转精度而失效。

15.4.2　滚动轴承的设计准则

(1)对于一般运转的轴承，为防止疲劳点蚀发生，以疲劳强度计算为依据，称为轴承的寿命计算。

(2)对于不回转、转速很低($n \leqslant 10r/min$)或间歇摆动的轴承，为防止塑性变形，以静强度计算为依据，称为轴承的静强度计算。

15.4.3　轴承的寿命计算

1)寿命计算中的基本概念

(1)寿命。滚动轴承的寿命是指轴承中任何一个滚动体或内外圈滚道上出现疲劳点蚀前轴承转过的总圈数，或在一定转速下总的工作小时数。

(2)基本额定寿命。一批类型、尺寸相同的轴承，材料、加工精度、热处理与装配质量不可能完全相同。即使在同样条件下工作，各个轴承的寿命也是不同的。在国标中规定以基本额定寿命作为计算依据。基本额定寿命是指一批相同的轴承，在同样工作条件下，其中10%的轴承产生疲劳点蚀时转过的总圈数，或在一定转速下总的工作小时数。

(3)额定动载荷。基本额定寿命为10^6转时轴承所能承受的载荷，称为额定动载荷，以C表示，轴承在额定动载荷作用下，不发生疲劳点蚀的可靠度是90%。各种类型和不同尺寸轴

承的 C 值可查设计手册。

(4)额定静载荷。轴承工作时,受载最大的滚动体与内外圈滚道接触处的接触应力达到一定值(向心和推力球轴承为490MPa,滚子轴承为4 000MPa)时的静载荷,称为额定静载荷;用 C_0 表示,其值可查设计手册。

(5)当量载荷。额定动、静载荷是向心轴承只承受径向载荷、推力轴承只承受轴向载荷的条件下,根据试验确定的。实际上,轴承承受的载荷往往与上述条件不同,因此,必须将实际载荷等效为一假想载荷,这个假想载荷称为当量动、静载荷,以 P 表示。

2)寿命计算

在实际应用中,额定寿命常用给定转速下运转的小时数 L_h 表示。考虑到机器振动和冲击的影响,引入载荷因数 f_P(表15-4);考虑到工作温度的影响,引入了温度因数 f_T(表15-5)。实用的寿命计算公式为:

$$L_h = \frac{10^6}{60n}\left(\frac{f_T C}{f_P P}\right)^{\varepsilon} \tag{15-1}$$

$$C_C = \frac{f_P P}{f_T}\sqrt[\varepsilon]{\frac{60nL'_h}{10^6}} \leqslant C \tag{15-2}$$

式中:C_C——计算额定动载荷,kN;

C——额定动载荷,kN,可查设计手册;

ε——寿命指数,球轴承 $\varepsilon=3$,滚子轴承 $\varepsilon=10/3$。

若当量动载荷 P 与转速 n 均已知,预期寿命 $L_h{}'$ 已选定,则可根据式(15-2)选择轴承型号。

载荷因数 f_P 表15-4

载荷性质	f_P	举例
无冲击或有轻微冲击	1.0~1.2	电动机、汽轮机、通风机、水泵
中等冲击和振动	1.2~1.8	车辆、机床、内燃机、起重机、冶金设备、减速器
强大冲击和振动	1.8~3.0	破碎机、轧钢机、石油钻机、振动筛

温度因数 f_T 表15-5

轴承工作温度(℃)	100	125	150	175	90	225	250	300
温度系数 f_T	1	0.95	0.90	0.85	0.80	0.75	0.70	0.60

3)当量动、静载荷的计算

当量动载荷是一假想载荷,在该载荷作用下,轴承的寿命与实际载荷作用下的寿命相同。当量动载荷 P 的计算式为:

$$P = XF_r + YF_a \tag{15-3}$$

式中:X——径向载荷因数(表15-6);

Y——轴向载荷因数(表15-6);

F_r——轴承承受的径向载荷;

F_a——轴承承受的轴向载荷。

对于只承受径向载荷的轴承,当量动载荷为轴承的径向载荷 F_r,即:

$$P = F_r \tag{15-4}$$

对于只承受轴向载荷的轴承,当量动载荷为轴承的轴向载荷 F_a,即:

$$P = F_a \tag{15-5}$$

单列向心轴承的径向载荷系数 X 和轴向载荷系数 Y 表 15-6

轴承类型		F_a/C_0	e	$F_a/F_r>e$		$F_a/F_r\leq e$	
				X	Y	X	Y
深沟球轴承(6 类)		0.014	0.19	0.56	2.30	1	0
		0.028	0.22		1.99		
		0.056	0.26		1.71		
		0.084	0.28		1.55		
		0.11	0.30		1.45		
		0.17	0.34		1.31		
		0.28	0.38		1.15		
		0.42	0.42		1.04		
		0.56	0.44		1.00		
角接触球轴承(7 类)	7000C($\alpha=15°$)	0.015	0.38	0.44	1.47	1	0
		0.029	0.40		1.40		
		0.058	0.43		1.30		
		0.087	0.46		1.23		
		0.12	0.47		1.19		
		0.17	0.50		1.12		
		0.29	0.55		1.02		
		0.44	0.56		1.00		
		0.58	0.56		1.00		
	7000AC($\alpha=25°$)	—	0.68	0.41	0.87	1	0
	7000B($\alpha=40°$)	—	1.14	0.35	0.57	1	0
圆锥滚子轴承(3 类)		—	$1.5\tan\alpha$	0.40	$0.4\cot\alpha$	1	0

4)向心角接触轴承轴向载荷的计算

(1)向心角接触轴承的内部轴向力。由于向心角接触轴承有接触角,故轴承在受到径向载荷作用时,承载区内滚动体的法向力分解,产生一个轴向分力 S(图 15-22)。S 是在径向载荷作用下产生的轴向力,通常称为内部轴向力,其大小按表 15-7 计算。内部轴向力的方向沿轴向,由轴承外圈的宽边指向窄边。

(2)向心角接触轴承的实际轴向载荷。向心角接触轴承在使用时实际所受的轴向载荷,除与外加轴向载荷 F_A(图 15-23)有关外,还应考虑内部轴向力 S 的影响。计算两支点实际轴向载荷的步骤如下:

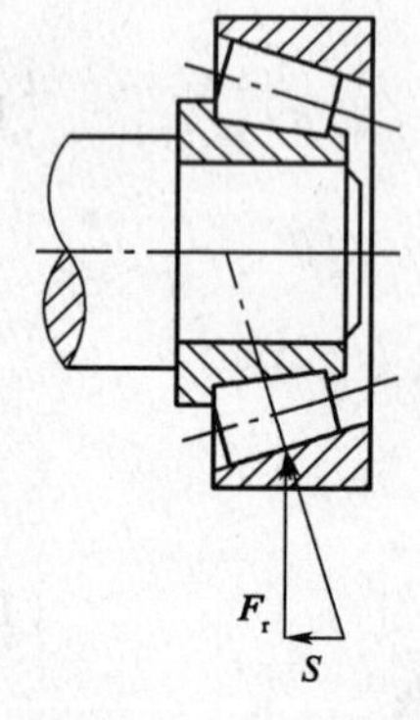

图 15-22 内部轴向力

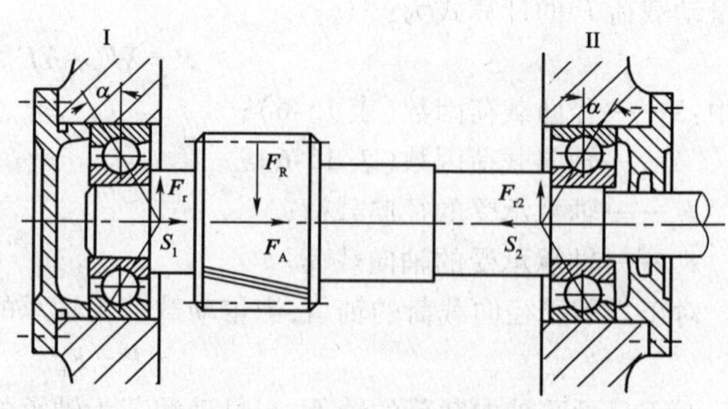

图 15-23 角接触轴承的轴向力

①先计算出两支点内部轴向力 S_1、S_2 的大小,并绘出其方向。

②将外加轴向载荷 F_x 及与之同向的内部轴向力之和与另一内部轴向力进行比较,以判定轴承的"压紧"端与"放松"端。

③"放松"端轴承的轴向载荷等于它本身的内部轴向力。

④"压紧"端轴承的轴向载荷等于除了它本身的内部轴向力的代数和。

向心角接触轴承的内部轴向力 表 15-7

圆锥滚子轴承	角接触球轴承		
3000 型	7000C 型	7000AC 型	7000B 型
$S=F_r/(2Y)$	$S=0.4F_r$	$S=0.7F_r$	$S=F_r$

例 15-4 设某水泵转速 $n=2\ 900$r/min,轴颈直径 $d=35$mm,轴的两端受径向载荷 $F_{r1}=F_{r2}=1\ 810$N,轴向载荷 $F_A=740$N,预期寿命 $L_h'=5\ 000$h,试选择轴承型号。

解: 水泵轴主要承受径向载荷($F_r>F_a$),转速相当高,所以选深沟球轴承(6 类);因水泵承受的是中等载荷,则选 0 类宽度系列和 3 类直径系列(注:不是唯一的选择);根据轴颈直径 $d=35$mm,所以选用 6307 轴承,水泵属一般通用机械,对轴承的精度和游隙无特殊要求。

本章小结

1)轴承的基本类型及选择原则

(1)基本类型,见表 15-1。

(2)选择原则:①按所能承受的外载荷不同;②根据载荷的大小及性质;③根据转速;④根据使用和装配要求。

2)轴承代号

由基本代号、前置代号和后置代号构成,基本代号表示轴承的基本类型、结构和尺寸,是轴承代号的基础。

3)滚动轴承的失效形式和计算准则

(1)失效形式:主要失效形式是疲劳点蚀、塑性变形和磨损。

(2)计算准则:

①对于一般运转($n>10$r/min)的轴承,为防止疲劳点蚀发生,进行轴承的寿命计算;

②对于不回转、转速很低($n\leqslant10$r/min)或间歇摆动的轴承,为防止塑性变形,按静强度计算。

4)基本概念

(1)轴承寿命——滚动轴承中任一元件出现第一个疲劳点蚀前所转过的转数或工作时间。

(2)基本额定寿命——90%可靠度、常用材料和加工质量、常规运转条件下的轴承寿命,记作 L_r。

(3)基本额定载荷——基本额定寿命正好达到 10^6 转时轴承所能承受的最大载荷,用 C 表示。

(4)当量动、静载荷——一个假想的与实际载荷等效的载荷。

5）寿命计算公式

$$L_h=\frac{10^6}{60n}\left(\frac{f_T C}{f_P P}\right)^{\varepsilon}\geqslant L'_h$$

$$C_C=\frac{f_P P}{f_T}\sqrt[3]{\frac{60nL'_h}{10^6}}\leqslant C$$

6）角接触轴承的轴向载荷的计算

（1）求轴承内部轴向力 F_s；

（2）判断“压紧”端和“放松”端。

“压紧”端轴承的轴向力等于除本身的内部轴向力外，轴上所受其他所有轴向力的代数和；

“放松”端轴承的轴向力等于它本身的内部轴向力。

（3）计算轴向载荷 F_a。

7）滚动轴承组合设计

滚动轴承的组合设计包括轴承类型和型号的选择、轴承的布置和固定、安装和拆卸、轴向间隙的调整及轴承的润滑和密封等。

习　　题

15-1　滚动轴承分为哪几类？各有什么特点？适用于什么场合？

15-2　指出下列轴承代号的含义：

6201　　6410　　796C　　7308AC　　30312/P6x

15-3　选择滚动轴承时，应考虑哪些因素？

15-4　滚动轴承的组合设计包括哪些方面？

15-5　滚动轴承的内、外圈如何实现轴向和周向固定？

15-6　为什么要调整滚动轴承的间隙？如何调整？

15-7　轴系的固定方式有几种？各有什么特点？适用于什么场合？

15-8　选择滚动轴承配合的一般原则是什么？

15-9　装、拆滚动轴承时，应注意哪些问题？

15-10　滚动轴承的主要失效形式有哪些？

15-11　什么是滚动轴承的额定寿命、额定动载荷和当量动载荷？

15-12　拆装、观察一轴系部件，对照分析是否符合轴与轴承组合设计的要求，并对轴承进行校核计算。

15-13　轴上一6098 轴承，所承受的径向载荷 $F_r=3\ 000$N，轴向载荷 $F_a=1\ 270$N。试求其当量动载荷 P。

15-14　一齿轮轴上装有一对型号为3098 的轴承（反装），已知：$F_a=5\ 000$N，（方向向左），$F_{r1}=8\ 000$N，$F_{r2}=6\ 000$N。试计算两轴承上的当量动载荷。

15-15　一带传动装置的轴上拟选用单列向心球轴承。已知：轴颈直径 $d=40$mm，转速 $n=800$r/min，轴承的径向载荷 $F_r=3\ 500$N，载荷平稳。若轴承预期寿命 $L_h'=10\ 000$h，试选择轴承型号。

15-16　某水泵的轴颈 $d = 30\text{mm}$，转速 $n = 1\ 450\text{r/min}$，径向载荷为 $F_r = 139\text{N}$，轴向载荷 $F_a = 600\text{N}$。要求寿命 $L_h' = 5\ 000\text{h}$，载荷平稳，试选择轴承型号。

实 训 任 务

（1）观察滚动轴承的实物、视频、动画，熟悉滚动轴承的种类、特点和应用。

（2）拆装滚动轴承，了解滚动轴承的构造。

（3）根据具体应用场合，结合每种滚动轴承的特点，选择合适的滚动轴承。

第 16 章　其他常用零部件

学习目标

知识目标：1. 了解联轴器、离合器的类型、功用及其选择；

2. 熟悉弹簧的功用、种类和选择。

能力目标：能够根据具体的场合正确选用联轴器和离合器。

联轴器和离合器是机械传动中的重要部件。联轴器和离合器可连接主、从动轴，使其一同回转并传递转矩，有时也可用作安全装置。联轴器连接的分与合只能在停机时进行，而离合器连接的分与合可随时进行。

如图 16-1、图 16-2 所示为联轴器和离合器应用实例。

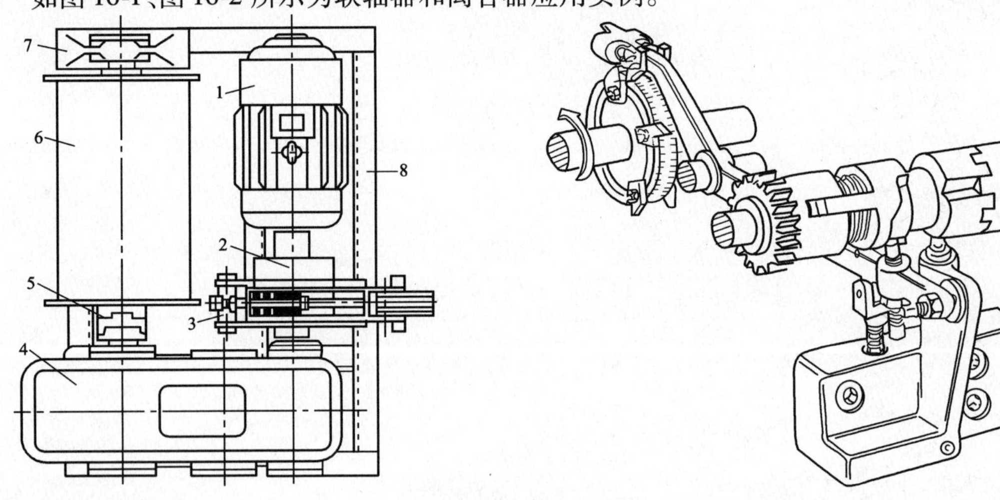

图 16-1　电动绞车

1-电动机；2、5-联轴器；3-制动器；4-减速器；6-卷筒；7-轴承；8-机架

图 16-2　自动车床转塔刀架

图 16-1 所示为电动绞车，电动机输出轴与减速器输入轴之间用联轴器连接，减速器输出轴与卷筒之间同样用联轴器连接来传递运动和转矩。图 16-2 所示为自动车床转塔刀架上用于控制转位的离合器。

联轴器和离合器的类型很多，其中多数已标准化，设计选择时可根据工作要求，查阅有关手册、样本，选择合适的类型，必要时对其中主要零件进行强度校核。

弹簧在机器中也得到了广泛的应用，本章只讨论弹簧的功用及结构。

16.1　联　轴　器

16.1.1　联轴器的性能要求

联轴器所连接的两轴，由于制造及安装误差、承载后变形、温度变化和轴承磨损等原因，不能保证严格对中,使两轴线之间出现相对位移,如图 16-3 所示,如果联轴器对各种位移没有补偿能力,工作中将会产生附加动载荷,使工作情况恶化。因此,要求联轴器具有补偿一定范围内两轴线相对位移量的能力。对于经常负载启动或工作载荷变化的场合,要求联轴器中具有起到缓冲、减振作用的弹性元件,以保护原动机和工作机不受或少受损伤;同时还要求联轴器安全、可靠,有足够的强度和使用寿命。

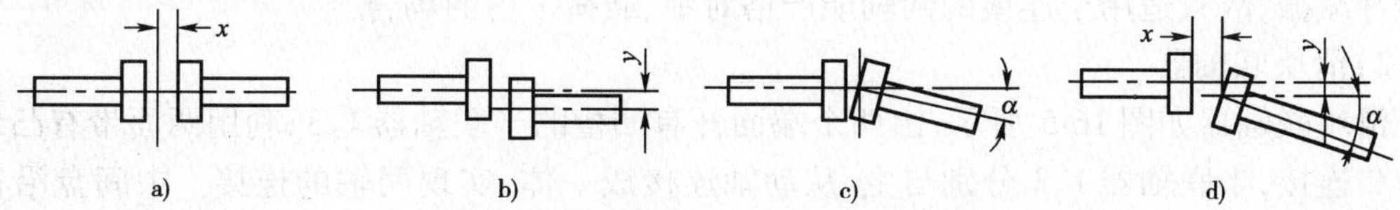

图 16-3　联轴器所连接两轴的偏移形式

a)轴向位移;b)径向位移;c)角度位移;d)综合位移

16.1.2　联轴器的分类

联轴器可分为刚性联轴器和挠性联轴器两大类。

刚性联轴器不具有缓冲性和补偿两轴线相对位移的能力,要求两轴严格对中,但此类联轴器结构简单,制造成本较低,装拆、维护方便,能保证两轴有较高的对中性,传递转矩较大,应用广泛。常用的有凸缘联轴器、套筒联轴器和夹壳联轴器等。

挠性联轴器又可分为无弹性元件挠性联轴器和有弹性元件挠性联轴器,前一类只具有补偿两轴线相对位移的能力,但不能缓冲减振,常见的有滑块联轴器、齿式联轴器、万向联轴器和链条联轴器等;后一类因含有弹性元件,除具有补偿两轴线相对位移的能力外,还具有缓冲和减振作用,但传递的转矩因受到弹性元件强度的限制,一般不及无弹性元件挠性联轴器,常见的有弹性套柱销联轴器、弹性柱销联轴器、梅花形联轴器、轮胎式联轴器、蛇形弹簧联轴器和簧片联轴器等。

16.1.3　常用联轴器的结构和特点

各类联轴器的性能、特点可查阅有关设计手册。

1)凸缘联轴器

凸缘联轴器是刚性联轴器中应用最广泛的一种,结构如图 16-4 所示,它由 2 个带凸缘的半联轴器用螺栓连接而成,与两轴之间用键连接。常用的结构形式有两种,其对中方法不同,图 16-4a)所示为两半联轴器的凸肩与凹槽相配合而对中,用普通螺栓连接,依靠接合面间的

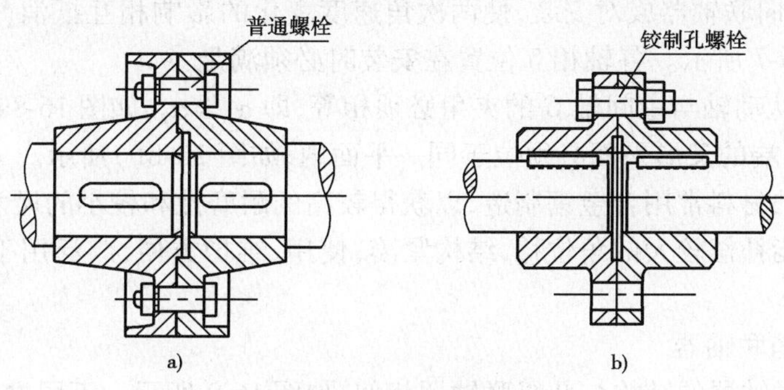

图 16-4　凸缘联轴器

摩擦力传递转矩,对中精度高,装拆时,轴必须作轴向移动。图 16-4b)所示为两半联轴器用铰制孔螺栓连接,靠螺栓杆与螺栓孔配合对中,依靠螺栓杆的剪切及其与孔的挤压传递转矩,装拆时轴不须作轴向移动。

联轴器的材料一般采用铸铁,重载或圆周速度 $v \geq 30\text{m/s}$ 时应采用铸钢或锻钢。

凸缘联轴器结构简单,价格低廉,能传递较大的转矩,但不能补偿两轴线的相对位移,也不能缓冲减振,故只适用于连接的两轴能严格对中、载荷平稳的场合。

2)滑块联轴器

滑块联轴器如图 16-5 所示,由两个端面开有凹槽的半联轴器 1、3,利用两面带有凸块的中间盘 2 连接,半联轴器 1、3 分别与主、从动轴连接成一体,实现两轴的连接。中间盘沿径向滑动补偿径向位移 y,并能补偿角度位移 α(图 16-5)。若两轴线不同心或偏斜,则在运转时中间盘上的凸块将在半联轴器的凹槽内滑动;转速较高时,由于中间盘的偏心会产生较大的离心力和磨损,并使轴承承受附加动载荷,故这种联轴器适用于低速。为减少磨损,可由中间盘油孔注入润滑剂。

半联轴器和中间盘的常用材料为 45 号钢或铸钢 ZG310-570,工作表面淬火 HRC48 ~ 58。

3)万向联轴器

万向联轴器如图 16-6 所示,由两个叉形接头 1、3 和十字轴 2 组成,利用中间连接件十字轴连接的两叉形半联轴器均能绕十字轴的轴线转动,从而使联轴器的两轴线能成任意角度 α,

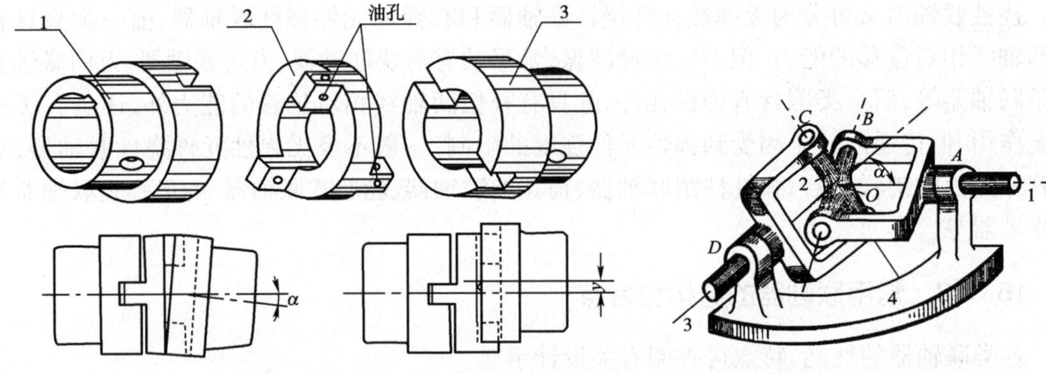

图 16-5 滑块联轴器

1、3-半联轴器;2-中间盘

图 16-6 万向联轴器

1、3-叉形接头;2-十字轴;4-机架

一般 α 最大可达 35° ~45°。但 α 角越大,传动效率越低。万向联轴器单个使用时,当主动轴以等角速度转动时,从动轴作变角速度回转,从而在传动中引起附加动载荷。为避免这种现象,可采用两个万向联轴器成对安装,使两次角速度变化的影响相互抵消,使主动轴和从动轴同步转动,如图 16-7 所示。各轴相互位置在安装时必须满足:

(1)主动轴、从动轴与中间轴 C 的夹角必须相等,即 $\alpha_1 = \alpha_2$,如图 16-8a)所示;

(2)中间轴两端的叉形平面必须位于同一平面内,如图 16-8b)所示。

万向联轴器的材料常用合金钢制造,以获得较高的耐磨性和较小的尺寸。

万向联轴器能补偿较大的角位移,结构紧凑,使用、维护方便,广泛用于汽车、工程机械等的传动系统中。

4)弹性套柱销联轴器

弹性套柱销联轴器的结构与凸缘联轴器相似,如图 16-9 所示。不同之处是用带有弹性圈

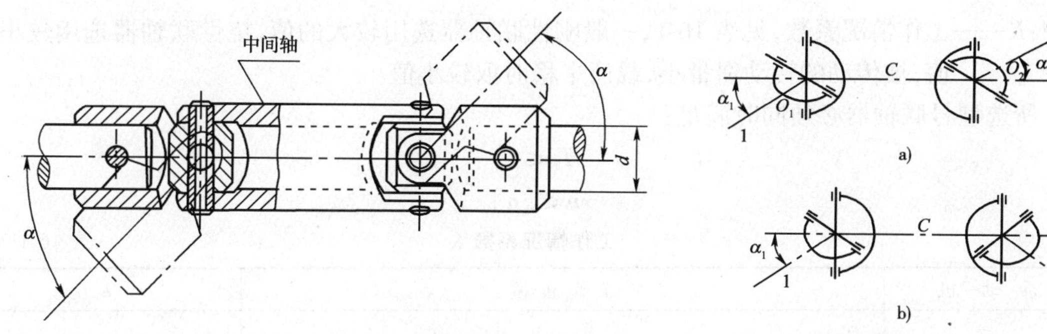

图 16-7　双万向联轴器　　图 16-8　双万向联轴器安装

的柱销代替了螺栓连接,弹性圈一般用耐油橡胶制成,剖面为梯形以提高弹性。柱销材料多采用45 号钢。为补偿较大的轴向位移,安装时在两轴间留有一定的轴向间隙 c;为了便于更换易损件弹性套,设计时应留一定的距离 B。

弹性套柱销联轴器制造简单,装拆方便,但寿命较短。适用于连接载荷平稳,需正反转或起动频繁的小转矩轴,多用于电动机轴与工作机械的连接上。

5)弹性柱销联轴器

弹性柱销联轴器与弹性套柱销联轴器结构相似(图 16-10),只是柱销材料为尼龙,柱销形状一端为柱形,另一端制成腰鼓形,以增大角度位移的补偿能力。为防止柱销脱落,柱销两端装有挡板,用螺钉固定。

弹性柱销联轴器结构简单,能补偿两轴间的相对位移,并具有一定的缓冲、吸振能力,应用广泛,可代替弹性套柱销联轴器。但因尼龙对温度敏感,使用时受温度限制,一般在 $-20° \sim 70°$之间使用。

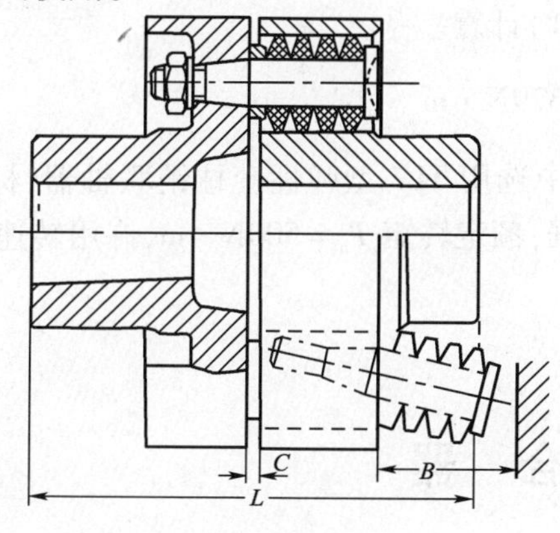

图 16-9　弹性套柱销联轴器

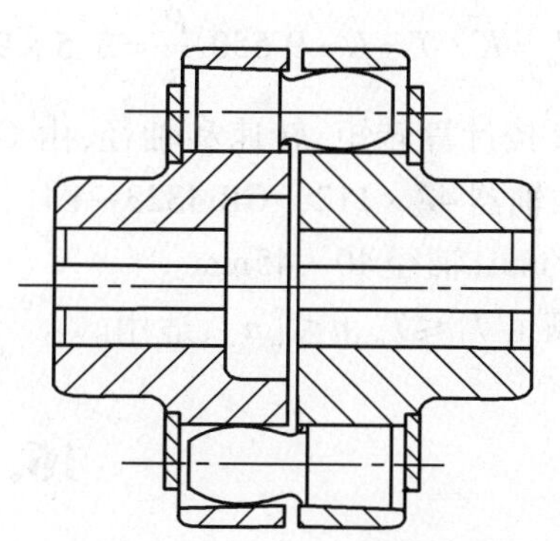

图 16-10　弹性柱销联轴器

16.1.4　联轴器的选择

联轴器多已标准化,其主要性能参数为:额定转矩 T_n、许用转速$[n]$、位移补偿量和被连接轴的直径范围等。选用联轴器时,通常先根据使用要求和工作条件确定合适的类型,再按转矩、轴径和转速选择联轴器的型号,必要时应校核其薄弱件的承载能力。

考虑工作机起动、制动、变速时的惯性力和冲击载荷等因素,应按计算转矩 T_c 选择联轴器。计算转矩 T_c 和工作转矩 T 之间的关系为:

$$T_c = KT \tag{16-1}$$

式中:K——工作情况系数,见表 16-1,一般刚性联轴器选用较大的值,挠性联轴器选用较小的值;被传动的转动惯量小,载荷平稳时取较小值。

所选型号联轴器必须同时满足:

$$T_c \leqslant T_n$$

$$n \leqslant [n]$$

工作情况系数 K 表 16-1

原 动 机	工 作 机 械	K
电动机	皮带运输机、鼓风机、连续运转的金属切削机床	1.25 ~ 1.5
	链式运输机、刮板运输机、螺旋运输机、离心泵、木工机械	1.5 ~ 2.0
	往复运动的金属切削机床	1.5 ~ 2.0
	往复式泵、往复式压缩机、球磨机、破碎机、冲剪机	2.0 ~ 3.0
	起重机、升降机、轧钢机	3.0 ~ 4.0
涡轮机	发电机、离心泵、鼓风机	1.2 ~ 1.5
往复式发动机	发电机	1.5 ~ 2.0
	离心泵	3 ~ 4
	往复式工作机	4 ~ 5

例 16-1 功率 $P = 11\text{kW}$,转速 $n = 970\text{r/min}$ 的电动起重机中,连接直径 $d = 42\text{mm}$ 的主、从动轴,试选择联轴器的型号。

解:(1)选择联轴器类型。为缓和振动和冲击,选择弹性套柱销联轴器。

(2)选择联轴器型号

①计算转矩:由表 16-1 查取 $K = 3.5$,按式(16-1)计算。

$$T_c = K \cdot T = K \cdot 9\ 550\frac{P}{n} = 3.5 \times 9\ 550 \times \frac{11}{970} = 379\text{N} \cdot \text{m}$$

②按计算转矩、转速和轴径,由 GB 4323—84 中选用 TL7 型弹性套柱销联轴器,标记为:TL7 联轴器 42 × 112 GB 4323—84。查得有关数据:额定转矩 $T_n = 500\text{N} \cdot \text{m}$,许用转速 $[n] = 2800\text{r/min}$,轴径 40 ~ 45mm。

满足 $T_c \leqslant T_n$、$n \leqslant [n]$,适用。

16.2 离 合 器

16.2.1 离合器的性能要求

离合器在机器传动过程中,能方便地接合和分离。对其基本要求是:工作可靠,接合、分离迅速而平稳,操纵灵活、省力,调节和修理方便,外形尺寸小,质量轻,对摩擦式离合器还要求其耐磨性好并具有良好的散热能力。

16.2.2 离合器的分类

离合器的类型很多。按实现接合和分离的过程可分为操纵离合器和自动离合器;按离合的工作原理可分为嵌合式离合器和摩擦式离合器。

嵌合式离合器通过主、从动元件上牙齿之间的嵌合力来传递回转运动和动力，工作比较可靠，传递的转矩较大，但接合时有冲击，运转中接合困难。

摩擦式离合器是通过主、从动元件间的摩擦力来传递回转运动和动力，运动中接合方便，有过载保护性能，但传递转矩较小，适用于高速、低转矩的工作场合。

16.2.3 常用离合器的结构和特点

1）牙嵌式离合器

牙嵌式离合器如图16-11所示，是由两端面上带牙的半离合器1、2组成。半离合器1用平键固定在主动轴上，半离合器2用导向键3或花键与从动轴连接。在半离合器1上固定有对中环5，从动轴可在对中环中自由转动，通过滑环4的轴向移动操纵离合器的接合和分离，滑环的移动可用杠杆、液压、气压或电磁吸力等操纵机构控制。

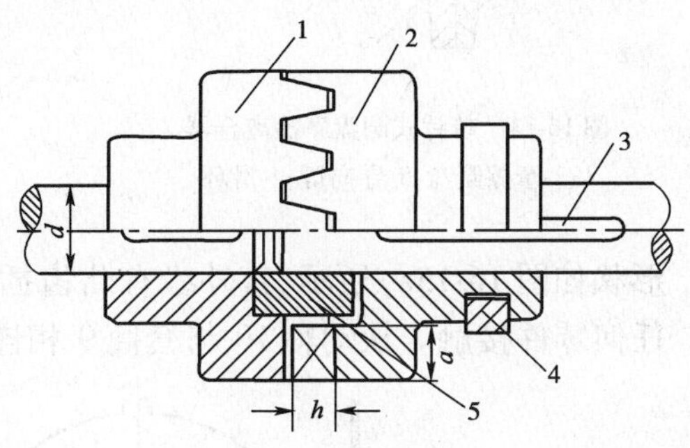

图16-11 牙嵌式离合器

1、2-半离合器；3-导向键；4-滑环；5-对中环

牙嵌离合器常用的牙型有：三角形、矩形、梯形和锯齿形，如图16-12所示。

三角形牙用于传递中小转矩的低速离合器，牙数一般为12～60；矩形牙无轴向分力，接合困难，磨损后无法补偿，冲击也较大，故使用较少；梯形牙强度高，传递转矩大，能自动补偿牙面磨损后造成的间隙，接合面间有轴向分力，容易分离，因而应用最为广泛；锯齿形牙只能单向工作，反转时由于有较大的轴向分力，会迫使离合器自行分离。

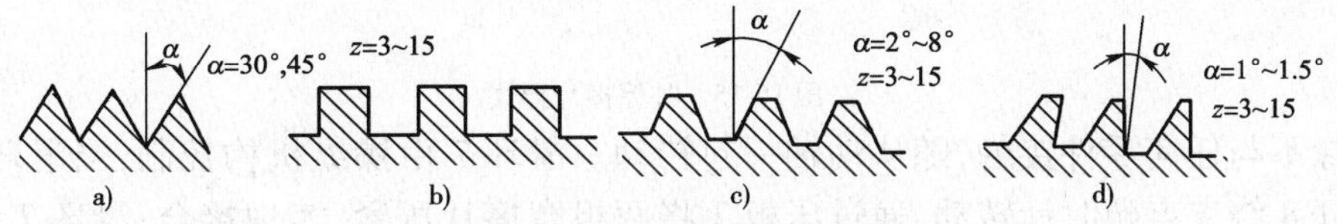

图16-12 牙嵌离合器常用的牙型

a）三角形牙；b）矩形牙；c）梯形牙；d）锯齿形牙

牙嵌离合器主要失效形式是牙面的磨损和牙根折断，因此要求牙面有较高的硬度，牙根有良好的韧性，常用材料为低碳钢渗碳淬火到HRC54～60，也可用中碳钢表面淬火。

牙嵌离合器结构简单，尺寸小，接合时两半离合器间没有相对滑动，但只能在低速或停车时接合，以避免因冲击折断牙齿。

2）圆盘摩擦离合器

摩擦离合器依靠两接触面间的摩擦力来传递运动和动力。按结构形式不同，可分为圆盘式、圆锥式、块式和带式等类型，最常用的是圆盘摩擦离合器。圆盘摩擦离合器分为单片式和多片式两种，如图16-13、图16-14所示。

单片式摩擦离合器由摩擦圆盘1、2和滑环4组成。圆盘1与主动轴连接，圆盘2通过导向键3与从动轴连接并可在轴上移动。操纵滑环4可使两圆盘接合或分离。轴向压力Q使两圆盘接合，并在工作表面产生摩擦力，以传递转矩。单片式摩擦离合器结构简单，但径向尺寸较大，只能传递不大的转矩。

多片式摩擦离合器有两组摩擦片，主动轴1与外壳2相连接，外壳内装有一组外摩擦片4，

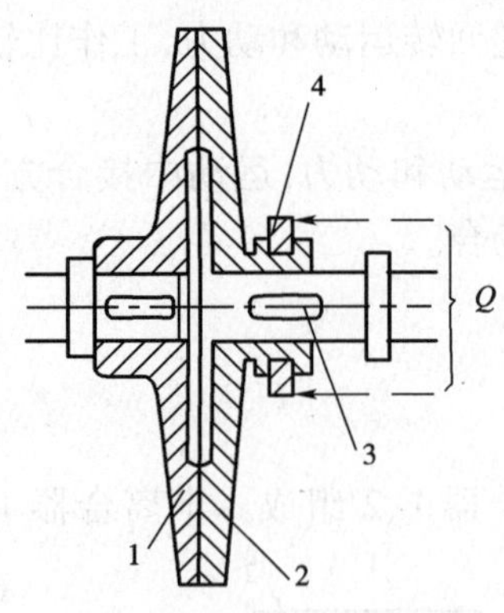

图 16-13 单片式圆盘摩擦离合器

1、2-摩擦圆盘;3-导向键;4-滑环

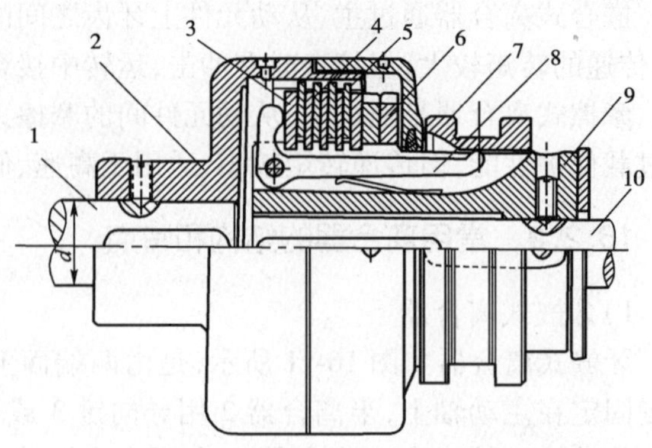

图 16-14 多片式圆盘摩擦离合器

1-主动轴;2-外壳;3-压板;4-外摩擦片;5-内摩擦片;6-螺母;7-滑环;8-杠杆;9-套筒;10-从动轴

形状如图 16-15a)所示,其外缘有凸齿插入外壳上的内齿槽内,与外壳一起转动,其内孔不与任何零件接触。从动轴 10 与套筒 9 相连接,套筒上装有一组内摩擦片 5,形状如图 16-15b)所

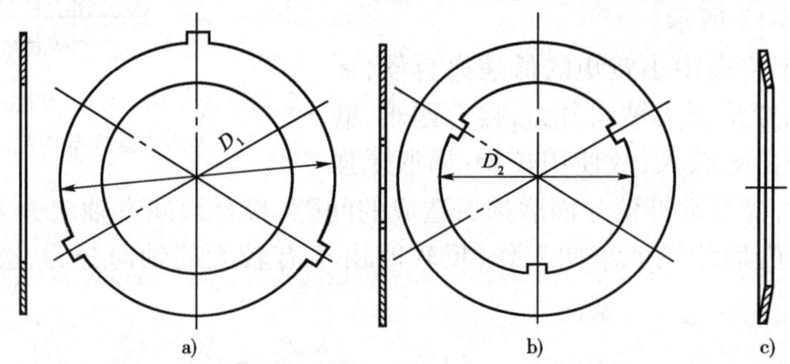

图 16-15 外摩擦片形式

示,其外缘不与任何零件接触,随从动轴一起转动。滑环 7 由操纵机构控制,当滑环向左移动时,使杠杆 8 绕支点顺时针转动,通过压板 3 将两组摩擦片压紧,实现接合;滑环 7 向右移动,则实现离合器分离。摩擦片间的压力由螺母 6 调节。若摩擦片为图 16-15c 的形状,则分离时能自动弹开。

多片式摩擦离合器由于摩擦面增多,传递转矩的能力提高,径向尺寸相对减小,但结构较为复杂。

3)滚柱超越离合器

超越离合器又称为定向离合器,是一种自动离合器,目前广泛应用的是滚柱超越离合器,如图 16-16 所示,由星轮 1、外圈 2、滚柱 3 和弹簧顶杆 4 组成。滚柱的数目一般为 3 ~ 8 个,星轮和外圈都可作主动件。当星轮为主动件并作顺时针转动时,滚柱受摩擦力作用被楔紧在星轮与外圈之间,从而带动外圈一起回转,离合器为接合状态;当星轮逆时针转动时,滚柱被推到楔形空间的宽敞部分而不再楔紧,离合器为分离状态。超越离合器只能传递单向转矩。若外圈和星轮作顺时针同向回转,则当外圈转速大于星轮转速,离合器为分离状态;当外圈转速小于星轮转速,离合器为接合状态。

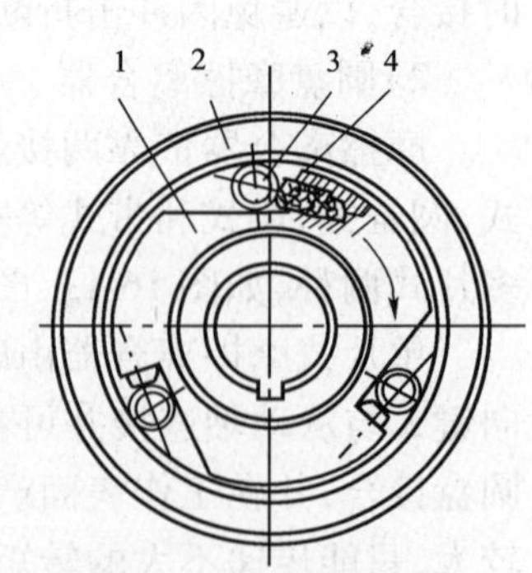

图 16-16 滚柱超越离合器

1-星轮;2-外圈;3 滚柱;4-弹簧顶杆

超越离合器尺寸小,接合和分离平稳,可用于高速传动。

16.3 弹　　簧

16.3.1 概述

弹簧是靠弹性变形来实现其功能的零件,它可以在载荷的作用下产生较大的弹性变形。在机械设备和仪器仪表中,弹簧的功能不同,其结构类型有很多种。圆柱螺旋压缩(拉伸)弹簧的应用最广,本章主要介绍其结构、设计计算以及常用的弹簧特点和应用。

弹簧在各类机械中的应用十分广泛,是一种常用的弹性零件,其主要功能有:

(1)缓冲吸振。例如汽车中的缓冲弹簧、铁路机车车辆的缓冲器、弹性联轴器中的弹簧等。这类弹簧具有较大的弹性变形,以便吸收较多的冲击能量。有些弹簧在变形过程中,能依靠摩擦消耗部分能量以增加缓冲和吸振的作用。

(2)控制运动。例如内燃机的阀门弹簧,离合器、制动器和凸轮机构中的弹簧等。这类弹簧常要求在某变形范围内作用力变化不大。

(3)储存和释放能量。例如自动机床的刀架自动返回装置中的弹簧,经常开闭的容器中的弹簧,仪表和仪器中的发条等。这类弹簧既要求有较大的弹性,又要求有稳定的作用力。

(4)测量力和力矩的大小。例如测力器、弹簧秤中的弹簧等。这类弹簧要求有稳定的载荷—变形性能。

弹簧的载荷—变形曲线称为弹簧特性曲线,特性曲线的形式与弹簧的结构有关。

按照所承受载荷的不同,弹簧可以分为拉伸弹簧、压缩弹簧、扭转弹簧和弯曲弹簧四种。按照弹簧的形状不同又可以分为螺旋弹簧、环形弹簧、碟形弹簧、板簧和平面涡卷弹簧等。

1)等节距圆柱螺旋弹簧

如图 16-17 所示,此种圆截面簧丝的圆柱形弹簧结构简单,制造方便;特性曲线呈线性,刚度稳定,应用最为广泛。

2)扭转圆柱螺旋弹簧

如图 16-18 所示,扭转圆柱螺旋弹簧主要用于各种装置中的压紧和蓄能。

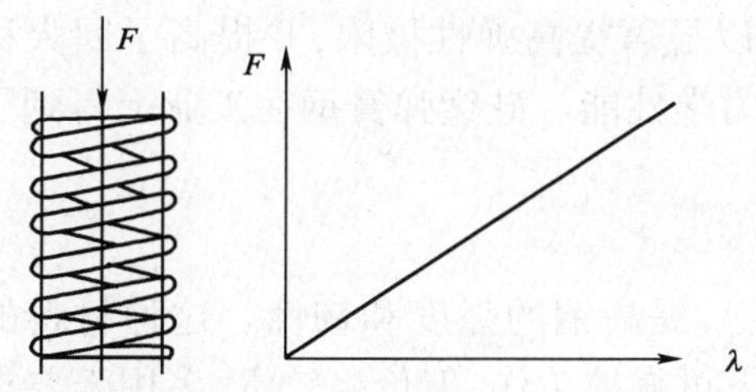

图 16-17　等节距圆柱螺旋弹簧及其特性曲线

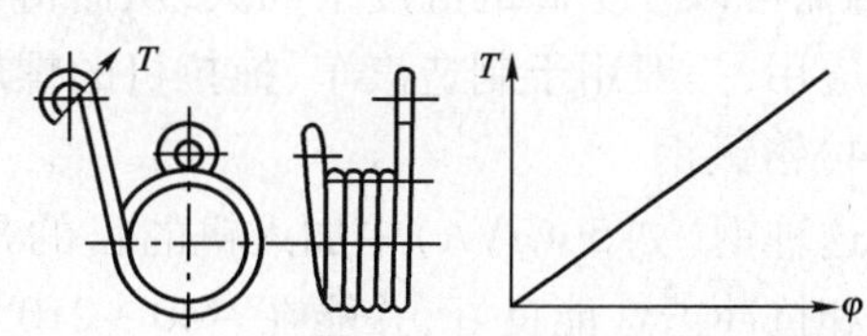

图 16-18　扭转圆柱螺旋弹簧及其特性曲线

3)圆锥螺旋弹簧

如图 16-19 所示,圆锥螺旋弹簧结构紧凑,稳定性好,多用于承受较大载荷和减振,其防共振能力比不等节距圆柱螺旋弹簧好。

4)碟形弹簧

如图 16-20 所示,碟形弹簧缓冲及减振能力强。采用不同的组合可得到不同的特性曲线。常用于重型机械的缓冲及减振装置。

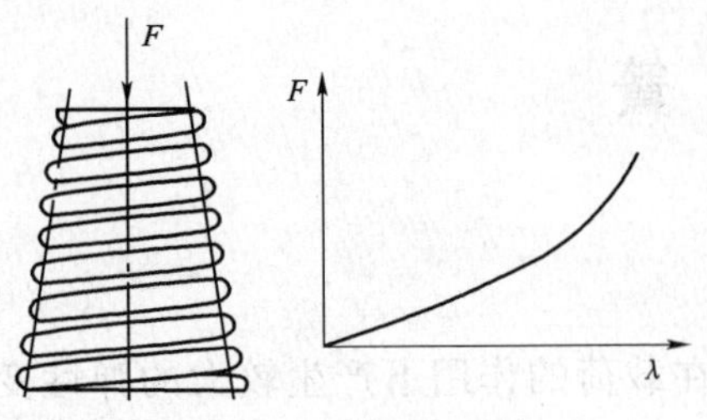

图 16-19　圆锥螺旋弹簧及其特性曲线

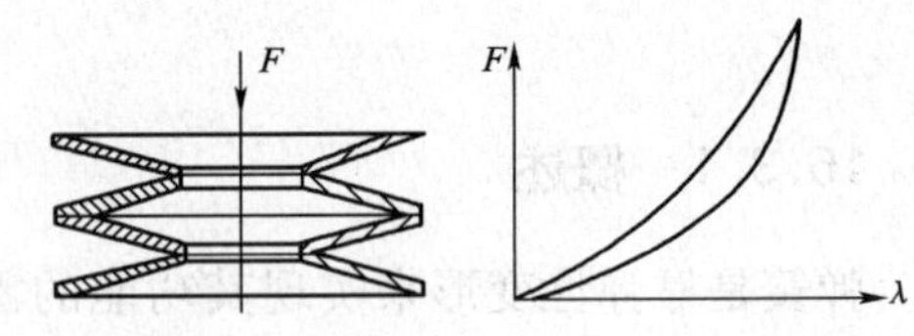

图 16-20　碟形弹簧及其特性曲线

5)环形弹簧

如图 16-21 所示,环形弹簧具有很高的消振能力,是最强力的缓冲弹簧。常用在铁路车辆、飞机着陆装置的缓冲装置中。

16.3.2　弹簧的材料

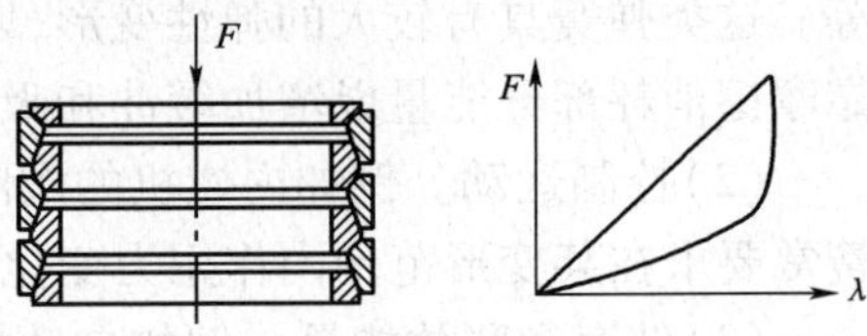

图 16-21　环形弹簧及其特性曲线

弹簧在工作时常受到变载荷或冲击载荷的作用,为了保证弹簧能够持久可靠地工作,其材料必须具有高的弹性极限和疲劳极限,同时应具有足够的韧性和塑性,以及良好的热处理性。

弹簧材料及性能可以查阅相关手册、规范和标准(GB/T 1239.6—92,GB 4357—89)。常用的弹簧钢主要有如下几种。

1)碳素弹簧钢

这种弹簧钢(如 65、70 钢)的优点是价格便宜,原材料来源方便;缺点是弹性极限低,多次重复变形后易失去弹性,并且不能在高于 130℃ 的温度下正常工作。

2)低锰弹簧钢

这种弹簧钢(如 65Mn)与碳素弹簧钢相比,优点是淬透性较好和强度较高;缺点是淬火后容易产生裂纹及热脆性。但由于价格便宜,所以一般机械上常用于制造尺寸不大的弹簧,例如离合器弹簧等。

3)硅锰弹簧钢

这种钢(如 60Si2MnA)中因为加入了硅,所以可以显著提高弹性极限,并提高了回火稳定性,因而可以在更高的温度下回火,从而得到良好的力学性能。硅锰弹簧钢在工业上得到了广泛的应用,一般用于制造汽车、拖拉机的螺旋弹簧。

4)铬钒钢

这种钢(如 50CrVA)中加入钒的目的是细化组织,提高钢的强度和韧性。这种材料的耐疲劳和抗冲击性能良好,并能在 -40 ~ 210℃ 的温度下可靠地工作,但价格较贵,多用于要求较高的场合,如用于制造航空发动机调节系统中的弹簧。

此外,某些不锈钢和青铜等材料,具有耐腐蚀的特点,青铜还具有磁性和导电性,故常用于制造化工设备中或工作于腐蚀介质中的弹簧。其缺点是不容易热处理,力学性能较差,所以在一般机械中很少采用。

选择材料时,应考虑到弹簧的用途、重要程度、使用条件(包括载荷性质、大小及循环特性,工作持续时间,工作温度和周围介质情况等),加工、热处理和经济性等因素;同时,也要参照现有设备中使用的弹簧,选出较为适用的材料。

16.3.3 圆柱螺旋弹簧的制造及端部结构

为了便于使用,弹簧的端部一般会根据需要做成各种各样的形状。圆柱螺旋弹簧的端部结构形状及代号可以查阅 GB 1239.6—92。

螺旋弹簧的制造工艺包括:(1)卷制;(2)挂钩的制作或端面圈的精加工;(3)热处理;(4)工艺试验及强压或喷丸处理。

卷制分冷卷及热卷两种。冷卷用于经预先热处理后拉成的直径小于 8 ~ 10mm 的弹簧丝,冷卷成弹簧后不再进行淬火处理,只进行回火处理以消除在卷制时产生的内应力;直径较大的弹簧丝制作的强力弹簧则用热卷法,热卷时的温度依据弹簧钢丝直径的大小在 800 ~ 1 000℃的范围内选择,卷制完成后需要再进行淬火和回火处理,热处理后的弹簧表面不应该出现显著的脱碳层。

对于重要的压缩弹簧,为了保证两端面的承压面与其轴线垂直,应将端面圈在磨床上磨平。

此外,弹簧还须进行工艺试验和根据弹簧的技术条件的规定进行精度、冲击、疲劳等试验,以检验弹簧是否符合技术要求。弹簧的持久强度和抗冲击强度取决于弹簧丝的表面状况(如粗糙度、裂纹、伤痕等),表面脱碳会严重影响材料的性能。

为了提高承载能力,还可以在弹簧制成后进行强压处理或喷丸处理。强压处理是使弹簧在超过极限载荷的作用下持续 6 ~ 8h,以便在弹簧丝表层产生高应力区,产生塑变和有益的与工作应力反向的残余应力,使弹簧在工作时的最大应力下降,从而提高弹簧的承载能力。强压处理后的弹簧不允许再进行热处理,也不宜在较高温度(150 ~ 450℃)、交变载荷及腐蚀介质中使用。

喷丸处理是在弹簧热处理后,用钢丸或砂子高速喷射弹簧表面,使其表面受到冷作硬化,产生有益的残余应力,改善弹簧表面质量、提高疲劳强度和冲击韧性的有效措施。实践证明:如果使用适当,弹簧经喷丸处理后,可提高疲劳强度达 50%。

本章小结

(1)联轴器和离合器在机械传动中连接主、从动轴,使其一同回转并传递转矩,有时也用作安全装置。联轴器连接的分与合只能在停机时进行,而离合器连接的分与合可随时进行。

(2)离合器的类型很多。按实现接合和分离的过程可分为操纵离合器和自动离合器;按离合的工作原理可分为嵌合式离合器和摩擦式离合器。

(3)联轴器可分为刚性联轴器和挠性联轴器两大类。

(4)联轴器应按计算转矩 T_c 来选取。

(5)弹簧是靠弹性变形来实现其功能的零件,在各类机械中的应用十分广泛,其主要功能有:①缓冲吸振;②控制运动;③储存和释放能量;④测量力和力矩的大小。

习　题

16-1　试选择题图 16-1 所示辗轮式混砂机的联轴器 A 和 B 的类型。

16-2　汽油发动机由电动机启动。当发动机正常运转后,电动机自动脱开,由发动机直接带动发电机。请选择电动机与发动机、发动机与发电机之间各离合器的类型。

16-3 电动机经减速器驱动水泥搅拌机工作。已知电动机的功率 $P=11\text{kW}$，转速 $n=970\text{r/min}$，电动机轴的直径和减速器输入轴的直径均为 42mm。试选择电动机与减速器之间的联轴器。

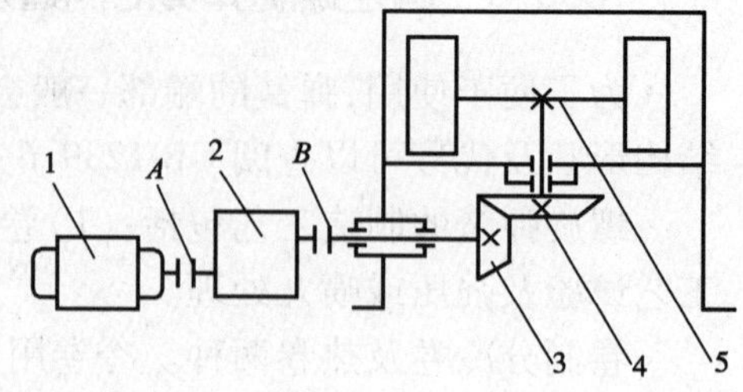

题图 16-1

1-电动机；2-减速器；3-小锥齿轮轴；4-大锥齿轮轴；5-辗轮轴

16-4 由交流电动机通过联轴器直接带动一台直流发电机运转。若已知该直流发电机所需的最大功率为 $P_{.}=20\text{kW}$，转速 $n=3000\text{r/min}$，外伸轴轴径为 50mm，交流电动机伸出轴的轴径为 48mm，试选择联轴器的类型和型号。

16-5 普通自行车上手闸、鞍座等处的弹簧各属于什么类型？其功用是什么？

16-6 圆柱螺旋弹簧的端部结构有何作用？

实训任务

参观汽车中各种联轴器、离合器、弹簧的应用实例，了解它们各自的种类、特点及应用。

参 考 文 献

[1] 张秉荣,章剑青.工程力学[M].2版.北京:机械工业出版社,2005.

[2] 毕勤胜,李纪刚.工程力学[M].北京:北京大学出版社,2007.

[3] 程靳.工程力学[M].北京:机械工业出版社,2002.

[4] 刘达.工程力学[M].西安:西北工业大学出版社,2002.

[5] 陈立德.机械设计基础[M].北京:高等教育出版社,2004.

[6] 李海萍.机械设计基础[M].苏州:苏州大学出版社,2004.

[7] 周玉丰.机械设计基础[M].北京:机械工业出版社,2008.

[8] 张建中.机械设计基础学习与训练指南[M].北京:高等教育出版社,2003.

[9] 曲玉峰,关晓平.机械设计基础[M].北京:中国林业出版社,北京大学出版社,2004.

[10] 宋正和.机械设计基础[M].北京:北京交通大学出版社,2007.

[11] 张京辉.机械设计基础[M].西安:西安电子科技大学出版社,2005.

[12] 孙恒,陈作模.机械原理[M].北京:高等教育出版社,1996.

[13] 濮良贵,纪名纲.机械设计[M].4版.北京:高等教育出版社,1996.

[14] 吴宗泽,罗盛国.机械设计课程设计手册[M].北京:高等教育出版社,2006.

[15]《机械工程标准手册》编委会.机械工程标准手册[S].北京:中国标准出版社,2003.

[16] 陈立德.机械设计基础课程设计指导书[M].北京:高等教育出版社,2000.

[17] 王家和.机械设计基础实训教程[M].上海:上海交通大学出版社,2003.